# 水库异重流
## 研究与应用

张金良　著

黄河水利出版社
·郑州·

## 内 容 提 要

水库异重流可以挟带大量泥沙,历经长距离而不与清水掺混,研究其产生、运行机制,利用其输沙特性,对于减少水库淤积、延长水库拦沙库容使用寿命具有十分重要的意义。本书就异重流国内外研究现状、形成机制、运行规律、浑水水库与异重流排沙及异重流模拟技术和量测技术进行了研究和梳理,提供了小浪底水库异重流调度实例和黄河调水调沙人工塑造异重流调度过程,展望了水库异重流作为一种特殊自然现象的生产应用前景及设计实例。

本书可供河流泥沙动力学研究者、多沙河流调度者等相关科研工作者和大专院校师生阅读参考。

**图书在版编目(CIP)数据**

水库异重流研究与应用/张金良著. —郑州:黄河水利出版社,2019.10
ISBN 978 - 7 - 5509 - 2273 - 0

Ⅰ.①水… Ⅱ.①张… Ⅲ.①水库泥沙 - 异重流 - 研究 Ⅳ.①TV145

中国版本图书馆 CIP 数据核字(2019)第 022216 号

组稿编辑:王路平 电话:0371 - 66022212 E-mail:hhslwlp@ 126. com

出 版 社:黄河水利出版社 网址:www.yrcp.com
　　　　　地址:河南省郑州市顺河路黄委会综合楼 14 层 邮政编码:450003
发行单位:黄河水利出版社
　　　　　发行部电话:0371 - 66026940、66020550、66028024、66022620(传真)
　　　　　E-mail:hhslcbs@ 126. com
承印单位:河南瑞之光印刷股份有限公司
开本:787 mm × 1 092 mm 1/16
印张:17.25
字数:400 千字
版次:2019 年 10 月第 1 版　　　　　印次:2019 年 10 月第 1 次印刷

定价:120.00 元

# 序　一

　　"九曲黄河万里沙,浪淘风簸自天涯。"黄河这条母亲河,孕育了几千年的灿烂华夏文明;同时,她又是中华大地上的"害河",历来以"善淤、善决、善徙"闻名于世,给中华民族造成了严重灾难。黄河水量少、沙量多和水沙地区来源、过程分布不均,形成了黄河"水少沙多,水沙异源,水沙关系不协调"的独特特点,也是其成为世界上最为复杂难治河流的症结所在。

　　"维护黄河健康生命",实现河床不抬高,治理黄河泥沙是当前十分紧迫的任务。如何利用异重流协调出库水沙关系,充分提高水库拦沙库容的利用效率和下游河道的减淤效益,是水库运用研究的重要任务之一。

　　张金良同志从事治黄事业33年有余,长期从事多沙河流水沙运动规律、河床演变、水库群联合调度管理及大型水电工程设计研究。主持黄河调水调沙试验并成功转入生产运用,建立了调水调沙技术理论体系;主持多沙河流大型水库运用方式研究和原型试验,建立了多沙河流洪水泥沙管理技术体系;主持黄河古贤、泾河东庄、马莲河等重大项目论证,形成了多沙河流水利枢纽设计理论技术体系,创新了多沙水库超高含沙量泥沙处理技术和方法。

　　本书依托于小浪底调水调沙期间多次成功塑造的异重流,围绕提高水库拦沙库容的利用效率和延长水库使用寿命等目标,研究了异重流的形成机制和运行规律,对异重流的产生与传播及沿程变化进行了剖析;基于浑水水库形成机制,对浑水水库的清浑水界面沉降规律进行研究,优化浑水水库排沙计算、排沙洞规模设计及出库水沙组合;详细解读了异重流模拟技术,包括物理模拟与数学模拟,对比了各家水槽试验情况,并阐释了小浪底水库异重流的实体模型设计核心,以小浪底数学模型计算为典型进行分析,并用实体模型对其补充、验证;从工程设计和工程调度的角度解读了水库异重流研究的应用,包含小浪底水库、古贤水库、东庄水库工程设计的应用和小浪底水库、冯家山水库工程调度的应用;通过控制不同排沙方式的主要影响因素,对调水调沙进行总体调度,对三门峡水库补充沙量进行分析并对其出库含沙量进行了预测;以小浪底水库异重流观测为实例,并结合测验规程的相关规定对异重流的观测进行了详细解读。本研究全面系统,且取得了许多创新性成果,在以后的调水调沙生产运用中可起到很好的指导性作用。

　　《水库异重流研究与应用》一书是在总结多年来大量研究成果的基础上凝练而成的。该专著的出版将会对异重流排沙、异重流测量研究,以及如何延长水库寿命、更加合理地解决水库淤积问题等方面的优化理论的发展和完善起到一定的推动作用。

中国科学院院士

2018 年 10 月

# 序 二

　　黄河是中华民族的母亲河,其以水少沙多,含沙量高而著称。在多沙河流上修建水库,将改变天然河流的水沙条件,打破河床形态的相对平衡,使河流水沙过程和河床形态重新调整,进而导致水库严重淤积,水库泥沙淤积将侵占防洪库容和调节库容,降低水库的调节能力,引起库区水位抬高,造成周边土地的淹没和浸没,直接影响到工程的安全和综合效益的发挥。减少水库淤积,保持水库有效库容长期使用,充分发挥水库的综合效益是急需解决的实际问题。

　　异重流的研究始于19世纪末期的欧洲。1935年美国米德湖曾发生过异重流,然而由于观测资料不系统、项目不全,难以进行系统分析。我国官厅水库1953年发生异重流后,于1955年正式设置水库泥沙观测实验站,进行项目齐全的异重流观测工作。之后,红山、三门峡、刘家峡、巴家嘴、冯家山、碧口、恒山、汾河等水库均发生了异重流,也都进行了观测。1956年北京水利科学研究院(现为中国水利水电科学研究院)在室内进行了水槽试验研究,首次得到了异重流潜入点和阻力的计算公式;西北水利科学研究所(简称西北水科所)、黄河水利科学研究院(简称黄科院)在1980年之后相继进行了高含沙异重流试验,对高含沙异重流有了新的认识;黄河水利委员会在小浪底水库调水调沙期间多次成功地塑造了人工异重流。这些均给今后研究异重流打下了良好的基础,但由于研究手段、方法、对象及侧重点等不同,因此对异重流的机制、浑水水库及数学模拟等还缺乏统一认识。为了摸清异重流运动规律并加以有效利用,需要对前人的研究成果进行认真的归纳和总结,并在此基础上对今后的研究进行展望,为更加深入地研究和利用异重流提供依据。

　　本研究建立在小浪底多次成功进行的人工塑造异重流资料基础上,对异重流的形成、运行机制及各项变化特性进行了详细的总结和描述,阐释了异重流排沙及其实际工程应用,对异重流模拟技术进行了详细解读,其中包括物理模拟和数学模拟,最后结合小浪底水库对异重流的测量进行了介绍,以供后续研究参考。

本书对异重流进行了翔实的研究及总结,有多处创新性见解,为多沙河流水库设计、管理及多沙河流系统管理提供了重要参考。我推荐该书给相关的研究人员、工程师及相关专业学生,希望有助于多沙河流水库淤积形态控制和水库综合效益发挥等方面的研究。

特为之序,以求共勉。

中国工程院院士

2018 年 10 月

# 前　言

　　两种或两种以上的流体互相接触，在密度有一定的差异时，如果一种流体沿着交界面的方向运动，则不同流体间在交界面及其他特殊的局部处可能发生一定程度的掺混现象，但在运动过程中不同流体不会出现全局性的掺混现象，这种运动形式就叫异重流。按造成异重流密度差异的原因，可将异重流分为泥沙异重流（因水流挟沙造成清浑水密度差异而形成的异重流）、盐水异重流（因水体盐度差异造成的密度差异而形成的异重流）和温差异重流（因水体温度差异造成的密度差异而形成的异重流）。当然，这些原因可单独或同时作用造成密度的差异，进而形成异重流。

　　水库泥沙异重流（简称异重流）作为泥沙运动力学的特殊现象，国内外各大专院校、科研单位对其进行了大量研究。作者 2001 年调度三门峡水库，通过调整三门峡水库出库水沙过程实施人工影响小浪底异重流产生、运行过程，以期及早在小浪底近坝区形成细泥沙淤积铺盖，减少小浪底坝基渗漏（详见 2001 年《水利水电技术》第 12 卷 32 期《水库异重流调度问题研究》）。此次调度达到了预期效果，也为 2004 年黄河第三次调水调沙试验人工塑造异重流奠定了实践基础，实现了水库异重流从理论试验研究到实际运用的转化。

　　本书从异重流的潜入条件、持续运行条件、头部运动、运行阻力、输沙排沙规律、浑水水库、数学模型等方面，介绍了各家的研究成果，并收录分析了黄河调水调沙人工塑造异重流调度过程；指出今后异重流研究的重点，即清浑水交界面的确定、异重流流速、含沙量垂线分布数学表达方法、异重流排沙、浑水水库和异重流联合排沙等。本书可供河流泥沙动力学研究者、多沙河流调度者、大专院校师生等参考。

　　本书成稿过程中，解河海、冯璐同志参与了大量工作，刘继祥、李世滢、万占伟、李超群等同志对文稿做了细致的校正。承蒙中国科学院王光谦院士、中国工程院胡春宏院士为本书作序，谨向他们深表谢意！

　　由于作者专业所限，书中大多从调度角度着眼研究，加之水平有限，难免有不当乃至错误之处，敬请读者批评指正！

作　者

2018 年 12 月

# 目　录

# 第一章

# 绪 言

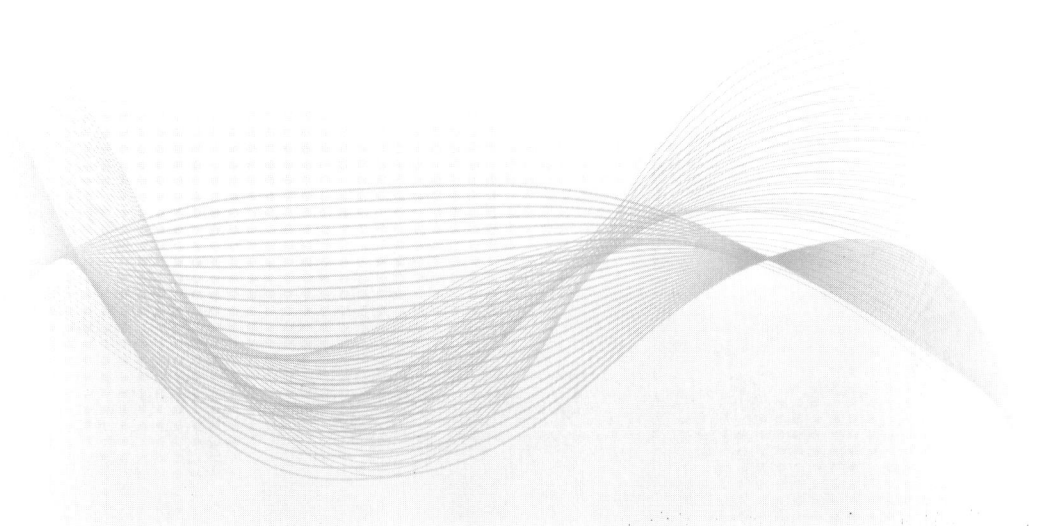

# 第一节 研究的目的及意义

## 一、研究的目的

自 1999 年 10 月投入运用以来,小浪底水库多次发生异重流,而且在小浪底水库调水调沙期间也多次人工塑造异重流成功,积累了大量的异重流观测资料,为今后异重流研究打下了良好基础。实践证明,异重流可以挟带大量泥沙,历经长距离而不与清水相混,对减少水库淤积,延长水库寿命提供了一个可能性。

## 二、研究的意义

水库异重流是指一定浓度的含沙水流进入水库蓄水体,沿河床在水库底部向坝前运行的一种特殊的含沙水流流动现象。异重流为水库泄洪排沙运用方式的制定、水库排沙建筑物的布置提供了思路和条件。

泥沙问题是黄河难治的症结所在,"维持黄河健康生命",实现河床不抬高,治理黄河泥沙是当前十分紧迫的任务。如何利用异重流将粗泥沙拦在库内,排出利于黄河下游排泄的细泥沙,充分提高小浪底水库拦沙库容的利用效率和下游河道的减淤效益,是小浪底水库运用研究的重要任务之一。

在水资源缺乏的情况下,特别是在清水资源缺乏的情况下,如何将泥沙排出库外,保住水库有效库容;水库应用初期,蓄水体大,不利于采用壅水排沙和敞泄排沙,如何留住清水资源,发挥水库综合效益。这是多沙河流缺水地区水库迫切需要解决的问题,也是小浪底水库在用水与排沙要求相矛盾的情况下,迫切需要解决的问题。

# 第二节 异重流排沙应用

## 一、小浪底水库

小浪底水库入库洪水多来自黄河北干流和泾渭洛河,洪水含沙量较大,尤其容易产生高含沙水流,且库区河道天然比降大,地形平顺无急剧变化,上游来的洪水进入小浪底库区后,只要水库有一定的蓄水量,就容易产生异重流。水库拦沙运用初期,水库蓄水体较大,水库以异重流和浑水水库排沙为主,出库泥沙几乎全部为粒径小于 0.025 mm 的细颗粒泥沙。水库拦沙运用后期,水库还有一定的蓄水体,水库异重流排沙概率虽有减少,但遇到合适的入库水沙条件时,库区还会产生异重流排沙。水库异重流排出的悬移质泥沙颗粒较细,该泥沙悬浮性好,落淤速度慢,利于远距离输送,可以提高黄河下游河道的水流输沙效果。

小浪底水利枢纽排沙洞进口高程较低,可以较好地利用库区异重流排沙,3 条排沙洞死水位 230 m 的总泄流量达 1 500 m³/s,泄流规模较大,将在电站进水口前形成较大冲刷漏斗,可以防止建筑物孔口被淤堵。

二、古贤水库

根据开发任务、来水来沙特点和库容分布特性,古贤水库汛期调水调沙、防洪运用,非汛期调节径流,按兴利要求调节运用,满足灌溉、供水和发电等综合利用需要。

古贤水库库容较大,水库蓄水运用时,有较大的清水体。库区位于晋陕峡谷河段,库区上窄下宽,干支流比降较大(库区干流天然河道比降8.55‰),易发生高含沙洪水,且流量大,有利于水库异重流的形成、运行及排沙出库。同时,结合中游来水来沙,还可通过古贤、三门峡和小浪底水库联合调度在小浪底库区塑造人工异重流。古贤水库拦沙运用初期,水库泥沙以异重流形式排出,排出沙量几乎全是细颗粒泥沙。古贤水库拦沙后期,与三门峡、小浪底水库联合调水调沙运用,适时蓄水或利用天然来水冲刷黄河下游和小浪底库区,并尽量保持小浪底水库调水调沙库容;一旦遇合适的水沙条件,适时排泄库区淤积的泥沙,尽量延长水库拦沙运用年限。同时,水库通过异重流排沙可以更好地达到拦粗排细的效果,使容易输送的细颗粒泥沙排出库外,提高下游河道输沙能力,从而减小下游河道的淤积。

古贤水利枢纽主要由混凝土面板堆石坝、泄洪排沙洞、溢洪道及引水发电系统等组成。面板堆石坝坝顶高程650.50 m,最大坝高199.00 m,坝顶宽15 m。水库在河床坝段坝体下部布置了8个高程非常低的排沙底孔,与溢流表孔、泄洪中孔间隔布置,排沙底孔按单独设置布置,排沙底孔进口底坎高程490 m,闸孔尺寸4.5 m×6 m;死水位588 m的总泄流量达到8 206 m³/s,泄流规模大,调度灵活,可适应不同流量的异重流排沙。

# 第三节　国内外研究现状

异重流是两种或两种以上的流体互相接触,在密度有一定的差异时,如果其中一种流体沿着交界面的方向运动,在交界面及其他特殊的局部处,虽然不同流体间可能有一定程度的掺混现象发生,但就整体来说,在运动过程中不同流体不会出现全局性的掺混现象,这种运动就叫异重流。对泥沙异重流而言,当挟沙水流与清水相遇时,由于前者的密度比后者大,在条件适合时,挟沙水流就会潜入清水底部继续向前流动,形成异重流,所以异重流又是泥沙运动的一种特殊形式。

异重流的研究始于19世纪末期的欧洲。1935年美国米德(Mead)湖发生异重流,然而由于观测资料不系统、项目不全,难以进行系统分析。

我国官厅水库1953年发生异重流,于1955年正式设置水库泥沙观测实验站,进行项目齐全的异重流观测工作。之后,红山、三门峡、刘家峡、巴家嘴、冯家山、碧口、恒山、汾河等水库均发生了异重流,也都做了观测,其中巴家嘴、刘家峡和冯家山水库的观测资料较为完整。1956年北京水利科学研究院(现为中国水利水电科学研究院)在室内进行了水槽试验研究,首次得到了异重流潜入点和阻力计算公式,该公式得到广泛应用。之后,黄科院在小浪底水库运用方式研究中成功地模拟了异重流,清华大学在异重流数学模拟和水槽试验方面也做了不少研究工作,黄河水利委员会在小浪底水库调水调沙期间也多次成功塑造了异重流,这些均给今后研究异重流打下了良好的基础。

Ford 等提供了水库和湖泊异重流观测的详细总结。Grover 和 Howard(1938)检测到美国科罗拉多(Colorado)河挟带盐分的水通过米德(Mead)湖泊。Nix 等(1981)报道了美国德格雷(DeGray)湖泊的浊度流。Arkansas、Hebbet 等(1991)测量了低温和高盐度水进入西澳大利亚惠灵顿(Wellington)水库的入流。TVA(田纳西河流域管理局)根据温度、碱度和卤化物浓度,记录了水库 17 次异重流(Fry 等,2015)。在大型三维水库,如加拿大不列颠哥伦比亚省(British Columbia)的库特奈(Kootenay)湖泊(Hamblin 和 Carmack,1978),科氏力将影响河流流体通过水库的路径。因为大部分异重流流域低于大部分传感器的侦测范围,流速曲线的测量很少报道。一个例外是由 TVA 在美国丰塔纳(Fontana)、切罗基(Cherokee)和道格拉斯(Douglas)水库由同位素分析得到的流速数据(Elder 和 Wunderlich,2010)。Alavian 和 Ostrowski(1992)通过重演 TVA 水库系统的异重流得到了瓦茨巴(Watts Bar)水库和梅尔顿山(Melton Hill)水库的详细流速和温度测量数据。

在河口,洪潮期间大量盐水向内陆的传播可以看作是重流体密度前沿。由于潮汐和风混合产生的环境水的紊动破坏了流体前沿的形状特性,当浑浊的河水进入大海或者陡坡,河底物质坍塌后形成浊流。如果浑浊水比海水轻,将发生双重扩散(Maxworthy,1983)。首先出现浮力表层流,但是悬浮泥沙从表层流凝聚和下沉,在底坡上形成第二个异重流。地幔里的岩浆流可以看作是低雷诺数异重流传播。

在环境中有其他相关的异重流例子。Simpson(1982)对实验室、大气、海洋的不同异重流现象给出了精要的回顾评价。雷阵雨出流、冷锋、海冰前锋是冷空气形成的大气天气系统的异重流。灰尘和沙尘暴及雪崩是空气中悬浮颗粒形成异重流的例子。泥石流(包括泥浆、岩石、火山爆发的水和火山岩)也可以看作一种特殊形式的异重流。

异重流是自然界中常见的一种现象,是许多部门所共同关心的课题。有关异重流前人做了很多研究工作。由于研究手段、研究方法、研究对象及研究的侧重点等不同,对异重流的潜入、运动和排沙特性等还缺乏统一认识。为了摸清异重流运动规律并加以有效利用,需要对前人的研究成果进行认真归纳和总结。在此基础上,找出以前研究成果的不足和缺陷,指出今后研究的方向,为更加深入地研究和利用异重流提供参考。

## 一、异重流的潜入条件

范家骅(1959)根据室内水槽试验资料,得到潜入点的弗劳德数等于 0.78。

范家骅试验得到的判别标准在官厅、三门峡、刘家峡、红山、冯家山、小浪底等水库实测资料及黄科院和西北水科所等做的水槽试验或模型试验中得到印证,其判别标准得到推广和应用。

韩其为(2003)考虑当含沙量较低和泥沙容重一定时,将 $\dfrac{\Delta\gamma}{\gamma'}$($\Delta\gamma$ 为清浑水容重差,$\gamma'$ 为浑水容重)简化为 0.000 63 后,得到潜入水深与单宽流量和含沙量的关系。

另外,日本学者芦田和男将异重流潜入点处的水流简化,在坡度为零的条件下,求得异重流潜入点处的水深计算公式。

焦恩泽(2004)考虑了一定的坡度流路,并考虑了运动黏滞系数、床面相对糙度,最后将芦田和男的公式进行了改写。

朱鹏程(1981)基于异重流受力情况,从异重流产生前后在断面上的作用力与进出断面的动量改变率的关系出发,推导出与芦田和男一样的异重流潜入点临界水深判别公式。

由于实际中平坡并不存在,所以芦田和男和朱鹏程的平坡异重流潜入点临界水深计算公式,在实际中并不常用。

Dequennois(1956)提出紊流转化为异重流的标准是:$f = q(\gamma' - 1)$($q$ 为单宽流量)。

曹如轩(1979)建立了弗劳德数与密度差的关系。关系表明,当泥沙浓度低于40 kg/m³时,潜入点的近似平均弗劳德数 $Fr_D = 0.78$。随着泥沙浓度的增加,异重流从紊流转化为高浓度的层流。

Akiyama 和 Stefan(1984)发现潜入点的近似平均弗劳德数为0.68。$Fr_D$ 与入流密度弗劳德数($Fr_0$)关系比较弱。

Savage 和 Brimberg(1975)根据运动方程,认为潜入现象为渐变两层流,压力分布符合水静力学规律且忽略掺混,通过河底坡度和两边界剪应力的相对重要性获得了交界面分布曲线差分解。

Denton 等(1981)进行了温差异重流的试验,发现对中等坡度,交界面和河底剪应力是重要的,但对陡坡,河底比降 $J_0 > 0.02$,潜入点的动量平衡条件表明最大密度弗劳德数为0.67。

Singh 和 Shah(2010)也做了水槽研究且得到潜入点 $Fr_D \approx 0.7$,尽管范围为 $0.3 < Fr_D < 0.7$。

对于异重流形成,国外多数公式都与范家骅的公式相似,无非是临界值不同而已(见表1-1)。

表1-1　异重流潜入点的临界修正弗劳德数

| 参考 | $Fr_p$ |
|---|---|
| Ford 和 Johnson(1981) | 0.10 ~ 0.70 |
| Itakura 和 Kishi(1980) | 0.54 ~ 0.69 |
| Singh 和 Shah(2010) | 0.30 ~ 0.80 |
| 菅和利、玉井信行(1981) | 0.45 ~ 0.92 |
| Fukuoka(1980) | 0.40 ~ 0.72 |
| Farrell(1986) | 0.66 ~ 0.70 |
| Akiyama 和 Stefan(1987) | 0.56 ~ 0.89 |

然而,除此之外,还有不同的方法,他们的结果看起来更直观。

Rooseboom(1992)从清浑水密度差产生压力差的角度,提出了产生异重流的条件为,异重流压力大于紊流压力,并使用谢才系数得到影响异重流产生的条件是:①较大的河道水深;②较大的清浑水密度差;③库区河道比降较大;④入库水流流速较小。

Basson(1998)从河流最小功率的角度考虑,假设在异重流潜入点河流紊流转化为异重流时一点能量不损失,那么,河流紊流功率 = 异重流功率,得到异重流产生的条件。

Akiyama 等(1987)验证了发生均匀异重流时异重流功率的确小于等于河流入库功

率。

Basson 和 Akiyama 都得到影响异重流形成的主要因素是潜入点上下游的河道比降和密度差。

黄科院李书霞、张俊华等(2006)根据 2001～2003 年小浪底水库异重流实测资料,分析得出小浪底水库异重流产生的水沙条件为:入库流量不小于 300 m³/s。若流量大于 800 m³/s,相应入库含沙量约为 10 kg/m³;入库流量约为 300 m³/s 时,要求水流含沙量约为 50 kg/m³;当流量为 300～800 m³/s 时,水流含沙量可随流量的增加而减少,两者之间的关系可表达为 $S_入 \geq 74 - 0.08Q_入$。

### 二、异重流的运行阻力

异重流在运动过程中受到的阻力应包括沿程阻力和因地形突变引起的局部阻力。属于渐变流范围内的阻力损失叫沿程损失,此时水流流线的曲率影响可忽略不计;而有局部改变的地方,流线的曲率很大且有不连续处,则产生局部损失(如异重流潜入处、水流断面突然扩大和缩窄段、弯道处和支流入口处等)。

异重流沿程阻力是由床面阻力、边壁阻力和清浑水交界面阻力共同组成的综合阻力。因此,异重流运动方程和能量方程中的阻力系数,应是异重流接触面的平均阻力系数 $\lambda_m$。范家骅从异重流不恒定流运动方程出发,假定在近似恒定情况下,推导出异重流接触面平均阻力系数计算公式。

范家骅的室内异重流试验表明,异重流在"紊流"范围内,接触面平均阻力系数 $\lambda_m$ 同雷诺数无关,平均值为 0.025。同时通过明渠流试验,用式 $\lambda_0 = 8gRJ_0/v^2$ 计算砖砌水泥涂面的水槽底部和边壁的阻力系数,平均值为 0.02,从而进一步求得异重流清浑水交界面阻力系数平均为 0.005。由官厅水库异重流实测资料计算的沿程平均阻力系数为 0.018 5～0.029 9,平均值为 0.023。小浪底水库不同测次异重流沿程综合阻力系数 $\lambda_m$,平均为 0.022～0.029。

局部损失在水槽试验和实际水库异重流观测资料中都有表现。已有研究成果大多是对这种现象的描述,定量计算的较少。中国水利水电科学研究院河渠研究所曾对突然扩大、突然收缩及经过一个弯道三种条件下的局部损失问题进行了分析。

### 三、异重流的持续条件

黄科院李书霞、张俊华等(2006)根据 2001～2003 年小浪底水库异重流实测资料,分析得出小浪底水库异重流持续运行至坝前的水沙条件为:入库洪水过程在满足一定历时且悬移质泥沙的中值粒径小于 0.025 mm 的沙重百分数约为 50% 的前提下,若 500 m³/s ≤入库流量 $Q_入$ < 2 000 m³/s,满足相应入库含沙量 $S_入 \geq 280 - 0.12Q_入$;若 $Q_入$ > 2 000 m³/s,满足 $S_入$ > 40 kg/m³。

### 四、异重流的挟沙能力和输沙规律

天然水库异重流的运动,多是非恒定、非均匀流。但由于沿程的槽蓄和阻力作用,异重流经过一定距离后,会逐渐接近恒定和均匀状态。为了研究方便,一般假定异重流进库一段时间后,处于恒定和均匀状态。根据异重流非恒定流运动方程,导出恒定均匀条件下异重流运动方程式,同时和异重流连续性方程联解,导出异重流流速和厚度计算公式。

根据明渠一般挟沙力公式,最后导出异重流挟沙能力公式。

泥水异重流是群体运动,用 $\omega_s$ 表示异重流群体沉速,$\omega_0$ 表示单颗粒泥沙在清水中的沉速,$\omega_s$ 与 $\omega_0$ 的关系采用式 $\dfrac{\omega_s}{\omega_0} = e^{-6.72 S_V}$,式中 $S_V$ 为体积含沙量。将异重流流速 $v = \sqrt[3]{\left(\dfrac{8}{\lambda_m}\right)\dfrac{\Delta\gamma}{\gamma'}gqJ_0}$ 和厚度 $h = \sqrt[3]{\left(\dfrac{\lambda_m}{8}\right)\dfrac{q^2}{\dfrac{\Delta\gamma}{\gamma'}gJ_0}}$ 代入式 $S_* = \kappa\left(\dfrac{v^3}{gh\omega_0}\right)^m$ 中,整理后得异重流挟沙力的另一种表达公式。

水库异重流挟沙能力与入库单宽流量、含沙量、库底比降、浑水容重及单颗粒沉速存在一定的关系。

韩其为根据不平衡输沙原理,以及官厅、三门峡、红山、刘家峡等水库异重流实测资料,导出当含沙量 $S = 1 \sim 50\ \text{kg/m}^3$ 时,$S_* = (0.038\ 7 \sim 0.028\ 3)S$。这说明水库异重流的挟沙能力远低于含沙量,属于较强烈的超饱和输沙。这正是除非含沙量很高时,水库异重流总是淤积的道理。

水库异重流输沙规律与明渠流的根本不同,在准均匀流情况下,含沙量与挟沙能力的紧密联系,不是含沙量向挟沙能力调整,而是挟沙能力向含沙量调整。含沙量向挟沙能力调整,要通过冲淤来实现,调整的速度慢;挟沙能力向含沙量调整,通过改变流速来实现,调整得快。因此,水库准均匀异重流输沙,是一种特殊的不平衡输沙,一方面它是超饱和的,另一方面它又与挟沙能力密切相关,由断面的水力泥沙因素唯一决定。

另外,韩其为认为,异重流的不平衡输沙规律在本质上与明渠流是一样的,因此可用明渠流不平衡含沙量和级配沿程变化计算。

黄科院李书霞等(2006)用 2001 ~ 2003 年小浪底水库异重流观测资料对韩其为计算公式进行了率定,结果认为该式也基本可以用来计算小浪底水库异重流的排沙比。

清华大学王光谦、周建军等(2000)通过水槽试验和二维数学模型计算结果得出结论:①异重流在沿程淤积的同时,含沙量沿程变化不大,这种情况说明异重流淤积主要是通过减小异重流流量的方法实现的。②异重流的沿程淤积厚度是逐渐减小的,在同一点上,泥沙的淤积厚度随时间的增长而增大,但是从计算结果来看,泥沙的淤积厚度随时间增长而增大的速率减小并不明显,这说明异重流的泥沙淤积与明渠水流的泥沙淤积是不同的,异重流的泥沙淤积不像明渠水流那样能够达到冲淤平衡状态。计算结果显示,随着异重流淤积的发展,异重流的交界面不断上升,底面坡度不断加大,上层清水厚度不断减小。造成这种现象的主要原因是:异重流中,泥沙的存在是造成上下层水体密度差的根本原因,是形成异重流的前提条件,异重流运动的能量来源就是异重流的含沙量。在异重流泥沙淤积的同时,异重流运动的能量也要相应地减少,清水要随着析出,异重流的流量减小,所以异重流淤积不能走向冲淤平衡,而只能导致泥沙异重流本身的消失。

### 五、异重流的淤积和排沙问题

#### （一）异重流的淤积

异重流的淤积有多种不同的情况：有流量沿程损失甚至异重流停滞后产生的淤积；有异重流运动过程中超饱和输沙时发生的淤积；还有异重流运动到坝前，泄水建筑物没有及时开启，浑水无法排出库外引起的淤积。

由官厅水库 1956～1957 年实测资料分析计算可以看出，形成异重流后的流量较之进库断面流量要明显减少，一般要损失 14%～77.5%，平均损失 48.6%，相应输沙率要损失 44%～92%，平均损失 75.8%。输沙率损失比流量损失大，其原因是泥沙大量淤积。

异重流因超饱和输沙发生沿程淤积时，因其泥沙颗粒细、沉速小，恢复饱和速度很缓慢，从而使异重流在运动过程中的淤积沿程较均匀。至于沿程淤积多少，与异重流的强弱（进库流量大小）和含沙量的多少及运行距离的长短有关。

水库异重流的淤积形态以在回水末端淤积形成三角洲为主。

#### （二）异重流排沙

水库浑水异重流形成之后，由于潜入库底过水面积缩小，在同流量下流速反而较之明流为大，因而便于将泥沙向下游输送，有利于排沙。异重流排沙效果与水库的长短、形状、库底比降、来水来沙量的大小及坝前泄流设施高程和调度情况有关。据统计，不同的水库，平均排沙比大不相同；同一个水库，不同的入库水沙条件和调度方式，其排沙比也相差很大。一般来说，当泄流设施开启恰当时，若库底比降大，壅水长度短，水库为河道型和峡谷型，入库流量大，含沙量高，洪峰持续时间长，则排沙效率高；反之，则排沙效率低。

焦恩泽（2004）根据国内外一些有异重流排沙的水库资料，得到库底坡度与排沙比的关系。

统计很多水库排出的异重流得知，异重流出库的泥沙颗粒都小于 0.01 mm。因此，也可以用产生异重流的相应进库洪水中的泥沙颗粒小于 0.01 mm 的百分比作为排沙比的百分数。焦恩泽根据收集到的官厅、三门峡和闹德海水库的实测资料，建立了排沙比与进库泥沙组成 $d$ < 0.01 mm 百分比的关系。

以上只是粗略估算不同水库异重流排沙的经验关系，实际上，水库异重流排沙是个非常复杂的问题，受多种因素影响。同一水库，在适当开启泄流设施的情况下，入库水沙条件不同，其异重流的形成、运行条件就大不相同，因此其排沙比也不同；相同的入库水沙条件，运用水位不同，水库回水长度不同，异重流的潜入点和运行到坝前的距离也有差别，其排沙比也会不同。

### 六、高含沙异重流

一般含沙水流和高含沙水流的运动特性不同，由此而产生的异重流特性也不相同。由于目前人们对一般含沙水流和高含沙水流的具体划分标准比较模糊，因此实际应用中关于高含沙异重流和一般低含沙异重流的区分也比较少，研究成果不多。只有曹如轩（1979,1984）和焦恩泽（2004）对高含沙异重流的形成与持续条件以及阻力和输沙特性进行过研究，他们以水槽试验为主，利用巴家嘴水库实测资料验证。研究发现，随着含沙量的增加,异重流潜入点处的修正弗劳德数有明显减少的趋势。当体积含沙量 $S_v > 0.1$ 时,修正弗劳德数 $Fr$ 下降到 0.3 以下。

## 七、异重流数学模型

### (一)异重流运动方程

1940 年冯·卡门就导出了异重流头部运动速度的计算公式。

范家骅(1959)从力学基础出发推导了异重流的运动方程、动量方程和连续方程,并分析了异重流的不恒定性。

李义天(1995)在理论分析的基础上,建立了异重流头部运动速度及稳定厚度的计算公式。通过数值求解证明了异重流稳定厚度为环境水深的 0.5 倍左右,并对所提出的公式进行了简化。研究结果表明,其提出的异重流厚度计算表达式与现有的观测结果是一致的,异重流头部运动速度表达式与现有的研究成果也是一致的。

王光谦和方红卫(1996)从一般流体力学出发建立了异重流运动的基础理论。他们经过微元分析建立了异重流的基本方程,进而得到异重流的一维和二维运动方程。

王光谦等(2000)结合流体运动方程和泥沙运动特性,导出平面二维泥沙异重流的运动方程。

包为民等(2005)分析了异重流体的特点,对异重流的运动作了一些假设和简化,推导出了以总流为控制体的异重流微分方程。

赖锡军等(2006)针对异重流的流动特征,建立了适用于具有各向异性浮力紊动特征的三维异重流运动方程。

### (二)国外数学模型研究

国外用立面二维模型和三维模型模拟了异重流的运动。

Kassem 和 Imran(2001)运用二维立面 Navier - Stokes 模型模拟实验室水槽异重流和加拿大沙格奈(Saguenay)峡湾发生的异重流,模拟结果与实测资料基本相符。模型基本方程包括水流质量守恒、动量守恒、沙量守恒方程,为了方程组封闭,还使用了 $k - \varepsilon$ 紊流模型。

Kassem 和 Imran 模拟了 Lee 和 Yu(1997)的异重流水槽试验。试验中的水槽长 20 m、宽 0.2 m、深 0.6 m,悬沙为高岭土。他们的数学模型计算步长为 0.1 s。数学模型计算结果与实测基本相符。

Saguenay 峡湾长 40 km,近乎等宽,他们的计算时间步长从 10 s 到 40 s,网格大小为 4 000 m×25 m。这些数学模拟结果与 Garcia 和 Parker(1989)所做的室内试验完全一样。

三维模拟水库异重流模型由 Cesare 等(2001)开发,使用三维 Navier - Stokes 模型模拟了瑞士阿尔卑斯(Alps)山上的卢佐内(Luzzone)水库。主要应用了水流质量守恒、动量守恒、考虑泥沙冲淤过程的泥沙守恒;此外,还考虑了 $k - \varepsilon$ 紊流模型和 Parker 等(1986, 1987)的水流 - 河床交换模型。运用建立的模型模拟百年一遇的洪水,洪峰流量为 137 $m^3/s$,最大含沙量为 265 $kg/m^3$,泥沙直径 $D$ 为 0.02 mm。

### (三)国内数学模型研究

王光谦等(2000)建立了二维泥沙异重流模型,进行水槽试验模拟异重流运动,并与实测结果进行对比,验证了数学模型的适用性。

包为民等(2005)分析了异重流体的特点,对异重流的运动作了一些假设和简化,推导出了以总流为控制体的异重流微分模型。

赖锡军等(2006)针对异重流的流动特征,建立了适用于具有各向异性浮力紊动特征的三维异重流运动的数学模型,并模拟了异重流在15°斜坡底面上的潜行过程。计算结果准确地模拟了异重流的运动特征和形态,其前锋的潜行速度与试验结果相当吻合。

通过引入水流挟沙力统一公式、泥沙级配计算公式、异重流运动最新成果和因考虑异质粒子与紊流场相互作用而给出的泥沙运动修正方程等,张俊华等(1999)提出了多沙水库准二维泥沙数学模型。该水库数学模型具有很强的适应性和模拟功能。

# 第四节　研究内容与方法

## 一、研究内容

异重流的研究包括的内容比较多,在本书中主要研究下面的一些问题:

(1)对异重流的形成机制和运行规律进行研究,在这一部分主要有以下研究内容:①异重流的形成机制:异重流现象,异重流的形成条件,异重流的潜入和持续运行条件。②异重流的运行规律:异重流的流态和阻力,异重流要素沿断面及沿程的分布特点,异重流爬高和不恒定特性。③异重流的淤积和输沙特性:异重流的输沙能力,异重流的淤积形态和特点,异重流对支流倒灌的影响及异重流输沙对水工建筑物的要求。

(2)关于小浪底水库异重流,主要研究以下内容:①水库地形及水文观测。②水沙条件及水库调度。③异重流运动特性分析:异重流产生条件,水库排沙过程及清浑水交界面变化,异重流特征值和综合阻力变化分析。④对异重流的认识与建议。

(3)浑水水库与异重流联合排沙研究,主要研究下面的内容:①浑水水库形成机制:浑水水库现象,浑水水库形成和消失条件,浑水水库的维持机制。②浑水水库与异重流的联合排沙:浑水水库排沙,浑水水库与异重流联合排沙。

(4)异重流的模拟技术:①异重流实体模型模拟:异重流的水槽试验,异重流的实体模型及相似条件,小浪底水库的实体模拟。②异重流的数学模拟:异重流运动基本方程及其求解。

(5)异重流的应用,主要列举了:小浪底水库工程设计;古贤水库工程设计;东庄水库工程设计;小浪底水库异重流调度应用;冯家山水库异重流调度应用。

(6)人工塑造异重流的研究,包括:①人工塑造异重流的目的和意义。②人工塑造水库异重流调度机制。③人工塑造异重流的实例:2004年、2005年、2006年人工塑造异重流。④人工塑造异重流效果分析。

(7)异重流的测量技术,主要进行下面的研究工作:①异重流测验规程的制定。②异重流的观测:测验设施和设备;测验技术和方法:测次安排,水位观测,垂线、测点布设及颗分留样,流速、含沙量、水深及起点距测验,资料整理及测验结果的统计。③小浪底水库异重流观测实例:小浪底水库2002年异重流测验,小浪底水库2004年异重流测验,小浪底水库 2006 年异重流测验。

## 二、研究方法

目前,泥沙学科研究主要技术途径有 3 个:一是实测资料分析;二是数学模型计算;三是物理模型试验。

### (一)实测资料研究

实测资料研究即通过原型观测,在河道布设水文断面,采集天然降水条件下的水流和泥沙特性的相关数据。原型观测实现的目标是通过对流域的长系列观测,建立起模拟河流水流泥沙运行情况的数学模型。原型观测的优点是全面、准确,能够较好地反映实际情况。但由于工作涉及的范围广、战线长,积累观测资料需要的时间长,出成果慢,需要的人力也相对较多。

官厅水库是我国最早发现异重流并对其进行详细观测的。20 世纪 50 年代起,中国水利水电科学研究院在研究官厅水库异重流实测资料的基础上,了解了水库异重流的形成规律、稳定情况下的运动规律和利用水库异重流排淤的可能性和效率,为近代北方多沙河流的水库泥沙问题的解决作了翔实的基础工作。

从水库泥沙测验的角度对实测资料进行分析后,官厅水库水文实验站认为,蓄水后三角洲淤积侵占了水库的大部分淤积库容,必须预测和研究水库三角洲的发展。

自从 2001 年小浪底水库投入运用以来,小浪底水库发生了多次异重流,而且还进行了人工异重流试验,在异重流期间进行了大量观测,获得了宝贵的第一手资料。黄河勘测规划设计研究院有限公司(简称黄委设计院)和黄科院对这些异重流进行了大量分析和研究。

受设备和仪器限制,各项测验和测量的精度比较低,再加上水库自然条件比较复杂,现有的测验资料还不能全面、精确地反映各种现象和问题,需要进一步改进设备和仪器,提高测量和测验精度,改善水文测验条件,提高测验资料的准确性。在实践中,实测资料分析常常结合水槽试验等来进行辅助研究。

### (二)数学模型研究

随着流体力学、计算流体力学的发展,再加上计算机的出现并广泛运用在科学研究中,利用纳维－斯托克斯方程(N－S 方程)来描述河流的运动情况成为辅助研究的一种新手段。数学模型的发展走过了一条坎坷的道路,不少学者将其运用于水库异重流的研究,并且不断改进。

利用水沙混合水流的运动方程和质量守恒方程作为二维泥沙异重流的控制方程,用 $k-\varepsilon$ 紊流模型闭合雷诺应力,用有限元法解上述方程组,郁伟族计算了泥沙异重流的流速、含沙量、紊动动能和紊动黏滞系数的分布。

由于水库异重流边界条件的复杂性,再加上数学模型的计算模拟过程中必需的经验关系研究还不够深入,数学模拟还需要通过更准确的物理图形来改进计算模式,数学模型研究依赖于水库异重流基本的物理特性的研究成果。在其他条件不变的情况下,探索新的研究方式和提高观测水平,是个努力的方向。

### (三)物理模型试验研究

物理模型试验作为直观、方便地展现物理规律的研究方式,包括实体物理模型试验和比尺物理模型试验 2 种方式。

高学平等(1996)提出全沙模型试验的一种设计方法,对在同一模型中同时复演悬沙、异重流和底沙 3 种形式的泥沙运动进行了探讨,认为 3 种形式泥沙运动的冲淤时间比尺应基本一致。

根据白沙水库的水沙运动特点和库区地形条件,屈孟浩等(1990)考虑了悬移质、推移质泥沙及水库异重流因素建立了一维全沙不平衡非耦合数学模型。利用 1979~1987 年连续 9 年的库区淤积量资料对模型进行了验证。在设计来水来沙及水库调节条件下,应用所建模型预演了未来 30 年水库淤积对电厂取水口的影响。

黄科院利用前人研究成果、结合黄河动床模型实际提出的现代模型相似理论及关于异重流运动相似条件的研究成果,在分析原型资料和对模型沙特性比选的基础上进行小浪底水库模型设计;同时利用三门峡水库实测资料完成了模型验证试验,研究了小浪底水库在拟定的运用方式下的泥沙运动规律、泥沙淤积机制及河床纵横剖面形态变化等。

张红武等(1994)在总结前人物理模型研究经验的基础上,提出了一套适合黄河泥沙模型制作的模型相似率。张俊华等(1996,1997)通过分析异重流的压力分布给出修正系数;在进行力学机制分析的基础上,推求非恒定异重流运动方程;并以此为基础进行相似分析,给出异重流发生的相似条件,将其运用于黄河小浪底水库物理模型试验研究,获得了较满意的成果。

受实验室条件和相似定律的影响,物理模型试验的精度和准确度也难以得到保证,但物理模型试验可以直观、便捷地给研究者一个定性的概念。

# 参 考 文 献

[1] 张瑞瑾. 河流泥沙动力学[M]. 北京:中国水利电力出版社,2005.

[2] 焦恩泽. 对水库异重流的研究与建议[C]//2006 年全国异重流问题学术研讨会,2006.

[3] Ford D E, Johnson M C. An assessment of reservoir density currents and inflow processes[J]. Ambient Construction, 1983, 15(1):1-13.

[4] Grover N C, Howard C L. The passage of turbid water through Lake Mead[J]. Transactions of the American Society of Civil Engineers, 1938, 103:720-781.

[5] Nix J. Contribution of hypolimnetic water on metalimnetic dissolved oxygen minima in areservoir[J]. Water Resources Research, 1981, 17(2):329-332.

[6] ASCE. Errata for "Collie River Underflow into the Wellington Reservoir"[J]. Journal of the Hydraulics Division, 1991, 91(8):39.

[7] Fry A S, Churchill M A, Elder R A. Significant effects of density currents in TVA's integrated reservoir and river system[C]//Minnesota International Hydraulic Convention. ASCE, 2015:335-354.

[8] Hamblin P F, Carmack E C. River-induced currents in a Fjord Lake[J]. Journal of Geophysical Research Oceans, 1978, 83(C2):885-899.

[9] Elder R A, Wunderlich W O. Inflow density currents in TVA reservoirs[C]// International Symposium on Stratified Flows. ASCE, 2010.

[10] Alavian V, Ostrowski P. Use of density current to modify thermal structure of TVA reservoirs[J]. Jour-

nal of Hydraulic Engineering, 1992, 118(5):688-706.

[11] Maxworthy T. Gravity currents with variable inflow[J]. Journal of Fluid Mechanics, 1983, 128(128): 247-257.

[12] Maxworthy T. The dynamics of double-diffusive gravity currents[J]. Journal of Fluid Mechanics, 1983, 128(128):259-282.

[13] Simpson J E. Gravity currents in the laboratory, atmosphere, and ocean[J]. Annual Review of Fluid Mechanics, 1982, 14(1):213-234.

[14] 范家骅. 异重流的研究与应用[M]. 北京:水利电力出版社,1959.

[15] 韩其为. 水库淤积[M]. 北京:科学出版社,2003.

[16] 钱宁,万兆惠. 泥沙运动力学[M]. 北京:科学出版社,1983.

[17] 焦恩泽. 黄河水库泥沙[M]. 郑州:黄河水利出版社,2004.

[18] 范家骅,沈受百,吴德一. 水库异重流的近似计算法[R]. 水利水电科学研究院论文集(第二期),1963.

[19] 蒲乃达,苏风玉,涨瑞佟. 刘家峡、盐锅峡水库泥沙的几个问题[C]∥河流泥沙国际学术讨论会论文集. 北京:光华出版社,1980:737-752.

[20] 朱鹏程. 异重流的形成与衰减[J]. 水利学报,1981,5:52-59.

[21] Dequennois H. New methods of sediment control in reservoirs[J]. Water Power,1956,8(5):174-180.

[22] 曹如轩. 高含沙水流挟沙力的初步研究[J]. 水利水电技术, 1979(5):36,57-63.

[23] Akiyama J, Stefan H G. Plunging flow into a reservoir: theory[J]. Journal of Hydraulic Engineering, 1984, 110(4):484-499.

[24] Savage S B, Brimberg J. Analysis of plunging phenomena in water reservoirs[J]. Journal of Hydraulic Research, 1975, 13(2):187-205.

[25] Denton R A, Faust K M,Plate E J. Aspects of stratified flow in man-made reservoirs research report [R]. University of Karlsruhe, Germany, 1981.

[26] Singh B, Shah C R. Plunging phenomenon of density currents in reservoirs[J]. La Houille Blanche, 2010, 26(1):59-64.

[27] Ford D E, Johnson M C. Field observations of density currents in impoundments[C]∥ Surface Water Impoundments. ASCE, 1981:1239-1248.

[28] Itakura T,Kishi T. Open channel flow with suspended sediments[J]. Journal of the Hydraulics Division, 1980, 106(8):1325-1343.

[29] 菅和利,玉井信行. On the plunging point and initial mixing of the inflow into reservoirs[C]∥Proceedings of the Japanese Conference on Hydraulics. Japan Society of Civil Engineers, 1981, 25: 631-636.

[30] Fukuoka S. On dynamic behavior of the head of the gravity current in a stratified reservoir[C]∥Proceedings of Second Intern. Symp. on Stratified Flows. Norwegian Insg. Technol. , 1980: 24-27.

[31] Farrell, Gerard Joseph. Buoyancy induced plunging flow into reservoirs and coastal regions[M]. A Bell & Howell Information Company, 1986.

[32] Basson G. Prediction of sediment induced density current formation in reservoirs[C]∥Proceedings of International Conference on Hydro-Science and Engineering, Berlin. 1998.

[33] Akiyama J, Stefan H G. Onset of underflow in slightly diverging channels[J]. Journal of Hydraulic Engineering, 1987, 113(7): 825-843.

[34] Rooseboom A. Sediment transport in rivers and reservoirs: a Southern African perspective[M]. Water Research Commission, 1992.

[35] 李书霞,张俊华,陈书奎,等.小浪底水库塑造异重流技术及调度方案[J].水利学报,2006,37(5): 567-572.

[36] 谢鉴衡.河流泥沙工程学[M].北京:水利出版社,1981.

[37] 林秀芝,荆新爱,吴秀英.小浪底水库异重流输沙能力初步分析[C]//第十六届全国水动力学研 讨会文集,2002.

[38] 王光谦,周建军,杨本均.二维泥沙异重流运动的数学模型[J].应用基础与工程科学学报, 2000,8(1):52-60.

[39] 曹如轩,任晓枫,卢文新.高含沙异重流的形成与持续条件分析[J].泥沙研究,1984(02):2-5.

[40] 曹如轩,任晓枫.高含沙异重流的输沙特性[J].人民黄河,1984,6:1.

[41] 李义天.明渠异重流头部运动速度的理论分析[J].水动力学研究与进展(A辑),1995,10(2): 197-203.

[42] 王光谦,方红卫.异重流运动基本方程[J].科学通报,1996,41(18):1715-1720.

[43] 包为民,张叔铭,瞿思敏,等.异重流总流运动微分方程:Ⅰ-理论推导[J].水动力学研究与进 展(A辑),2005,20(4):497-500.

[44] 包为民,张叔铭,黄贤庆,等.异重流总流运动微分方程:Ⅱ-差分模型求解与验证[J].水动力 学研究与进展(A辑),2005,20(4):501-506.

[45] 赖锡军,汪德爟,姜加虎,等.斜坡上异重流的三维数值模拟[J].水科学进展,2006,17(3):342-347.

[46] Kassem A, Imran J. Simulation of turbid underflows generated by the plunging of a river[J]. Geology, 2001, 29(7): 655-658.

[47] Lee H Y, Yu W S. Experimental study of reservoir turbidity current[J]. Journal of Hydraulic Engineering, 1997, 123(6): 520-528.

[48] Garcia M, Parker G. Experiments on hydraulic jumps in turbidity currents near a canyon-fan transition [J]. Science, 1989, 245(4916): 393-396.

[49] Cesare G D, Schleiss A, Hermann F. Impact of turbidity currents on reservoir sedimentation[J]. Journal of Hydraulic Engineering, 2001, 127(1): 6-16.

[50] Parker G, Fukushima Y, Pantin H M. Self-accelerating turbidity currents[J]. Journal of Fluid Mechanics, 1986, 171: 145-181.

[51] Parker G, Garcia M, Fukushima Y, et al. Experiments on turbidity currents over an erodible bed[J]. Journal of Hydraulic Research, 1987, 25(1): 123-147.

[52] 张俊华,张柏山.多沙水库准二维泥沙数学模型[J].水动力学研究与进展(A辑),1999,14 (1):45-50.

[53] 高学平,洪柔嘉.全沙模型试验的一种设计方法[J].水利学报,1996(6):57-61.

[54] 屈孟浩.黄河动床模型试验相似原理及设计方法[G]//黄河水利委员会水利科学研究所科学研 究论文集(第二集,泥沙·水土保持).郑州:河南科学技术出版社,1990.

[55] 李昌华.河工模型试验[M].北京:人民交通出版社,1981.

[56] 谢鉴衡.河流模拟[M].北京:水利电力出版社,1990.

[57] 张红武,江恩惠,白咏梅.黄河高含沙洪水模型的相似律[M].郑州:河南科学技术出版社, 1994.

[58] 张俊华,李远发,张红武,等.禹州电厂白沙水库取水泥沙模型试验研究报告[R].黄河水利科学 研究院,1996.

[59] 张俊华,张红武,李远发,等.水库泥沙模型异重流运动相似条件的研究[J].应用基础与工程科 学学报,1997(3):309-316.

# 第二章

# 异重流的形成机制与运行规律

# 第一节　异重流形成机制

## 一、异重流概述

### (一)异重流现象

异重流是自然界中常见的一种现象,是许多部门共同关心的课题。异重流有不同的形式,这些在科学和工程的不同领域得到研究:地理物理学、水力学、湖沼学、边界层形态学、热能交换学、海洋学、油喷溅清理和天气预测等。

在蓄水库中,汛期浑水入库后,在某处潜入库底,有的可运行数十千米甚至百余千米到达坝前从泄水孔排出,而表层库水却清澈晶莹,这是挟沙水流形成的异重流。在引水渠道或水利枢纽的船闸引航道中,在闸门关闭时形成"盲肠"河段,如果河流水位较高,含沙量较大,则河流中的浑水将会潜入"盲肠"河段的清水下面形成异重流,从而造成"盲肠"河段的泥沙淤积。在河流入海处,如果河水含沙量不大,其密度较含盐的海水为小,则微黄的河水将呈扇形遍漫于蓝色的海面上,渐向远方运动扩散,同时海水有可能沿河底向上游内溯,形成所谓盐水,这是盐水形成的异重流。工厂从河道取水,又向河流排放热水,因热水密度较冷水为小,故引起热水在冷水上层流动,这是温差形成的异重流。在冷凝池,入流的密度比接受水体密度低,因此形成悬浮于表层的异重流。雷阵雨出流、冷锋、海冰前锋是冷空气形成的大气天气系统的异重流。灰尘和沙尘暴及雪崩是空气中悬浮颗粒形成的异重流。泥石流包括泥浆、岩石、火山爆发的水和火山岩也可以看作一种特殊形式的异重流。地幔里的岩浆流可以看作是低雷诺数异重流传播。如此等等,它们常常给国民经济各部门和人民生产生活带来影响。

### (二)异重流的定义

异重流是两种密度相差不大、可以相混的流体,因为密度的差异而发生的相对运动。当挟沙水流与清水相遇时,由于前者的密度比后者大,在条件合适时,挟沙水流就会潜入底部继续向前流动,形成异重流,所以异重流又是泥沙运动的一种特殊形式。

异重流潜入点附近的水面,常可看到大量漂浮物,如柴草、秸秆等聚集。这是因为当异重流沿着库底向坝前流动时,在水面引起向上游的微弱倒流。漂浮物的聚集常常是判别发生异重流并确定潜入点的良好标志。

在异重流潜入过程中,浑水与清水有剧烈的掺混现象。在水面上常可见到浑水泥团不时冒升水面的"翻花"现象,掺混结果使异重流在潜入点附近产生大量的淤积。异重流沿库底前进过程中,其首部要排开清水,需要克服的阻力较大,因而首部厚度较大。同时异重流在运动过程中除克服库底阻力外,还要克服清浑水交界面上的阻力。清浑水交界面的掺混也使得异重流产生沿程淤积。

### (三)水槽中的异重流

试验时首先放置一定深度的清水,泥水同清水相遇后,泥水流至一定地点潜入,潜入点具有一定的深度;当改变清水的水位时,则潜入点的位置也随之移动,但深度并不改变。从这一点来看,进入流量保持不变时,潜入点处的速度和深度也保持一定值。

在相同的清水水位和底部坡度的条件下,如将进入流量加大,则潜入点的位置将向下游移动;如果减小流量,则潜入点将向上游移动。这种情况阐明了洪水时期在天然水库中异重流潜入点移动现象的本质。

### (四)异重流的分类

按照在水体中的位置,异重流可分为表层异重流、中部异重流、底部异重流。当入流比环境水体轻,就会在环境水体上面运动产生表层异重流;当入流比环境水体重,则潜入到环境水体下面形成底部异重流;若入库河水温度大致等于水库水体表面温度,但河水矿化度较高,致使入库河水密度高于水库表层密度,另外,由于水库水体底部温度较低,所以入库河水密度介于水库表层密度和水库底部密度之间,而形成中部异重流。

河流中的密度差异可能是由下面的因素引起的:含沙量、温度和溶质浓度。因此,根据造成密度差异的原因,异重流可以分为泥沙异重流、温差异重流和盐水异重流。

### (五)水库异重流例子

国内外有很多水库异重流的例子。我国北方河流泥沙较细,数量又多,在水库中常常形成异重流。我国官厅水库1953年发生异重流,并建立了观测队伍,于1955年正式设置水库泥沙观测实验站。之后,红山、三门峡、刘家峡、巴家嘴、冯家山、碧口、恒山、汾河等水库均发生了异重流。2002年小浪底水库调水调沙试验成功,小浪底首次人造异重流成功。

图2-1为三门峡水库异重流示意图。浑水进入清水水库,潜入河底,沿库底向坝前推进,在一定条件下可以到达坝前。若及时开启闸门,异重流即能排出库外。在潜流过程中,异重流的首部排开清水,受到很大的阻力。在运动中还要克服库底阻力,在与清水的交界面上也有阻力,并产生掺混现象。

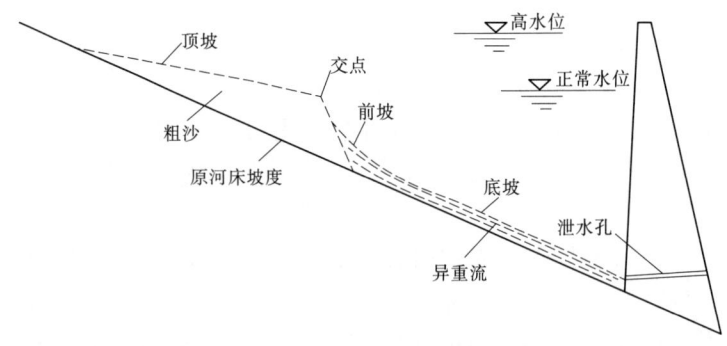

**图2-1 三门峡水库异重流示意图**

1958年11月25日,三门峡工程开始截流。1960年6月高坝筑至340 m,开始拦洪。1960年9月,三门峡大坝建成,大坝下闸蓄水。三门峡水库(见图2-2)蓄水后,即开始测量异重流(库内多断面的流速分布、含沙量分布、泥沙粒径垂线分布和异重流排沙量等项),图2-3为三门峡水库某次实测异重流。

小浪底水利枢纽位于河南省洛阳市以北40 km的黄河干流上,是以防洪(防凌)、减淤为主,兼顾供水、灌溉、发电等综合利用的一座大型水利工程。工程由大坝、泄洪建筑物及发电系统组成。大坝为黏土斜心墙堆石坝,坝顶长1 667 m,最大坝高154 m,库容

图 2-2  三门峡水库

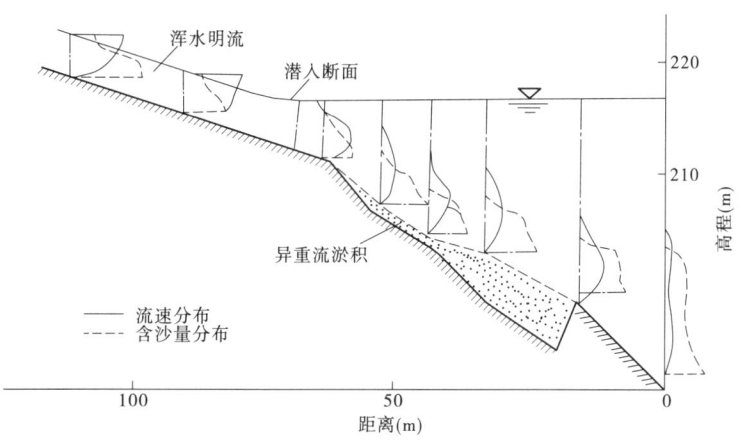

图 2-3  三门峡水库某次实测异重流

126.5 亿 m³;泄洪建筑物包括集中布置的 10 座进水塔、9 条泄洪排沙隧洞、1 个正常溢洪道和 3 个消力塘;发电系统由 6 条引水隧洞和 1 座地下厂房、主变室、尾闸室及 3 条尾水洞组成。总装机容量 $6 \times 30$ 万 kW,多年平均发电量 51 亿 kW·h。工程于 2001 年 12 月 31 日全部完工。小浪底坝址以上流域面积为 69.4 万 km²,占黄河流域面积的 92.3%,处于控制黄河水沙的关键部位。小浪底水库长期有效库容为 51 亿 m³。

小浪底工程 1991 年 9 月开始前期工程建设,1994 年 9 月主体工程开工,1997 年 10 月截流,2000 年 1 月首台机组并网发电,2001 年底主体工程全面完工,历时 11 年。小浪底水库自 1999 年 10 月下闸蓄水运用以来,发生了多次异重流,而且对异重流展开了详细的观测,2002 年开始进行调水调沙试验,2004 年首次人工塑造异重流获得了圆满成功。图 2-4 是小浪底水库异重流情况。

国外异重流的例子也有很多,美国、南非、阿尔及利亚、瑞士等国的水库都曾发生过异重流。

美国有很多水库发生过异重流,比较著名的是象山(Elephant Butte)水库和米德湖

图 2-4　小浪底水库异重流

(Lake Mead)水库。

象山水库位于新墨西哥州(New Mexico)的里奥格兰德(Rio Grand)河上,库区长 64 km,总库容 26.1 亿 m³,坝高 92m,坝顶长 510 m,蓄水前库区比降 8.9‰,大坝于 1916 年竣工。里奥格兰德河输沙量较大,含沙量为 1.18‰。水库末端上游附近支流为普埃科河,其含沙量很高,实测最大值为 68%,泥沙多为细粉沙。正是此支流的高含沙造成了象山水库异重流的形成。在水库运用后的前 20 年内,象山水库发生异重流 13 次,其后 20 年内,仅 1 次。在象山水库,异重流排沙并未作为减缓水库淤积的方法,其原因是,在象山水库运用的早期,异重流通过排沙底孔排出后,下游农民拒绝使用这种包含异重流的水,因为这种异重流水没有多大肥力,而且用这种水浇灌容易造成幼苗的死亡。因此,尽管象山水库运用的早期阶段有利于形成异重流,但异重流排沙率小于 5%。

米德湖水库大多数底部异重流不能到达库区的下游段。观测表明,能够明显观测到运移到坝前的底部异重流只有 12 次,其中 11 次发生在水库运用的早期阶段(1935 ~ 1941 年),此时期水库长度为 113 ~ 193 km,剩下的 1 次发生在 1947 年秋,相应库区长度为 126 km。运用后的前 14 年间,米德湖水库淤积 20 亿 t,占总库容的 5%。库区淤积量的约 50%(按质量计)或 2/3(按体积计)是由异重流造成的。80%的库区淤积位于水库入口处下游 70 km 附近,23%在 161 km 处附近。水库入口附近多为粗沙($D_{50} > 0.062$ mm,即 sand)和粗粉沙(silt),库区多为细粉沙和淤泥。异重流挟带的泥沙中径为 1.65 μm,其中黏土占 67%,粗粉沙占 32%,粗沙不到 1%(见图 2-5)。水库异重流输移速度平均为 0.09 ~ 0.25 m/s。观测发现,异重流在库区淤积三角洲的陡坡段比在缓坡段的速度大,在库区段,自上而下,异重流由大而小。

南非威伯达(Welbedacht)水库位于南非卡利登(Caledon)河上,水库集水区位于高产沙区,其产沙模数 1 000 t/km²。水库于 1973 年建成,总库容 1.14 亿 m³。投入运用后的前 3 年水库淤积 0.36 亿 m³,到 2000 年,水库库容不及总库容的 10%(见图 2-6)。

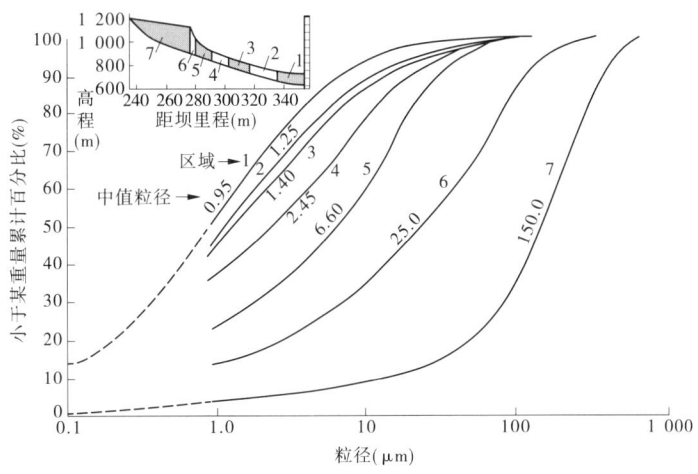

图 2-5　米德湖水库沿程河床质粒径变化

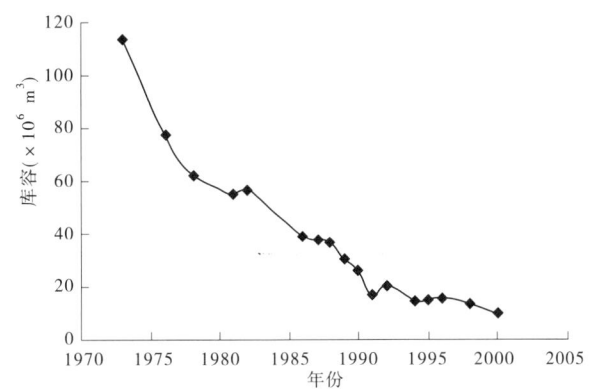

图 2-6　南非 Welbedacht 水库库容随时间减小

　　Welbedacht 水库异重流产生过程：先是降低库水位泄洪，形成漏斗冲刷，库区产生含沙量较高的浑流，输沙机制为浑流悬沙输移；之后关闭泄水闸，但留底孔敞开，含沙量较高的水流中粗沙首先落淤，较细泥沙下潜形成异重流（见图 2-7）。从此案例可见，库区三角洲前坡段较陡、入库含沙量较高有利于发生底部异重流。这与小浪底水库异重流形成条件极为相似。

## 二、异重流形成条件

### （一）异重流产生的根源

　　流体之间的密度差异是产生异重流的根本原因。就河流来说，促使密度发生变化而形成异重流的主要因素有三个：温度、溶解质含量及含沙量。在这里只限于讨论水流因挟带泥沙而形成的浑水异重。这种异重流常以在清水下面流动即所谓潜流形式出现。

　　异重流和明渠流运动的原因都是重力的作用，所不同的是挟带泥沙的异重流因处在清水的包围之中，受清水浮力的作用，使异重流的重力作用大大减少。因此，对于明渠流

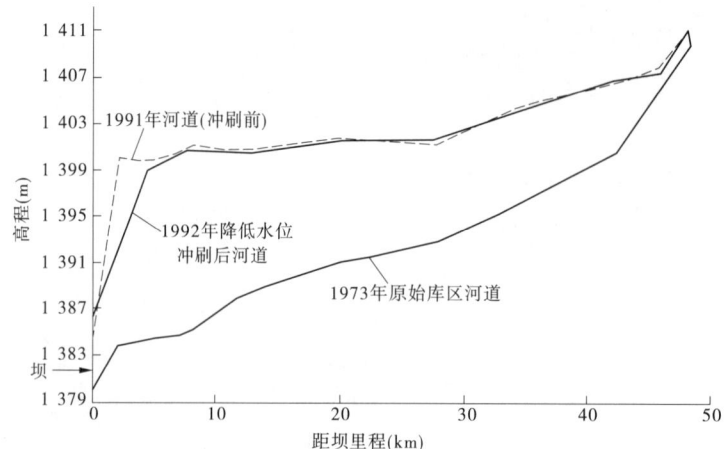

图 2-7　南非 Welbedacht 水库降低水位运用前后水库总剖面变化

来说,重力和惯性力处于同等重要的地位,而异重流则由于重力作用的减少,惯性力作用居于突出的地位。

明渠异重流的运动规律与一般明渠水流有许多相似之处。异重流潜入到水库下层运动,上层为清水。令上下层流体的密度差为 $\Delta\rho$ ,下层浑水的密度较大,上层清水的密度较小。下层的浑水受到上层清水的浮力作用,好像浑水在清水的包围之中,所以浑水的有效重力加速度有了显著的改变,即

$$g' = \frac{\Delta\rho}{\rho'}g = \frac{\Delta\gamma}{\gamma_m}g \tag{2-1}$$

式中　$\rho'$——浑水密度;

　　　$g'$——有效重力加速度。

由于 $\Delta\rho$ 一般比较小,所以 $g'$ 比 $g$ 小得多,使异重流中的重力作用大大降低。

一般明渠挟沙水流,是水流挟带泥沙,但当它进入水库形成异重流以后,却是泥沙的存在才造成有效应力,从而驱使水流运动前进。因此,泥沙的含量愈大,异重流的流速愈高。另一方面,异重流得以存在,要以紊动不足以破坏水流交界面的稳定为条件,但是如果没有紊动产生向上的紊速,用以抗衡泥沙下沉的沉速,泥沙就会沉到库底,异重流也就不复存在。

从上述异重流的分析来看,重力作用的减少是最为重要的,它改变了重力作用和惯性力作用及阻力作用的相互关系,形成了异重流区别于一般水流的特殊矛盾。此点在研究异重流的各种问题时应该紧紧把握住。

**(二)异重流的形成过程**

图 2-8 为自挟沙明渠水流过渡到异重流的全部过程示意图。挟沙水流在 A 点进入水库壅水段以后,由于水深增加,流速降低,水流中所挟带的泥沙不断向底部沉降集中,水面的流速和含沙量逐渐趋向于零。向底部集中的泥沙中,较粗的一部分将落淤而形成三角洲淤积,较细的一部分则由于较小,还能够继续保持悬浮状态。自 B 点以后,表层水开始撇清,形成了一个明显的清浑水交界面,这时流区内出现了两种密度不同的流体,在重力的作用下,潜入底部的水流就有可能挟带着所剩下的悬浮物质,以一定的速度向前运动,

形成异重流,如图 2-8 中的 $C$ 点。由于异重流在运动过程中将带动一部分交界面的清水相随而行,出于水量平衡的要求,在清水区其余部分会出现倒流。这样的倒流将推动水面的漂浮物向 $B$ 点附近聚集,这是产生异重流的一个最好标志。潜入点的水流泥沙条件可以作为异重流的形成条件。

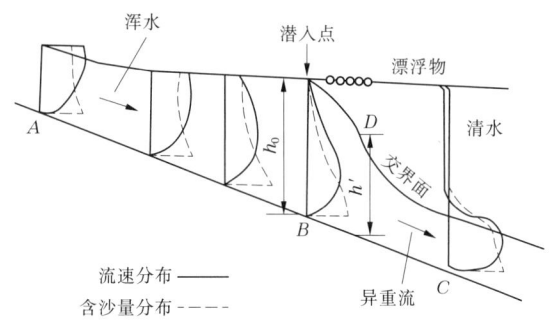

图 2-8　自挟沙明渠水流过渡到异重流的全部过程示意图

**(三)异重流形成条件**

最早 Dequennois(1956)提出紊流转化为异重流的标准是: $f = q(\gamma' - 1)$ 。

Rooseboom(1992)从清浑水密度差产生压力差的角度,提出了产生异重流的条件为,异重流压力大于紊流压力,并使用谢才系数得到影响异重流产生的条件是:①较大的河道水深;②较大的清浑水密度差;③库区河道比降较大;④入库水流流速较小。

Basson(1998)从河流最小功率的角度考虑,假设在异重流潜入点河流紊流转化为异重流时一点能量不损失,那么,河流紊流功率 = 异重流功率,得到异重流产生的条件。

Akiyama 等(1987)验证了发生均匀异重流时异重流功率的确小于或等于河流入库功率。

Basson 和 Akiyama 都得到影响异重流形成的主要因素是潜入点上下游的河道比降和密度差。

根据试验和现场资料,异重流形成的条件是:①浑水中要有一定的含沙量,即含沙量不能小于一定的临界值;②浑水中的泥沙大部分应为细沙,以保持悬浮状态;③进库的单宽流量要大于一定的数值。

根据官厅水库实测资料分析,实测的最小含沙量是 20 kg/m³。可能还不是最小值,估计可能为 10 kg/m³。浑水中小于 0.01 mm 的泥沙占 40% ~ 50%,发生异重流的单宽流量要大于 0.31 m³/(s·m)。

黄科院李书霞、张俊华等(2006)根据 2001 ~ 2003 年小浪底水库异重流实测资料,分析得出小浪底水库异重流产生的水沙条件为:入库流量不小于 300 m³/s。若流量大于 800 m³/s,相应入库含沙量约为 10 kg/m³;入库流量约为 300 m³/s 时,要求水流含沙量约为 50 kg/m³;当流量为 300 ~ 800 m³/s 时,水流含沙量可随流量的增加而减少,两者之间的关系可表达为 $S_{入} \geq 74 - 0.08 Q_{入}$ 。

**(四)高含沙异重流的形成条件**

曹如轩(1984)通过试验发现流态为紊流两相流的高含沙水流进入壅水区后,在一定

条件下均能形成异重流,取潜入段隔离体建立动量方程,略去阻力及重力在纵向的分力可得

$$h_p = \frac{2\left(\frac{\lambda_m}{8J_0}\right)^{1/3}\left(q^2 \Big/ \frac{\Delta\rho}{\rho'}g\right)^{1/3}}{\sqrt{1 + 8Fr'^2} - 1}$$ (2-2)

式中  $h_p$——潜入断面水深;

   $Fr'$——潜入断面密度修正弗劳德数;

   $q$——单宽流量;

   $\lambda_m$——异重流阻力系数;

   $J_0$——比降;

   $\rho'$——异重流密度;

   $\Delta\rho$——清浑水密度差;

   $g$——重力加速度。

日本学者芦田和男根据试验资料提出 $h_p$ 的计算公式为

$$h_p = 0.365\left(\frac{q^2}{\frac{\Delta\rho}{\rho'}gJ}\right)^{1/3}$$ (2-3)

曹如轩等(1984)得到

$$h_p = \left[0.365 + 2\left(\frac{g\tau_B}{\gamma_m v_0^2}\right)^{0.82}\right]\left(\frac{q^2}{\frac{\Delta\rho}{\rho'}gJ}\right)^{1/3}$$ (2-4)

试验得出,当粗沙高含沙异重流为絮流两相流时,$\tau_B \approx 0$,$h_p$ 可按芦田和男公式计算。

## 三、异重流的潜入条件

异重流潜入条件是由物理模型试验得到的重要参数,具有重要的理论意义和实践价值:

(1)它对于异重流潜入的机制研究具有开拓性的意义,为后人提供了可以借鉴的研究方向和思路;同时,在进行模型试验时,可以潜入点处 $Fr$ 作为指标来配置试验的水沙条件。

(2)作为异重流潜入的判定条件,它可以适用于低含沙水流形成的水库异重流,根据一些实测资料的验证,它在一定范围内具有代表性。

(3)在异重流观测工作中,可应用潜入条件关系式初步估算潜入点可能出现的位置,便于提前布置观测工作。

### (一)异重流的潜入

在潜入处可以看到清晰的清浑水分界线,在《诗经》中提到的"泾渭分明",就是对这种现象的描述。当泾河含沙浓度大于渭河含沙浓度时,泾河水进入渭河时,在一定地点潜入渭河水流的下层,形成异重流,在潜入处,可见不同河水的分界线。当泾河含沙浓度小于渭河时,则泾河水在渭河水之上,形成上层流,随流向下游运动。

浑水从明流潜入清水下形成异重流的位置称为异重流潜入点。异重流发生的标志是在水库清水表面有明显的潜入点,潜入点的水流泥沙条件即是异重流的形成条件。据资料分析,当坝前清水水位维持一定时,单宽流量的增大会使异重流潜入点位置下移,入库含沙量的增大可使潜入点上移。据观测,在潜入点附近水体表面有大面积的翻花现象,形成明显的一条或数条舌状清浑水分界线,该分界线时隐时现,并上下摆动变化。

**(二)潜入条件的分析**

从异重流运动的方式看,潜入的现象是开始形成异重流的标志;从明渠潜入过渡到异重流,就其变化来说,是不连续的。这个不连续的意义是在潜入处,异重流的交界面处于突变状态,因而在潜入点的流动也可以说是处在局部变化时的流动(见图2-9)。在异重流潜入交界面突变处,$\dfrac{\mathrm{d}h}{\mathrm{d}s}$ 变大,当交界面与稳定的异重流边界相垂直时,$\dfrac{\mathrm{d}h}{\mathrm{d}s} \to \infty$,因此有:

$$\frac{v_2}{\dfrac{\Delta\gamma}{\gamma'}gh} = 1 \tag{2-5}$$

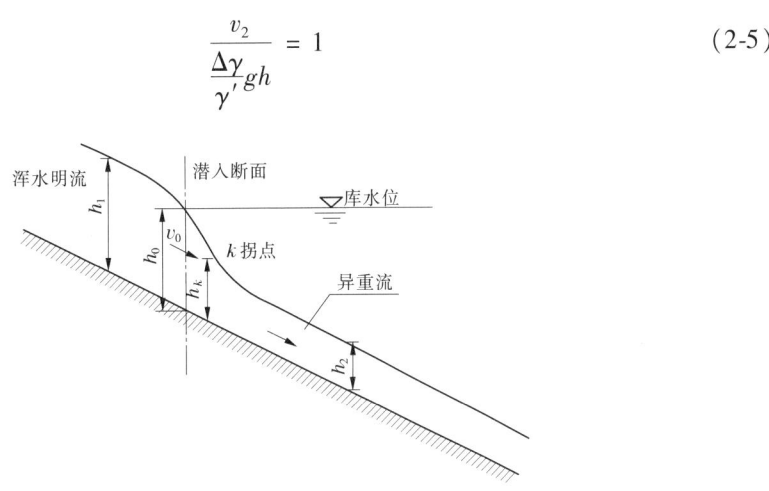

**图 2-9　异重流潜入示意图**

观察异重流潜入交界面曲线,发现交界面流线上有一拐点,拐点的位置在潜入点的下游。可以认为在 $\dfrac{\mathrm{d}h}{\mathrm{d}s} \to \infty$ 处,相当于临界状态的控制断面,设该处水深与流速为 $h_k$ 及 $v_k$,则有 $\dfrac{v_k^{\;2}}{\dfrac{\Delta\gamma}{\gamma'}gh_k} = 1$,而潜入点的水深 $h_0 > h_k$,因此

$$\frac{v_0^2}{\dfrac{\Delta\gamma}{\gamma'}gh_0} < 1 \quad 或 \quad \frac{q_0^2}{\dfrac{\Delta\gamma}{\gamma'}gh_0^3} = K < 1 \tag{2-6}$$

式中　$q_0$——潜入点处的单宽流量;

　　　$h_0$——潜入点处的深度。

则

$$h_0 = \frac{1}{K}\sqrt[3]{\frac{q_0^2}{\frac{\Delta\gamma}{\gamma'}g}}$$ (2-7)

在 15 cm 水槽内进行潜入条件的试验,流量范围 0.3 ~ 3.8 L/s。由试验观察结果得到平均关系,见图 2-10。

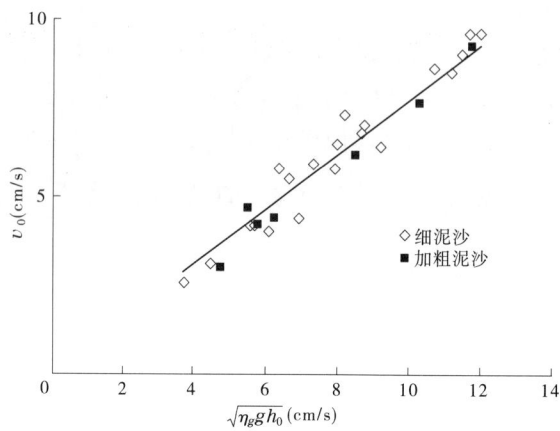

图 2-10    平均关系

潜入点的水力条件

$$\frac{v_0^2}{\frac{\Delta\gamma}{\gamma'}gh_0} = 0.6 \quad 或 \quad \frac{v_0}{\sqrt{\frac{\Delta\gamma}{\gamma'}gh_0}} = 0.78$$ (2-8)

式中    $v_0$ ——潜入点的平均流速,是用流速仪实测的值;

    $h_0$ ——潜入点的水深,也是实测值。

范家骅试验得到的判别标准在官厅、三门峡、刘家峡、红山、冯家山、小浪底等水库实测资料及黄科院、南京水利科学研究院(简称南科院)和西北水科所等做的水槽试验或模型试验中得到印证。其判别标准较为成熟,得到推广和应用。

**(三)潜入条件在小浪底水库的应用**

小浪底库区的异重流属于高含沙异重流,其流体特征属于非牛顿流体,通常采用宾汉流体模型进行描述,这与范家骅试验的一般挟沙水流所适用的基础是不同的。1984 年曹如轩通过水槽试验发现,高含沙异重流潜入断面的阻力系数 $\lambda_p$ 与有效雷诺数 $Re_p$ 有如下关系:

(1)对于低含沙水流,流态处于紊流阻力平方区,$\lambda_p$ 与 $Re_p$ 无关,$\lambda_p \approx 0.2$。

(2)对于高含沙非均质流或流量大的均质流,其流态处于紊流过渡区,$\lambda_p$ 与 $Re_p$ 有经验关系: $\lambda_p = \dfrac{3}{Re_p^{0.31}}$。

(3)对于高含沙均质流,流态处于层流区,$\lambda_p$ 与 $Re_p$ 有经验关系: $\lambda_p = \dfrac{K_p}{Re_p}$,其中 $K_p$ 的平均值为 150。

试验得出结论,弗劳德数随含沙量的增大而变小:在低含沙量水流(<40 kg/m³)情况下,流态一般处于紊流阻力平方区,此时与范家骅试验所描述情况相接近,异重流潜入点附近 $Fr^2$ 接近 0.6;随着含沙量的增大,流体的黏性随之增大,流态发生改变, $Fr^2$ 较 0.6 明显减小。同时,试验得出了新的经验关系,当含沙量在 10 ～ 30 kg/m³ 时, $Fr^2 = 0.56 ～ 0.3$;当含沙量在 100 ～ 360 kg/m³ 时, $Fr^2 = 0.16 ～ 0.04$。在 1992 年出版的《泥沙手册》中采纳了曹如轩的研究结果。

在小浪底库区 2001 ～ 2006 年所观测到的异重流中,含沙量 $S$ 基本都大于 40 kg/m³,见表 2-1,与范家骅试验所描述的流态不同;同时,采用表 2-1 中的实测资料对潜入点处的弗劳德数进行了验证, $Fr^2$ 的分布也较为分散,说明小浪底库区的异重流不能简单地套用式(2-8)的判别方法。

表 2-1　2001 ～ 2006 年异重流潜入点附近弗劳德数计算

| 测验<br>日期<br>(年-月-日) | 浑水<br>厚度<br>$h_0$<br>(m) | 总水深<br>$h_0$<br>(m) | $v$<br>(m/s) | $S$<br>(kg/m³) | $\dfrac{\Delta\gamma}{\gamma'}$ | 按浑水厚度计算 | | 按总水深计算 | |
|---|---|---|---|---|---|---|---|---|---|
| | | | | | | $\sqrt{\dfrac{\Delta\gamma}{\gamma'}gh_0}$<br>(m/s) | $Fr^2$ | $\sqrt{\dfrac{\Delta\gamma}{\gamma'}gh_0}$<br>(m/s) | $Fr^2$ |
| 2001-08-24 | 3.2 | 3.8 | 0.98 | 141.0 | 0.082 | 1.60 | 0.38 | 1.74 | 0.32 |
| 2001-09-03 | 2.7 | 6.2 | 0.27 | 57.4 | 0.035 | 0.96 | 0.08 | 1.46 | 0.03 |
| 2002-07-15 | 4.0 | 6.2 | 0.19 | 4.0 | 0.003 | 0.31 | 0.37 | 0.39 | 0.24 |
| 2003-08-02 | 5.0 | 7.0 | 0.92 | 169.0 | 0.096 | 2.17 | 0.18 | 2.57 | 0.13 |
| 2003-08-02 | 4.2 | 6.5 | 1.06 | 83.1 | 0.050 | 1.43 | 0.55 | 1.78 | 0.35 |
| 2003-08-04 | 4.7 | 6.9 | 0.92 | 53.4 | 0.033 | 1.23 | 0.56 | 1.48 | 0.38 |
| 2003-08-27 | 4.8 | 7.9 | 0.65 | 46.6 | 0.029 | 1.16 | 0.31 | 1.49 | 0.19 |
| 2004-07-06 | 6.1 | 7.6 | 1.35 | 75.0 | 0.045 | 1.64 | 0.68 | 1.83 | 0.54 |
| 2004-07-06 | 3.4 | 5.7 | 1.07 | 94.0 | 0.056 | 1.37 | 0.61 | 1.77 | 0.37 |
| 2004-07-08 | 6.3 | 11.8 | 1.26 | 62.3 | 0.038 | 1.53 | 0.68 | 2.09 | 0.36 |
| 2004-07-08 | 8.0 | 12.8 | 0.95 | 135.0 | 0.078 | 2.48 | 0.15 | 3.14 | 0.09 |
| 2004-07-09 | 5.1 | 9.4 | 0.95 | 57.8 | 0.035 | 1.33 | 0.51 | 1.80 | 0.28 |
| 2004-07-10 | 4.0 | 6.0 | 0.59 | 49.3 | 0.030 | 1.09 | 0.29 | 1.33 | 0.20 |
| 2005-06-29 | 2.9 | 3.6 | 0.70 | 46.7 | 0.029 | 0.90 | 0.60 | 1.00 | 0.49 |
| 2005-06-29 | 5.0 | 5.1 | 0.57 | 51.9 | 0.032 | 1.24 | 0.21 | 1.26 | 0.21 |
| 2006-06-25 | 5.6 | 10.3 | 0.66 | 27.6 | 0.017 | 0.97 | 0.46 | 1.31 | 0.25 |
| 2006-06-25 | 6.6 | 8.8 | 1.00 | 34.0 | 0.021 | 1.17 | 0.74 | 1.35 | 0.55 |
| 2006-06-28 | 4.0 | 6.0 | 0.40 | 34.8 | 0.022 | 0.91 | 0.19 | 1.12 | 0.13 |

还须看到,式(2-8)中的 $v_0$、$h_0$ 均是指潜入点附近上游浑水明流的流速、水深等,由于潜入点附近水流紊乱,漂浮物多,测验船只很难靠近,一般在潜入点下游水流比较平稳的地方进行测验;另外,我们认为潜入"点"是一种物理理想状况,实际的潜入是发生在一个河段内,其位置在不断摆动,且水流紊乱,无法确定其特征代表点。因此,用潜入点下游测得的有关数据代入式(2-8)本身就是一种近似借用,又由于测得的流速偏小,计算的弗劳德数也会变小,见表 2-1。

不管用浑水厚度还是总水深对应的数据进行计算,均反映出 $Fr^2$ 较小,将表中的弗劳德数与潜入点附近异重流含沙量点绘相关图,见图2-11。由于测点位置不稳定,关系比较离散,但也表明弗劳德数随含沙量增大而减小,与曹如轩试验的结论基本一致。

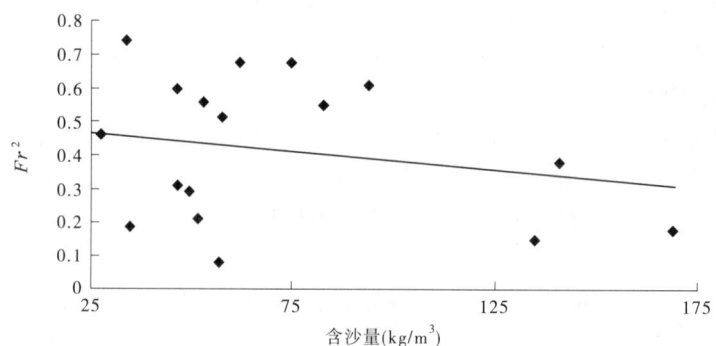

图 2-11　小浪底库区异重流潜入点附近弗劳德数与含沙量关系图

## 四、异重流持续运动的条件

### (一)异重流持续运动的条件定义

要估计异重流排出库外的数量,需要了解异重流发生后能运行多长距离,能否通过水库全长而排出库外,不仅要研究异重流的形成条件和潜入条件,还要研究异重流持续运动的条件。

异重流持续运动的条件是指在一定的水库地形条件下,进入的洪峰所形成的异重流能保持在一定长度的水库中继续运动到达坝址而排出所要满足的条件。从物理意义来谈,即是:进库洪峰形成异重流所供给的能量,须能克服水库全长的沿程和局部的能量损失;否则,则在中途停止运动。研究这个问题的目的,是要了解异重流在不同洪峰和不同水库地形条件下,可能流到坝址而排出的泥沙数量。

### (二)异重流持续运动的影响因素

形成异重流的条件前已叙述,异重流持续运动的条件,除异重流形成条件外,还包括下列各因素:

(1)进库洪峰流量的延续,流量的连续是保持异重流连续的首要条件。对于一定大小(长度、宽度和底部比降等)的水库,则要求一定大小的洪峰(延续时间、流量和含沙量),才能使异重流运动,直到坝址。在水槽内观察到:异重流运动时,一旦上游停止进入流量,异重流流速很快减小,乃至停止运动。

(2)进库洪水的洪量和洪峰的陡峻度,将决定异重流流动的强度。洪峰猛涨将加速异重流的流速,推进流速较大的异重流较快地流到坝址。上述两个因子代表异重流所供给的能量大小。

(3)水库底坡和地形的影响。像天然河道中一般水流一样,异重流只有凭借势能的消耗去克服沿程的阻力损失。因此,要使异重流形成以后能够持续向坝前运动,水库河床必须有一定的坡降。坡降越大,异重流的运动速度越快,达到坝前的时间也越短。水库底部地形局部变化(扩大段、收缩段、弯道等)的地方,都将使异重流损失能量,降低流速,从而降低异重流的挟沙能力。水库的底部比降也是影响异重流运动的一个因素。由于异重流在库底运动,因此水库底部的宽度对异重流也有影响,宽度大,相对来说,异重流的单宽流量和流速则较小,反之,则大。对长度较大的水库来说,沿程能量损失较大,反之,则较小。

异重流实测资料表明:流量较小时,虽然也在水库中形成异重流,但因洪水水量不够大,异重流不能流达坝址,即在中途停止运动。受局部阻力的影响,异重流会损失一部分能量,运动受阻、减弱,甚至逐渐停止运动。

### (三)异重流的持续条件

异重流的持续条件指异重流形成以后能够持续保持运动,是到达坝前的必要条件。异重流发生之后,如要持续运动,需要具备以下几个条件:

(1)需要有一定的持续入库浑水流量。异重流持续运动的最基本条件是要有一定的持续入库流量,以便推着整个异重流前进。流量大,产生异重流的强度大,速度大,能在较短时间内运行到坝前。

(2)洪峰持续时间必须大于异重流运动至坝址的历时,否则异重流就不能排出。异重流持续的时间主要取决于洪峰的持续时间,但异重流运动到坝前的时间还取决于它的流速和流程。一般根据潜入点的洪水过程线计算,取其涨峰和落峰的转折点的时间。

异重流发生的起止时间,如图 2-12 中的 $t_1$ 和 $t_3$,并以 $t_2$ 作为异重流前峰到达坝前的时间。

如图 2-12 所示,水库异重流从潜入点运行到坝址的时间为: $\Delta T_{1-2} = t_2 - t_1$;异重流在坝址的持续时间为: $\Delta T_{2-3} = t_3 - t_2$。若潜入点到坝址的距离为 $L$,异重流平均速度为 $v$,则 $\Delta T_{1-2} = L/v$,由此可得 $\Delta T_{2-3} = t_3 - t_1 - L/v$。异重流能否运行到坝前,要看 $t_3 - t_1$ 是否大于 $L/v$。若运用水位高,异重流流速小,洪峰的持续时间 $t_3 - t_1$ 又不够长,则有可能 $t_3 - t_1 < L/v$,异重流前峰到不了坝前。中小型水库因回水短,异重流流速较大,一般的洪水常能发生异重流,并能到达坝前。

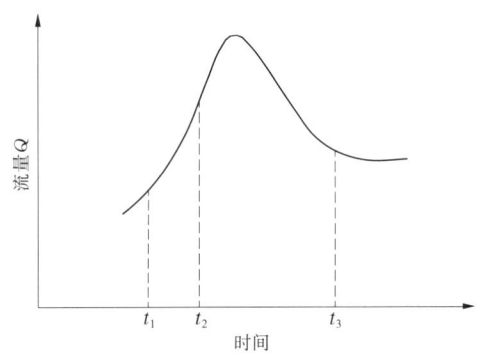

图 2-12 水库异重流发生时间关系

(3)需要一定的含沙量,且细颗粒含量要占一定比例。

(4)要求库区地形变化不大,支流较少,沿程阻力损失较少。异重流通过地形局部变化的地方,将损失一部分能量。如果开始的异重流流速就很小,经过扩大段或弯道段的局部损失,流速会变得更小,甚至不能向前运动。

(5)需要有一定的库底比降。异重流运动速度同库底比降关系较大,异重流在比降较大的库底形成时,其运动速度相对较快,容易持续运行至坝前;反之,就不容易持续。

基于小浪底水库发生异重流时入库水沙资料,黄科院李书霞等(2006)得到异重流持续运动至坝前的临界条件为:小浪底水库入库洪水过程在满足一定历时且悬移质泥沙中

$d$ <0.025 mm 的沙重百分数约为50%的前提下,若 500 m³/s ≤ $Q_入$ < 2 000 m³/s,满足 $S_入$ ≥ 280 - 0.12$Q_入$;若 $Q_入$ >2 000 m³/s,满足 $S_入$ >40 kg/m³。此外,若是处于洪水落峰期,此时异重流行进过程中需要克服的阻力要小于其前锋所克服的阻力,或在水库进口与水库回水末端之间的库段产生冲刷,使异重流潜入点断面含沙量增大或入库细泥沙的沙重百分数基本在75%以上时,异重流亦有可能运行至坝前。入库流量 $Q_入$、水流含沙量 $S_入$、悬移质泥沙中值粒径小于 0.025 mm 的沙重百分数 $d_入$ 三者之间的函数关系基本可用式 $S_入$ = 980$e^{-0.025d_入}$ - 0.12$Q_入$ 描述。

# 第二节　异重流基本运行规律

## 一、异重流的流态

天然异重流的运动,多是不恒定流,例如水库中潜入底部运动的泥水异重流,随着进库洪峰的涨落,各断面上的异重流的厚度也不断变化。但由于沿程的槽运作用和阻力作用,异重流在超过一定距离后,会慢慢地接近于恒定状态。又如热电站向水库中排除热水,会形成上层异重流,它随热水排除流量的改变及温度的变化,也有不恒定的性质。

当流量为定值时,随着含沙量的增加,流体黏性亦增加,导致异重流潜入断面水流流态可能为紊流、过渡及层流等三种不同流态。

当异重流流态为紊流时,泥沙的悬浮仰赖水流的紊动。一旦进库洪峰消失,运动着的异重流便迅速停止流动,全部泥沙就地消散。

当异重流前锋流态为紊流时,由于高含沙量的锋速大,后续异重流流态一般为层流,传播速度显著减小。由于这种阻力特性的制约,异重流持续运动的历时将比洪峰持续时间长。高含沙异重流的输沙特性为:属于载体部分的泥沙,在静水情况下是以界面形式下降的;属于负荷部分的泥沙,因介质黏性变大,沉速减小。在形成浑水水库情况下,一方面在横向,异重流以较低的流速向前运动;另一方面在垂向,粗颗粒在重力作用下做制约沉降,细颗粒(载体部分)以界面形式下降。

由于阻力特性及输沙特性的制约,洪峰消失后,只要基流含沙量仍属高含沙量范畴,则异重流仍能以阵流、间歇流形式持续运动,直至 $\tau_0$ < $\tau_B$。若洪峰消失后,基流含沙量不属高含沙量范畴,则将发生中层异重流,在水槽中观测到,这种流态相同但含沙量不同的两层流体并不掺混,中层异重流传播快,下层高含沙异重流传播非常慢。

异重流为恒定流时,同明渠水流一样,又可分均匀流动和不均匀流动两种流态。从试验中观察,发现异重流流动常具有不均匀的特性。在一定条件下,则接近均匀流。

## 二、异重流的阻力

### (一)层流异重流的阻力

设自二维异重流中取出一自由体 $ABCD$,见图 2-13。自由体上所承受的作用力有:

$$p_1 = \left(\rho gh + \frac{1}{2}\rho'gh'\right)h' \tag{2-9}$$

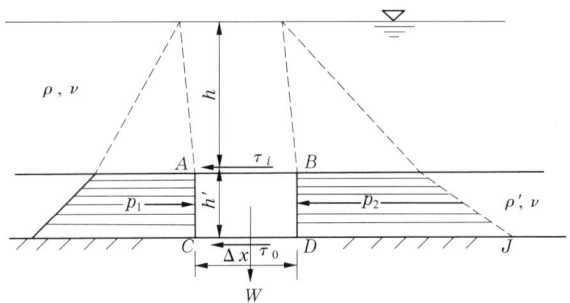

图 2-13 异重流中自由体上所承受的外力

$$p_2 = \left[ \rho g (h + \Delta x \cdot J) + \frac{1}{2}\rho' g h' \right] h' \qquad (2\text{-}10)$$

$$W = \rho' g h' \Delta x \qquad (2\text{-}11)$$

$$\tau_i = \lambda_i \frac{\rho' U'^2}{2} \qquad (2\text{-}12)$$

$$\tau_0 = \lambda_0 \frac{\rho' U'^2}{2} \qquad (2\text{-}13)$$

在平衡情况下

$$\lambda_i \frac{\rho' U'^2}{2}\Delta x + \lambda_0 \frac{\rho' U'^2}{2}\Delta x = \rho' g h' \Delta x + \left(\rho g h + \frac{1}{2}\rho' g h'\right)h' - \left[\rho g (h + \Delta x \cdot J) + \frac{1}{2}\rho' g h'\right]h'$$

$$(2\text{-}14)$$

简化后,得

$$U'^2 = \frac{2}{\lambda_0}\frac{\Delta\rho}{\rho'}g\frac{h'}{1 + \dfrac{\lambda_i}{\lambda_0}}J = \frac{2}{\lambda_0}\frac{\Delta\rho}{\rho'}g\frac{h'}{1 + \alpha}J \qquad (2\text{-}15)$$

其中

$$\alpha = \frac{\lambda_i}{\lambda_0} = \frac{\tau_i}{\tau_0} \qquad (2\text{-}16)$$

在二维均匀水流中,剪力的分布是直线型的,从河底的 $\tau_0$ 开始,到 $y = y_m$ ( $u = u_{\max}$ ) 的地方降低为零,在交界面上则为 $\tau_i$ ,因此

$$\alpha = \frac{h' - y_m}{y_m} = \frac{\dfrac{1}{3} - \xi}{\dfrac{1}{6} + \xi} \qquad (2\text{-}17)$$

根据试验资料,$\xi = 0.14$ ,代入上式后得 $\alpha = 0.63$ ,亦即交界面上的剪力约为河底剪力的 $63\%$ 。

有

$$\lambda_0 = \frac{2}{1 + \alpha}\frac{1}{\xi}\frac{1}{Re'} \qquad (2\text{-}18)$$

把 $\alpha$ 及 $\xi$ 的相应值代入后,就可以得到层流区的异重流阻力定律:

$$\left.\begin{aligned} \lambda_0 &= \frac{8.75}{Re'} \\ \lambda_i &= \frac{5.50}{Re'} \end{aligned}\right\} \tag{2-19}$$

由图 2-14 可以看出,试验点很好地落在理论曲线的两侧。

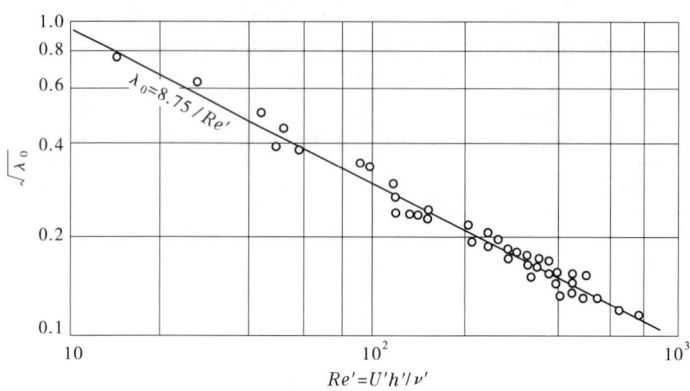

**图 2-14  异重流的层流阻力(伊本及哈尔曼的试验结果)**

雷诺也曾处理过同样的问题,所不同的是他在推演的过程中略去 $\alpha$ 不计,即不考虑交界面上的阻力,这样所得到的阻力系数将比式(2-18)或式(2-19)所表达的形式大 1.63 倍。雷诺的试验结果如图 2-15 所示。在层流范围内:

$$\lambda_0 = \frac{14}{Re'} \tag{2-20}$$

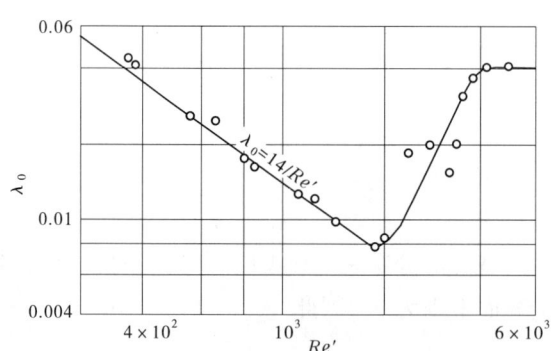

**图 2-15  异重流的层流及过渡区阻力**

当雷诺数超过 1 600 以后,试验点子开始偏离直线而向紊流情况下的定常数阻力系数过渡。

以上的试验都是在清浑水的条件下进行的,盖扎及博吉曾用清水在各种油类中进行试验,发现式(2-20)中的系数随异重流上层液体的黏滞性而异,在他们的试验中,这个系数的变化范围为 12 ~ 15。

**(二)紊流异重流的阻力**

前面说过,紊流异重流可以分成两个区域,见图 2-16:一个是近底区 $(0 < y < h_1')$,

另一个是交混区 $(h'_1 < y < h')$，各区的平均流速分别为 $U'_1$ 及 $U'_2$，如把底部和交界面上的阻力系数写成如下形式

$$\lambda_0 = \frac{2\tau_0}{\rho U_1'^{2}}$$

$$\lambda_i = \frac{2\tau_i}{\rho U_2'^{2}} \tag{2-21}$$

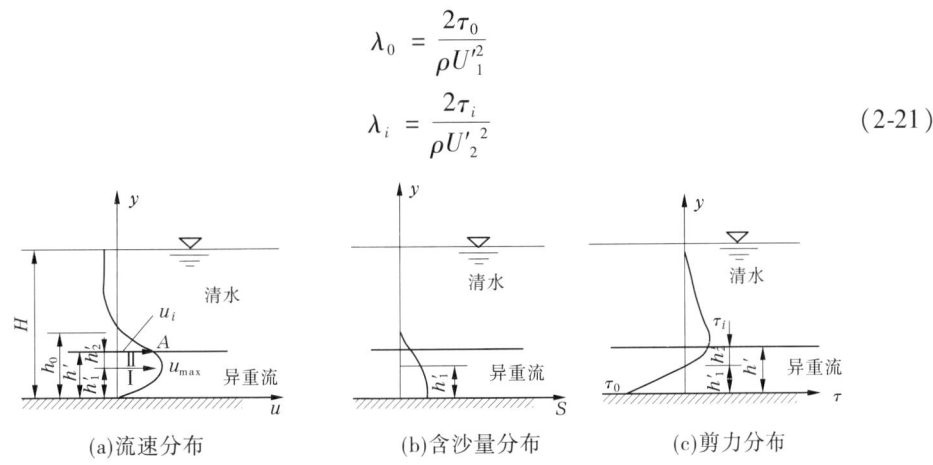

(a)流速分布　　　　　(b)含沙量分布　　　　　(c)剪力分布

**图 2-16　浑流异重流在垂线上的流速、含沙量及剪力的分布示意图**

其中，$\tau_0$ 及 $\tau_i$ 分别为底部及交界面上的剪力，则根据法国谢都水利试验所的研究结果，$\lambda_0$ 是相对糙率及近底区中的水流雷诺数的函数，后者的定义为

$$Re'_1 = \frac{h'_1 U'_1}{\nu'} \tag{2-22}$$

在床面光滑时，相对糙率的因素可以忽略不计，这时 $\lambda_0$ 只是 $Re'$ 的函数，图 2-17 及图 2-18 分别为水槽试验及野外实测结果。由图可以看出，在浑流范围内，$\lambda_0$ 基本上是一个常数，约为 0.008。如槽底粗糙，则 $\lambda_0$ 肯定与相对糙率有关，试验结果如图 2-19 所示。由于试验中槽底绝对糙率没有改变，所以横坐标 $1/h'_1$ 实际上代表相对糙率。由此不难看出，随着相对糙率的增加，阻力系数迅速上升。

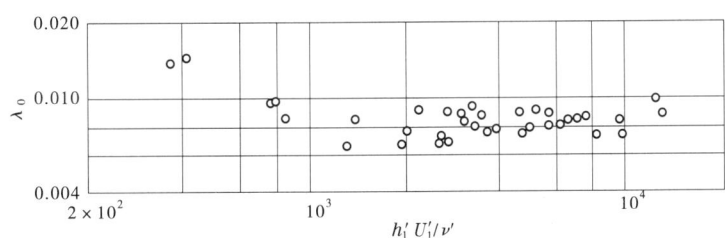

**图 2-17　异重流的浑流阻力（法国谢都水利试验所结果，槽底光滑）**

在掺混区中，试验结果指出交界面的阻力系数 $\lambda_i$ 与具有如下形式的弗劳德数有关：

$$Fr' = \frac{u_{max}^2}{g \dfrac{\Delta \rho_m}{\rho} h'_2} \tag{2-23}$$

其中，$\Delta \rho_m$ 为最大流速所在点的液体密度与水面的液体密度差。在考虑淤积或冲刷的情况下，采用在水槽及渠道中的试验结果及水库中的试验结果等资料，点绘出了 $\lambda_i/J$ 与 $Fr'_2$ 之间的关系，见图 2-20。它们都落在一条直线的附近，直线的公式为

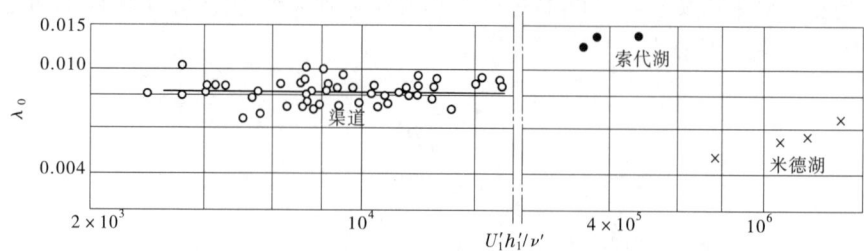

图 2-18　异重流的紊流阻力（混凝土渠道及水库中的实测资料）

$$\frac{\lambda_i Fr'_2}{J} = 6 \qquad (2\text{-}24)$$

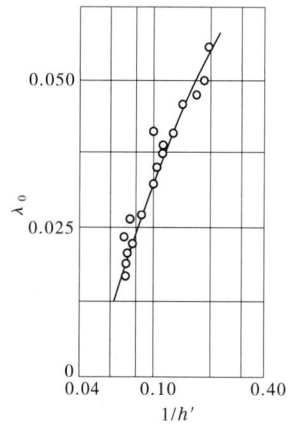

图 2-19　异重流的底部阻力
系数与相对糙率间的关系

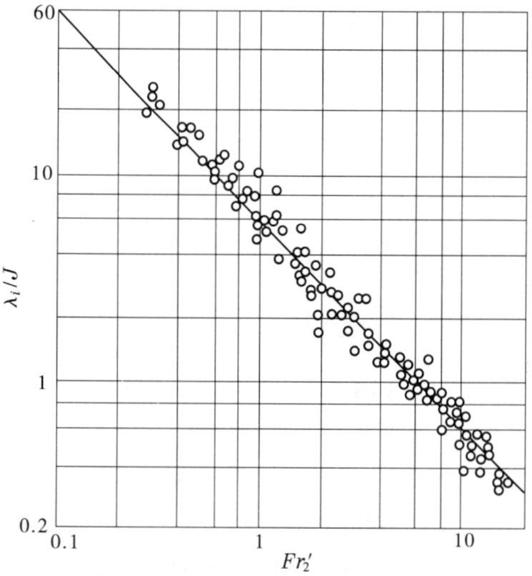

图 2-20　紊流异重流的交界面阻力

## （三）界面阻力

关于界面阻力问题，马凯诺（E. S. Macagno）及劳斯亦曾进行过研究。为了使交界面紊动的产生主要由界面本身的不稳定性所致，他们在试验中使两股密度相差不大、厚度及平均流速保持相等的水流在相当长的密封容器中以相反的方向运动，如图 2-21 所示。

由于界面性质主要取决于界面附近流区的水流条件，因此马凯诺及劳斯选择了 $U_0$ 及 $h_0$ 作为这一流区的特征流速及特征长度，$U_0$ 及 $h_0$ 的定义见图 2-21。这样就可以得到两个新的雷诺数及弗劳德数表达形式，即

$$Re'_0 = \frac{U_0 h_0}{\nu} \qquad (2\text{-}25)$$

$$Fr'_0 = \frac{U_0}{\sqrt{\dfrac{\Delta\rho}{\rho} g h_0}} \qquad (2\text{-}26)$$

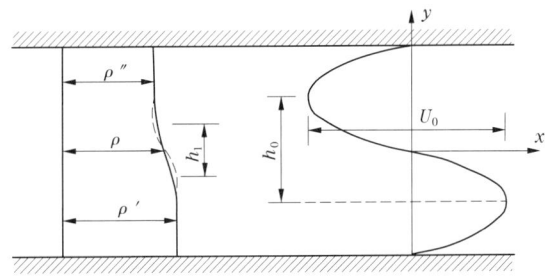

**图 2-21　马凯诺和劳斯试验中上下两层流体在作相对运动时的密度及流速分布示意图**

试验结果表明,交界面上的剪力 $\tau_i$ 与层流条件下的相应剪力 $\mu\left(\dfrac{\mathrm{d}u}{\mathrm{d}y}\right)_0$ 的比值是 $Re_0'$ 与 $Fr_0'$ 两个参数的函数,如图 2-22(a)所示。其中,$\dfrac{\tau_i}{\mu\,(\mathrm{d}u/\mathrm{d}y)_0}=1$ 的一条线代表层流时的剪力规律,$(\mathrm{d}u/\mathrm{d}y)_0$ 是界面上的流速梯度。只有在 $\tau_i$ 相当大时,$\tau_i/[\mu\,(\mathrm{d}u/\mathrm{d}y)_0]$ 才主要是弗劳德数的函数,与雷诺数关系不大。

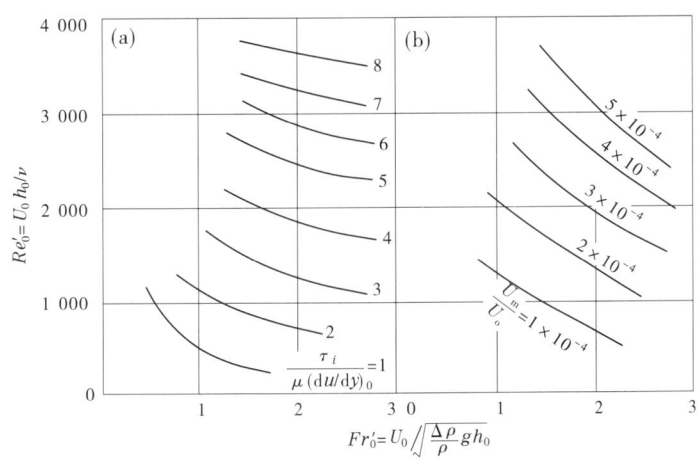

**图 2-22　交界面上的剪力及掺混系数与弗劳德数及雷诺数间的关系(劳斯及马凯诺试验结果)**

近年来,通过室内试验和野外测验,对异重流界面的阻力问题取得了不少资料。丹麦的博·皮特森(F. Bo. Pedersen)曾对这些资料进行了综合分析,提出了包括层流及紊流范围在内的界面阻力统一公式,即

$$\sqrt{\frac{2}{\lambda_i}}=2.45\left[\ln\left(Re_2'\sqrt{\frac{\lambda_i}{2}}\right)-1.3\right] \tag{2-27}$$

其中

$$\lambda_i=\frac{2\tau_i}{\rho'\,(u_{\max}-u_i)^2} \tag{2-28}$$

$$Re'_2 = \frac{(u_{max} - u_i) h'_2}{\nu'} \tag{2-29}$$

式(2-27)的适用范围为

$$500 < Re'_2 < 10^7$$

顺便指出,在层流异重流中,界面阻力系数 $\lambda_i$ 与槽底阻力系数 $\lambda_0$ 的比值是一个常数,等于 0.63。对于紊流异重流来说,这个比值应与异重流弗劳德数及槽底相对糙率等因素有关。米德尔顿根据一些有限的水槽试验资料,得出 $\lambda_i/\lambda_0$ 与弗劳德数 $Fr'$ 的关系,见图 2-23。图中的点群还相当分散,由于试验中槽底是光滑的,因而相对糙率的影响未能反映出来。

也有一些研究工作者不是把界面剪力及底部剪力分别对待,而是把它们的作用合并在一起,用统一的阻力来代表。例如列维建议采用以下统一阻力系数:

$$\lambda_i = \frac{\lambda_0}{2} + \frac{\lambda_i}{2} \frac{H}{H - h'} \tag{2-30}$$

范家骅采用以下混合阻力系数:

$$\lambda_m = \frac{BH - 2(H - h') h'}{(H - h')(2h' + B)} \lambda_i + \lambda_0 \tag{2-31}$$

从光滑槽底的水槽试验及官厅水库的资料来看,在紊流范围内 $\lambda_m$ 在 0.005 ~ 0.007 5。

应该指出,各家所得到的阻力系数之

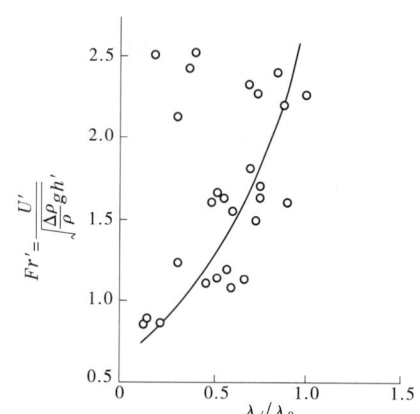

图 2-23　异重流界面阻力系数
与槽底阻力系数的关系

所以有相当出入,在一定程度上与采用的阻力系数的表达式各不相同有关。

**(四)交界面阻力系数的水槽试验**

试验任务之一是求出交界面的阻力系数,作为计算的依据。通过试验可求得底部及交界面的平均阻力系数,然后通过明渠淹没水流试验得到侧壁的阻力系数,从而得到平均阻力系数:

$$\lambda_m = 8 \frac{R}{h} \frac{\frac{\Delta\gamma}{\gamma'} gh}{v^2} \left[ J_0 - \frac{dh}{ds} \left( 1 - \frac{v^2}{\frac{\Delta\gamma}{\gamma'} gh} \right) \right] \tag{2-32}$$

试验槽的底部和边壁性质基本相同,故得交界面阻力系数:

$$\lambda_i = (\lambda_m - \lambda_0) \frac{2h + B}{B} \frac{1}{1 + \frac{(B + 2h) h}{B h_w}} \tag{2-33}$$

试验观察到:在不同底部坡度时,$\frac{dh}{ds}$ 均为负值,故应用不均匀流动的观测结果计算阻力系数,其中 $v$ 和 $h$ 值均以试验段平均值计算。试验底坡为 $J_0 = 0.005$ 和 $J_0 = 0.000\,5$ 两种,底部为水泥粉光的表面,试验结果如图 2-24 所示。试验表明,在"紊流"范围内 $\lambda_m$ 同雷诺数无关。

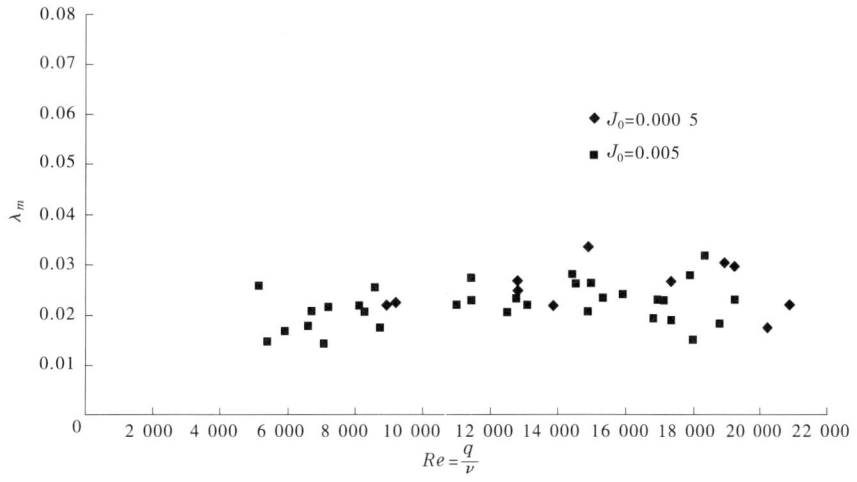

**图 2-24　平均阻力系数同雷诺数的关系**

经过明渠流试验,用下式计算砖砌水槽底部槽壁的阻力系数

$$\lambda_0 = \frac{8gRJ_0}{v^2} \tag{2-34}$$

得平均值 $\lambda_0 = 0.02$ 。

根据公式(2-33)忽略清水深度 $h_w$ 对交界面阻力的影响,计算异重流交界面阻力系数平均值,如表 2-2 所示。

**表 2-2　计算异重流交界面阻力系数平均值**

| $J_0$ | 平均 $h_w$ (cm) | $\lambda_i$ |
|---|---|---|
| 0.005 | 14.4 | 0.004 7 |
| 0.000 5 | 17.8 | 0.005 1 |

得到交界面阻力系数 $\lambda_i$ ,平均约为 0.005。

**(五)异重流的阻力损失**

异重流在运动过程中受到的阻力应包括沿程阻力和因地形突变引起的局部阻力。属于渐变流范围内的阻力损失叫沿程损失,此时水流流线的曲率影响可忽略不计;而有局部改变的地方,流线的曲率很大且有不连续处,则产生局部损失(如异重流潜入处、水流断面突然扩大和缩窄段、弯道处和支流入口处等)。

异重流沿程阻力应包括床面阻力、边壁阻力和清浑水交界面阻力共同组成的综合阻力。因此,异重流运动方程和能量方程中的阻力系数,应是异重流接触面的平均阻力系数 $\lambda_m$ 。范家骅从异重流不恒定流运动方程出发,假定在近似恒定情况下,推导出异重流接触面平均阻力系数计算公式:

$$\lambda_m = 8 \frac{R'}{h'} \frac{\frac{\Delta\gamma}{\gamma'}gh'}{v'^2} \left[ J_0 - \frac{dh'}{ds}\left(1 - \frac{v'^2}{\frac{\Delta\gamma}{\gamma'}gh'}\right) \right] \qquad (2\text{-}35)$$

式中    $J_0$ ——河底比降；

$\dfrac{dh'}{ds}$ ——异重流厚度沿程变化；

$R'$、$v'$、$h'$ ——异重流水力半径、流速和厚度。

范家骅的室内异重流试验表明，异重流在"紊流"范围内，接触面平均阻力系数 $\lambda_m$ 同雷诺数无关，平均值为 0.025。同时，通过明渠流试验，用式 $\lambda_0 = 8gRJ_0/v^2$ 计算砖砌水泥涂面的水槽底部和边壁的阻力系数，平均值为 0.02，从而进一步求得异重流清浑水交界面阻力系数平均为 0.005。由官厅水库异重流实测资料计算的沿程平均阻力系数为 0.018 5 ~ 0.029 9，平均值为 0.023。小浪底水库不同测次异重流沿程综合阻力系数 $\lambda_m$，平均为 0.022 ~ 0.029。

局部损失在水槽试验和实际水库异重流观测资料中都有表现。已有研究成果大多是对这种现象的描述，定量计算的较少。中国水利水电科学研究院河渠研究所曾对突然扩大、突然收缩及经过一个弯道三种条件下的局部损失问题进行了分析。如令没有进入局部变化地区以前的异重流流速为 $U'_1$，厚度为 $h'_1$，密度为 $\rho'_1$，清浑水密度差为 $\Delta\rho_1$，宽度为 $B_1$，则在通过突然扩大段、突然收缩段及弯段以后的异重流厚度 $h'_2$，可分别以下式计算：

通过突然扩大段

$$\frac{U'^2_1}{\frac{\Delta\rho_1}{\rho'_1}gh'_1} = \frac{1 - \left(\frac{h'_2}{h'_1}\right)^2}{2\left(\frac{h'_1}{h'_2}\frac{B_1}{B_2} - 1\right)\frac{B_1}{B_2}} \qquad (2\text{-}36)$$

通过突然收缩段

$$\frac{U'^2_1}{\frac{\Delta\rho_1}{\rho'_1}gh'_1} = \frac{1 - \left(\frac{h'_2}{h'_1}\right)^2}{2\left(\frac{h'_1}{h_2} - \frac{B_1}{B_2}\right)} \qquad (2\text{-}37)$$

通过弯段

$$\frac{U'^2_1}{\frac{\Delta\rho_1}{\rho'_1}gh'_1} = \frac{1 - \left(\frac{h'_2}{h'_1}\right)^2}{2\left(\frac{h'_1}{h_2} - 1\right)} \qquad (2\text{-}38)$$

知道了经过局部变化地区以后的异重流厚度，就可以根据不均匀流方程算出异重流的密度 $\rho'_2$。从上下游的密度差，可以大致估算通过这样一个局部变化地区，异重流所挟带的泥沙中有多少会沉淀下来。

上述局部损失也可以用局部损失系数 $\lambda_L$ 来表示，其定义是

$$\lambda_L = \frac{h_f}{2\frac{\Delta\rho'}{\rho'}g} \tag{2-39}$$

其中, $h_f$ 为经过局部变化地区以后所损失的水头。图 2-25 为经过一个弯段及突然扩大段以后局部损失系数与单宽流量间的关系。

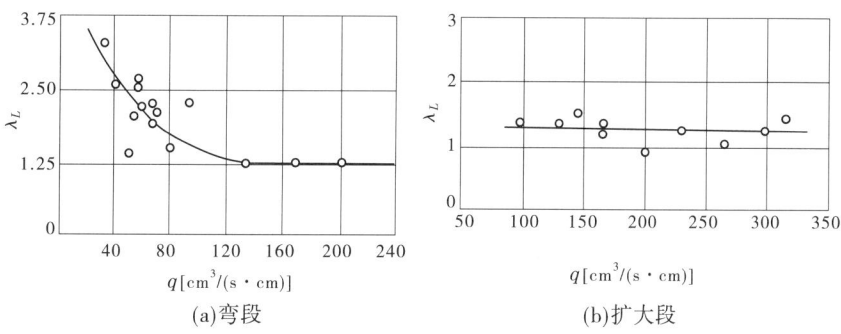

(a)弯段　　　　　　　　(b)扩大段

图 2-25　异重流的局部损失系数

## 三、异重流要素断面的分布特点

异重流要素主要包括以下几个方面:异重流宽度、异重流流速、异重流含沙量、异重流的泥沙粒径等,下面就这些要素断面分布特点进行分析。

### (一)异重流宽度断面分布

异重流的运动在横向断面上具有一个流动区,流动区的宽度可认为是异重流的宽度,异重流的宽度小于水面宽度。对于小浪底水库来说,由于其属于河道型水库,受两岸地形约束,异重流的宽度随异重流的界面高程升高或降低,相对于同高程河槽宽度变化而变化。

### (二)异重流流速断面分布

1.异重流流速断面分布特点

1)层流流速分布

伊本及哈尔曼(D. R. F. Harleman)曾把层流异重流的流速分布用两个平行面中间的平行流动的流速分布来代替,其中一个平面静止不动,代表河底,另一个平面以速度 $u_i$ 前进,代表异重流的交界面。设交界面的高程为 $z_i$,则流速分布形式如下

$$u = u_i\frac{y}{h'} + \frac{y^2 - yh}{2\mu'}\frac{\partial}{\partial x}(p + \rho'gz_i) \tag{2-40}$$

平均流速为

$$U' = \frac{u_i}{2} - \frac{h'^2}{12\mu'}\frac{\partial}{\partial x}(p + \rho'gz_i) \tag{2-41}$$

若令

$$\xi = \frac{Fr'^2}{Re'J} \tag{2-42}$$

式中：$J$ 为异重流的坡度；弗劳德数 $Fr'$ 则具有如下形式

$$Fr' = \frac{U'}{\sqrt{\frac{\Delta\rho}{\rho'}gh'}} \tag{2-43}$$

由

$$\frac{\partial z_i}{\partial x} = -J$$

$$\frac{\partial p}{\partial x} = \rho g J$$

$$y = h', u = u_i$$

$$y = y_m, u = u_{max}, \frac{du}{dy} = 0$$

不难解出

$$\frac{y_m}{h'} = 2\xi + \frac{1}{3} \tag{2-44}$$

$$\frac{u}{u_{max}} = 2\frac{y}{y_m}\left(1 - \frac{y}{2y_m}\right) \tag{2-45}$$

雷诺(J. P. Raunaud)曾假定流速分布为抛物线型，同样推导得到式(2-45)的表达形式。图 2-26 为在 $\frac{\Delta\rho}{\rho'}$ 相差不大时的水槽试验结果。

由图 2-26 可以看出，实测结果确实遵循式(2-44)及式(2-45)。其中，$\xi = 0.150$。以此代入式(2-42)，得

$$U' = 0.387 (Re')^{\frac{1}{2}}\sqrt{\frac{\Delta\rho}{\rho'}gh'J} \tag{2-46}$$

这就是层流异重流的平均流速，它具有谢才公式的形式。式(2-46)又可以写成

$$h' = \left[6.67\frac{\mu'}{\Delta\rho g}\frac{q}{J}\right]^{\frac{1}{3}} \tag{2-47}$$

其中，$q$ 为异重流单宽流量。由此可以看出，在一定的水库中，层流异重流的厚度与单宽流量的立方根成正比，而在单宽流量固定的情况下，与底坡的立方根成反比。

2）紊流流速分布

紊流异重流在垂线上的流速、含沙量和剪力分布见图 2-16，在流速分布曲线的上半部有一个折点 $A$，可以把通过这一点的平面作为清

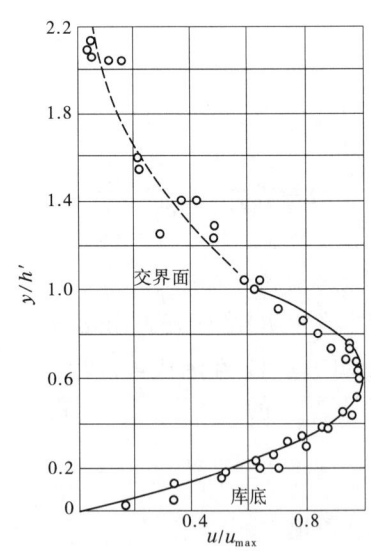

图 2-26　层流异重流的实测与
理论流速分布的比较

浑水的交界面。浑水区的厚度为 $h'$，按照最大流速 $u_{max}$ 所在点的位置，可以分成上下两个区域，其厚度分别为 $h'_2$ 及 $h'_1$。在这两个区域中，流速分布遵循不同的规律。

先考虑最大流速所在点以下部分的流速分布。在这一区域内，可以设想水流没有受到交界面阻力的影响，因此流速分布与一般明渠水流无异。根据法国谢都水利试验所及盖渣（B. Geza）与博吉（K. Bogich）在槽底光滑时的试验资料，近底处的流速分布基本上遵循对数规律：

$$\frac{u - u_{max}}{U_*} = \frac{1}{\kappa}\lg\frac{y}{h'_1} \tag{2-48}$$

其中

$$U_* = \sqrt{\frac{\tau_0}{\rho}}$$

式中：$\tau_0$ 为底部的剪力；卡门常数 $\kappa$ 小于清水水流中的相应数值（0.4），随着这一区域内的平均流速 $U'_1$ 的增加，$\kappa$ 有逐渐趋近于 0.4 的倾向，但关系并不很好。

光滑槽底的异重流流速分布也可以用指数公式来代表：

$$u = Au_{max}\left(\frac{y}{h'_1}\right)^{\frac{1}{m}} \tag{2-49}$$

其中，系数 $A$ 及指数 $m$ 是 $U'_1$ 的函数，如图 2-27 所示，这时

$$\frac{U'_1}{u_{max}} = A\frac{m}{m+1} \tag{2-50}$$

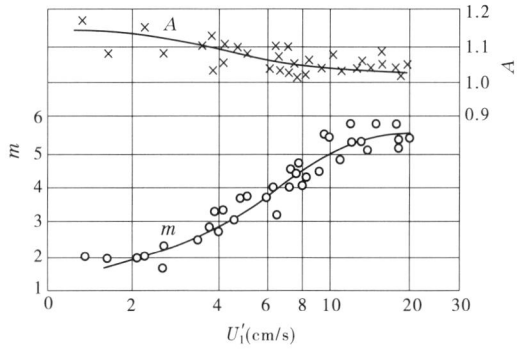

**图 2-27　紊流异重流近底区指数流速分布公式中系数 $A$ 及指数 $m$ 与平均流速的关系**

在异重流与上层清水水流之间的过渡区内（$h_0 > y > h'_1$），流速分布自 $u_{max}$ 经过折点 $A$ 而达于零，曲线的形状与紊流射流扩散后的流速分布（见图 2-28）十分相似，这样的流速分布遵循高斯正常误差定律，即

$$\frac{u}{u_{max}} = e^{\frac{1}{2}\left(\frac{y-h'_1}{\sigma}\right)^2} \tag{2-51}$$

其中，$\sigma$ 为最大流速点至转折点的距离，该区域流速 $u_i = 0.606u_{max}$。图 2-29 为实测成果与上式的比较，其符合程度可以认为是满意的。从式（2-51）不难算出这一区域内的

平均流速 $U_2'$ 为 $u_{max}$ 的 0.86 倍。

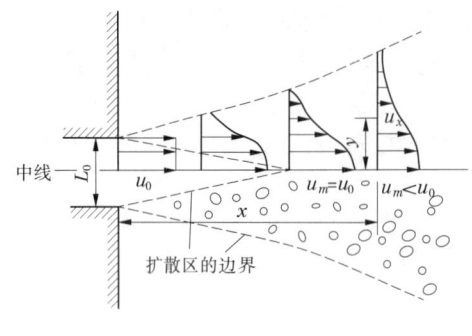

图 2-28　紊流射流扩散后的
流速分布示意图

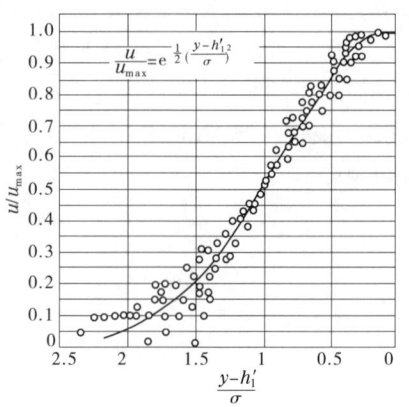

图 2-29　紊流异重流在过渡区内的实测
流速分布与理论公式的比较

最近的研究表明,急流异重流( $Fr' > 1$ )和缓流异重流( $Fr' < 1$ )在界面的掺混上有很大的不同,这样就会影响流速分布。图 2-30 为紊流型异重流在弗劳德数大于 1 和小于 1 时流速分布的对比。其中,缓流异重流的几组流速分布和图 2-16(a)中的流速分布示意图是一致的,而对于急流异重流的几组流速分布,则流速达到最大值的位置显著偏下。米德尔顿根据法国谢都水利试验所的资料指出,图 2-16(a)中流速达到最大点的位置(以比值 $h_2'/h_1'$ 来表示)可能与异重流的弗劳德数有关。

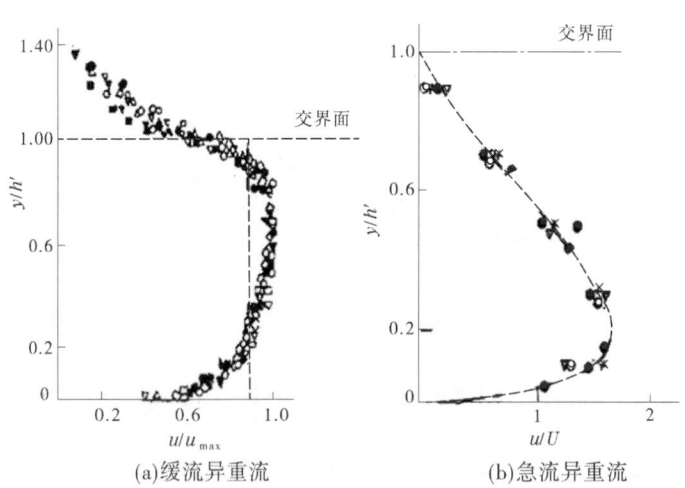

(a)缓流异重流　　　　　(b)急流异重流

(图中不同点据表示不同组试验值)

图 2-30　紊流型急流及缓流异重流流速分布的对比

2.影响流速分布的因素

一般来说,异重流流速分布交界面上下明显不同,交界面以上流速较小,交界面以下流速较大,最大流速在异重流层的相对位置不稳定。从实测资料的分析可看出,在异重流形成区上段,测点最大流速位置偏下,尤其是在潜入点下游附近,最大测点接近于河底;在坝前段,最大测点也接近于河底。

异重流流速横向分布受水库地形变化和横断面形态等的影响。通过绘制实测流速等值线图分析可知:在较宽的横断面上流速分布不均匀,主河槽流速为主流区,断面两侧或一侧流速较小,常有一部分区域流速极小或接近于零;在顺直河段主流流速区位于中间,在弯道段主流流速区位于凹岸边。

3. 沉沙池中异重流流速分布

沉沙池模型是矩形规则断面,实测流速分布如图 2-31 所示。过折点 $A$ 的平面为清浑水交界面,浑水区厚度为 $h$,按最大流速所在点位置可分为上下两个区域,其厚度分别为 $h_1$ 和 $h_2$,两区域流速分布规律不同。

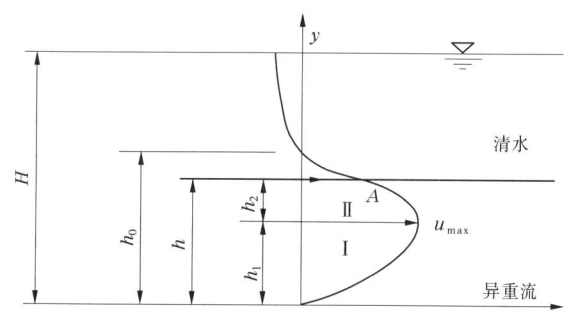

图 2-31　流速分布

在 I 区,水流未受交界面阻力影响,因此流速分布与一般明渠水流相同,速度 $(u)$ 的分布基本遵循对数规律:

$$u = A u_{max} \left( \frac{y}{h_1} \right)^{1/m} \tag{2-52}$$

式中　$A$、$m$——该区平均流速的函数。

在 II 区,即异重流与上层清水水流之间的区域 $(h_1 < y < h_0)$,流速分布经折点 $A$ 而达到零,曲线形状与紊流射流扩散后的流速分布十分相似,遵循高斯正常误差定律:

$$\frac{u}{u_{max}} = e^{\frac{1}{2} \left( \frac{y-h_1}{\sigma} \right)^2} \tag{2-53}$$

式中　$\sigma$——最大流速点至转折点的距离。

由式(2-53)可算出这一区域内的平均流速为最大流速的 0.854 倍。同时根据实测模型流速分布,可认为沉降过程中水流为缓流异重流。

4. 小浪底水库异重流流速垂线分布

流速沿垂线分布有两种类型:第一种类型流速沿垂线分布与一般异重流流速沿垂线分布特点基本一致,从潜入点处上游到潜入点处下游,垂线上最大点流速位置从河面向库底移近,然后又向清浑水交界面靠近。第二种类型流速垂线分布图上存在两个极大点流速,上部极大点流速在清浑水交界面附近,下部极大点流速接近库底。此类型流速垂线分布出现在八里胡同及其以上河段。

图 2-32 为黄河 29(HH29)断面 8 月 21 日观测的流速、含沙量分布,当时入库流量在

2 000 m³/s以上,含沙量230~400 kg/m³,异重流的强度大、流速大,清浑水相互掺混,不同垂线的清浑水交界面高程略有差异;含沙量垂线分布自上而下增加,变化梯度均匀,中间垂线水深大,含沙量也大,各垂线同一高程上的含沙量相近;最大流速出现在中间垂线异重流层的中上部,底部和岸壁流速小;上层的清水因异重流潜入产生回流呈负流速。这种分布特点随入库流量、含沙量和库水位的变化而变化。

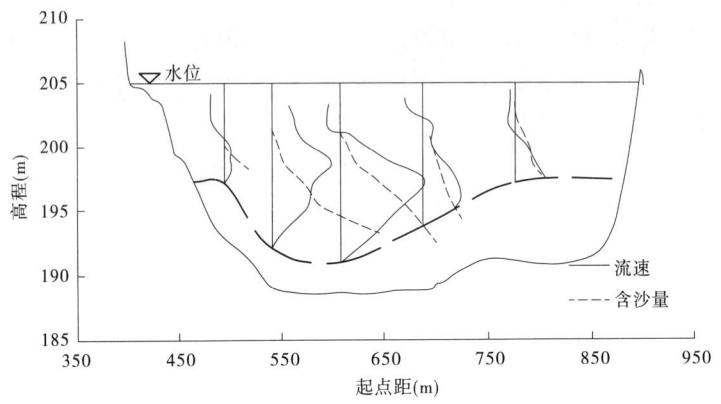

**图 2-32　8 月 21 日 HH29 断面异重流流速、含沙量分布**

#### (三)异重流含沙量断面分布

1. 异重流含沙量垂线分布

异重流含沙量的垂线分布,存在明显的转折拐点,转折拐点位于交界面附近,交界面以下含沙量遵循明流含沙量分布。通过绘制实测含沙量的横向分布图分析得,异重流含沙量横向分布较均匀,主流区的含沙量略大于边流区。

2. 小浪底水库异重流含沙量分布

含沙量沿垂线分布也有两种类型:第一种类型主要发生在异重流发生阶段,此时浑水未完全潜入清水下面,清浑水交界面不明显,含沙量梯度较大。第二种类型主要在异重流稳定阶段,清浑水交界面明显,含沙量梯度较小,含沙量沿垂线分布较均匀。

图 2-33 为 HH29 断面主流线流速、含沙量分布,最大流速层变化过程基本表现为从异重流下层过渡到中层和上层,其值减小;含沙量垂线变化梯度减小,随入库含沙量的减小,其平均值也减小。

这表明,8 月 21~23 日入库流量和含沙量均较大,异重流具有较大的能量,相应的流速和含沙量也大;8 月 24 日以后入库流量和含沙量减小,异重流的流速和含沙量也相应减小。

#### (四)中值粒径断面分布

从异重流泥沙颗粒级配成果中可看出:在潜入点区和 HH29 断面以上,绝大多数中值粒径 $D_{50}$ 在 0.010 mm 以上,HH29 断面以下,$D_{50}$ 逐渐变小,均小于 0.010 mm,沿垂线的分布符合上细下粗的规律。

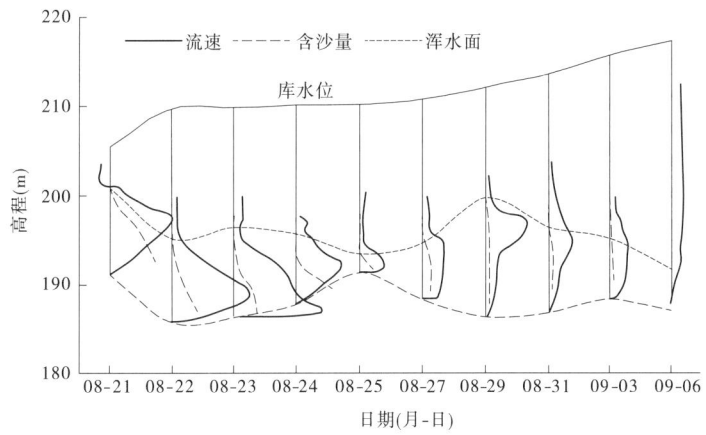

**图 2-33　HH29 断面主流线流速、含沙量分布**

## 四、异重流要素沿程变化规律

异重流沿程变化的主要要素包括异重流厚度、流速、含沙量、中值粒径等。根据各固定断面实测资料,分析异重流的厚度、界面高程、平均流速、平均含沙量等要素变化过程,结果表明,异重流各要素和进库洪水的变化过程具有同步性。

**（一）异重流厚度沿程变化**

异重流厚度沿程变化表现为潜入点区域厚度较大,随着纵向距离的增加,厚度逐渐减小,但距离越长,越趋于稳定。但在异重流形成初期,异重流厚度受地形影响较大,当遇到弯道等断面较窄情况时,异重流厚度沿程变化较大,在异重流稳定阶段,其厚度沿程逐渐增大。

异重流在潜入点进入库底后随着在纵向上的运动与传播,其厚度会有所变化,其变化受地形影响较大。小浪底水库异重流在八里胡同以上区段时,断面较宽,厚度较小;进入八里胡同区段(距大坝 26 ~ 30 km 范围),断面较窄,异重流厚度增大;出八里胡同后,其厚度又有所减小。到达坝前区范围内,在泄流闸门关闭状态下,会出现异重流的壅高,先充满坝前最深位置,然后向上游发展,以致清浑水交界面趋于水平（9 月 1 日）（见图 2-34）;在开闸状态,异重流会随着排出库外而使厚度减小。

异重流在水库内演进时,主流位置主要沿原河槽变化,在主流区表现为流速大、含沙量高和粒径较粗。小浪底水库异重流在八里胡同以上,主流有时会分为两股或多股,进入八里胡同河段汇成一股,出八里胡同后向两侧扩散并以主河槽为主流,到坝前区后形成浑水水库。

**（二）异重流流速沿程变化**

1. 异重流流速沿程分布特点

根据实测资料分析,异重流平均流速沿程分布与异重流厚度沿程分布具有同样的特性,平均流速沿程逐渐递减,至坝前则较稳定。

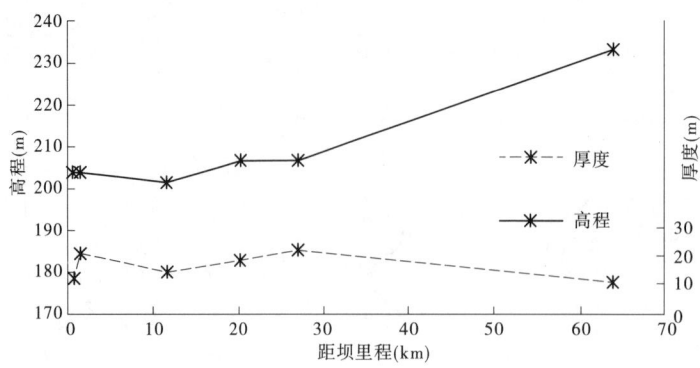

图2-34　2003年9月1日异重流厚度及清浑水交界面高程沿程分布

　　异重流从潜入点向坝前演进的过程中,一般表现为:潜入点附近流速较大,随着纵向距离的增加,流速会有所减小并趋于稳定。到坝前区后,如果泄流闸门关闭,则异重流的动能转为势能,产生壅高现象,而流速则降低为0;若泄流闸门开启,则异重流流速会适当增大(与泄流流量有关)。在演进途中,异重流层的流速受地形影响较为明显,当断面宽度较小或在缩窄地段,其流速会增大,在断面较宽或扩大地段,其流速就会减小。

　　2003年的两次异重流过程,从黄淤34(HY34)断面至坝前,各断面的最大流速除在HY17断面(距大坝27.19 km)出现递增外,其余都呈现为递减趋势。其中,HY05(距大坝6.54 km)至HY01断面递减幅度较大,其原因是断面的增宽和河床比降明显减小。第一次异重流在坝前和HY01断面的最大流速都在0.2 m/s以下,且大部分时间流速为0,是由于泄流闸门未开启的缘故。第二次异重流在坝前和HY01断面的流速有所增大,最大流速在0.2~0.4 m/s,是由于泄流闸门开启放水的缘故。HY17断面位于八里胡同河段的中间,断面相对较窄,异重流层流速较大(见图2-35)。

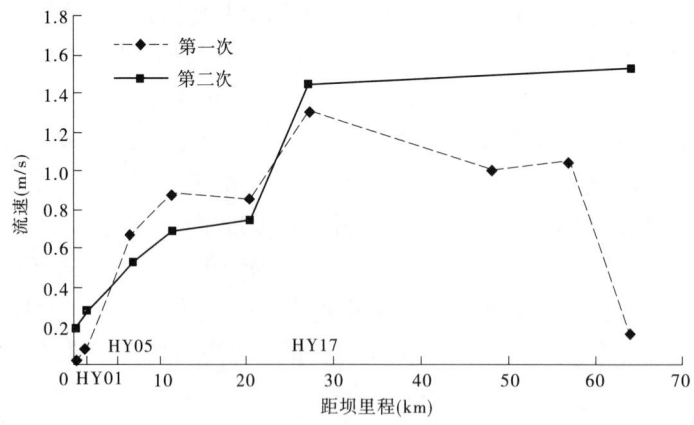

图2-35　2003年两次异重流主流线最大平均流速沿程变化

2. 异重流洪峰在库区内的传播规律

分析异重流洪峰在库区内的传播规律,对水库管理运用和泄水排沙具有重要意义。三门峡水库下泄洪水进入小浪底水库形成异重流后演进到坝前,要经历潜入点以上的明渠流和潜入点以下的异重流两个阶段的传播。假设三门峡水库下泄洪峰从三门峡站至异重流潜入点河段的传播时间为 $t_1$,异重流洪峰从潜入点到达坝前的传播时间为 $t_2$,那么,三门峡下泄浑水洪峰到达坝前的时间应为 $T = t_1 + t_2$。

由于小浪底水库大坝距三门峡水库大坝 130 km,假设发生异重流时潜入点位置到大坝距离为 $L$(一般可用由库水位推求出的回水长度替代),三门峡水库下泄洪峰在明渠河段的平均传播速度为 $v$,则

$$t_1 = (130 - L)/v$$

$t_2$ 的大小主要受来水洪峰、含沙量、水库回水长度、库底比降等多种因素的影响,通过对小浪底水库异重流 2001～2003 年的实测资料进行分析,找到传播时间 $t_2$ 与影响传播速度的主要因素之间的经验关系。对小浪底水库已取得的 4 次异重流过程实测资料进行分析并建立的相关关系,见图 2-36。

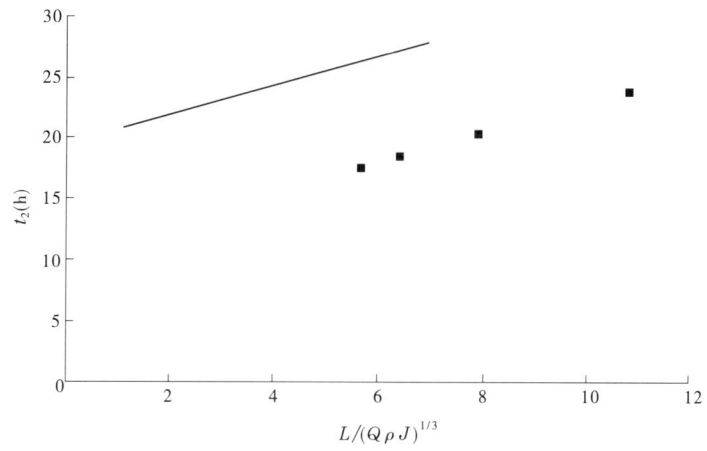

**图 2-36　小浪底水库异重流洪峰传播历时经验关系线**

经率定后得到如下经验关系式:

$$t_2 = \frac{1.21L}{(Q_m\rho_mJ)^{\frac{1}{3}}} + 10.91 \tag{2-54}$$

故

$$T = \frac{130 - L}{v} + \frac{1.21L}{(Q_m\rho_mJ)^{\frac{1}{3}}} + 10.91 \tag{2-55}$$

式中　$T$——三门峡站浑水洪峰到达小浪底水库坝前的传播历时,h;

$v$——明渠流河段洪峰传播速度,km/h;

$Q_m$——三门峡站洪峰流量,m³/s;

$\rho_m$——三门峡站洪峰含沙量，kg/m³；

$L$——异重流发生时小浪底水库回水长度，km；

$J$——异重流发生时小浪底水库库底纵向比降。

3.异重流流速分布计算公式

1）郝品正（1999）方法

如图 2-37 所示，假定清浑水交界面及槽底水平，坐标 $x$ 轴与异重流运动方向一致，可得一元恒定不均匀异重流的运动方程：

$$-\frac{\mathrm{d}h}{\mathrm{d}x} - \frac{f'u^2}{8\eta_g gh} = \frac{1}{\eta_g g}\frac{u\mathrm{d}u}{\mathrm{d}x} \qquad (2\text{-}56)$$

或

$$\frac{\mathrm{d}}{\mathrm{d}x}\left(h + \frac{u^2}{2\eta_g g}\right) = -\frac{f'u^2}{8\eta_g gh} \qquad (2\text{-}57)$$

式中　$\eta_g$——重力修正系数，$\eta_g = \dfrac{\gamma' - \gamma}{\gamma'}$；

$f'$——床面、交界面综合阻力系数。

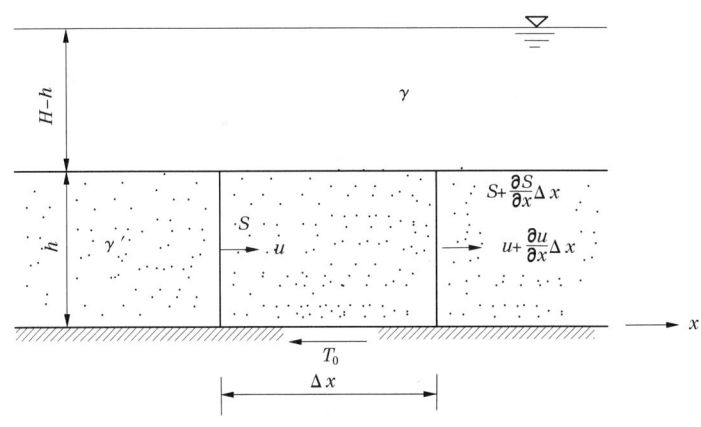

图 2-37　郝品正方法

若进一步假定异重流水深 $h$ 沿程不变，则有

$$\frac{\mathrm{d}u^2}{\mathrm{d}x} + \frac{f'}{4h}u^2 = 0 \qquad (2\text{-}58)$$

此式为一阶齐次线性微分方程，分离变量后得

$$\frac{\mathrm{d}u^2}{u^2} + \frac{f'}{4h}\mathrm{d}x = 0 \qquad (2\text{-}59)$$

其通解为

$$u^2 = Ce^{-\int\frac{f'}{4h}\mathrm{d}x} \qquad (2\text{-}60)$$

若 $x = 0$，$u = u_0$，则有

$$u = u_0 e^{-\frac{f'x}{4h}} \qquad (2\text{-}61)$$

上式即为异重流流速沿程变化方程。若进一步考虑渠侧面的影响，根据北京水利水

电科学研究院水槽试验及官厅水库的实测资料,$f'$ 平均值在 0.025 左右。

2) 范家骅(1980)方法

在假定异重流水深 $h$ 沿程不变、床底水平的情况下,由牛顿第二定律导出恒定异重流的流速表达式

$$u = u_0 \left[ \left( e^{-\frac{\lambda x}{8h}} + \frac{8}{\lambda} \frac{v_y}{u_0} \right) \Big/ \left( 1 + \frac{8}{\lambda} \frac{v_y}{u_0} \right) \right] \tag{2-62}$$

式中　$v_y$——异重流浑水沉淀所析出清水垂直向上的流速;

　　　$\lambda$——底部清浑水交界面的综合阻力系数,$\lambda = 0.02 \sim 0.03$;

　　　$x$——距口门的距离。

3) 金德春(1981)方法

假定异重流水深 $h$ 沿程不变、底坡水平,不考虑从下层传输到上层的清水速度对异重流的影响,由动量方程导出

$$u = u_0 \exp(-x/2C_{0m}^2 h) \tag{2-63}$$

式中　$C_{0m}$——综合阻力系数,$C_{0m} = \dfrac{H^{\frac{1}{6}} g^{\frac{1}{2}}}{n}$,可用谢才公式替代,其中 $n$ 为曼宁系数。

**(三)异重流含沙量沿程变化**

1. 异重流含沙量沿程变化特点

影响异重流含沙量变化的因素较多,如流速、地形、泄流量、泥沙颗粒粗细等,在异重流形成初期,受流速及库区地形、底坡影响,含沙量沿程变化较大,总趋势为沿程减小。在异重流稳定阶段,含沙量沿程变化幅度较小,总趋势表现为沿程增大。

小浪底水库异重流在演进过程中,沿程各监测断面的最大垂线平均含沙量变化具有较好的规律性。通过对 2003 年实测资料的分析可以看出,第一次异重流从潜入点 HY34 至 HY29 断面(距大坝 48 km)含沙量明显减小,但到 HY17 断面(距大坝 27.19 km)又明显增大,到 HY13 断面(距大坝 20.35 km)达到最大(339 kg/m³),该断面以下,其含沙量逐步减小,到坝前断面测得有流速的浑水层最大垂线平均含沙量仅为 125 kg/m³。中途出现含沙量增大,是 HY17 断面位于八里胡同河段中部,HY13 断面位于八里胡同河段出口,此河段内断面宽度明显缩窄,异重流层流速增大,水流挟沙能力也增大,河段内前期淤沙被冲起后进入异重流层所致。第二次异重流过程,其含沙量沿程逐渐减小,HY13 断面以下受开闸放水影响,异重流层含沙量逐渐增大,HY01 断面为最大(157 kg/m³)(见图 2-38)。

2. 异重流非饱和非均匀沙含沙量的沿程分布规律

从悬移质运动一般扩散方程出发,考虑到异重流沿程不断淤积,含沙量不断变化,而且粒径沿程也不断细化,通过简化方程,推导出一维异重流非饱和非均匀沙含沙量的沿程分布方程式。

异重流非饱和非均匀沙含沙量的沿程分布方程式:

$$S = S_* + (S_0 - S_{0*}) \sum_{i=1}^{n} p_{0i} \exp\left(-\frac{\alpha L}{l_i}\right) + S_{0*} \sum_{i=1}^{n} p_{0i} \frac{l_i}{\alpha L} \left[ 1 - \exp\left(-\frac{\alpha L}{l_i}\right) \right] -$$

$$S_* \sum_{i=1}^{n} p_i \frac{l_i}{\alpha} \left[ 1 - \exp\left(-\frac{\alpha L}{l_i}\right) \right] \tag{2-64}$$

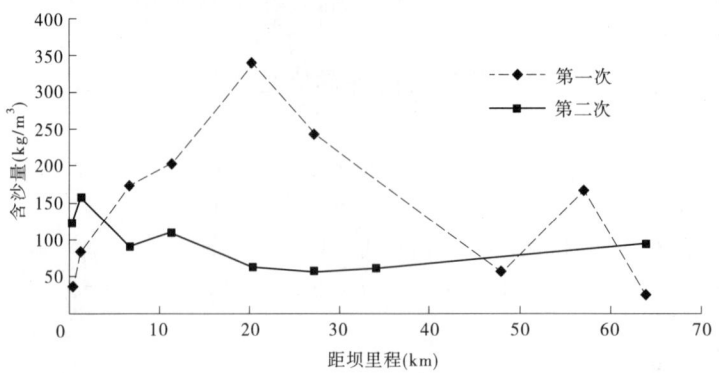

**图 2-38　2003 年两次异重流主流线最大平均含沙量沿程变化**

式中　$p_i$、$p_{0i}$——出、进口第 $i$ 组粒径的泥沙重量百分比；

　　　　$S_*$、$S_{0*}$——出、进口非均匀沙的水流挟沙力；

　　　　$S$、$S_0$——出、进口非均匀沙的含沙量。

从式(2-64)可以看到，出口断面的含沙量 $S$ 取决于进口断面的含沙量 $S_0$、水流挟沙力 $S_{0*}$、出口断面的水流挟沙力 $S_*$ 及河段的相对长度和恢复饱和系数 $\alpha$。一般情况下以第一项为主，第二项所占份量的大小取决于剩余含沙量($S_0 - S_{0*}$)的多少；第三项与第四项之和决定出、进口非均匀沙的水流挟沙力以及出、进口断面悬移质级配。

将试验实测进口条件代入公式进行计算，并且在宽 0.5 m、长 10 m 的水槽里进行了试验，把计算值和试验值点绘于图 2-39。

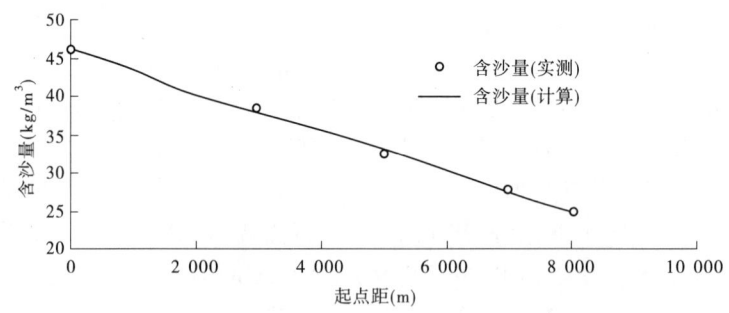

**图 2-39　含沙量沿程分布实测值与计算值结果对比**

对公式计算结果和试验实测资料的比较分析(见图 2-39)看出，水槽试验的悬移质含沙量分布的计算结果和实测资料符合较好。

图 2-40 为官厅水库实测资料与计算结果的比较分析(参考官厅水库水文地质泥沙特征统计分析数据)，由此可看出：悬移质含沙量分布的计算结果和实测资料能较好地符合，但由于实际河道条件较复杂，计算结果和实测资料有一定的偏差，认为公式具有一定的可靠性。

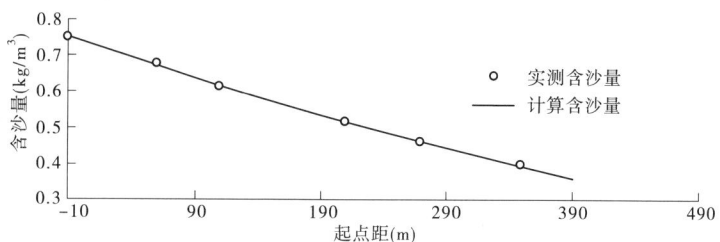

图 2-40 官厅水库含沙量实测资料与计算结果对比

3. 异重流含沙量沿程分布计算公式

1) 郝品正(1999)方法

作为近似,异重流进口流速可写为

$$u_0 \approx k_2 \sqrt{\frac{\gamma_s - \gamma}{\gamma_s \gamma} gHS} \tag{2-65}$$

式中　$S$——进口含沙量。

由 $u_0$ 可以看出,在水深一定的条件下,含沙量与流速的平方成正比,而含沙量的大小反映了浑水密度特征。因此,$u_0$ 揭示了维持异重流前进的动力是水体密度发生变化这一物理实质,它不仅用于进口段,同样也可以用于引航道内部计算。将式(2-65)代入式(2-64),整理后得到

$$S = \frac{u_0^2}{k_2^2 \frac{\gamma_s - \gamma}{\gamma_s \gamma} gH} e^{\frac{f'x}{4h}} \tag{2-66}$$

若假定水深沿程不变,并取 $h = 0.5H$,$k_2 = 0.44$,则有

$$S = 2.58 \frac{u_0^2}{\frac{\gamma_s - \gamma}{\gamma_s \gamma} gh} e^{\frac{f'x}{4h}} \tag{2-67}$$

上式即为异重流含沙量沿程变化方程,在该式中含沙量与泥沙沉速无关,似乎不太合理。但实际上,异重流泥沙淤积的粒径极为均匀,在常温下泥沙颗粒的沉速为一常数,已经包含在公式系数中。

2) 乐培九(1983)方法

$$q_s = u_0 S_0 P \left[ h_0 - \frac{\overline{\omega}}{\omega_n} (h_0 - h_n) \right] \tag{2-68}$$

$$P = 1 - \sum_{i=1}^{L} P_{0i}$$

$$h_n = h_0 \left\{ 1 + \frac{\omega_n}{\omega} \left[ \left( 1 - \frac{4}{3} \frac{\overline{\omega}x}{q_0 P^{\frac{1}{3}}} \right)^{\frac{3}{4}} - 1 \right] \right\}$$

式中　$q_s$——单宽输沙率;

　　　　$S_0$——进口含沙量;

$P_{0i}$——非泥沙第 $i$ 组进口处的重量百分比，$P_{0i} = \dfrac{S_{0i}}{S_0}$；

$\overline{\omega}$——非均匀沙静水沉速，$\overline{\omega} = \dfrac{1}{P}\sum\limits_{i=L+1}^{n} P_{0i}\omega_i$，其中 $\omega_i$ 为第 $i$ 组泥沙的静水沉速；

$q_0$—— $n$ 组非均匀沙中所含最细一组泥沙的浑水深，$q_0 = u_0 h_0$。

3）范家骅（1980）方法

利用异重流输沙连续方程和水流运动方程，对泥沙动水沉速做经验性处理后，导出如下方程

$$\frac{S}{S_0} = \exp\left[ -A\frac{\lambda}{8h}x - (1+A)\ln\frac{A + e^{-\frac{\lambda x}{8h}}}{1+A} - \frac{1.4\omega(1+A)x}{uh}\left(1 - \frac{L}{Kx}\ln\frac{1 + Ae^{\frac{Kx}{L}}}{1+A}\right)\right]$$

$$(2\text{-}69)$$

其中 
$$A = \frac{8}{\lambda}\frac{v}{u}, \qquad \frac{K}{L} = 0.000\,8$$

4）金德春（1981）方法

根据输沙平衡原理，在对泥沙动水沉速和向上层传输的水流平均速度 $v_y$ 做经验性处理的基础上导出

$$S = S_0\exp(-K_i x/L) \tag{2-70}$$

根据青山运河资料，$K_i/L = 0.003$。

### （四）异重流泥沙中值粒径沿程变化

异重流泥沙中值粒径变化，与异重流的流速有着密切的关系，异重流的流速大，挟沙能力强，其含沙量也较高，相对的中值粒径也较大。随着异重流的演进，能量不断减小，挟沙能力也会逐步减弱，颗粒较粗的泥沙会沿程沉积下来。泥沙粒径垂线分布特性表现为上细下粗。受泥沙沿程淤积分选的影响，泥沙粒径沿程逐渐变细。同时，随着水库的运用，同一位置泥沙粒径逐渐变粗；坝前桐树岭断面，2003 年第 1 次异重流主流线垂线泥沙平均中值粒径为 0.006 mm，至 2014 年为 0.013 mm。说明小浪底水库库尾三角洲经冲刷后，粗颗粒泥沙在演进过程中，急剧拣选，大量粗颗粒泥沙落淤在潜入点下游河段，而较细的泥沙只有少部分沉积，大部分经演进输送排出库外。

## 五、异重流的爬高

和一般明渠水流一样，维持异重流运动的动力仍是重力。所不同的是，由于浑水是在清水下面运动，必然受到清水的浮力作用，使浑水的重力作用减小，其有效重度仅为

$$\Delta\gamma = \gamma' - \gamma = (\rho' - \rho)g \tag{2-71}$$

式中 $\gamma$、$\gamma'$——清、浑水的重度；

$\rho$、$\rho'$——清、浑水的密度；

$g$——重力加速度。

如果令浑水异重流的含沙量为 $S'$，单位为 kg/m³，则其密度 $\rho'$ 应为

$$\rho' = \rho + \left(1 - \frac{\rho}{\rho_s}\right)S' \tag{2-72}$$

其中 $\rho_s$ 为泥沙的密度。在通常情况下,取 $\rho = 1\,000\ \text{kg/m}^3$, $\rho_s = 2\,650\ \text{kg/m}^3$,则

$$\rho' = 1\,000 + 0.622S' \tag{2-73}$$

从上式可见,即使含沙量 $S'$ 发生较大的变化,也只能引起密度 $\rho'$ 较小的变化。例如,当含沙量 $S'$ 从 $1\ \text{kg/m}^3$ 增至 $100\ \text{kg/m}^3$,即增大为原来的 100 倍时,密度 $\rho'$ 将从 $1\,000.622$ $\text{kg/m}^3$ 增至 $1\,062.2\ \text{kg/m}^3$,即只增加 $6.2\%$。

若令 $g'$ 为有效重力加速度,则下层浑水的有效重度也可写成

$$\Delta\gamma = \rho'g' \tag{2-74}$$

和式(2-71)对比,可得

$$g' = \frac{\rho' - \rho}{\rho'}g = \frac{\Delta\rho}{\rho'}g = \eta_g g \tag{2-75}$$

式中,$(\rho' - \rho)/\rho'$ 或 $\dfrac{\Delta\rho}{\rho'}$ 称为重力修正系数,以 $\eta_g$ 表示。$\eta_g$ 是异重流区别于普通水流的一个很重要的系数。如果我们以 $g'$ 来代替 $g$,则许多描述明渠水流运动规律的公式都可以用于异重流。由于一般河流的含沙量并不是很大,清、浑水的密度差 $\Delta\rho$ 或重度差 $\Delta\gamma$ 较小,因而 $\eta_g$ 是一个很小的数值,数量级一般为 $10^{-3} \sim 10^{-2}$。故对异重流来说,相对于一般明渠水流而言,重力作用的降低是十分显著的,这是异重流的重要特性之一。

异重流的特性之二是,惯性力的作用相对地显得十分突出。在水力学中,常以弗劳德数表示惯性力与重力的对比关系。若令异重流的流速为 $U'$,深度为 $h'$,则异重流的弗劳德数 $Fr'$ 为:

$$Fr' = \frac{U'}{\sqrt{g'h'}} = \frac{U'}{\sqrt{\eta_g g h'}} \tag{2-76}$$

可见,与流速、水深相同的一般明渠水流的弗劳德数 $Fr$ 相比较,$Fr'$ 将较 $Fr$ 大 $1/\sqrt{\eta_g}$ 倍。这种相对突出的惯性力作用,使异重流具有轻易翻越障碍物及爬高的能力(见图2-41)。

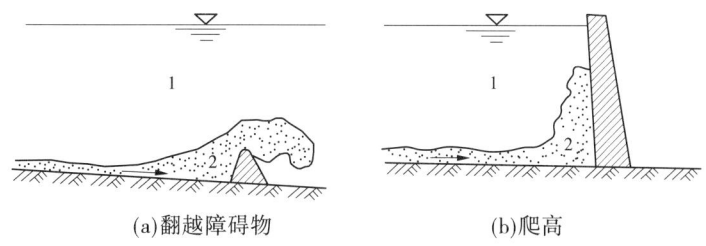

(a)翻越障碍物　　　　　　(b)爬高

1—清水;2—异重流

**图2-41　异重流翻越障碍物及爬高**

异重流的特性之三是,阻力作用也相对地显得突出。水力学中的均匀流流速,实质上反映着重力作用与阻力作用的对比关系。若令 $R'$、$J_0$、$f'$ 分别表示异重流的水力半径、底坡比降及阻力系数,则呈均匀流的异重流流速应为

$$U' = \sqrt{\frac{8}{f'}} \sqrt{g'R'J_0} = \sqrt{\frac{8}{f'}} \sqrt{\eta_g g R'J_0} \tag{2-77}$$

由此可见,与水力半径、底坡比降及阻力系数相同的一般明渠水流相比,异重流流速将为一般明渠水流的 $\sqrt{\eta_g}$ 倍,即要小得多。此点反映了阻力作用的相对突出。因此,要使异重流维持长距离的运动,必须沿水流方向有足够的坡度。

## 六、异重流特性

### (一)异重流的不恒定性

天然异重流的运动,多是不恒定流,例如水库中潜入底部运动的泥水异重流,随着进库洪峰的落涨,各断面上的异重流的厚度也不断变化。但由于沿程的槽运作用和阻力作用,异重流在超过一定距离后,会慢慢地接近于恒定状态。又如热电站向水库中排除热水,会形成上层异重流,它随热水排除流量的改变以及温度的变化,也有不恒定的性质。

由图2-42,首先考虑交界面上所受的剪力。令 $\tau_i$ 代表交界面上单位面积上所受的剪力,此剪力由两部分组成,一部分是由于水流作用而引起的,另一部分是交界面以上反向流所造成的水面倒波 $i$ 而引起的剪力。

$$\tau_i = \tau'_i + \tau''_i \tag{2-78}$$

而

$$\tau_i = \frac{\lambda_i}{4} \rho' \frac{v^2}{2} \tag{2-79}$$

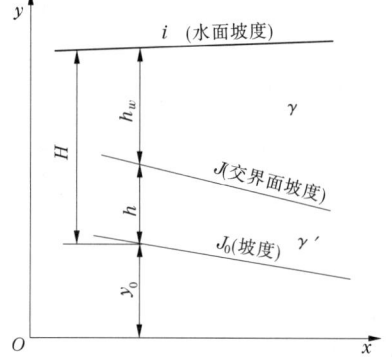

式中 $v$ ——异重流的平均流速;

$\lambda_i$ ——交界面阻力系数。

设槽内底部、槽壁的剪力分别为 $\tau_b$ 和 $\tau_w$,并设

$$B\tau_b + 2h\tau_w = (B + 2h)\tau_0 \tag{2-80}$$

如令水力半径

$$R = \frac{Bh}{2h + B} \tag{2-81}$$

**图2-42  异重流示意图**

则有

$$\tau = \frac{(B + 2h)\tau_0 + B\tau_i}{B + 2h} \tag{2-82}$$

如令

$$R = \frac{Bh}{2(B + h)} \tag{2-83}$$

则有

$$\tau = \frac{(B + 2h)\tau_0 + B\tau_i}{2(B + h)} \tag{2-84}$$

式中 $\tau$ ——异重流的平均剪力。

$\tau$ 可以写成

$$\tau = \frac{\lambda}{4} \rho' \frac{v^2}{4} \tag{2-85}$$

由图2-42,令 $y$ 为自水平基准面至异重流中某点的距离,则

$$p + \gamma'y = \gamma H + (\gamma' - \gamma)h + \gamma'y_0 = \gamma H + \Delta\gamma h + \gamma'y_0$$

$$\frac{\partial p}{\partial s} = \gamma \frac{\partial H}{\partial s} + \Delta\gamma \frac{\partial h}{\partial s} - \gamma' \frac{\partial y}{\partial s} + \gamma' \frac{\partial y_0}{\partial s}$$

而式中的

$$\frac{\partial H}{\partial s} = -\frac{\partial y_0}{\partial s} - i = J_0 - i \tag{2-86}$$

式中 $i$ ——水面倒波,故为负值。

如不考虑流速分布的影响,取水流的平均流速为代表,则

$$\frac{\Delta\gamma}{\gamma'}J_0 - \frac{\Delta\gamma}{\gamma'}\frac{\partial h}{\partial s} + \frac{\gamma}{\gamma'}i + \frac{v^2}{gh}\frac{\partial h}{\partial s} - \frac{\tau}{\gamma'R} - \frac{1}{g}\frac{\partial v}{\partial t} = 0 \tag{2-87}$$

将式(2-85)及式(2-86)代入式(2-87)得

$$\frac{\Delta\gamma}{\gamma'}\left(J_0 - \frac{\partial h}{\partial s}\right) + \frac{v^2}{gh}\frac{\partial h}{\partial s} - \frac{v^2}{8gR}\left(\lambda_0 + \lambda_i \frac{B}{B+2h} + \lambda_i \frac{\frac{Bh}{B+2h}}{\frac{Bh_w}{B+2h_w}}\right) - \frac{1}{g}\frac{\partial v}{\partial t} = 0 \tag{2-88}$$

令

$$\lambda_0 + \lambda_i\left(\frac{B}{B+2h} + \frac{\frac{Bh}{B+2h}}{\frac{Bh_w}{B+2h_w}}\right) = \lambda_m \tag{2-89}$$

则有

$$\frac{\Delta\gamma}{\gamma'}\left(J_0 - \frac{\partial h}{\partial s}\right) + \frac{v^2}{gh}\frac{\partial h}{\partial s} - \frac{\lambda_m v^2}{8gR} - \frac{1}{g}\frac{\partial v}{\partial t} = 0 \tag{2-90}$$

式(2-90)即异重流不恒定流方程。

对于二元问题,$B > 2h$,$B > 2h_w$,则

$$\lambda_m = \lambda_0 + \lambda_i\left(\frac{H}{H-h_w}\right) \tag{2-91}$$

当已知边界条件和起始条件时,式(2-90)可用特性线法求解。根据赫里斯季昂诺维奇建议的方法,可得特性线方程为

$$ds = Wdt = \left(v + \sqrt{\frac{\Delta\gamma}{\gamma'}gh}\right)dt \tag{2-92}$$

$$ds = \Omega dt = \left(v - \sqrt{\frac{\Delta\gamma}{\gamma'}gh}\right)dt \tag{2-93}$$

$$dv = -\sqrt{\frac{\Delta\gamma}{\gamma'}\frac{g}{h}}dh + Ndt \tag{2-94}$$

$$dv = \sqrt{\frac{\Delta\gamma}{\gamma'}\frac{g}{h}}dh + Ndt \tag{2-95}$$

其中

$$N = -g\left(\frac{\lambda_m v^2}{8gh} - \frac{\Delta\gamma}{\gamma'}J_0\right)$$

**(二)异重流的横向扩散现象**

异重流在进入宽阔的水体后,在横向将逐渐散开。菲亚茨(T. R. Fietz)及沃特曾把异

重流看成是一个点源,在实验室中研究三维孔口出流在静止水体中的横向扩散现象。

图 2-43 中的扩散角 $\theta$ 与理查逊数 $Ri$ 的关系为

$$Ri = \left( \frac{r^5 g \Delta \rho}{Q^2 \rho_0} \right)^{\frac{1}{3}} \tag{2-96}$$

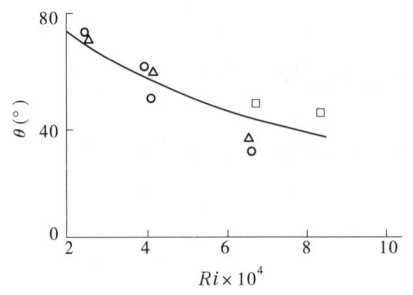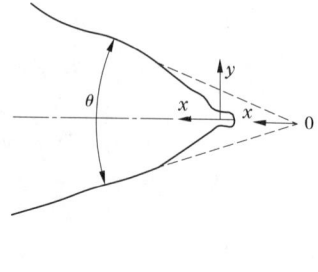

(图中不同点据表示不同组试验值)

**图 2-43　三维异重流在静止水体中的横向扩散**

式中　$r$——孔口半径;

　　　$Q$——孔口排出异重流流量;

　　　$\Delta \rho$——孔口处异重流与静止水体密度之差;

　　　$\rho_0$——静止水体密度。

这个理查逊数不是别的,实际上就是弗劳德数的 $-\dfrac{2}{3}$ 次方,即

$$Ri = 0.93 Fr'^{-2/3} \tag{2-97}$$

其中

$$Fr' = \frac{U'_c}{\sqrt{\dfrac{\Delta \rho}{\rho'} g d}}$$

式中　$U_c$——孔口出流流速;

　　　$d$——孔口直径。

在天然水库中,异重流的扩散角还和地形的扩散角有关。图 2-44 为官厅水库的测验结果,这两个扩散角的比值是进入断面流速的函数。图中的曲线很平,说明选择进入断面流速作为主变量并不能很好地反映问题的全貌。

**(三)异重流的掺混**

异重流之所以能够存在,是由于在一定条件下两层流体不掺混。异重流的掺混有两种情况:①清水与浑水交界面的掺混;②局部掺混。

**1.清水与浑水交界面上的掺混**

两层流体之间有相对流速,其运动方向可以相同,也可以不相同,但都有相对流速(流速的差异)。当相对流速较小时,交界面比较清楚;而当相对流速较大时,交界面上就出现了波动。在水库异重流情况下,浑水流速大于清水流速。相对流速增加到一定程度,

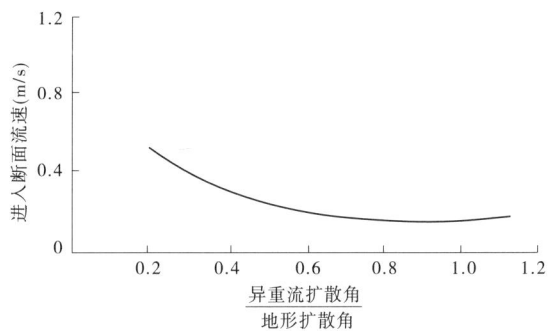

图 2-44 官厅水库中异重流横向扩散与流速及地形的关系

交界面上波动强烈,就形成掺混。

2. 局部掺混

在水库的进口部分,浑水进入水库,因为动量突然改变而损失一部分能量。在异重流潜没点附近,由于水库清水倒流与异重流相遇,又损耗了一部分能量。这两种作用都引起强烈的掺混,因而冲淡了一部分异重流的含沙浓度,并增加了异重流的体积。

水库异重流基本上沿着原河槽向前推进,泥沙沉积的情况也与天然河道相似。例如在弯道中,大部分泥沙淤积在凸岸。异重流流过弯道时,也是凹岸的浑水面积较高而凸岸的较低。

异重流到达拦河坝以后(即使泄水孔高程较高,在一定限度内异重流也可以爬高通过),如果没有及时外泄,就在坝前停留,形成局部的浑水库。在此区域内,泥沙就地落淤范围可以从坝址向上游延伸相当的距离。如能及时开启闸门,可以排泄大量泥沙。

**(四)异重流的清水分离特性**

范家骅等曾在室内盲肠水槽进行异重流分离清水流量的试验,试验水槽与河道成15°角。试验观察到,当河道浑水潜入盲肠形成异重流并向槽尾推进时,上层清水以相反方向流出,当异重流前锋到达槽尾后,交界面壅高,界面波很快传播到水槽的进口,这时出槽的清水流量减小。经过一定时间后,异重流交界面以及上层流出的清水流量均保持相对的稳定。显然,这些源源不断流出槽外进入河道的清水,是异重流在水槽中因沿程淤积而分离出来的。各断面异重流中的泥沙在沉淀时分离出的清水流量值,沿程向口门方向直线递增,见图 2-45。青山运河实测情况与水槽试验类似。

图 2-45(a)所示为 10 m 水槽试验,水深 20 cm,含沙量 18.2 kg/m³;图 2-45(b)所示为青山运河实测。

令口门处的出槽单宽流量为 $q$,则得单位面积上分离出的清水流量为

$$v' = q/L$$

式中 $L$——槽长,即异重流沉淀长度;

$v'$——垂直向上的流速。

水槽试验及天然实测资料表明,$v'$ 与异重流含沙量 $S'$ 有关。由图 2-46 可得其经验关系式为

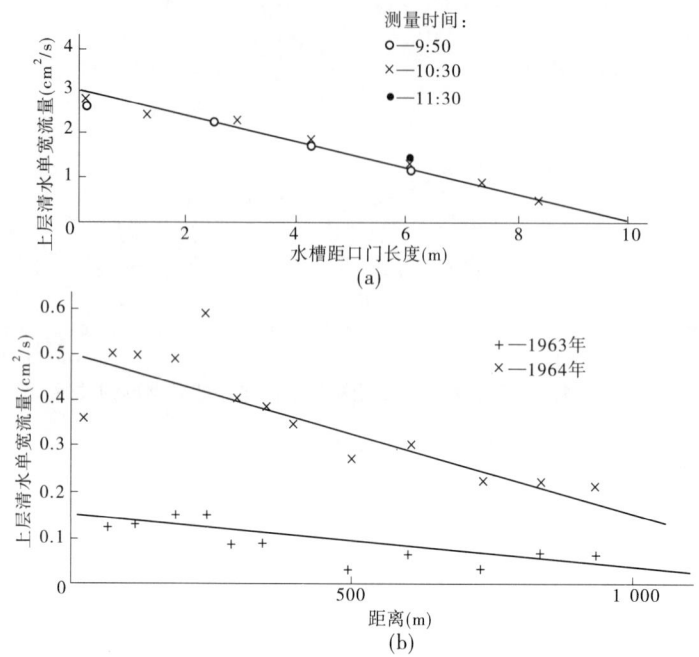

图 2-45　异重流的上层清水流量沿程变化情况

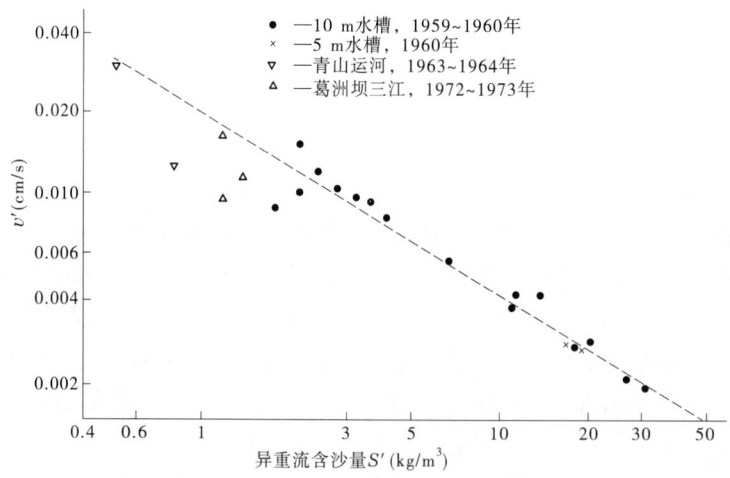

图 2-46　$v'$ 与异重流含沙量 $S'$ 的关系

$$v' = 0.02S'^{-2/3}$$

根据沉淀池中浑水的浓缩规律及浑液面变化率试验可知,浑液面距槽底的高度 $h$ 应为时间 $t$ 的函数。同时,经动态沉淀理论分析,高浊度水动态沉淀的清水分离速度 $V_y$ 小于相同条件下的动水浑液面沉速 $V_G$ ,其比值为

$$\frac{V_y}{V_G} = \left(1 - \frac{S_0}{S_u}\right)$$

式中 $S_0$——进水含沙量；

$S_u$——排泥水含沙量。

对黄河高浊度水异重流沉降试验的研究得出，当泥沙粒径 $d_{50}$ 在 0.05~0.06 mm 范围内变化，水温为 20 ℃时，其清水分离速度的计算式为

$$V_y = 0.018S_0^{2/3}$$

$V_y$ 的单位为 cm/s。当然，细粉沙颗粒多时，清水分离速度比以黏土泥沙为主的高浊度水试验所得的要高。同时，斗槽形式及进水和出水条件的改变，对清水分离速度也将产生影响。

**（五）异重流前锋运动速度（锋速）**

当异重流由潜入点入库底向前运动时，必须排出原有水库中的一部分清水。因此，促使异重流头部前进的力量要比维持后面稳定的潜流的力量为大，这样就使异重流的头部比后面稳定的潜流要厚，前者的厚度约为后者的 2 倍。异重流头部的长度比较短，和后面潜流的连接比较突然，有点像泥石流的龙头，在行进中头部的形状和速度基本上保持不变。

设异重流的头部以速度 $U'_f$ 向前运动。为了把不恒定流动转化为恒定流动，设想观察者以同样的速度跟随异重流头部前进，这时他所见到的流场将如图 2-47(a)所示，异重流不再运动，而是水库中原来静止的水体以均匀流速 $U'_f$ 自右向左运动。假定异重流稳定潜流部分的厚度为 $h'$，水库水深为 $H$，异重流和水库中均有一定的密度分布，分别为 $\rho'(y)$ 及 $\rho(y)$。图 2-47(a)中(1)、(2)两点的伯努利方程为

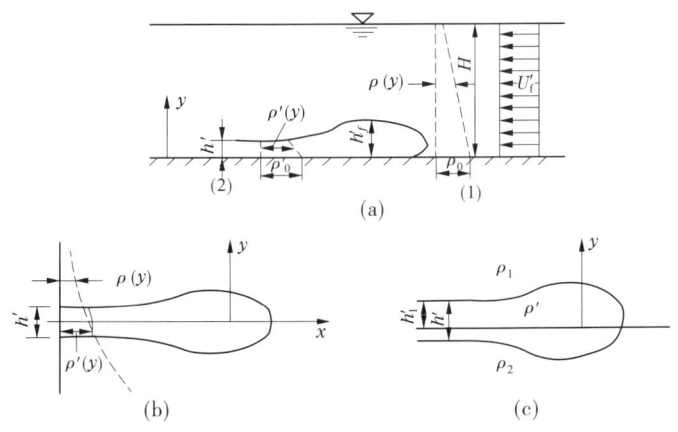

图 2-47 底层及中层异重流推导锋速的示意图

$$\int_0^H \rho(y)g\mathrm{d}y + \rho_0\frac{U'^2_f}{2} = \int_0^{h'}\rho'(y)g\mathrm{d}y + \int_{h'}^H \rho(y)g\mathrm{d}y$$

简化后得

$$\rho \frac{U_f'^2}{2} = \int_0^{h'} (\rho' - \rho) g \mathrm{d}y \qquad (2\text{-}98)$$

式(2-98)可根据不同的情况求解如下:

(1) $\rho(y) = $ 常数 $= \rho_0$,$\rho'(y) = $ 常数 $= \rho'_0$,则
$$\Delta\rho = \rho'_0 - \rho_0$$

这时

$$U_f' = \sqrt{\frac{\Delta\rho}{\rho_0} 2gh'} \qquad (2\text{-}99)$$

早在 1940 年,冯·卡门就给出了这个解。

(2)异重流及水库水体的密度沿垂线均作线性分布,其中
$$\rho(y) = \rho_0 - \beta\rho_0 y$$
$$\rho'(y) = \rho'_0 - \beta\rho'_0 y$$

将此式代入式(2-98)后求解,得

$$U_f' = \left[ 2 \frac{\Delta\rho}{\rho'_0} gh' + (\beta - \beta') gh'^2 \right]^{\frac{1}{2}} \qquad (2\text{-}100)$$

(3)异重流密度分层,水库水体则为均质的,这时
$$\beta = 0, \qquad \beta' > 0$$

式(2-100)简化为

$$U_f' = \left( 2 \frac{\Delta\rho}{\rho_0} gh' - \beta' gh'^2 \right)^{\frac{1}{2}} \qquad (2\text{-}101)$$

即潜入库底以后,密度分层的异重流将较均质异重流运动得慢一些。

异重流不分层,水库中水体存在密度分层,这时
$$\beta' = 0, \qquad \beta > 0$$

式(2-100)简化为

$$U_f' = \left( 2 \frac{\Delta\rho}{\rho_0} gh' + \beta gh'^2 \right)^{\frac{1}{2}} \qquad (2\text{-}102)$$

即均匀异重流潜入库底以后,如水库中存在密度分层,则异重流运动速度将较不分层时更快一些。

当异重流的密度较水库底层水体的密度为小而又较上层水体的密度为大时,异重流将以中层流的形式出现。若异重流及水库水体的密度沿垂线均作线性分布,并采用图 2-47(b)中的坐标系统,则在 $y = 0$ 处
$$\rho'(y) = \rho(y)$$

这时不难导出

$$U_f' = \left[ (\beta - \beta') \frac{gh'^2}{4} \right]^{\frac{1}{2}} \qquad (2\text{-}103)$$

异重流的运动速度将较同等情况下的潜流异重流[见式(2-100)]为小。

还可以考虑一种均质的异重流(密度为 $\rho'$)流入密度不同的两层水体之间,其中上层水体的密度及厚度为 $\rho_1$ 及 $h_1$,下层水体为 $\rho_2$ 及 $h_2$,$\rho_1 < \rho' < \rho_2$,情况如图 2-47(c)所

示。根据垂直方向的浮力平衡,得

$$\rho'gh' = \rho_1 gh'_1 + \rho_2 g(h' - h'_1) \tag{2-104}$$

把式(2-104)和式(2-98)联合求解,得

$$U'_f = \left[ 2\frac{\Delta\rho}{\rho_2}\beta gh' \right]^{\frac{1}{2}} \tag{2-105}$$

其中

$$\beta = \frac{\rho_2 - \rho'}{\rho_2 - \rho_1}$$

$$\Delta\rho = \rho' - \rho_1$$

异重流也可以以表层流的形式出现,相当于式(2-105)中 $\rho_2$ 与 $\rho'$ 十分接近,而较 $\rho_1$ 大得很多的情况,这时

$$U'_f = \left( 2\frac{\rho_2 - \rho'}{\rho_2}gh' \right)^{\frac{1}{2}}$$

和式(2-99)完全一致,说明冯·卡门的解既适用于底层异重流,也适用于表层异重流。

以上分析由于没有考虑图 2-47(a)中(1)、(2)两点之间的阻力损失,只能看成是一种粗略的近似解。如果我们在伯努利方程中引入阻力项 $\lambda\rho_0\dfrac{U'^2_f}{2}$ ,其中 $\lambda$ 为阻力系数,则在不存在密度梯度的情况下

$$U'_f = \sqrt{\frac{2}{\lambda + 1}\frac{\Delta\rho}{\rho_0}gh'} \tag{2-106}$$

对于表层流来说,阻力损失可以忽略不计, $\lambda = 0$ 。对于底层潜流来说,亚伯拉罕(G. B. Abrham)及弗鲁赫登希尔(G. B. Vreugdenhil)取 $\lambda = 0.6$ ,巴尔(D. I. H. Bar)取 $\lambda = 1.0$ 。若 $\lambda = 0.6$ ,则

$$U'_f \approx 1.10\sqrt{\frac{\Delta\rho}{\rho_0}gh'} \tag{2-107}$$

这和威尔逊(D. L. Wilkinson)及沃特(I. R. Wood)在雷诺数较大时的试验结果是一致的。

式(2-106)实际上只适用于异重流的厚度 $h'$ 较静止水体的深度 $H$ 小得多的情况。如两者比较接近,则

$$U'_f = \left[ \frac{\Delta\rho}{\rho_0}g\frac{h'}{H}\frac{(H - h')(2H - h')}{H + h' + \lambda(H - h')} \right]^{\frac{1}{2}} \tag{2-108}$$

在 $h' \ll H$ 时,式(2-108)即趋近于式(2-106)。

综上所述,异重流头部的运动速度与库底的比降无关。米德尔顿(G. V. Middleton)通过试验指出上述结论在比降小于 4% 时可以认为是正确的,比降超过 4% 以后,式(2-107)中的系数有随比降而略加大的趋势。现在也有一些公式表明,锋速与槽底比降的平方根成正比,这一锋速实际上是指头部后面均匀稳定的潜流部分的流速。尽管在图 2-47(a)的处理中假定异重流锋速 $U'_f$ 和异重流本身的流速 $U'$ 保持相等,但考虑到异重流头部在行进的过程中所引起的扰动和清浑水的掺混作用, $U'_f$ 不一定就等于 $U'$ 。从实测资料来

看,这两个流速的比值在很多情况下虽然接近于1,却有随弗劳德数的加大而减少的趋势,见图2-48。

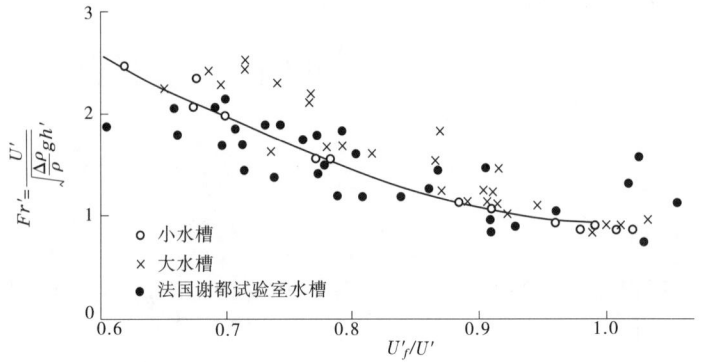

**图 2-48 异重流锋速 $U'_f$ 与异重流本身流速 $U'$ 的比较**

此外,Keulegan(1953)提出异重流前锋运动速度

$$V_n = 0.75\sqrt{g'h_n} \tag{2-109}$$

式中    $h_n$——异重流锋头的厚度,

   $g'$——修正加速度。

考虑到异重流在水库三角洲前坡段(比降大)运动速度较大的特点,可见该公式的缺点是没有考虑河道比降的影响,为此 Altinakar(1990)提出了

$$U_f = (g_0q)^{1/2}f(S_0) \tag{2-110}$$

Basson 等(1998)参照提出

$$U_f = C_n\sqrt{g'H_fS_0} \tag{2-111}$$

公式中各个变量见图2-49。

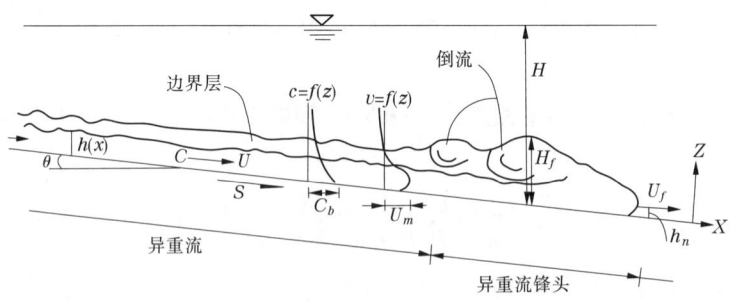

**图 2-49 异重流运动示意图**

这与韩其为公式

$$V = C^{-1}(qS_iJ)^{1/3} \tag{2-112}$$

包含的变量大致相同。

式中    $q$——单宽流量;

$S_i$——潜入断面含沙量；

$J$——库底比降；

$C$——系数。

#### （六）交界面的边界层

异重流在前进中，由于交界面上下存在着相对流动，从潜入库底点开始，就会沿着交界面形成边界层，边界层的厚度随距离的增加而愈来愈厚。这种情形正和水流流过平板、在平板面上形成的边界层一样，所不同的是在清浑水交界面上的边界层可以朝上下两个方向发展，一个沿交界面向下在浑水区中发展，一个沿交界面向上在清水区中发展。只有当边界层已达整个水深范围时，水流才算得到充分发展。

假定一个密度为 $\rho$、黏滞系数为 $\mu$、速度为 $U$ 的二维水流在另一个密度为 $\rho'$、黏滞系数为 $\mu'$、速度为 $U'$ 的相平行的二维水流上流过，这两层流体都向上下延伸至无穷远。取这两种流体开始接触的一点为原点，取沿交界面的方向为 $x$，与之相垂直的方向为 $y$（见图 2-50）。当 $U$ 及 $U'$ 相当小时，在交界面附近很窄的范围内水流属于层流。这样，在这两种流体相遇的地方，作用力只有沿 $x$ 方向的切应力，而没有沿 $y$ 方向的垂直压力，这两种流体的分界面因此永远保持水平。在交界面上，每一点的流速都是常数，等于 $u_i$。交界面的厚度在原点处为零，然后随着 $x$ 距离的增加而逐渐加厚。

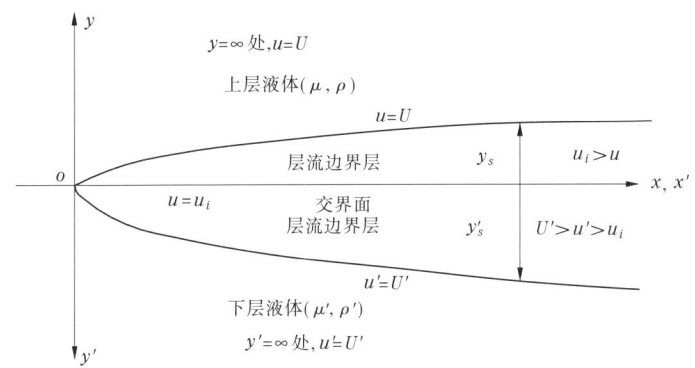

**图 2-50　两种液体交界面上的层流边界层**

根据普朗特尔的二维不可压缩黏性流体的边界层理论，可以写出流体的运动方程式，并引用流体的静压力公式及连续方程式，有

$$\left.\begin{array}{l} u\,\dfrac{\partial u}{\partial x} + v\,\dfrac{\partial u}{\partial y} = \nu\,\dfrac{\partial^2 u}{\partial y^2} - \dfrac{1}{\rho}\,\dfrac{\partial p}{\partial x} \\[2mm] \dfrac{1}{\rho}\,\dfrac{\partial p}{\partial y} + g = 0 \\[2mm] \dfrac{\partial u}{\partial x} + \dfrac{\partial v}{\partial y} = 0 \end{array}\right\} \tag{2-113}$$

式中　$u$、$v$——流体在 $x$ 及 $y$ 方向的分速；

$p$——静压力。

寇利根曾按照波尔豪森（K. Pohlhausen）解边界层公式的方法，求出上层流体静止不

动时($U = 0$)的解。其中,边界层的厚度为

$$y_s = m \sqrt{\frac{\nu x}{U'}} \left.\begin{array}{c} \\ \\ \end{array}\right\} \qquad (2\text{-}114)$$

$$y'_s = m' \sqrt{\frac{\nu' x}{U'}}$$

其中,$m$ 及 $m'$ 是参数 $r$ 的函数

$$r = \left(\frac{\mu \rho}{\mu' \rho'}\right)^{\frac{1}{2}} \qquad (2\text{-}115)$$

如表 2-3 所示,异重流的速度假定为 30 cm/s 左右,则在 $r = 0.01$ 时,异重流每前进 1 km,边界层向浑水区延伸 25 cm,向清水区延伸 37.5 cm 左右。如以下式代表交界面上的剪力:

$$\tau_i = \lambda_i \sqrt{\frac{\nu'}{U'x}} \frac{\rho'}{2} U'^2 \qquad (2\text{-}116)$$

则阻力系数 $\lambda_i$ 亦是 $r^2$ 的函数(见表 2-3)。在图 2-51 中我们给出了 $r^2 = 10$ 及 $r^2 = 1$ 时上下边界层中水流的流速分布。

表 2-3　系数 $m$、$m'$ 及阻力系数 $\lambda_i$ 与参数 $r^2$ 的关系

| $r^2$ | | 0 | 0.01 | 0.1 | 0.316 | 1 | 3.16 | 10 | 100 | $\infty$ |
|---|---|---|---|---|---|---|---|---|---|---|
| $m'$ | | — | 4.34 | 4.47 | 4.58 | 4.75 | 4.95 | 5.16 | 5.53 | 6.05 |
| $m$ | | 6.29 | 6.47 | 7 | 7.47 | 8.19 | 9.26 | 10.72 | 15.09 | — |
| $\lambda_i$ | 寇利根 | — | 0.078 | 0.2 | 0.29 | 0.39 | 0.43 | 0.55 | 0.63 | 0.66 |
| | 洛克 | — | — | — | — | 0.4 | — | 0.56 | 0.64 | — |

洛克(R.C.Lock)亦曾考虑了上层流体 $U = 0$ 及 $U \neq 0$ 两种情况下式(2-113)的解,与上述寇利根所得的结果十分接近,这在表 2-3 及图 2-51 中可以看得很清楚。

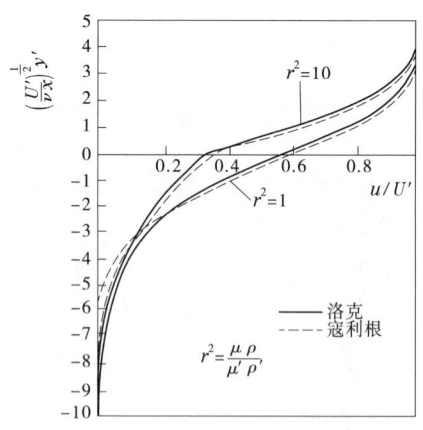

图 2-51　层流边界层中的流速分布

寇利根及洛克所处理的是清浑水厚度很大、边界层还没有达到水面及河底的情况。有时浑水水深比清水水深小很多,下层边界层已经扩充达到河床,而上层边界层还没有达到水面。巴塔(G. LBata)曾研究过这个问题,发现这时界面上的阻力不但与雷诺数及参数 $r$ 有关,而且还受制于异重流的厚度 $h'$ 与距离 $x$ 的比值,即

$$\frac{(384 - \lambda_i Re')^{\frac{3}{2}}}{4\lambda_i Re' - 384} = \frac{31.2}{\sqrt{Re'M}} \tag{2-117}$$

其中

$$Re' = \frac{U'h'}{\nu'} \tag{2-118}$$

$$M = \frac{h'}{x}\frac{\mu\rho}{\mu'\rho'} \tag{2-119}$$

上述边界层研究的意义在于,如果形成异重流以后所经过的距离不是很长,异重流和因异重流而引起的上层清水水流还没有得到充分发展,则交界面上的阻力要比边界层已经发展达到水面及河底以后的阻力为大。一般情况下,异重流的流程都比较长,上下两层水流均已得到充分发展,这时可以不再考虑边界层现象。顺便指出,寇利根等所处理的都是层流边界层的性质;异重流在经过一定距离以后,边界层中的水流有可能过渡到紊流,这一问题目前似乎还没有人研究过。

# 第三节　异重流淤积与输沙特性

## 一、异重流的挟沙和输沙能力

### (一)异重流的挟沙能力

天然水库异重流的运动,多是非恒定、非均匀流。但由于沿程的槽蓄和阻力作用,异重流经过一定距离后,会逐渐接近恒定和均匀状态。为了研究方便,一般假定异重流进库一段时间后,处于恒定和均匀状态。根据异重流非恒定流运动方程,导出恒定均匀条件下异重流运动方程式为:

$$v^2 = \frac{8}{\lambda_m}\frac{\Delta\gamma}{\gamma'}ghJ_0 \tag{2-120}$$

根据异重流连续性方程 $q = vh$,与上式联解,导出异重流流速和厚度计算公式

$$v = \sqrt[3]{\left(\frac{8}{\lambda_m}\right)\frac{\Delta\gamma}{\gamma'}gqJ_0} \tag{2-121}$$

$$h = \sqrt[3]{\left(\frac{\lambda_m}{8}\right)\frac{q^2}{\frac{\Delta\gamma}{\gamma'}gJ_0}} \tag{2-122}$$

根据明渠一般挟沙力公式 $S_* = \kappa(\frac{v^3}{gh\omega})^m$,导出异重流挟沙力公式:

$$S_* = \kappa(\frac{8}{\lambda_m}\frac{\Delta\gamma}{\gamma'}\frac{qJ_0}{h\omega})^m \tag{2-123}$$

泥水异重流是群体运动,用 $\omega_s$ 表示异重流群体沉速(即式中 $\omega$),$\omega_0$ 表示单颗粒泥沙在清水中的沉速,$\omega_s$ 与 $\omega_0$ 的关系采用式 $\dfrac{\omega_s}{\omega_0} = e^{-6.72S_V}$,式中 $S_V$ 为体积含沙量。将异重流流速公式(2-121)和厚度公式(2-122)代入式(2-123)中,整理后得异重流挟沙力的另一种表达公式:

$$S_* = \kappa' \left[ \left( \frac{\Delta\gamma}{\gamma'} \right)^{\frac{4}{3}} \frac{q^{\frac{1}{3}} J_0^{\frac{4}{3}} e^{6.72S_V}}{\omega_0} \right]^m \tag{2-124}$$

当 $m \to 1$ 时,则水库异重流挟沙力与入库单宽流量、含沙量、库底比降、浑水容重及单颗粒沉速有以下关系式:

$$S_* \propto \left( \frac{\Delta\gamma}{\gamma'} \right)^{\frac{4}{3}} \frac{q^{\frac{1}{3}} J_0^{\frac{4}{3}} e^{6.72S_V}}{\omega_0} \tag{2-125}$$

式(2-125)表明,水库异重流挟沙力与入库流量、含沙量和库底比降呈正比关系,与入库泥沙颗粒沉速呈反比关系。

韩其为考虑当含沙量 $S$ 不是很大时,$\dfrac{\Delta\gamma}{\gamma_m} = \dfrac{0.63S}{\gamma_0} = 0.00063S$,通过整理得到异重流挟沙力公式

$$S_* = 0.0495 \frac{qJ_0}{\omega h} S \tag{2-126}$$

由此可见,在其他条件相同时挟沙力与含沙量成正比,这就是当含沙量不是很大时异重流多来多排的理论根据。

韩其为(2003)又根据不平衡输沙原理,以及官厅、三门峡、红山、刘家峡等水库异重流实测资料,导出当含沙量 $S = 1 \sim 50 \text{ kg/m}^3$ 时,$S_* = (0.0387 \sim 0.0283)S$。这说明水库异重流的挟沙能力远低于含沙量,属于较强烈的超饱和输沙。这正是除非含沙量很高时,水库异重流总是淤积的道理。

清华大学王光谦、周建军等(2000)通过水槽试验和二维数学模型计算结果得出结论:①异重流在沿程淤积的同时,含沙量沿程变化不大,这种情况说明异重流淤积主要是通过减小异重流流量的方法实现的。②异重流的沿程淤积厚度是逐渐减小的,在同一点上,泥沙的淤积厚度随时间的增长而增大,但是,从计算结果来看,泥沙的淤积厚度随时间增长而增大的速率减小并不明显,这说明异重流的泥沙淤积与明渠水流的泥沙淤积是不同的,异重流的泥沙淤积不像明渠水流那样能够达到冲淤平衡状态。计算结果显示,随着异重流淤积的发展,异重流的交界面不断上升,底面坡度不断加大,上层清水厚度不断减小。造成这种现象的主要原因是:异重流中,泥沙的存在是造成上下层水体密度差的根本原因,是形成异重流的前提条件,异重流运动的能量来源就是异重流的含沙量。在异重流泥沙淤积的同时,异重流运动的能量也要相应地减少,清水要随着析出,异重流的流量减小,所以异重流淤积不能走向冲淤平衡,而只能导致泥沙异重流本身的消失。

此外,可以根据级配来确定异重流的挟沙能力,根据官厅水库的资料,异重流的流速与异重流所能挟带的泥沙粒径有一定的经验关系,如图 2-52 所示。已知 $v$,可查出 $d_{90}$,再从进库泥沙级配曲线查出与 $d_{90}$ 相应的百分数,就可得异重流的含沙量 $S'$

$$S' = S\frac{\alpha}{90\%} \tag{2-127}$$

式中　$S$——进库含沙量；

$\alpha$——与 $d_{90}$ 相应的进库级配曲线中的百分数。

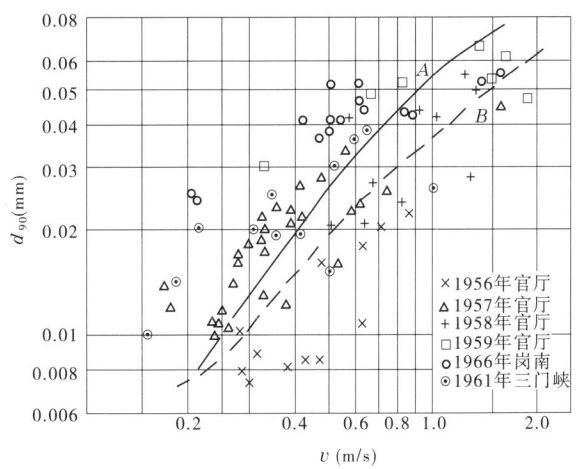

**图 2-52　异重流流速与异重流所能挟带的泥沙粒径 $d_{90}$ 的经验关系**

**（二）高含沙异重流的输沙能力**

研究表明,高含沙异重流的输沙特点与其流型、流态有关。针对每场洪水,按其过程和是否均质分析是不同的,按过程分析,有时为低含沙水流,有时是高含沙非均质流,在个别含沙量很高时又可能出现高含沙均质流。一场洪水过程,在峰腰、峰顶和落峰等阶段会有各种流型相伴。从输沙模式讲,可概括为两种,即高含沙均质流和高含沙非均质流,低含沙水流输沙模式可统一到高含沙均质流输沙模式中。

两相异重流输沙特性在考虑了异重流特性后,符合高含沙不平衡输沙规律

$$S_{j+1} = S_* + (S_j - S_*)\sum_{k=1}^{n}P_k\exp\left(-\frac{\alpha\omega_k\Delta L}{q}\right) \tag{2-128}$$

式中　$S_j$、$S_{j+1}$——河段进出口含沙量；

$S_*$——河段挟沙力；

$P_k$——床沙质中第 $k$ 粒径组重量百分数；

$\omega_k$——相应沉速；

$\Delta L$——河段长度；

$q$——单宽流量；

$\alpha$——恢复饱和系数。

水流挟沙能力选用武汉水利水电学院公式：

$$S_* = \kappa\left(\frac{8\Delta\gamma v'J}{\lambda'\gamma_m\omega}\right)^m \tag{2-129}$$

式中　$\kappa$——沉速因子。

对低含沙及清水沉速 $\omega_0$，按相关规范选用，对浑水沉速 $\omega_m$，选用如下公式：

当泥沙沉降处于层流区时，按斯托克斯公式

$$\omega_m = \frac{\gamma_s - \gamma_m}{18\mu_m}d^2 \tag{2-130}$$

其中，$\mu_m$ 按下式计算

$$\mu_m = \left(1 - \kappa\frac{S_V}{S_{Vm}}\right)^{-2.5}\mu_0 \tag{2-131}$$

当泥沙沉降处于介流区时，按沙玉清公式

$$(\lg S_{am} + 3.665)^2 + (\lg \Phi_m - 5.777)^2 = 39 \tag{2-132}$$

$$S_{am} = \frac{\omega_m}{\nu_m^{1/2}g^{1/3}\left(\frac{\gamma_s - \gamma_m}{\gamma_m}\right)^{1/3}} \tag{2-133}$$

$$\Phi_m = \frac{g^{1/3}\left(\frac{\gamma_s - \gamma_m}{\gamma_m}\right)^{1/3}d}{\nu_m^{2/3}} \tag{2-134}$$

式中　$\nu_m$——浑水运动黏滞系数；

　　　$S_{am}$——沉速判数；

　　　$\Phi_m$——粒径判数；

　　　其余符号意义同前。

已知 $\nu_m$、$\gamma_m$、$d$，代入式(2-134)求出 $\Phi_m$，再代入式(2-132)求出 $S_{am}$，再代入式(2-133)就可求出 $\omega_m$。式(2-132)考虑了浑水特性 $\gamma_m$，而 $\gamma_m$ 又与泥沙级配特性 $\sum\frac{p_i}{d_i}$ 联系起来，用以计算粗颗粒泥沙的浑水沉速较好，计算对比说明了这点。

之所以考虑了浑水的黏性后，浑水沉速可直接用斯托克斯公式和沙玉清公式，是因为对非均质沙都是分粒组计算各组沉速 $\omega_m$，相应各组含沙量为 $S_{Vi} = P_iS_V$，由于 $S_{Vi}$ 小于 $S_{Vc}$（$S_{Vc}$ 为 $\mu_r = 1.5$ 时相应的含沙量），可按 $S_{Vc} = 0.138 - 0.03\lg\sum\frac{P_i}{d_i}$ 计算，因此可以近似按单个颗粒在浑水中沉降表示，含沙量及级配的影响都反映在 $\nu_m$ 和 $\gamma_m$ 中。

**（三）异重流的输沙能力**

根据运动方程，在恒定均匀条件下可推导出输沙能力关系式，根据小浪底水库异重流资料确定系数和指数得

$$q_s = 370\left(\frac{\Delta\gamma}{\gamma'}\frac{q^2J_0e^{6.72S_V}}{h\omega_0}\right)^{0.63} \tag{2-135}$$

这表明，异重流的输沙能力与一般水流相似，可以利用此式计算异重流的输沙能力，根据入库水沙条件预估异重流排沙量和库区的淤积过程。

**二、异重流的淤积特性和形态**

水库淤积问题是一个世界范围内的问题，早已引起水利工作者的重视，对这一现象的

发展变化规律,已进行了许多方面的研究工作。我国水利建设发展很快,建坝数量很大,而河流含沙量一般都较大,因此水库淤积问题尤为突出。研究和解决这一问题的需要也就显得更加迫切。

水库淤积现象虽异常复杂,但仍具有一定的规律性。多年来,人们通过对大量水库淤积实测资料和工程实践的总结分析,对它已有深刻了解。下面分别就水库淤积的纵剖面形态、横断面形态分析介绍。

**(一)水库淤积形态**

1. 水库纵剖面淤积形态

实测资料表明,水库淤积的纵剖面形态可以分为如下几种基本类型:①三角洲淤积;②带状淤积;③锥体淤积。有些水库的淤积形态比较复杂,介于上述几种形态之间,或同时兼有几种形态,这是由水库的特定条件所决定的。现有三种基本淤积形态分述如下。

1) 三角洲淤积

这种淤积形态比较广泛地出现在相对库容较大,来沙组成较粗,水库蓄水位变幅较小,库区地形开阔的水库中。修建在永定河上的官厅水库便是一个典型。根据纵剖面外形及床沙粒配的沿程变化特点,可将淤积区分为五段:①三角洲尾部段;②三角洲顶坡段;③三角洲前坡段;④异重流淤积段;⑤坝前淤积段。

三角洲尾部段是天然河流进入雍水区的第一段,此处挟沙水流处于超饱和状态,明显地呈现出水流对泥沙的分选作用,淤积物主要是推移质和悬移质中的较粗部分。实测资料表明,淤积物中 $d < 0.08$ mm 的泥沙在本段起点处仅占 10%,在终点处则占 90% 左右,说明具有明显的床沙沿程细化现象。

三角洲顶坡段的挟沙水流已趋近于饱和状态,顶坡坡面一般与水面线接近平行,水流接近均匀流。与水流条件相适应,顶坡上的床沙组成沿程变化不大,无明显的床沙沿程细化现象,顶坡段的平均比降一般要比原始河床的比降更为平缓。

三角洲前坡段的主要特点是水深陡增,流速剧减,水流挟沙力也大大减小,挟沙水流又一次处于超饱和状态,泥沙在此再一次发生淤积和分选,其结果使三角洲不断向坝前推移,河床沿程细化。官厅水库 1956~1958 年 3 年资料表明,三角洲向坝前推进的速度是每年 3 km 左右。

异重流淤积段的主要特点是:异重流潜入后,因进库流量减小或其他原因,部分异重流未能运行到坝前便发生滞留现象,造成淤积。淤积的泥沙组成较细,官厅水库的资料表明,80% 以上的泥沙小于 0.02 mm,粒径沿程几乎无变化,基本上不存在分选作用。淤积分布比较均匀,其淤积剖面大致与库底平行。

坝前淤积段的主要特点是:这里的泥沙淤积是由于不能排往水库下游的异重流在坝前形成浑水水库,泥沙几乎以静止沉降的方式慢慢沉淀,落淤的泥沙全为细颗粒,淤积物表面往往接近水平。

根据官厅水库实测资料的分析,淤积的泥沙大量分布在三角洲上,其淤积的沙量占进库总沙量的 60% 左右,而异重流淤积段只占 10% 左右,其余 30% 淤在坝前或排往下游。

必须指出,三角洲淤积形态并非只在多沙河流的湖泊型水库出现,在多沙河流的河道型水库中也有出现。在少沙河流上述两种类型的水库中,尽管进库含沙量不大,只要库水位年内变幅不是太大,库区也会出现三角洲淤积形态。

2) 带状淤积

这种淤积形态多出现在河道型水库中,现以丰满水库为例说明这种淤积形态的现象和特点。

丰满水库为修建在少沙河流上的一个典型的河道型多年调节水库,位于第二松花江干流上。该水库进库沙量少,进库泥沙较细,库水位变幅较大,正常运用时变幅为 10~20 m,与此相应,回水变动范围也较长。上述水库形态、水沙特点和运用条件所造成的水库淤积特点是,淤积物自坝前一直分布到正常高水位的回水末端,呈带状均匀淤积。根据水库运用情况和水流泥沙运行特点,可以将淤积地区分为三段:①变动回水区;②常年回水区行水段;③常年回水区静水段。

变动回水区是指最低库水位的两个回水末端范围内的库段。在此范围内淤积的泥沙较粗,绝大部分是推移质和悬移质中的较粗部分,淤积分布也较均匀。在此段,由于水库的多年调节作用,水位变化具有周期性,水流条件也发生相应变化。当库水位较高时,回水末端位居上游,较粗泥沙便开始在此淤积;当库水位下降后,回水末端向下游移动,原来高水位时淤积的泥沙被冲到下游,并在下游回水末端处淤积,这样便形成比较均匀的带状淤积。因为淤积的沙量甚少,而泥沙组成又很细,高水位时淤积的泥沙在低水位时能被水流冲到下游,故未能形成三角洲淤积。此外,由于水流条件的周期性变化,不同运用时期不同水流条件对泥沙的分选作用,还在横断面上形成粗细泥沙沿铅直方向分层交错的现象。库水位下降时,回水末端以上的河段恢复成天然河道,河床发生冲刷,形成一定宽度的主槽。

常年回水区行水段是指最低库水位回水末端以下具有一定流速的库段。此段除首段略有少量推移质淤积外,主要是悬移质淤积。因为含沙量小,泥沙细,而水流沿程变化又较小,故淤积范围长,分布也较均匀,仅为一很薄的淤积层,不足以形成三角洲淤积。

常年回水区静水段是指坝前水流几乎为静水的库段。此段全为悬移质中的极细泥沙,以静水沉降方式沉淀到库底形成淤积,其淤积分布极为均匀,基本上是沿湿周均匀薄淤一层。

3) 锥体淤积

在多沙河流上修建的小型水库,比较普遍地出现锥体淤积形态。这种淤积形态的主要特点是坝前淤积多,泥沙淤积很快发展到坝前,形成淤积锥体,与上述大型水库先在上游淤积然后向坝前推进发展的淤积形式完全不同。当水库淤满后,河床纵比降比原河床纵比降小,此后淤积继续向上发展。

上述淤积特点,首先,由于水库壅水段短、底坡大、坝高小,故水库流速大,能将大量泥沙带到坝前淤积;又因进库含沙量高,故造成坝前淤积发展很快。其次,异重流淤积也是重要原因之一,因为水库壅水段短、底坡大,异重流常常能运行到坝前;此外,由于水库小,异重流到坝前之后即逐渐排挤清水,并和清水相混合,使水库的清水完全变浑,异重流随之消失,挟带的泥沙便在坝前大量淤积。

多沙河流上的大型水库,在一定条件下也会出现锥体淤积形态。如黄河干流上的三门峡水库,在滞洪运用时期,因库水位较低,库区流速较大,大量泥沙被带到坝前淤积,因而出现锥体淤积形态。

有些少沙河流上的水库,尽管含沙量不大,但由于坡陡流急、回水短,也会出现锥体淤积形态。

以上所述为三种基本的淤积形态。有些水库的淤积介于这三种基本形态之间,形成复杂的淤积形态,在研究水库淤积的现象和规律时,必须对具体情况作具体分析。

影响纵剖面淤积形态的主要因素有来水来沙特性、水库壅水程度及坝前水位的变幅、库容大小及库区地形。根据水库实测资料分析得到的纵向淤积形态判别式,一般都包括了以下几个因素。如原水电部十一工程局所提出的经验判别式为

三角洲淤积　　　　　　　$\dfrac{SV}{Q}>1$，　　　$\dfrac{\Delta h}{H}<0.1$

带状淤积　　　　$0.25<\dfrac{SV}{Q}<1$，　　$0.1<\dfrac{\Delta h}{H}<1$

锥体淤积　　　　　　　$\dfrac{SV}{Q}<0.25$，　　$\dfrac{\Delta h}{H}>1$

黄委设计院泥沙所提出的判别式为

三角洲淤积　　　　　　　$\dfrac{V}{G_S}\geqslant2.0$，　　$\dfrac{\Delta h}{H}<0.15$

锥体淤积　　　　　　　$\dfrac{V}{G_S}<2.0$，　　$\dfrac{\Delta h}{H}\geqslant0.15$

式中　　$V$——库容,亿 $\text{m}^3$;

$S$——汛期平均含沙量,$\text{kg/m}^3$;

$Q$——汛期平均流量,$\text{m}^3/\text{s}$;

$G_S$——汛期进库总沙量,亿 t;

$\Delta h$——坝前水位变幅,m;

$H$——坝前平均水深,m。

还有其他一些经验判别式,这里不一一列举。需要指出的是,这些经验判别式都受到所用实测资料的限制,所得数据仅具参考意义。此外,如果水库地形比较复杂,用不同的纵剖面表示方法会显现出不同的形态,此时便不能用经验判别式简单地识别了。

2. 水库横断面淤积形态

冲积平原河道的横断面形态一般是滩槽分明的。修建水库后,通过淤积及淤积之后的冲刷,横断面形态会发生极为复杂的变化。尽管如此,其变化仍有一定的特点和规律。

水库发生单向淤积时,来水来沙及边界条件的不同,造成淤积横向分布的不同,常见的悬移质淤积分布,有以下四种形态:

(1)淤积面水平抬高。淤积面从河槽最深处开始,向上水平抬高的现象,多出现在淤积物呈泥浆状,从而具有一定流动性的异重流淤积段,流速甚小的浑水水库及坝前段。

(2)沿湿周等厚淤积。这种淤积形态多出现在流速和含沙量较小,泥沙粒径较细,但又不形成异重流的坝前段。在这种条件下,含沙量及泥沙粒配沿横向分布均匀,为沿湿周等厚淤积提供了前提。在某些峡谷断面中也出现这种情况,这是因为,这里虽然含沙量较大且较粗,但两者沿横向分布都是较均匀的。

(3)淤槽为主。一种情况是,在库身甚宽的条件下,主流区虽然流速较大,但来沙量

也较多,泥沙将集中在主槽区落淤,直至全断面普遍淤高。另一种情况是,库身虽宽但又不是太宽,自然条件下河身有江心洲存在,主槽位于江心洲一侧,汛期主流取直,主槽出现回流淤积,枯季主流走弯,主槽的淤积物被冲走,年内保持平衡。建库以后,如果这一段出现累计性淤积,原来的主槽可能被淤死,水库水位消落时已不能将原来的主槽冲开,出现支槽易位的现象。

(4)淤滩为主。这种现象仅出现在局部地区,例如弯道凸岸,水位壅高后,主流取直,凸岸边滩会发展壮大;又如某些河岸凹陷处,自然情况下高水期淤积,枯水期冲刷,年内能维持平衡。建库后,始终维持比较高的水位,淤积会发展下去直到平衡状态。

**(二)异重流的淤积**

异重流的淤积有多种不同的情况:有流量沿程损失甚至异重流停滞后产生的淤积;有在异重流运动过程中超饱和输沙时发生的淤积;还有异重流运动到坝前,泄水建筑物没有及时开启,浑水无法排出库外引起的淤积。

由官厅水库1956~1957年实测资料分析计算可以看出,形成异重流后的流量较之进库断面流量要明显减少,一般要损失14%~77.5%,平均损失48.6%,相应输沙率要损失44%~92%,平均损失75.8%。输沙率损失比流量损失大,其原因是泥沙大量淤积。

异重流因超饱和输沙发生沿程淤积时,因其泥沙颗粒细、沉速小,恢复饱和速度却很缓慢,从而使异重流在运动过程中的淤积沿程较均匀。至于沿程淤积多少,与异重流的进库流量大小和含沙量的多少及运行距离的长短有关。

水库异重流的淤积形态以在回水末端淤积形成三角洲为主。

**1.干流淤积形态**

小浪底水库实际调度蓄水位较高,由于水流对泥沙的分选作用,粗沙首先在水库回水末端附近落淤,较细泥沙潜入蓄水体形成异重流向坝前运行,因此干流淤积形态为水库回水末端附近的三角洲淤积和三角洲以下的异重流和浑水水库的淤积。

图2-53为小浪底库区各个时期干流纵剖面淤积形态图,由图可以看出,小浪底库区干流主要为三角洲淤积形态,各时期库区三角洲淤积顶点距坝里程和高程见表2-4。

由图2-53、表2-4可知,水库的淤积形态与水库来沙期的运用水位和来沙量关系密切。2000年8~10月,日平均库水位220.3 m,最高库水位234.38 m,为2003年5月以前汛期水位最高值,因此三角洲淤积部位比较靠上,三角洲顶点距坝69.39 km,顶点高程为225.20 m;2001~2003年5月,水库汛期运用水位相对降低,三角洲淤积的泥沙搬家,三角洲淤积顶点向下移动,三角洲顶坡高程也逐渐降低,到2003年5月,三角洲顶点位置下移至距坝44.53 km处,顶点高程降低为204.64 m;2003年7~10月,小浪底水库入库泥沙7.755亿t,为2000年以来最大值,运用水位也为最高,平均库水位为239.73 m,10月平均水位为262.07 m,最高水位达265.56 m(2003年10月15日),导致三角洲顶点上移至距坝72.06 km,顶点高程达244.40 m,泥沙主要淤积在距坝50~110 km范围内,这是水库2003年淤积泥沙较多和淤积部位靠上的主要原因之一。2004年与2003年相比,水库运用水位相对较低,来沙量相对较少,所以水库淤积在库尾的三角洲发生冲刷,向坝前搬家。2005年,水库运用水位又有所上升,因此库区尾部淤积也有所增加。2006年,主汛期运用水位较2005年有所降低,使得距坝70 km以上库段发生冲刷,泥沙搬家至距坝70 km以下库段。至2006年

10月,小浪底水库三角洲淤积顶点距坝33.48 km,三角洲顶点高程221.87 m。

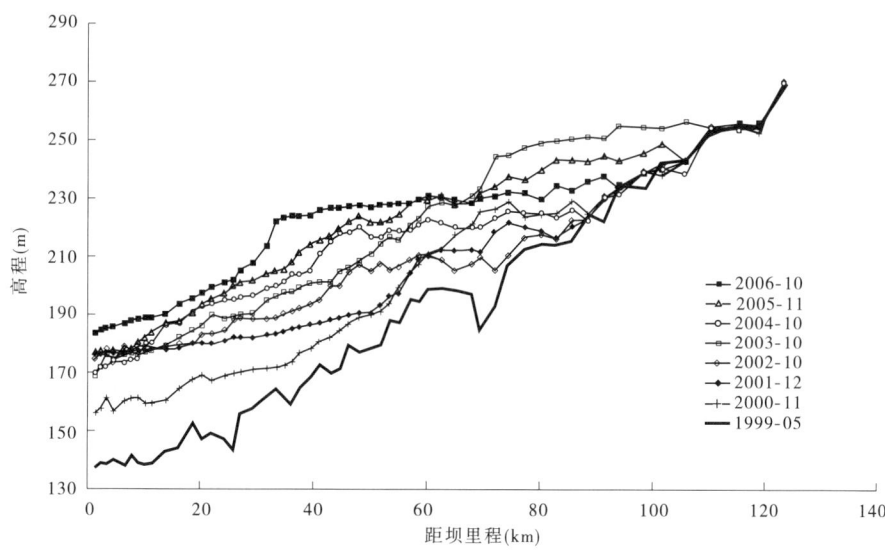

图2-53　各个时期干流纵剖面淤积形态图

表2-4　小浪底水库库区三角洲淤积顶点距坝里程及高程

| 施测时间(年-月) | 距坝里程(km) | 高程(m) |
|---|---|---|
| 2000-11 | 69.39 | 225.20 |
| 2001-05 | 60.13 | 216.60 |
| 2001-12 | 58.51 | 208.90 |
| 2002-06 | 60.13 | 210.60 |
| 2002-10 | 48.00 | 207.30 |
| 2003-05 | 44.53 | 204.64 |
| 2003-10 | 72.06 | 244.40 |
| 2004-05 | 72.06 | 244.86 |
| 2004-07 | 48.00 | 221.17 |
| 2004-10 | 44.53 | 217.71 |
| 2005-04 | 44.53 | 217.39 |
| 2005-11 | 48.00 | 223.56 |
| 2006-10 | 33.48 | 221.87 |

　　根据小浪底水库近年来运用实践,小浪底水库距坝70 km以上库段,断面相对比较窄,随着水库运用水位的升高,该河段可能发生一定的淤积,但当水库运用水位降低且有一定历时较大流量过程时,淤积在该库段的泥沙将会发生冲刷搬家,淤积形态能够调整。

2.库区支流淤积形态

从目前水库实际支流纵剖面形态看,各支流均未形成明显的拦门沙坎,支流沟口淤积面随着干流的淤积面同步抬高。小浪底库区支流畛水河、亳清河实测纵剖面淤积形态变化图见图2-54、图2-55。

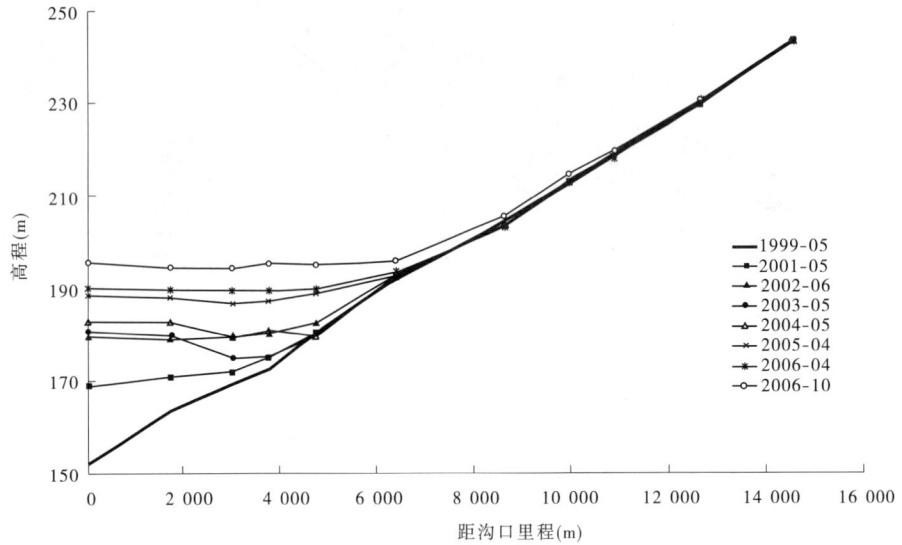

图2-54　库区支流畛水河纵剖面淤积形态变化图(距坝17.67 km)

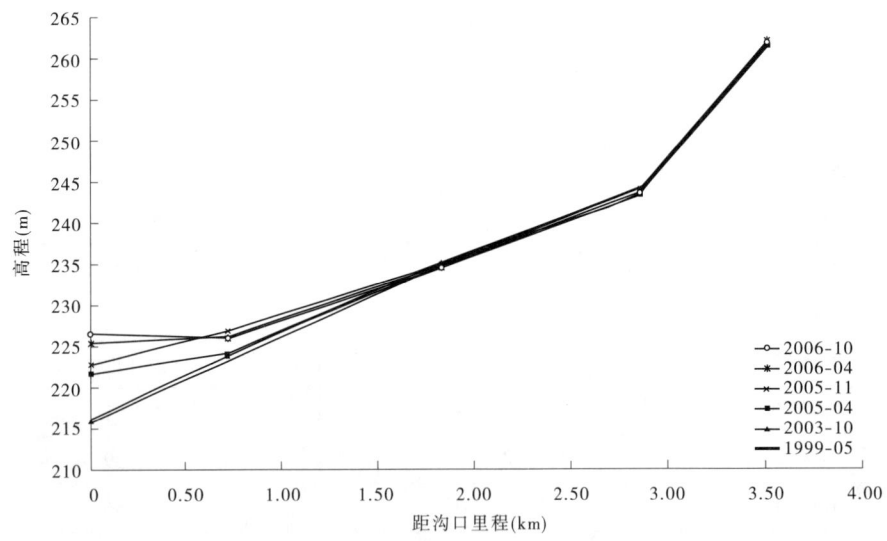

图2-55　库区支流亳清河纵剖面淤积形态变化图(距坝57.98 km)

## 三、异重流的输沙特点

### (一)水库异重流输沙规律

水库异重流输沙规律与明渠流的根本不同,在准均匀流情况下,含沙量与挟沙能力的紧密联系,不是含沙量向挟沙能力调整,而是挟沙能力向含沙量调整。含沙量向挟沙能力调整,要通过冲淤来实现,调整的速度慢;挟沙能力向含沙量调整,通过改变流速来实现,调整得快。因此,水库准均匀异重流输沙,是一种特殊的不平衡输沙,一方面它是超饱和的,另一方面它又与挟沙能力密切相关,由断面的水力泥沙因素唯一决定。

另外,韩其为(2003)还认为,异重流的不平衡输沙规律在本质上与明渠流是一样的,因此可用明渠流不平衡含沙量和级配沿程变化计算,因超饱和,故简化公式为

$$S = S_i \sum_{k=1}^{n} P_{4.k.i} \exp\left(-\frac{\alpha L}{L_k}\right) \tag{2-136}$$

$$P_{4.k} = P_{4.k.i}(1-\lambda)^{\left[\left(\frac{\omega_k}{\omega_\varphi}\right)^m - 1\right]} \tag{2-137}$$

式中　$S_i$——进口断面含沙量;

　　　$S$——出口断面含沙量;

　　　$P_{4.k.i}$——进口断面异重流级配百分数;

　　　$P_{4.k}$——出口断面异重流级配百分数;

　　　$\alpha$——饱和系数,在异重流计算中,可取 0.25;

　　　$L$——进出口断面之间的距离,$L=\frac{q}{\omega}$,$k$ 组粒径泥沙为 $L_k$;

　　　$\lambda$——淤积百分数;

　　　$\omega_k$、$\omega_\varphi$——$k$ 组粒径泥沙的沉速和中值沉速,后者用试算法确定。

韩其为利用上述关系式,采用 $\alpha=0.25$,利用红山水库、官厅水库、三门峡水库等异重流资料分别计算了异重流出库含沙量及级配,结果与实测资料基本符合。

**(二)异重流排沙比**

水库浑水异重流形成之后,由于潜入库底过水面积缩小,在同流量下流速反而较之明流为大,因而便于将泥沙向下游输送,有利于排沙。异重流排沙效果与水库的长短、形状、库底比降、来水来沙量的大小及坝前泄流设施高程和调度情况有关。据统计,不同的水库其平均排沙比大不相同;同一个水库,不同的入库水沙条件和调度方式,其排沙比也相差很大。一般来说,当泄流设施开启恰当时,若库底比降大,壅水长度短,水库为河道型和峡谷型,入库流量大,含沙量高,洪峰持续时间长,则排沙效率高;反之,则排沙效率低。

焦恩泽(2004)根据国内外一些有异重流排沙的水库资料,点绘库底纵比降与排沙比的关系,如图 2-56 所示。图中对于每座水库是用多次洪水排沙比的平均值与库底纵比降建立的关系。从图中可以看出,排沙比 $\eta=(W_{so}/W_{si})$(其中 $W_{so}$、$W_{si}$ 分别为出库沙量与进库沙量),与库底纵比降关系较好。

从很多水库排出的异重流得知,异重流出库的泥沙组成都小于 0.01 mm。因此,也可以用产生异重流的相应进库洪水中的泥沙组成小于 0.01 mm 的百分比作为排沙比的百分数。焦恩泽根据收集到的官厅、三门峡和闹德海水库的实测资料,建立排沙比与进库泥沙组成 $d<0.01$ mm 百分比的关系,如图 2-57 所示。图中官厅水库分别为 3 种情况:一是敞泄排沙;二是部分闸门开启,意味着出现浑水水库,只排出一部分泥沙,因此进库 $d<0.01$ mm 百分比大于排沙比;三是闸门全部开启。

以上只是粗略估算不同水库异重流排沙的经验关系图。实际上水库异重流排沙是个非常复杂的问题,受多种因素影响。同一水库,在适当地开启泄流设施的情况下,入库水

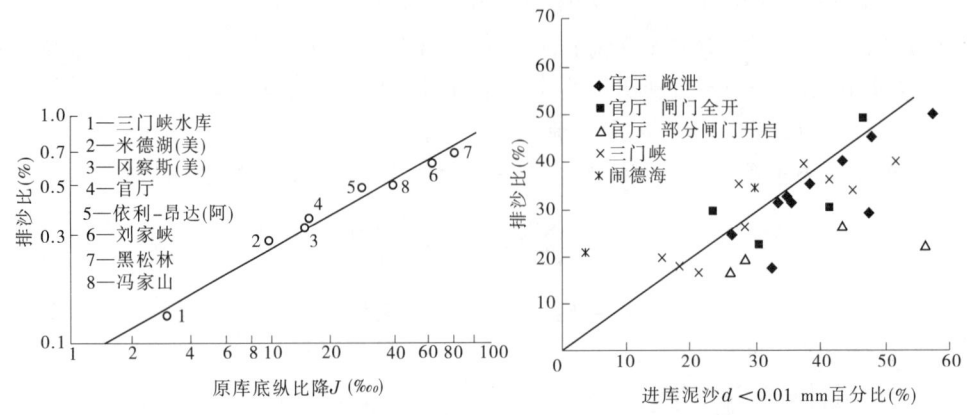

图 2-56  多次洪水异重流平均排沙比　　　图 2-57  水库进库泥沙 $d < 0.01$ mm 百分数与
经验关系　　　　　　　　　　　　　排沙比关系

沙条件不同,其异重流的形成、运行条件就大不相同,因此其排沙比也不同;相同的入库水沙条件,不同的运用水位,水库回水长度不同,异重流的潜入点和运行到坝前的距离也有差别,其排沙比也会不同。

**（三）水库中异重流的排沙数量估算**

为寻求一种水库中异重流运动的计算方法,以估计可能排出的泥沙数量,需回答下列问题:

（1）在已知进流条件下,库首河段什么时候在什么地点出现异重流?（前已讨论）

（2）如何估算异重流流速、厚度及挟沙能力?

（3）如何确定异重流流到坝址的泥沙数量,而这些泥沙能排出库外?

（4）当异重流出现在库中时,如何估计异重流泄出的历时?

对于水库中异重流排沙的现象,有过许多探讨和观测。人们观察到进库洪峰和沙峰所形成的异重流,通过水库全部从泄水孔排出,而排出的浑水,具有同进库沙峰相应的峰型。

阿尔及利亚依利－昂达坝,利用异重流流动特性来排除泥沙,1953～1957 年平均排沙量达到全年进入水库沙量的 47%,最大一年（1955～1956 年间）,排出沙量达 68.98 亿 t,全年进库沙量为 141.48 亿 t。统计美国米德湖 1935～1936 年发生的几次异重流,水库长度最大达 129 km,排出沙量占洪峰沙量的比值平均为 25%。例如:1935 年 9 月 27 日至 10 月 7 日一次洪峰,进库沙量达 8 350 000 t,而出库沙量为 3 270 000 t,出库和进库沙量的比值高达 39%。

我国有些水库汛期常发生异重流。1953～1960 年官厅水库测到异重流在 50 次以上,统计在泄水闸门开启时排沙量占进库沙量的 25%～30%。

从上面所举的例子可以看出:在一定条件下,运用泄水孔排泄异重流,排沙效果是相当好的。表 2-5 列出国内外一些水库异重流排沙比数据。表 2-6 为伊朗西菲罗（Sefid－Rud）水库历年异重流排沙数据,表 2-7 为美国胡佛（Hoover）水库（米德湖）各次异重流排沙的详细数据。

**1. 异重流在水库中持续运动的条件**

要估计异重流排出库外的数量,需要了解异重流发生后能运行多长距离,能否通过水库全长而排出库外,不仅要研究异重流的形成条件,还要研究异重流持续运动的条件。

异重流持续运动条件是指在一定的水库地形条件下,进入的洪峰所形成的异重流能保持在一定长度的水库中继续运动到达坝址而排出所要满足的条件。从物理意义来谈,即是:进库洪峰形成异重流所供给的能量,须能克服水库全长的沿程和局部的能量损失;否则,则在中途停止运动。研究这个问题的目的,是要了解异重流在不同洪峰和不同水库地形条件下,可能流到坝址而排出的泥沙数量。

表2-5　国内外一些水库异重流排沙比数据

| 水库 | 洪水历时 | 入库($\times 10^6$ t) | 出库($\times 10^6$) | 排沙比 |
|---|---|---|---|---|
| 美国象山（Elephant Butte）水库(Lara,1960) | 1919 年 7 月 8 日至 28 日 | 18 | 4.15 | 0.23 |
| | 1933 年 6 月 15 日至 7 月 1 日 | 11.75 | 1.03 | 0.09 |
| 冯家山水库 | 1978 年 8 月 6 日至 8 日 | 0.459 | 0.106 | 0.23 |
| | 1979 年 7 月 25 日至 26 日 | 1.18 | 0.767 | 0.65 |
| 官厅水库 | 1954 年 7 月 28 日至 29 日 | 0.58 | 0.187 | 0.32 |
| | 1954 年 8 月 24 日至 27 日 | 5.3 | 1.06 | 0.20 |
| | 1954 年 9 月 5 日至 6 日 | 3.14 | 0.8 | 0.25 |
| | 1956 年 6 月 26 日至 7 月 6 日 | 20.5 | 4.56 | 0.22 |
| | 1956 年 8 月 1 日至 3 日 | 6.34 | 1.58 | 0.25 |
| 美国米德(Mead)湖（Grover 和 Howard,1938） | 1935 年 3 月 30 日至 4 月 17 日 | 7.78 | 1.79 | 0.23 |
| | 1935 年 8 月 26 日至 9 月 9 日 | 9.48 | 2.37 | 0.25 |
| | 1935 年 9 月 27 日至 10 月 7 日 | 8.35 | 3.27 | 0.39 |
| | 1936 年 4 月 13 日至 14 日 | 11.08 | 2.0 | 0.18 |
| 刘家峡水库 | 1976 年 7 月 2 日至 5 日 | 1.58 | 0.83 | 0.52 |
| | 1976 年 7 月 20 日 | 0.38 | 0.26 | 0.68 |
| | 1976 年 8 月 2 日至 5 日 | 13 | 1.13 | 0.087 |
| 三门峡水库 | 1961 年 7 月 2 日至 8 日 | 117.0 | 1.4 | 0.012 |
| | 1961 年 7 月 12 日至 18 日 | 109.0 | 6.1 | 0.056 |
| | 1961 年 7 月 21 日至 28 日 | 163.0 | 29.0 | 0.18 |
| | 1961 年 8 月 1 日至 8 日 | 170.0 | 30.0 | 0.18 |
| | 1961 年 8 月 10 日至 28 日 | 147.0 | 31.0 | 0.21 |
| | 1961 年 8 月 22 日至 28 日 | 81.0 | 6.9 | 0.085 |
| | 1961 年 9 月 27 日至 10 月 2 日 | 64.0 | 3.8 | 0.06 |
| | 1962 年 6 月 17 日至 7 月 24 日 | 161.5 | 56.8 | 0.35 |
| | 1962 年 7 月 24 日至 8 月 4 日 | 130.0 | 31.8 | 0.25 |
| | 1962 年 8 月 4 日至 13 日 | 71.4 | 16.2 | 0.23 |
| | 1962 年 8 月 13 日至 20 日 | 63.5 | 16.3 | 0.26 |
| | 1962 年 9 月 25 日至 10 月 15 日 | 118.0 | 27.0 | 0.23 |
| | 1963 年 5 月 24 日至 6 月 1 日 | 78.0 | 17.5 | 0.22 |
| | 1964 年 8 月 13 日至 26 日 | 418.0 | 144.0 | 0.34 |

注:1. 刘家峡水库进库沙量为支流洮河的来沙量,出库沙量包括通过电厂进水口的出库沙量。

2. 三门峡水库 1961 年最初两次洪峰的出库沙量甚小,原因是库中距坝 15 km 处岸坡滑塌形成水下潜坝,异重流在潜坝前聚集,形成浑水水库,积满后才从坝顶溢流至坝前流出,故出库沙量少。最后两个洪峰期间,水库抬高水位蓄水,故出库沙量也少。

表2-6　伊朗 Sefid – Rud 水库历年异重流排沙数据

| 年份 | 输沙量(×10⁶ t) | | 排沙比 |
| --- | --- | --- | --- |
| | 进库 | 出库 | |
| 1963～1964 | 97.80 | 11.84 | 0.12 |
| 1964～1965 | 13.75 | 2.60 | 0.19 |
| 1965～1966 | 45.02 | 11.26 | 0.25 |
| 1966～1967 | 34.72 | 8.38 | 0.24 |
| 1967～1968 | 77.45 | 16.68 | 0.21 |
| 1968～1969 | 218.23 | 64.03 | 0.29 |
| 1969～1970 | 17.21 | 4.14 | 0.24 |
| 1970～1971 | 18.71 | 2.09 | 0.11 |
| 1971～1972 | 63.71 | 16.20 | 0.25 |
| 1972～1973 | 19.51 | 3.39 | 0.17 |
| 1973～1974 | 57.50 | 21.69 | 0.38 |
| 1974～1975 | 41.42 | 18.69 | 0.45 |
| 1975～1976 | 49.95 | 11.76 | 0.23 |
| 1976～1977* | 22.14 | 12.88 | 0.58 |
| 1977～1978 | 17.26 | 2.66 | 0.15 |
| 1978～1979 | 26.10 | 6.32 | 0.24 |
| 1979～1980 | 36.52 | 13.63 | 0.37 |
| 平均 | 50.41 | 13.42 | 0.27 |

注：*为最枯水年。

表2-7　美国胡佛(Hoover)水库(米德湖)各次异重流排沙数据

| 异重流编号 | 1 | 2 | 3 | 4 |
| --- | --- | --- | --- | --- |
| 进库洪水历时 | 1935年3月20日至4月17日 | 1935年8月26日至9月9日 | 1935年9月27日至10月7日 | 1936年4月13日至4月24日 |
| 出库洪水历时 | 1935年4月7日至4月21日 | 1935年9月3日至9月13日 | 1935年10月6日至10月13日 | 1936年4月22日至4月28日 |
| 水库长度(km) | 37 | 129 | 127 | 117.7 |
| 进库沙量(×10⁶ t) | 7.78 | 9.48 | 8.35 | 11.08 |
| 出库沙量(×10⁶ t) | 1.79 | 2.37 | 3.27 | 2.0 |
| 异重流排沙比(%) | 23 | 25 | 39 | 18 |

异重流实测资料表明:流量较小时,虽然也在水库中形成异重流,但因洪水水量不够

大,异重流不能流达坝址,即在中途停止运动。受局部阻力影响,异重流会损失一部分能量,运动受阻、减弱,甚至逐渐停止运动。

2. 异重流出库沙量的概化图形

现试用异重流水体和输沙量连续方程,简单地分析一下异重流的出库沙量。其概化图形如图 2-58 所示。设进库洪峰时段 $T_i$ 内的进库洪峰体积为 $V_i$,异重流流经水库长度(自库首至坝址)$L$ 所占的异重流体积为 $V_d$,如异重流各段厚度为 $h$,各段宽度为 $B$,异重流时段内平均流速为 $u$,异重流流经水库长度 $L$ 所需的时间为 $T_L$,则有

$$V_d = \sum hBL = \sum hBuT_L = Q_{im}T_L \tag{2-138}$$

在洪峰时段 $T_i$ 内流经水库长度 $L$ 的这部分异重流体积是不能排出库外的(水槽试验表明,当流量中止进入槽内时,槽内异重流就会停止运动)。如洪峰时段内可排出的异重流体积为 $V_0$,则

$$V_0 = V_i - Q_{im}T_L = Q_{im}T_i - Q_{im}T_L = Q_{im}(T_i - T_L)$$

式中 $T_i$——洪峰历时。

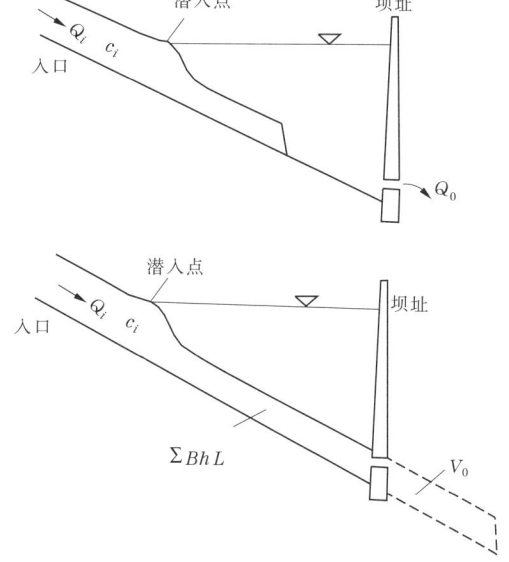

**图 2-58 异重流在一个洪峰期间出库沙量的概化图形**

试验和现场资料表明,异重流所含泥沙沿程淤积,导致异重流流量沿程有部分通过交界面进入上层水体,故可定义流量掺混系数 $E_Q$、异重流输沙掺混系数 $E_c$:

$$\left.\begin{array}{l} E_Q = 1 - Q/Q_i \\ E_c = 1 - c/c_i \end{array}\right\} \tag{2-139}$$

式中 $c$——异重流含沙量;

$c_i$——洪峰含沙量。

关于洪峰含沙量,当潜入库底时,其中所挟带的泥沙沿程淤积,首先形成三角洲淤积,潜入后沿程泥沙淤积。实测资料表明,流至坝前的异重流中基本上全是黏土成分,在后面介绍异重流排沙量的计算中,对粒径变化将作详细分析。因此,异重流水体连续方程为

$$V_0 = V_i - V_d = Q_{im}(T_i - T_L) \tag{2-140}$$

异重流输沙量连续方程为

$$W_0 = W_i - Q_{si}T_L = W_i - Q_i c_i T_L \tag{2-141}$$

因 $Q = (1 - E_Q)Q_i$，$Q_m = (1 - E_Q)Q_{im}$，下角 $m$ 表示时段平均值，含沙量 $c = (1 - E_c)c_i$，以及 $c_m = (1 - E_c)c_{im}$，故有出库输沙率

$$Q_c = (1 - E_Q)(1 - E_c)Q_{im}c_{im} \tag{2-142}$$

为估计洪水时段内异重流出库沙量，根据概化图形，采用时段平均值，洪峰进库输沙量 $W_i$ 为

$$W_i = c_i Q_i T_i \tag{2-143}$$

式中　$c_i, Q_i, T_i$——进库平均含沙量，平均流量，洪峰历时。

出库输沙量 $W_0$ 为

$$W_0 = c_0 Q_0 T_0 \tag{2-144}$$

式中　$c_0, Q_0, T_0$——出库平均含沙量，平均流量，历时。

故

$$W_0 = c_i Q_i T_i - V_d c_i = c_i Q_i T_i - Q_{im} T_L c_i \tag{2-145}$$

考虑掺混系数，则有

$$W_0 = (1 - E_Q)(1 - E_c)Q_{im}c_{im}T_i - (1 - E_Q)(1 - E_c)Q_i c_i T_L = (1 - E_Q)(1 - E_c)[W_i - Q_i c_i T_L] = K(W_i - Q_i c_i T_L) \tag{2-146}$$

其中

$$K = (1 - E_Q)(1 - E_c) \tag{2-147}$$

根据官厅水库实测资料(见表2-8)，作图2-59，可定出式中的负掺混系数的综合参数 $K = 1/3$。以上分析是根据一种简单的概化图形作出的。

表2-8　官厅水库1954年异重流排出沙量

| 异重流历时 | 进库沙量 $W_i$ ($\times 10^6$ t) | 进库平均流量 $Q_i$ ($m^3/s$) | 进库平均含沙量 $c_i$ ($kg/m^3$) | 出库沙量 $W_0$ ($\times 10^6$ t) | 库内异重流历时 $T_L$ (h) | $\dfrac{W_0}{W_i}$ | $Q_{si}T_L$ ($\times 10^6$ t) |
|---|---|---|---|---|---|---|---|
| 7月2~5日 | 7.86 | 250 | 112 | 2.7 | 4 | 0.34 | 0.4 |
| 7月21~25日 | 13.5 | 380 | 91.5 | 4.08 | 8 | 0.30 | 1.00 |
| 7月25~27日 | 3.48 | 285 | 69.5 | 0.865 | 6.5 | 0.24 | 0.46 |
| 7月26~29日 | 0.58 | 125 | 49.7 | 0.187 | 4.5 | 0.32 | 0.10 |
| 7月30日至8月2日 | 9.7 | 318 | 103 | 3.14 | 6 | 0.32 | 0.71 |
| 8月24~27日 | 5.55 | 322 | 67.5 | 1.06 | 8 | 0.19 | 0.63 |
| 9月1~3日 | 6.37 | 356 | 115 | 1.85 | 8 | 0.29 | 1.12 |
| 9月3~4日 | 4.31 | 420 | 142 | 0.97 | 7 | 0.23 | 1.50 |
| 9月4~5日 | 4.05 | 377 | 115 | 0.796 | 14 | 0.20 | 2.19 |
| 9月5~6日 | 3.14 | 250 | 125 | 0.61 | 12 | 0.19 | 1.35 |

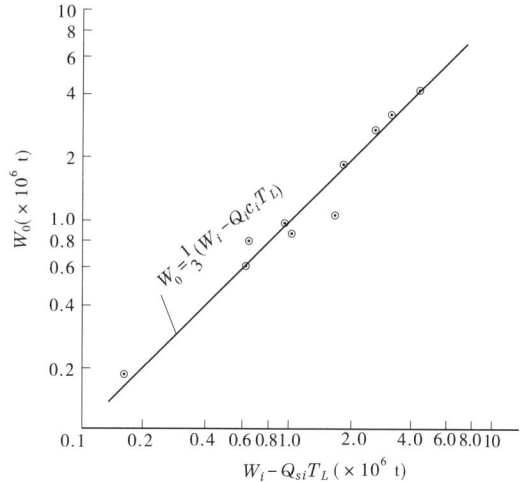

**图 2-59　官厅水库异重流出库时负掺混系数的确定**

3. 异重流出库沙量的近似计算方法

本方法出自基本图形,图形简明,易于计算,多年来已在设计中应用。根据水库实测资料分析所提供的现象,以及异重流持续运动的条件概念,试写出异重流容积和沙量的平衡关系式,然后利用异重流研究成果,对各项进行计算,从而判断异重流是否有条件流到坝址,或者有多少泥沙能排出库外。

假定进入水库的流量保持连续,粗泥沙在库首部分沉淀下来,挟带较细粒子的异重流向坝址推进,异重流所挟带的泥沙随其流速的降低而有相应的改变,经过一段距离后,异重流泥沙粒径接近于常数,其 $d_{90}$(有 90% 的泥沙重量小于此粒径)在 0.01~0.015 mm。

沙量平衡式为

$$\int_{t_1}^{t_4} Q_i c_i \mathrm{d}t = W_\Delta + \int_0^h \int_0^L cB\mathrm{d}h\mathrm{d}L + \int_{t_1}^{t_3} Q_i c_n \mathrm{d}t \tag{2-148}$$

式中:第一项为进库洪水一个洪峰的输沙总量,$Q_i$、$c_i$ 分别为瞬时流量和含沙量,$(t_4 - t_1)$ 为进库(洪峰)的延续时间;第二项 $W_\Delta$ 为水流进入水库由于水流流速低而淤在库首形成三角洲的粒径较粗的泥沙量;第三项为异重流占据水库全长范围的泥沙量,其中 $c$ 为各段的异重流含沙量,它随流速的改变而改变,$h$ 为异重流的厚度,$B$、$L$ 为水库底部宽度和长度;第四项为异重流流到坝址的输沙总量,这里假定异重流流量沿程没有损失。

图 2-60 中 $t_2 - t_1$ 代表异重流自库首流到坝址的时间,令 $\int_{t_1}^{t_2} Q_i \mathrm{d}t = \int_{t_3}^{t_4} Q_i \mathrm{d}t$,$c_n$ 为流到坝址异重流的含沙量,因此异重流流到坝址的沙量为 $\int_{t_1}^{t_3} Q_i c_n \mathrm{d}t$。

设坝的底部装有泄水孔,则异重流流到坝址后即能下泄,如泄水时出库沙峰的历时为 $t_2$ 至 $t_5$,则有:

$$\int_{t_1}^{t_3} Q_i c_n \mathrm{d}t + \varepsilon \int_0^h \int_0^L cQ\mathrm{d}h\mathrm{d}L = \int_{t_2}^{t_5} Q_0 c_0 \mathrm{d}t \tag{2-149}$$

在泄水孔开放时,流到坝址的异重流将有可能全部排出。出库含沙量 $c_0$ 随出库流量

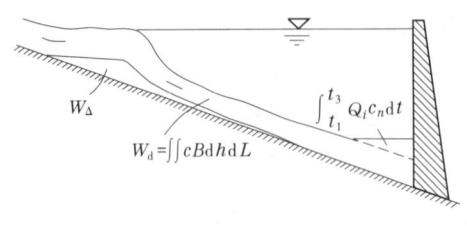

(a)异重流沙量的平衡关系

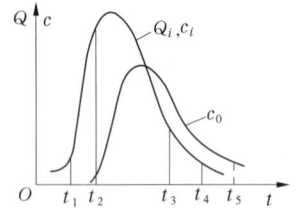

(b)进库洪峰和出库沙峰的延续时间

图 2-60

$Q_0$ 的大小及其他条件而变。式(2-149)中第二项代表式(2-148)中第三项在坝前的一部分,在泄水孔开放时亦将排出库外。其中 $\varepsilon$ 代表一小数。作为第一次近似,可以忽略第二项,故可写作

$$\int_{t_1}^{t_3} Q_i c_n \mathrm{d}t = \int_{t_2}^{t_5} Q_0 c_0 \mathrm{d}t \tag{2-150}$$

异重流容积平衡方程

$$\int_{t_1}^{t_4} Q_i \mathrm{d}t = \int_0^h \int_0^L B \mathrm{d}h \mathrm{d}L + \int_{t_1}^{t_3} Q_i \mathrm{d}t \tag{2-151}$$

第一、二项分别代表进库洪峰总容积和异重流在水库长度范围内的容积,第三项为流到坝址的异重流总容积。

利用式(2-148)、式(2-151),如果知道异重流含沙量沿纵向的变化规律,就可以计算可能排出库外的沙量。

从式(2-151)也可看出,如果

$$\int_{t_1}^{t_4} Q_i \mathrm{d}t < \int_0^h \int_0^L B \mathrm{d}h \mathrm{d}L \tag{2-152}$$

即异重流延续时间较短,水库长度相对地比较长,则异重流就没有机会排出库外。根据方程式(2-148)、式(2-150),得异重流出库沙量 $W_0$ 的关系式:

$$W_0 = \int_{t_1}^{t_3} Q_i c_n \mathrm{d}t \tag{2-153}$$

在计算中,为了简化起见,采用洪峰时段内的平均洪峰流量 $Q_{im}$,则有:

$$W_0 = Q_{im} c_n (t_3 - t_1) \tag{2-154}$$

如已知洪峰持续时间为 $(t_4 - t_1)$,要确定 $(t_3 - t_1)$,则首先必须确定 $(t_2 - t_1)$,即异重流自库首流到坝址所需的时间,即有

$$L = \sum u_f \Delta T = u_{fm}(t_2 - t_1) \tag{2-155}$$

式中 $u_f, u_{fm}$——异重流前峰推进速度和平均推进速度。

因此,异重流所造成的浑水出库的延续时间为 $t_0$,其值接近于 $(t_3 - t_1)$。

要确定到达坝址的异重流含沙量,就应该寻求异重流含沙量和粒径沿纵向变化的规律,我们目前所采用的办法是先明确一定流速能挟带的最大粒径,找出流速与粒径的关系,然后将它同含沙量的改变建立关系。

考虑到受水流脉动作用而悬浮在水中的泥沙沉速 $\omega$ 同水流脉动流速 $u'$ 之间存在一

定关系,即 $u' \sim \omega'$。明斯基试验结果表明平均流速与脉动流速成正比:$u \propto u'$。因此,对于悬浮泥沙,有

$$u \sim \omega' \sim d^2 \tag{2-156}$$

采用 $d_{90}$ 代表含沙量中的最大粒径,求取 $u \sim d_{90}$ 的关系,见图 2-61。

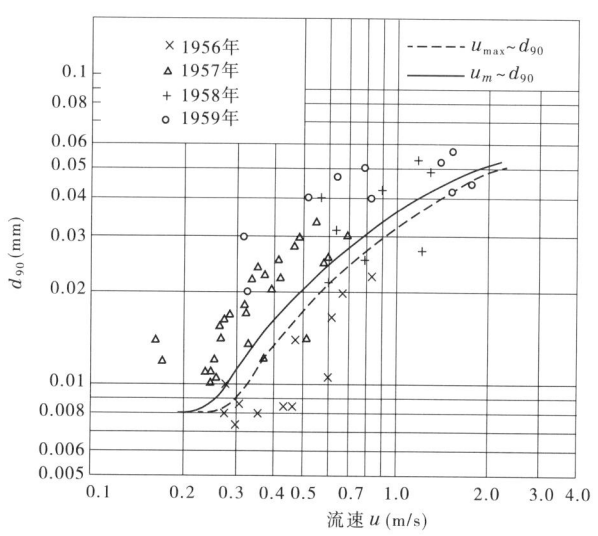

图 2-61 异重流流速与挟带粒径的关系

根据水库中异重流实测资料的分析,得到当 $d_{90} > 0.02$ mm 时,符合 $u \sim d_{90}^2$ 的关系,而 $d_{90} < 0.02$ mm 时,则不符合上述关系,原因可能是粒子过细,泥沙絮凝现象的影响。分析结果如图 2-61 所示。图中有两根关系线,一为异重流最大流速与 $d_{90}$ 的关系,另一线为异重流平均流速与 $d_{90}$ 的关系,平均流速是根据最大流速和平均流速的关系定出的。附带指出,官厅水库的粒径级配是用取来的新鲜水样加分散剂用比重计法分析得出的。我们未利用三门峡水库异重流资料验证其排沙量,是因为他们的颗粒分析方法不用比重计法,而用粒径计法,所得的粒径较大。那时作者未进行进一步的比较工作。不过,后来有研究者在图 2-61 上,增加了三门峡异重流的测点。

图 2-61 可以认为是代表异重流挟沙能力的一种关系,可用以推算含沙量沿纵向的变化。其计算方法如下:

首先,确定一次洪峰延续时间内(洪峰陡涨陡落之间的时间间隔)进库总沙量 $W_i$,总水量 $V_i$,以及 $t_i = t_4 - t_1$,计算出平均含沙量和平均流量,并根据水文资料,选定进库水流含沙粒径级配曲线。

其次,根据水库地形特点(水库长度、沿纵向各断面的底部宽度、底部比降),将水库全长分成几个地段,求出各段平均底宽 $B$ 和底部比降 $J$。

$$\frac{q}{\left(\dfrac{\Delta\rho}{\rho}gh^3\right)^{1/2}} \approx 0.78 \tag{2-157}$$

$$u = \sqrt[3]{\frac{8}{\lambda}\frac{\Delta\rho}{\rho}g\frac{Q}{B}J} \tag{2-158}$$

再根据水库水位,利用潜入点的判别关系式(2-157)估计潜入位置。然后利用式(2-158)的关系式,计算各段的异重流流速,即可确定$(t_2 - t_1)$,并确定$(t_3 - t_1)$。式中 $\lambda$ 值,可取 0.025 ~ 0.03。已知各段平均流速时,利用图 2-61 的关系线,即可定该流速可能挟带的 $d_{90}$,较此 $d_{90}$ 为粗的粒子,由于沿纵向异重流流速减小而沉淀下来,因此可求出任一断面的平均含沙量为

$$c = c_i P \frac{100}{90} \tag{2-159}$$

式中,$P$ 代表任一断面的 $d_{90}$ 相对于进库粒径级配曲线上的百分数。

最后,到达坝址的异重流含沙量值即可确定:

$$W_0 = Q_{im} c_n (t_4 - t_2) = Q_{im} c_n (t_3 - t_1) \tag{2-160}$$

必须指出,这里假定到达坝址的异重流泥沙量即为可能排出的泥沙量。过去的研究指出,异重流出库含沙量随出库流量、异重流含沙量、孔口位置高程等条件而改变。在这里假设孔口高程放得相当低,就有可能将流到坝址的异重流排出。如孔口位置较高,则将有一部分异重流滞留在孔口高程以下的库容内。

**4. 异重流出库沙量实测值同计算值的比较**

找到两个水库有实测进库沙峰和同它相应的异重流出库沙峰,以及进库泥沙粒径级配数据和水库地形条件等材料,一为我国官厅水库 1954 年、1956 年的实测异重流 12 次资料;二为美国米德湖 1935 年几次异重流资料,资料齐全的只有 4 次,其中 1935 年 1 月一次没有进库悬沙粒径的数据。米德湖 1936 年 4 月中旬开始的异重流,则因 1936 年 5 月 1 日隧洞闸门关闭而使出库沙峰骤然中断。

上述两个水库的泄水隧洞都在水库的底部。选择我国官厅水库 1954 年一次异重流示于图 2-62。

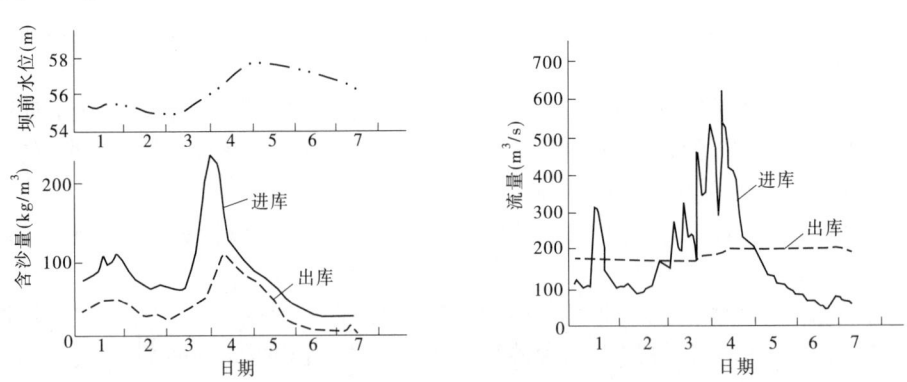

图 2-62　官厅水库 1954 年 7 月上旬进库及出库的流量和含沙量过程线

米德湖 1935 年进出库沙峰的情况示于图 2-63。图 2-63 中标出了进库泥沙粒径小于 0.02 mm 的含沙量。细粒子含沙量对异重流的形成很重要,从这点上可以看出为什么 5 月、6 月含沙量虽达到 1.5% ~ 1.9%,由于小于 0.02 mm 的泥沙含量较小,异重流强度不大,在坝址下游柳滩站看不到相应的出库沙峰,虽然出库水中有少量仍属于异重流的泥沙。

用上面介绍的计算方法,计算异重流流到坝址的泥沙数量,可以认为此值即排出的沙量。计算数据和实测数据列于表 2-9。

各次异重流排出数量的计算值同实测值相当接近,见图 2-64。

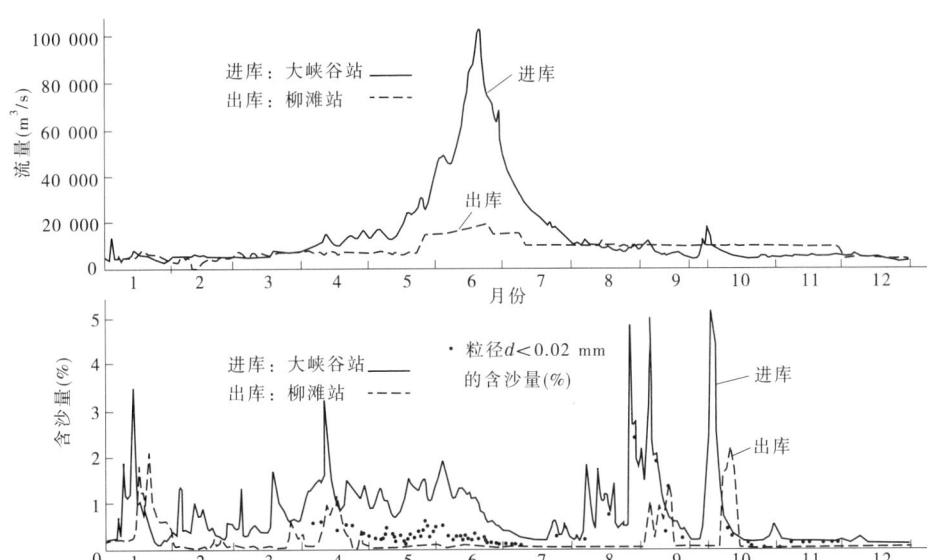

图 2-63 米德湖 1935 年大峡谷站及柳滩站流量和含沙量过程线

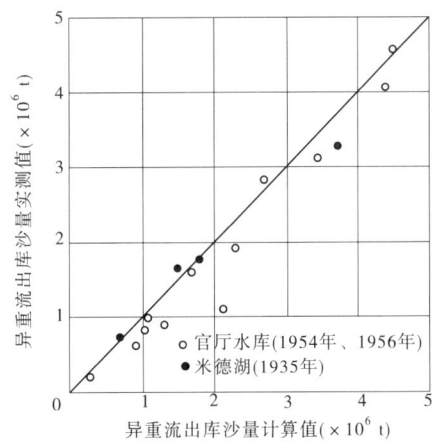

图 2-64 异重流排出沙量计算值同实测值的比较

上述计算方法,是一种简化的方法,可供设计人员使用。中国电建集团西北勘测设计研究院有限公司(简称西北设计院)已将此法用于若干水库的设计。

从以上分析,我们基本上了解了一些异重流在水库中运动的规律。总结起来,首先我们了解了异重流形成和持续决定于哪几个因素,在什么条件下它有可能排出库外。有时候,在库首观测到异重流,但由于某些条件的影响,异重流不能继续而中途停止运动;有时因为地形条件的限制,局部损失很大,而出库沙量大为减小。其次,我们也了解到异重流孔口出流的一些特性,通过试验,明确了异重流排出的极限高度是不大的。以往有一种看法,认为异重流能够爬高的说法是不符合实际情况的。从这里也可以得结论,要很好地排沙,孔口位置的高低起到很重要的作用。再次,这里介绍的方法提供了水库异重流预报的

表 2-9 异重流计算值与实测值的比较

| 水库名称 | 洪峰发生时间 年份 | 起讫日期 (月-日) | 进库洪峰历时 $T_i$ (h) | 洪峰平均流量 $Q_i$ (m³/s) | 洪峰平均含沙量 $c_i$ (kg/m³) | 洪峰进库总沙量 $W_i$ (×10⁶ t) | 水库回水长度 (km) | 实测数据 出库流量 $Q_0$ (m³/s) | 出库平均含沙量 $c_0$ (kg/m³) | 出库总沙量 $W_0$ (×10⁶ t) | $\dfrac{W_0}{W_i}$ | 计算值 计算出库沙峰延续时间 $T_0$ (h) | 出库总沙量 $W_0$ (t) | $\dfrac{W_0}{W_i}$ |
|---|---|---|---|---|---|---|---|---|---|---|---|---|---|---|
| 官厅水库 | 1954 | 07-02~07-05 | 78 | 250 | 112 | 7.86 | 4.8 | 200 | 50 | 2.7 | 0.34 | 74 | 2.66 | 0.34 |
|  | 1954 | 07-21~07-25 | 108 | 380 | 91.5 | 13.5 | 6.6 | 40 / 220 | 20 / 50 | 4.08 | 0.30 | 101 | 4.33 | 0.32 |
|  | 1954 | 07-25~07-27 | 49 | 285 | 69.2 | 3.67 | 5.5 | 300 | 20 | 0.865 | 0.24 | 44.5 | 1.33 | 0.36 |
|  | 1954 | 07-28~07-29 | 26 | 125 | 49.7 | 0.58 | 5.5 | 270 | 10 | 0.187 | 0.32 | 26 | 0.248 | 0.43 |
|  | 1954 | 07-30~08-02 | 82 | 318 | 103 | 9.7 | 5.5 | 270 | 50 | 3.14 | 0.32 | 77 | 3.41 | 0.35 |
|  | 1954 | 08-24~08-27 | 71 | 322 | 67.5 | 5.3 | 10.8 | 70 / 195 | 50 / 25 | 1.06 | 0.20 | 56 | 2.1 | 0.40 |
|  | 1954 | 09-01~09-03 | 44 | 356 | 115 | 6.37 | 10.1 | 280 | 80 | 1.85 | 0.29 | 35 | 2.33 | 0.37 |
|  | 1954 | 09-03~09-04 | 20 | 420 | 142 | 4.31 | 10.5 | 285 | 35 | 0.97 | 0.22 | 10 | 1.05 | 0.24 |
|  | 1954 | 09-04~09-05 | 26 | 377 | 115 | 4.05 | 10.5 | 290 | 35 | 0.796 | 0.20 | 16 | 1.02 | 0.25 |
|  | 1954 | 09-05~09-06 | 28 | 250 | 125 | 3.14 | 8.5 | 285 | 20 | 0.61 | 0.19 | 19 | 0.897 | 0.29 |
|  | 1956 | 06-26~07-06 | 26 | 260 | 75.7 | 20.5 | 16.8 |  |  | 4.562 | 0.22 | 222 | 4.46 | 0.22 |
|  | 1956 | 08-01~08-03 | 50 | 360 | 80 | 6.34 | 15 |  |  | 1.58 | 0.25 | 32 | 1.68 | 0.27 |
| 米德湖（美国） | 1935 | 03-20~04-17 | 455 | 298 | 13.4 | 7.78 | 36.8 | 203 | 6.15 | 1.8 | 0.23 | 417 | 1.78 | 0.23 |
|  | 1935 | 08-26~08-31 | 144 | 259 | 26.4 | 4 | 129.3 | 284 | 6.75 | 0.73 | 0.18 | 105 | 0.66 | 0.17 |
|  | 1935 | 09-01~09-13 | 216 | 262 | 22.6 | 5.48 | 129.4 | 283 | 7.58 | 1.64 | 0.30 | 111 | 1.49 | 0.27 |
|  | 1935 | 09-27~10-07 | 264 | 296.5 | 23.1 | 8.35 | 127.2 | 277.5 | 16.9 | 3.27 | 0.39 | 167 | 3.66 | 0.44 |

可能性,估计异重流到达坝址的时间,可预备开闸,及时地开启闸门有利于异重流泥沙的排泄,但是能否及时地开启闸门,并不是每个水库都能做得很好的。要根据水库建设的目的和其他有关条件,设计一套具体的运行方案和步骤。

为了减少水库淤积和避免泥沙进入电厂进水口,利用异重流排沙,可达到较好的效果。异重流排沙,最有利的时间是汛期。异重流排沙已日渐被人们重视和使用,不少水库在设计阶段已考虑设置排沙洞。内蒙古有的已建水库,新开挖隧洞排沙,把排出的泥沙用于淤灌,同时可以减少水库的淤积,这当然是一种很好的安排。有的水库拟开挖排沙洞排异重流。法国设计的阿尔及利亚的斯泰格(Steeg)水库,因为淤积迅速,不得不费很大的劲在坝前淤积面以下一定距离打孔,把异重流淤积的泥浆通过孔口排出。这些情况都说明了人们在同水库淤积作斗争的过程中,努力寻求适合自身情况的解决办法,这些经验应当很好地加以总结。

### (四)水库异重流的排沙效率

在水库异重流的排沙量研究方面,以范家骅提出的分段演算计算方法使用较多。

范家骅等考虑异重流中挟带的泥沙粒径与水流紊动流速 $u'$ 成正比,即

$$\frac{u'}{\omega} = 常数$$

采用三门峡水库异重流实测资料点绘 $u$ 和 $d_{90}$ 的关系,$u$ 和 $d_{90}$ 基本上是一次方关系,但由于考虑的因素太少,因此点群比较分散。这一方法被一些著作引用和工程规划设计中采用。根据这一关系,当已知异重流流速 $u$ 和泥沙级配时,可从 $u$ 和 $d_{90}$ 关系线,求得异重流中可能挟带泥沙的 $d_{90}$ 值,即可推算异重流含沙量的沿程变化。

范家骅提出的异重流分段演算方法,在数学上较为严密,定性上基本合理,但在定量上却存在明显问题。异重流分段演算的一个重要环节是,假定流速和 $d_{90}$ 的关系是线性的,即认为在异重流的演进过程中,流速是引起含沙量降低和泥沙级配变细的唯一原因。然而,事实上不总是这样。对包括小浪底水库 2002 年和 2004 年在内的异重流的垂线 $d_{90}$ 和垂线流速的关系作了点绘,但限于篇幅仅给出了 2002 年的资料(见图 2-65)。从图 2-65 看,小浪底水库异重流的 $d_{90}$ 和流速的关系是非常散乱的。小浪底水库 2001 年和 2003 年的异重流资料同样如此。有关水库异重流的一些研究成果也指出了这一问题,认为将 $d_{90}$ 和流速建立关系,考虑的因素过少,并且很细的泥沙在含沙量很高的时候沉速很小,所需的流速也将很小,但一直没有纠正这一问题的更好的办法。可见,在泥沙级配的计算上,在找到更合理的方法之前,分段演算方法的定量计算结果可能是不可靠的。

异重流在潜入清水后,不恒定性和非均匀性比较明显。但随着异重流的运行,经过一段时间以后,它会逐渐接近恒定流和均匀流。为了简化问题,可将异重流作为均匀流和恒定流考虑。对于天然水库的实际情况,通常异重流交界面的宽度远大于水深,水力半径可用平均水深代替,则异重流流速公式为:

$$u = \left(\frac{8}{\lambda_m}\frac{\Delta\gamma}{\gamma'}gqJ_0\right)^{\frac{1}{3}} \tag{2-161}$$

侯素珍根据上式及张瑞瑾挟沙能力公式

$$S_* = \kappa\left(\frac{u^3}{gh\omega_0}\right)^m \tag{2-162}$$

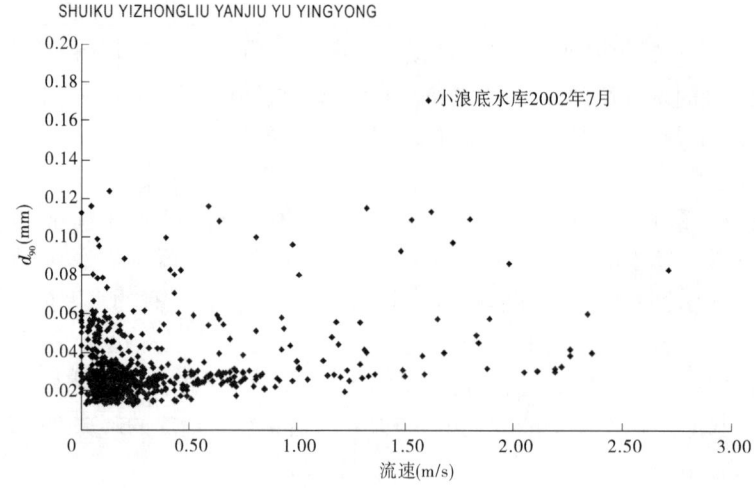

图 2-65 小浪底水库异重流 $d_{90}$ 与流速关系十分散乱

最终得到输沙能力计算式为

$$q_s = \kappa \left( \frac{\Delta\gamma}{\gamma'} \frac{q^2 J_0 e^{6.72S_V}}{h\omega_0} \right)^m \tag{2-163}$$

根据小浪底水库 2001 年的实测资料,率定综合系数 $\kappa$ 为 370,指数 $m$ 为 0.63。小浪底水库异重流的输沙能力可按下式计算

$$q_s = 370 \left( \frac{\Delta\gamma q^2 J_0 e^{6.72S_V}}{\gamma' h\omega_0} \right)^{0.63} \tag{2-164}$$

上式仍较为复杂,应适当简化。上式中的 $\frac{\Delta\gamma}{\gamma'}$ 和 $S_V$ 均是含沙量的函数,令 $\left( \frac{\Delta\gamma e^{6.72S_V}}{\gamma'} \right)^{0.63}$ 为 $K_s$,由于 $K_s$ 中的含沙量分别位于系数和指数,从数学上难以进一步简化,于是点绘 $K_s$ 和含沙量的关系(见图 2-66),可以看到 $K_s$ 和 $S$ 大体上呈线性关系,即

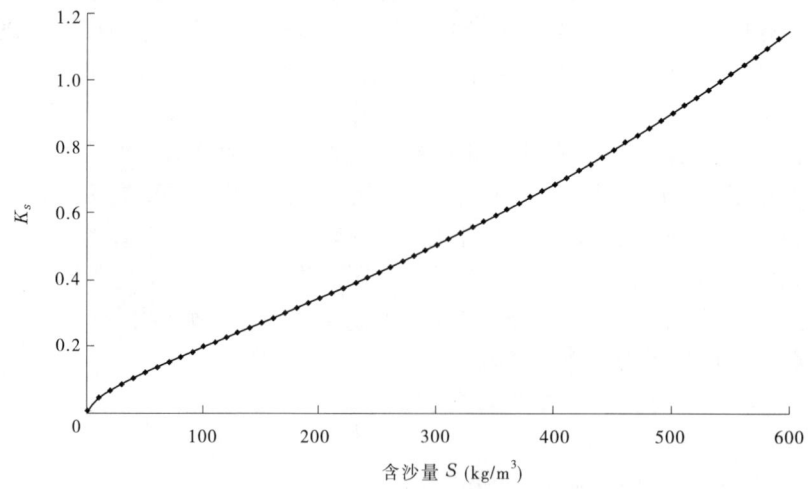

图 2-66 $K_s$ 和 $S$ 大体上呈线性关系

$$K_s = 0.001\,8S \tag{2-165}$$

这样,输沙能力公式就可简化为

$$q_s = 0.67\,\frac{J_0^{0.63}}{h^{0.63}\omega_0^{0.63}}q^{1.26}S \tag{2-166}$$

对于小浪底水库异重流排沙比的计算,公式中的系数还需要进一步分析。

**(五)小浪底水库实体模型异重流输沙计算**

1. 输沙计算

小浪底水库实体模型试验资料显示,异重流排沙比主要与入库流量、含沙量(主要是细颗粒的含量)、泄量、库底比降、异重流潜入点的位置(水库的回水末端)及开闸时间等因素有关。经过对异重流排沙资料回归分析,得出异重流排沙经验关系:

$$\eta = K\exp(0.06Q_s^{0.3}Q_{出}^{0.4}J^{1.7}H^{-1.8}) \tag{2-167}$$

式中　$\eta$——异重流的排沙比(%);

$\quad\quad Q_s$——入库输沙率,t/s;

$\quad\quad Q_{出}$——出库流量,$m^3/s$;

$\quad\quad J$——库底平均纵比降(‰);

$\quad\quad H$——坝前水深,m;

$\quad\quad K$——系数。

小浪底库区模型采用黄科院提出的多沙河流水库模型相似率及原型水沙与河床边界特征值进行设计。模型沙选用郑州热电厂粉煤灰,水平比尺 $\lambda_l = 300$、垂直比尺 $\lambda_h = 45$。模型通过两个 5 年系列试验,重点研究了水库运用初期库区水沙输移及排沙特性,得出了以下结论及认识:

(1)水库拦沙初期大多为异重流排沙。异重流潜入位置主要与该处水深、入库流量、含沙量等因素有关,一般情况下可用 $\dfrac{v_0}{\sqrt{\eta_g g h_0}} = 0.78$($v_0$、$h_0$ 分别为异重流潜入处流速及水深)来描述。

(2)异重流出库含沙量过程与入库流量、入库含沙量及异重流潜入点的位置等因素有关。若入库流量大且持续时间长、水流含沙量大且颗粒较细,并且异重流运行距离较短,则出库含沙量高,反之亦然。经过对异重流排沙资料回归分析,得出异重流排沙的经验关系:

$$\eta = 4.45\exp(0.06Q_s^{0.3}Q_{出}^{0.4}J^{1.7}H^{-1.8}) \tag{2-168}$$

(3)异重流的流速与含沙量成正比,则异重流的挟沙力亦随含沙量的增加而增加,具有多来多排的输沙规律。

(4)悬沙及床沙粒径由于沿程分选而逐渐变细。

(5)库区支流主要为异重流淤积。若支流位于干流异重流潜入点下游,则干流异重流会沿河底倒灌支流;若支流位于干流三角洲顶坡段,则在支流口门形成拦门沙坎,当干流水位抬升时,浑水会漫过拦门沙坎倒灌支流,而后在支流内潜入形成异重流。

2. 排沙计算

采用韩其为含沙量及级配沿程变化计算式,并利用小浪底及三门峡等水库异重流资料进行了验证。

$$S_j = S_i \sum_{l=1}^{n} P_{l,i} e^{\left(-\frac{\alpha \omega_l}{q}\right)} \tag{2-169}$$

$$P_l = P_{l,i} (1 - \lambda)^{\left[ \left( \frac{\omega_l}{\omega_m} \right)^v - 1 \right]} \tag{2-170}$$

式中　$P_{l,i}$——潜入断面级配百分数；

$\quad\quad \alpha$——饱和系数，由实测资料率定；

$\quad\quad l$——粒径组号；

$\quad\quad \omega_l$——第 $l$ 组粒径沉速；

$\quad\quad P_l$——出口断面级配百分数；

$\quad\quad \omega_m$——有效沉速；

$\quad\quad \lambda$——淤积百分数；

$\quad\quad v$——指数，取 0.5。

## 四、异重流对支流倒灌的影响

### (一)计算模型

(1)中国水利水电科学研究院模型。潜入断面水深 $h_1'' = k_1 h_0''$，干流为异重流时 $k_1 = 1$，干流为浑水明流时 $k_1 = 0.818$；$h_0''$ 为口门断面平均水深。该模型给出了淤积倒灌长度 $L$、输沙率沿程变化 $Q''S''$、淤积量沿程变化等计算式。

(2)清华大学模型。干流倒灌进入支流沟口的异重流流速 $v = 0.4\sqrt{\Delta \gamma g H / \gamma_0}$，流量 $Q = VBH$，沙量 $W_s = QST$，$H$ 为沟口中水深。

(3)西安理工大学模型。潜入断面水深 $h_1'' = k_1 h_0''$，干流为异重流时 $k_1 = 1$，干流为浑水明流时 $k_1 = 0.602$。该模型给出了异重流淤积倒灌长度 $L$、含沙量 $S''$ 沿程变化的计算式。

(4)黄科院模型 – 1。不直接进行支流水沙计算，只按由实测资料推求的平均倒坡比降进行铺沙，支流沟口高程与库区干流滩面相平，支流铺沙量在干流来水来沙中扣除。

(5)黄科院模型 – 2。基于对小浪底水库实体模型试验成果的分析，分别给出了明流及异重流倒灌情况下干支流分流比，其中异重流分流比 $\alpha = K \dfrac{b_{e2} h_{e2}^{3/2} J_2^{1/2}}{b_{e1} h_{e1}^{3/2} J_1^{1/2}}$（$b_e$、$h_e$、$J$ 分别为异重流宽度、水深及比降；角标 1、2 分别代表干流及支流；$K$ 为考虑干支流的夹角 $\theta$ 及干流主流方位而引入的修正系数）。

(6)黄委设计院模型。采用谢鉴衡分组沙垂线含沙量分布公式计算进入支沟的含沙量及组成，干流异重流倒灌淤积支流计算方法与中国水利水电科学研究院模型相同。

曹如轩等(2006)指出倒灌问题与引水渠中异重流有差异，引水渠中有清水等量外流，但水库中支流倒灌干流不会引起清水等量流出问题。设 $v_1 = 0$，$h = 0.67 H_N$，则异重流倒灌流速为

$$v_2 = v_N = 0.64 \sqrt{\frac{\Delta \gamma}{\gamma_m} g H_N}$$

异重流倒灌流量 $Q_N$ 为

$$Q_N = v_N A = 0.43B \sqrt{\frac{\Delta \gamma}{\gamma_m} g} H_N^{3/2} \tag{2-171}$$

当干流无洪水,支流发生洪水时,支流异重流流入汇口后,可认为扇形展开,到达对岸后分离,小部分倒灌干流,大部分沿干流下泄。倒灌量与入汇角 $\theta$ 有关,若 $\theta$ 很小,可认为不倒灌,$\theta$ 的影响可反映在倒灌有效水头 $H_N$ 的计算上。按照钱宁《河床演变学》(1987)中资料,异重流进入汇口扩散后的宽度可拟合为

$$B_l = B_0 \left[ 4 + 1.2 \left( \frac{l}{B_0} \right) - 0.123 \left( \frac{l}{B_0} \right)^2 + 0.047\ 8 \left( \frac{l}{B_0} \right)^3 \right] \tag{2-172}$$

式中   $l$——入汇后异重流流动距离;

   $B_0$——入汇前的异重流流动宽度。

考虑 $\theta$ 影响的异重流倒灌有效水头 $H_N$ 的计算可按下式

$$B' = \frac{B_l}{\sin\theta} \tag{2-173}$$

$$q' = \frac{Q}{B'}, v' = \sqrt[3]{\frac{8g\Delta\gamma}{\lambda'\gamma_m} q'J} \tag{2-174}$$

$$H_N = \frac{q'}{v'} \tag{2-175}$$

由式(2-172)~式(2-175)求出 $H_N$,再用式(2-171)计算倒灌流量。随着倒灌异重流在逆坡中前进,流速将逐渐减小,流量也逐渐减小,倒灌至 $H_N/J$ 处停滞。由于倒灌区泥沙的淤积,异重流将时断时续地倒灌入干流,从整个倒灌期分析,可取平均的倒灌异重流流量为初始倒灌流量的一半,即 $\overline{Q_N} = Q_N/2$,倒灌区的淤积量为 $\overline{Q_N}S_N\Delta t_N$。整个倒灌和淤积过程是很复杂的,$\Delta t_N$ 的计算可概化为:设异重流持续时间为 $T_持$,倒灌开始至停滞所需要的时间为 $T_灌$,该次倒灌中倒灌区泥沙淤积所需要时间为 $T_淤$,则 $\Delta t_N$ 可近似按下式计算

$$\Delta t_N = \frac{T_持}{T_淤} T_灌 \tag{2-176}$$

**(二)小浪底水库支流倒灌**

小浪底水库支流原始库容约占总库容的1/3,支流库容能否充分利用将直接影响小浪底水库对黄河下游的拦沙减淤效益。据统计分析,支流来沙量与干流相比可忽略不计,所以支流淤积量大小及淤积形态主要取决于干流倒灌支流的沙量。据小浪底水库运用初期模型试验分析结果,当干流异重流经过支流沟口时,仍然以异重流的形式倒灌支流,支流异重流溯河而上,流速较为缓慢,挟带的泥沙则几乎全部沉积在支流内,使支流河床不断淤积抬升。

倒灌支流的沙量多少取决于干支流交汇处水力泥沙条件、干支流的夹角及干流主流方位等。加强对支流异重流倒灌的观测,可深化对支流异重流运动规律的认识,为数学模型提供物理图形,进而为优化水库调度方式提供支持条件。

**五、异重流孔口出流**

当异重流运行到坝前时,若坝体的适当高度设置有足够的孔口,并能及时开启,异重

流就可通过孔口出流排至坝下游。应用这种方法排沙,由于异重流的淤积一般是比较均匀地分布在库底,因此可以保持水库原底坡不发生变化,有利于以后的排沙。如果异重流已到达坝前而未及时开启孔口,大量浑水在坝前壅积,引起泥沙沉积,这样异重流不能排往库外,坝前淤积面就会迅速抬高,库容会很快缩小,后果将非常严重。

了解异重流通过孔口的流动情况,可以帮助我们布置水力枢纽中泄沙孔的位置,以利用异重流运动的特性,来排出异重流挟带的细颗粒泥沙;同时为热电站冷水取水口的布置提供参考资料。

出流的含沙浓度的大小取决于孔口高程和位置、孔口前流速分布,以及异重流的交界面高程各因素。

这部分工作的目的是通过水槽试验,了解异重流孔口出流的规律。

### (一)异重流孔口出流流态的分析

当异重流到达孔口前面的时候,它的流动可分下列几种不同情况:第一,当异重流交界面低于孔口很多时,异重流到达后,同孔壁相碰,异重流虽有壅高,但仍滞留在孔口高度以下而不能通过孔口排出。待交界面壅高至一定高程,孔口开始有异重流排出,这时孔口同交界面的距离,叫做异重流的吸出极限高度。第二,异重流的交界面较第一种情况中的为高,有部分异重流通过孔口排出。出流浓度的大小,随着交界面高度与孔口高度的相对位置的不同而改变。交界面愈高,出流浓度也愈大。当异重流交界面同孔口的下缘平齐时,孔口前的流速分布中约有一半为异重流所占据,另一半为清水所占据。这时出流浓度约为异重流浓度的一半。交界面继续升高时,则出流浓度也随之增高。第三,当异重流交界面的高程高出孔口的高度较大时,出流浓度逐渐同异重流的浓度接近,出流中清水所占的比例愈少。交界面继续升高到达一定高度时,出流浓度基本上与异重流浓度相同,这时几乎没有清水流出。这个高度叫作异重流排出极限高度,或叫清水吸出的极限高度。如异重流交界面继续增高,超过这个极限高度,出流浓度并不继续增加。

克拉亚分析异重流极限吸出高度时的流速,得到二元孔口时的极限条件为

$$\frac{\frac{\Delta\gamma}{\gamma'}gh_L^3}{q^2} = \frac{27}{8\pi^2} = 0.34 \qquad (2-177)$$

而加利埃通过盐水异重流吸出高度试验,对于二元孔口得

$$\frac{\Delta\gamma}{\gamma} \cdot \frac{gh_L^3}{q^2} = 0.43 \qquad (2-178)$$

圆孔的吸出极限高度为

$$\frac{\Delta\gamma}{\gamma} \cdot \frac{gh_L^5}{Q^2} = 0.154 \qquad (2-179)$$

式中 $h_L$——交界面至孔口高程的极限距离;

$q$——二元孔口的单宽流量;

$Q$——通过孔口的流量。

必须指出,异重流交界面未达异重流吸出极限高度时,出流全为清水,而到达异重流排出或清水吸出极限高度时,出流全为浑水。事实上,这两个临界条件并不是绝对的,因

为出流中总有部分的混合,虽然量极小,例如在前者可达到 0.01,即清水含有 0.01 的浑水或盐水,由于孔口前流线收缩很大,含沙量分布也有很大变化,情况比较复杂。为了便于以后分析,我们假定在孔口以上和以下,存在两个极限高度。我们知道远离孔口的流速分布基本上符合 $\dfrac{q}{\pi r}$ 的关系,交界面上的流速如果小于破坏交界面波动所需的流速,浑水就不会同清水混合;水流趋近孔口,流线变得密起来,流速也增大,那时,就有可能破坏交界面的波动,使浑水同清水相混合。当交界面流线处在极限高度时,假定即使在孔口附近,也没有清浑水的混合。

### (二)异重流孔口出流计算

如图 2-67 所示,当异重流运动到坝前时,由于清浑水交界面和孔口中心线相对位置的不同,可能有三种情况:第一种情况是当清、浑水交界面位置低于异重流吸出极限高度 $h_L$ 的交界面(即下限交界面)时,异重流虽有壅高但达不到孔口下缘,孔口排出的只能是清水;第二种情况是当清、浑水交界面高于清水吸出极限高度 $h_L'$ 的交界面(即上限交界面)时,孔口为异重流所淹没,排出孔口的将全为异重流;第三种情况是当清、浑水交界面位于上下两个极限交界面之间时,则排出孔口的将既有异重流又有清水,异重流的排出数量随交界面的升高而增大。理论分析及试验成果表明,上下限交界面至孔口中心线的距离接近相等,即 $h_L' \approx h_L$。

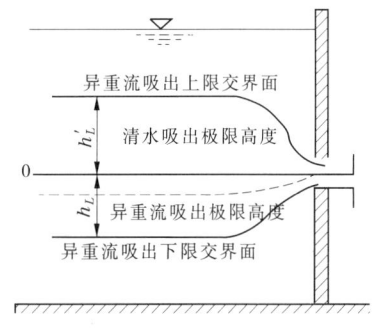

图 2-67　异重流和清水吸出极限高度示意图

根据现有异重流孔口出流的理论研究和试验成果,在已知坝前异重流运行情况和泄流条件的前提下,可以算出排出浑水的孔口在交界面以上高度的极限值,即异重流吸出极限高度;在孔口位置已定的条件下,可算出下泄浑水的重度或含沙量,从而确定异重流的排沙量。

异重流吸出极限高度是规划孔口位置时必须考虑的一个重要数据。克拉亚假定在孔口泄流以前,浑水和清水都保持静止状态。孔口开始泄流后,在孔口附近,清水得到一定的动能,而使势能相对降低,由此所产生的压力差使下面的浑水得以自动升高,浑水自动升高能够达到孔口下缘时,孔口中心线至异重流交界面的距离,即为异重流吸出极限高度,即能刚好使异重流吸出的孔口位置极限高度。

以图 2-67 中下限交界面作为基准面,则在孔口泄流时,对处于交界面上流动的清水写出如下的能量方程式:

$$p + \rho g y + \rho \frac{u^2}{2} = C_1 \tag{2-180}$$

式中　$C_1$——常数。

同时,也可以为处于交界面上但不流动的浑水写出能量方程式:

$$p' + \rho' g y = C_2 \tag{2-181}$$

式中　$C_2$——常数。

由于在同一点上清水与浑水的压强相等,即 $p = p'$,故得:

$$\rho gy + \rho \frac{u^2}{2} - \rho'gy = C_3 \qquad (2\text{-}182)$$

在离孔口无穷远处,$u$ 与 $y$ 都将为零,故 $C_3$ 为零,上式可进一步改写为:

$$\frac{u^2}{2} = \frac{\rho'}{\rho}\eta_g gy \qquad (2\text{-}183)$$

假设孔口可当作汇点来处理,对于孔口高度等于 $2r$ 的二维孔口,在孔口下缘的流速应为:

$$u = \frac{q}{\pi r} \qquad (2\text{-}184)$$

$y = h_L - r$,联解上面两个方程式,可得:

$$\frac{u^2}{2} = \frac{\rho'}{\rho}\eta_g g(h_L - r) = \frac{q^2}{2\pi^2 r^2} \qquad (2\text{-}185)$$

如以 $u^2/2$ 为纵坐标,$r$ 为横坐标制图(见图 2-68),则式(2-185)中的前一等式为图中直线 $A$,后一等式为图中双曲线 $B$,显然,直线 $A$ 与 $r$ 轴交点即为吸出高度 $h_L$。不难看出,随着 $h_L$ 的减小,直线 $A$ 将向左平移。当达到与曲线 $B$ 相切位置时,$h_L$ 为最小值,即为最小吸出极限高度。直线 $A$ 与曲线 $B$ 在一般情况下相交于两点,此两点即为联解式(2-185)中两个等式所得的两个实根;切点处两根合一,成为重根。因此,推求最小的吸出极限高度应求式(2-185)的重根。式(2-185)为 $r$ 的三次方程:

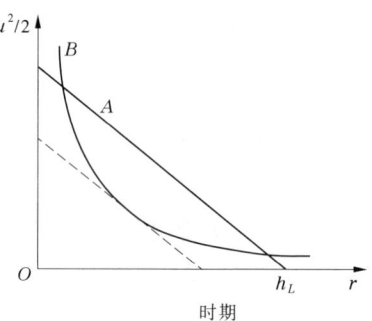

图 2-68　$u^2/2$ 与 $r$ 的关系

$$r^3 - h_L r^2 + \frac{q^2\rho}{2\pi^2\rho'\eta_g g} = 0$$

采用求重根办法,对 $r$ 取导数,可得:

$$3r^2 - 2h_L r - r^2 \frac{\mathrm{d}h_L}{\mathrm{d}r} = 0$$

当 $h_L$ 为极小值时,$\mathrm{d}h_L/\mathrm{d}r = 0$,得:

$$3r^2 - 2h_L r = 0$$

故所求合理重根应为:

$$r = \frac{2}{3}h_L \qquad (2\text{-}186)$$

将这一数值代入式(2-185),得异重流吸出极限高度的表达式为:

$$h_L = 0.699\left(\frac{q^2}{\frac{\rho'}{\rho}\eta_g g}\right)^{\frac{1}{3}} \qquad (2\text{-}187)$$

对于三维孔口(圆孔),克拉亚采用类似的方法得到 $h_L$ 的表达式:

$$h_L = 0.688 \left( \frac{Q^2}{\frac{\rho'}{\rho} \eta_g g} \right)^{\frac{1}{5}} \qquad (2\text{-}188)$$

此外 $Q$ 为三维孔口的总流量。试验结果表明,式(2-187)及式(2-188)是符合实际的。

克拉亚在推导上述公式时,是以处于相对静止状态的浑水和清水作为出发点的。对于以异重流形式运动着的浑水来说,从式(2-187)或式(2-188)所求出的 $h_L$ 值,还应加上异重流运行到坝前时由动能转化为势能的附加爬高值 $\Delta h'$,即异重流实际吸出极限高度为 $h_L + \Delta h'$,其中

$$\Delta h' = \frac{q'^2}{2\eta_g g h'^2} \qquad (2\text{-}189)$$

对于异重流孔口出流浓度问题,中国水利水电科学研究院曾进行过一系列的研究。考察图 2-69 所示的出流情况,设由孔口泄出的清水和异重流的混合体的重度为 $\gamma_0$,异重流重度沿水深不变;并假定离孔口较远处的流速接近均匀分布,点流速 $u$ 与平均流速 $U$ 接近相等,则应有:

$$\frac{\gamma_0}{\gamma'} = \frac{U\gamma'(h'_L - h_l) + U\gamma(h_L + h_l)}{U(h_L + h'_L)\gamma'}$$

因 $h'_L \approx h_L$,故

$$\frac{\gamma_0}{\gamma'} = \frac{1}{2}\left( \frac{\gamma' + \gamma}{\gamma'} - \frac{\gamma' - \gamma}{\gamma'} \frac{h_l}{h_L} \right) \qquad (2\text{-}190)$$

考虑到式(2-187)的关系,对于二维孔口,可将上式改写为:

$$\frac{\gamma_0}{\gamma'} = \frac{1}{2}\left[ \frac{\gamma' + \gamma}{\gamma'} - \frac{\gamma' - \gamma}{\gamma'} k_1 \left( \frac{\eta_g g h_l^3}{q^2} \right)^{\frac{1}{3}} \right] \qquad (2\text{-}191)$$

式中,$k_1$ 为常数,其值为 1.43。因 $\rho'/\rho \approx 1$,故圆括号中将 $\rho'/\rho$ 略去(下面类同)。

为了表达方便起见,可将式(2-191)改写为如下形式:

$$\frac{\gamma - \gamma_0}{\gamma' - \gamma} = \frac{1}{2}\left[ 1 + k_1 \left( \frac{\eta_g g h_l^3}{q^2} \right)^{\frac{1}{3}} \right] \qquad (2\text{-}192)$$

若有如下关系:

$$\frac{S_0}{S'} = 1 - \frac{\gamma' - \gamma_0}{\gamma' - \gamma} \qquad (2\text{-}193)$$

其中,$S_0$、$S'$ 分别为孔口出流含沙量及坝前异重流含沙量,则式(2-192)又可表达为:

$$\frac{S_0}{S'} = \frac{1}{2}\left[ 1 - k_1 \left( \frac{\eta_g g h_l^3}{q^2} \right)^{\frac{1}{3}} \right] \qquad (2\text{-}194)$$

对于三维孔口,同理可得:

$$\frac{\gamma - \gamma_0}{\gamma' - \gamma} = \frac{1}{2}\left[ 1 + k_2 \left( \frac{\eta_g g h_l^5}{Q^2} \right)^{\frac{1}{5}} \right] \qquad (2\text{-}195)$$

或

$$\frac{S_0}{S'} = \frac{1}{2}\left[1 - k_2\left(\frac{\eta_g g h_l^5}{Q^2}\right)^{\frac{1}{5}}\right] \tag{2-196}$$

式(2-192)、式(2-195)的正确性已由在水槽中所造成的盐水异重流试验所证实。试验所得的无量纲常数 $k_1$、$k_2$ 的数值如下：

对于二维孔口,当 $h_l < 0$ 时,$k_1 = 1.55$；当 $h_l > 0$ 时,$k_1 = 1.33$。

对于三维方形孔口,当 $h_l < 0$ 时,$k_2 = 1.67$；当 $h_l > 0$ 时,$k_2 = 1.33$。

因挟沙水流形成的异重流,含沙量沿垂线并非均匀分布,加上孔口前的浑水与清水有一定的混合现象,情况较上述均值异重流为复杂。据中国水利水电科学研究院试验研究,当 $h_l < 0$ 时,交界面以上的混合现象对出流含沙量影响不大,作为平均情况,二维孔口与三维孔口的出流含沙量与异重流含沙量的关系,仍可分别用式(2-194)及式(2-196)去表达。但当 $h_l > 0$ 时,交界面以上的混合现象对出流含沙量影响较大,式(2-192)及式(2-195)的结构形式应修正为如下形式:

$$\frac{\gamma - \gamma_0}{\gamma' - \gamma} = \frac{1}{2}\left[k_1' + k_1\left(\frac{\eta_g g h_l^3}{q^2}\right)^{\frac{1}{3}}\right] \tag{2-197}$$

或

$$\frac{S_0}{S'} = \frac{1}{2}\left[k_1'' - k_1\left(\frac{\eta_g g h_l^3}{q^2}\right)^{\frac{1}{3}}\right] \tag{2-198}$$

式中,$k_1' = 1.3$,$k_1'' = 0.7$。

对于三维方形孔口

$$\frac{\gamma - \gamma_0}{\gamma' - \gamma} = \frac{1}{2}\left[k_2' + k_2\left(\frac{\eta_g g h_l^5}{Q^2}\right)^{\frac{1}{5}}\right] \tag{2-199}$$

或

$$\frac{S_0}{S'} = \frac{1}{2}\left[k_2'' - k_2\left(\frac{\eta_g g h_l^5}{Q^2}\right)^{\frac{1}{5}}\right] \tag{2-200}$$

式中,$k_2' = 1.15$,$k_2'' = 0.85$。

试验结果还表明,过低的孔口对排出异重流并不是很有利的。因为在这种情况下,不能充分利用孔口高程以下的水流来起增加浑水出流的作用,而且异重流底部的淤积现象也将影响孔口有效排沙。

最后需要指出的是,这里介绍的孔口出流浓度计算公式,严格说来只能在实验室条件下应用。但工程观测资料表明,这些公式的结构形式是基本符合实际的。因此,在工程实践中,可借用公式的结构形式,再根据实测资料分析以得到实用的计算公式,如官厅水库所得的三维孔口出流浓度公式。

# 参 考 文 献

［1］ 张瑞瑾. 河流泥沙动力学［M］. 北京：中国水利电力出版社，2005.

［2］ 范家骅. 异重流的研究与应用［M］. 北京：水利电力出版社，1959.

［3］ 张书农，华国祥. 河流动力学［M］. 北京：水利电力出版社，1988.

［4］ 王万战. 国外异重流研究综述［C］∥全国异重流问题学术研讨会，2006.

［5］ Dequennois H. New methods of sediment control in reservoirs［J］. Water Power, 1956, 8（5）：174-180.

［6］ Rooseboom A. Sediment transport in rivers and reservoirs：a Southern African perspective［M］. Water Research Commission, 1992.

［7］ Basson G. Prediction of sediment induced density current formation in reservoirs［C］∥Proceedings of International Conference on Hydro-Science and Engineering, Berlin. 1998.

［8］ Akiyama J, Stefan H G. Onset of underflow in slightly diverging channels［J］. Journal of Hydraulic Engineering, 1987, 113（7）：825-843.

［9］ 李书霞，张俊华，陈书奎，等. 小浪底水库塑造异重流技术及调度方案［J］. 水利学报，2006，37（5）：567-572.

［10］ 曹如轩，任晓枫，卢文新. 高含沙异重流的形成与持续条件分析［J］. 泥沙研究，1984，2：2-5.

［11］ 徐建华，李晓宇，李树森. 小浪底库区异重流潜入点判别条件的讨论［J］. 泥沙研究，2007（6）：71-74.

［12］ 范家骅. 水库异重流排沙［C］∥黄委会异重流问题学术讨论会论文集，2006.

［13］ 钱宁，万兆惠. 泥沙运动力学［M］. 北京：科学出版社，1983.

［14］ 焦恩泽. 黄河水库泥沙［M］. 郑州：黄河水利出版社，2004.

［15］ 范家骅，沈受百，吴德一. 水库异重流的近似计算方法［C］∥水利水电科学研究院论文集，1963.

［16］ 蒲乃达，苏凤玉，张瑞佟. 刘家峡、盐锅峡水库泥沙的几个问题［C］∥河流泥沙国际学术讨论会论文集，1980，752.

［17］ 中国水利学会泥沙专业委员会. 泥沙手册［M］. 北京：中国环境科学出版社，1992.

［18］ 詹咏，吴文权，王惠民. 沉淀池中的异重流运动特性［J］. 中国给水排水，2003，19（1）：43-45.

［19］ 郝品正. 船闸引航道异重流淤积分析计算［J］. 水道港口，1999（2）：10-18.

［20］ 范家骅. 异重流泥沙淤积的分析［J］. 中国科学，1980（1）：84-91.

［21］ 金德春. 浑水异重流的运动和淤积［J］. 水利学报，1981，3：39-48.

［22］ 詹义正，黄良文，赵云. 异重流非饱和非均匀沙含沙量的沿程分布规律［J］. 武汉大学学报：工学版，2003，36（2）：6-9.

［23］ 乐培九. 黏性泥沙的絮凝及其对泥浆流变特性影响问题的初步探讨［J］. 泥沙研究，1983，1：25-35.

［24］ Keulegan G H. The motion of saline fronts in still water［R］. National Bureau of standards,1953.

［25］ Altinakar S, Graf W H, Hopfinger E J. Weakly depositing turbidity current on a small slope［J］. Journal of Hydraulic Research, 1990, 28（1）：55-80.

［26］ 谢鉴衡. 河流泥沙工程学［M］. 北京：水利出版社，1981.

［27］ 焦恩泽，林斌文. 大型水库淤积问题［M］. 郑州：河南科技出版社，1990.

［28］ 韩其为. 水库淤积［M］. 北京：科学出版社，2003.

［29］ 王光谦，周建军，杨本均. 二维泥沙异重流运动的数学模型［J］. 应用基础与工程科学学报，

2000, 8(1): 52-60.

[30] 曹如轩，钱善琪，郭崇．粗沙高含沙异重流的运动特性[J]．泥沙研究，1995(2)：64-73.

[31] 谢鉴衡，丁君松，王运辉．河床演变及整治[M]．北京：水利电力出版社，1990.

[32] 孙赞盈，曲少军，汪峰，等．小浪底水库异重流排沙的主要影响因素分析[C]∥全国异重流问题学术研讨会，2006.

[33] 林劲松．冯家山水库排沙运用及水库淤积分析[J]．西北水资源与水工程，2002，13(1)：39-40.

[34] 朱书乐．冯家山水库异重流排沙观测成果初步分析[J]．陕西水利，1986，6：7.

[35] 屈孟浩．黄河动床模型试验理论和方法[M]．郑州：黄河水利出版社，2005.

[36] 李昌华．河工模型试验[M]．北京：人民交通出版社，1981.

[37] 谢鉴衡．河流模拟[M]．北京：水利电力出版社，1990.

[38] 张红武，江恩惠，白咏梅．黄河高含沙洪水模型的相似律[M]．郑州：河南科学技术出版社，1994.

[39] 李书霞．"禹州电厂白沙水库取水泥沙模型试验研究"成果日前通过验收[J]．治黄科技信息，1996，6：16.

[40] 张俊华，张红武，李远发，等．水库泥沙模型异重流运动相似条件的研究[J]．应用基础与工程科学学报，1997(3)：309-316.

[41] 张俊华，王国栋，陈书奎，等．小浪底水库运用初期库区水沙运动规律试验研究[J]．人民黄河，2000，22(9)：14-16.

[42] 李书霞．多沙河流水库异重流运动规律试验研究[D]．北京：北京航空航天大学，2002.

[43] 张俊华，陈书奎．小浪底水库2000年运用方案库区动床模型试验研究[J]．人民黄河，2000，22(8)：36-37.

[44] 曹如轩，王新宏，程文，等．粗沙高含沙异重流试验研究[C]∥全国异重流问题学术研讨会，2006.

[45] 钱宁．河床演变学[M]．北京：科学出版社，1987.

[46] 钱宁．异重流[M]．北京：水利电力出版社，1958.

第三章

# 小浪底水库异重流

　　异重流是多沙河流水库中常见的一种排沙现象。早在19世纪末期,瑞士的一些科学家就发现了异重流现象。20世纪30年代美国科罗拉多河上胡佛坝落成蓄水,回水长度达110 km。河水挟带大量泥沙进入水库,随后不久在水坝的泄水孔突然有浑浊的泥水流出,然而与此同时,水库内始终是清澈可见。这一出人意料的事实表明异重流可以挟带大量泥沙历经长距离而不与清水相混,并可通过合理调度排出水库,为减低水库淤积,延长水库寿命提供了可能。自此以后,水库异重流问题开始引起广泛关注。

　　对处于蓄水状态的多沙河流水库而言,异重流排沙是一种值得重视的减淤措施。利用异重流可以在保持一定水头的条件下,达到既能蓄水,又能排沙,既能保持较高的兴利效益,又能减少水库淤积、延长水库寿命的目的。

　　减少黄河下游河道淤积是小浪底水库的主要开发任务之一。水库的减淤作用主要依靠调水调沙运用来实现,而水库调水调沙的蓄水过程为异重流排沙创造了条件。小浪底水库实际观测资料、实体模型试验及数学模型计算结果均表明,水库运用初期,汛期大多时段为异重流排沙。即使在水库运用后期,若水库调水调沙运用处于蓄水状态下,仍会发生异重流排沙。因此,异重流排沙将是小浪底水库今后运用中的排沙方式之一。

　　小浪底水库异重流排沙既有普遍性又有特殊性。库区平面形态复杂,有十余条较大支流入汇,在干支流交汇处往往发生异重流向支流倒灌,使排沙特性更为复杂。2003～2015年,库区发生了多次异重流过程,通过对小浪底水库异重流观测资料的系统分析,了解异重流发生、运行及排沙规律,为进一步优化小浪底水库调水调沙运用方式及水库联合调度具有现实意义。此外,对泥沙学科及模拟技术的发展亦具有重大意义。

# 第一节　异重流的产生与传播

## 一、异重流产生及潜入点位置变化

### (一)异重流产生条件

　　异重流潜入的现象是异重流开始形成的标志。库区清水与进入库区的浑水之间的密度差异是产生异重流的根本原因。其物理实质是在虚拟的清浑水垂直交界面上两侧的压力不同,浑水一侧的压力大于清水一侧而产生压力差,且越接近河底压力差越大,就促使浑水侧向清水侧以下潜的形式流动。从实际的观测资料可看出,挟沙水流进入水库的壅水段之后,由于沿程水深的不断增加,其流速及含沙量分布从正常状态逐渐变化,水流最大流速由接近水面向库底转移,当水流流速减小到一定值时,浑水开始下潜并且沿库底向前运行。

　　从明渠流过渡到异重流,其交界面是不连续的。这个不连续的意义是在潜入处异重流的交界面处于突变状态,所以在潜入点处的流动也可以说是处在局部变化时的流动。从异重流潜入交界面曲线可以发现交界面处有一拐点 $k$,拐点的位置在潜入点的下游。在异重流突变处,交界面的 $\dfrac{\mathrm{d}h}{\mathrm{d}s}$ 变大,可以认为在 $\dfrac{\mathrm{d}h}{\mathrm{d}s}\to\infty$ 处,相当于明流中缓流转入急流的临界状态,该点处水深和流速为 $h_k$ 和 $v_k$,该断面的修正弗劳德数为 $\dfrac{v_k^2}{\dfrac{\Delta\gamma}{\gamma'}gh_k}=1$,而潜入点的

水深 $h_0 > h_k$ ,因此 $\dfrac{v_0^2}{\dfrac{\Delta\gamma}{\gamma'}gh_0} < 1$ (见图 3-1)。范家骅等在水槽内进行潜入条件的试验,得到异

重流潜入条件关系为:

$$Fr^2 = \frac{v_0^2}{\dfrac{\Delta\gamma}{\gamma'}gh_0} = 0.6 \qquad\qquad (3\text{-}1)$$

或

$$Fr = \frac{v_0}{\sqrt{\dfrac{\Delta\gamma}{\gamma'}gh_0}} = 0.78 \qquad\qquad (3\text{-}2)$$

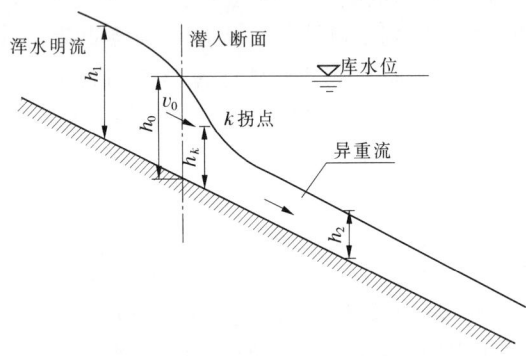

图 3-1　异重流潜入示意图

式中　$h_0$——异重流潜入点处水深;

　　　$v_0$——潜入点处平均流速;

　　　$\gamma'$——浑水容重, $\gamma' = 1\,000 + 0.622S$ ;

　　　$\Delta\gamma$——清浑水容重差, $\Delta\gamma = \gamma' - \gamma$ 。

2003 ~ 2015 年历次测验异重流具有一定的入库流量和一定的入库含沙量,历次异重流入库平均流量为 1 037 ~ 2 390 m³/s,平均含沙量为 17.84 ~ 239.68 kg/m³。

**(二)潜入点位置变化**

从式(3-1)可以看出,异重流潜入位置主要与该处水深、流速和含沙量等因素有关,表 3-1 给出了小浪底水库历次异重流潜入点位置变化情况。随着时间的推移,库区淤积三角洲逐渐下移,异重流潜入点的位置也会逐渐向下移动,越来越靠近坝前。其中,2003年第 1 次异重流的潜入点位于距坝 64.83 ~ 57.00 km 附近,2006 年第 1 次异重流的潜入点位置已下移至距坝 44.53 ~ 41.10 km,2015 年第一次异重流潜入点位置下移至距坝 20.39 ~ 18.75 km。

在一次异重流发生过程中,其潜入点的位置也会随着入库流量、河床阻力变化,以及随坝前水位的升降而上下移动。以 2004 年和 2013 年的异重流为例,异重流潜入点位置变化情况分别见表 3-2 和表 3-3。

2004 年 7 月 5 日下午至 6 日上午,入库流量差别不大,平均约 1 800 m³/s,出库流量较大,为 2 600 m³/s,坝前水位逐渐由 7 月 5 日 14 时的 233.52 m 降至 7 月 6 日 8 时的 233.18 m,异重流潜入点由 HH35 ~ HH36 断面之间下移至 HH35 断面附近。至 6 日下午,入库流量与上午相比变化不大,但由于库区淤积三角洲经过一天的冲刷,河床粗化,水

表 3-1　历次异重流测验基本情况

| 序号 | 异重流测次 | 发生时间（月-日） | 潜入点断面位置及距坝里程（km） | 入库平均流量（m³/s） | 入库平均含沙量（kg/m³） | 坝前平均水位（m） |
|---|---|---|---|---|---|---|
| 1 | 2003 年第 1 次 | 08-02 ~ 8-08 | HH38 ~ HH34<br>64.83 ~ 57.00 | 1 037 | 107.65 | 223.97 |
| 2 | 2003 年第 2 次 | 08-27 ~ 09-16 | HH39 ~ HH38<br>68.00 ~ 64.83 | 2 390 | 82.34 | 243.76 |
| 3 | 2004 年第 1 次 | 07-05 ~ 07-11 | HH36 ~ HH25<br>60.13 ~ 41.10 | 1 125 | 63.61 | 232.06 |
| 4 | 2005 年第 1 次 | 06-28 ~ 06-30 | HH32 ~ HH28<br>53.44 ~ 46.20 | 2 001 | 239.68 | 227.43 |
| 5 | 2005 年第 2 次 | 07-05 ~ 07-07 | | 1 123 | 220.66 | 224.43 |
| 6 | 2006 年第 1 次 | 06-25 ~ 06-27 | HH27 ~ HH25<br>44.53 ~ 41.10 | 1 986 | 41.33 | 228.79 |
| 7 | 2007 年第 1 次 | 06-27 ~ 07-03 | HH18 ~ HH17<br>29.35 ~ 27.19 | 1 670 | 60.96 | 226.51 |
| 8 | 2008 年第 1 次 | 06-28 ~ 07-04 | HH15 ~ HH14<br>24.43 ~ 22.10 | 1 326 | 92.45 | 224.99 |
| 9 | 2009 年第 1 次 | 06-29 ~ 07-03 | HH14 ~ HH13<br>22.10 ~ 20.39 | 1 064 | 118.59 | 224.87 |
| 10 | 2010 年第 1 次 | 07-04 ~ 07-09 | HH12 ~ HH11<br>18.75 ~ 16.39 | 1 252 | 64.47 | 218.55 |
| 11 | 2011 年第 1 次 | 07-04 ~ 07-08 | HH10 ~ HH09<br>13.99 ~ 11.42 | 1 504 | 42.29 | 216.98 |
| 12 | 2012 年第 1 次 | 07-03 ~ 07-09 | HH10 ~ HH09<br>13.99 ~ 11.42 | 2 002 | 35.77 | 220.99 |
| 13 | 2013 年第 1 次 | 07-04 ~ 07-08 | HH06 ~ HH05<br>7.74 ~ 6.54 | 1 918 | 32.45 | 214.69 |
| 14 | 2014 年第 1 次 | 07-05 ~ 07-09 | HH10 ~ HH06<br>13.99 ~ 7.74 | 1 887 | 78.19 | 224.33 |
| 15 | 2015 年第 1 次 | 07-08 ~ 07-10 | HH13 ~ HH12<br>20.39 ~ 18.75 | 1 868 | 17.84 | 235.73 |

表 3-2　2004 年第一次异重流发生期间潜入点位置变化情况统计

| 时间 | 潜入点断面位置 | 距坝里程（km） |
|---|---|---|
| 7 月 5 日 上午 | HH36 断面 | 60.13 |
| 7 月 5 日 下午 17:25 | HH35 ~ HH36 之间 | 58.51 ~ 60.13 |
| 7 月 6 日 上午 | HH35 | 58.51 |
| 7 月 6 日 下午 | HH36 下游 | 60.13 |
| 7 月 7 日 上午 | HH33 | 55.02 |
| 7 月 7 日 下午 14:00 | HH31 | 51.78 |
| 7 月 7 日 下午 16:00 | HH25 ~ HH29 有花水 | 48.00 ~ 41.10 |
| 7 月 7 日 晚上 | HH29 以下花水消失 | 48.00 |
| 7 月 8 日 上午 | HH33 ~ HH34 之间 | 55.02 ~ 57.00 |
| 7 月 12 日 0 时 | HH33 ~ HH34 之间 | 55.02 ~ 57.10 |

表 3-3　2013 年第一次异重流发生期间潜入点位置变化情况统计

| 时间 | 潜入点断面位置 | 距坝里程(km) |
|---|---|---|
| 7 月 4 日 | HH06 | 7.74 |
| 7 月 5 日 | HH05 | 6.54 |
| 7 月 6 日 | HH06 ~ HH05 | 6.68 |
| 7 月 7 日 | HH06 | 7.74 |
| 7 月 8 日 | HH06 ~ HH05 | 6.86 |

流阻力增加,流速减小;而异重流潜入点需满足条件 $Fr = \dfrac{U}{\sqrt{gh}} = 0.78$($Fr$ 为弗劳德数,$U$ 为断面平均流速,$h$ 为断面平均水深,$g$ 为重力加速度),当 $U$ 减小,则 $h$ 必须减小,因此潜入点位置又逐渐上移至 HH36 断面附近。7 日水位由 0 时的 233.04 m 降至 12 时的 232.91 m 后逐渐回升,至 24 时升至 233.43 m,库水位的变化对异重流潜入点的变化影响是先略微下移,后逐渐上移,且影响能力有限(水位变化幅度不大),因此全天异重流潜入点变化主要受入库流量大小的影响;上午入库平均流量接近 2 500 m³/s,比 6 日平均入库流量增大约 25%,异重流的潜入点位置下移至 HH33 断面;12 时至 18 时,入库流量平均值超过 4 300 m³/s,潜入点位置进一步下移至 HH25 ~ HH29 断面之间;18 时至 24 时,入库平均流量减小到不足 2 000 m³/s,潜入点又上移至 HH29 断面以上,8 日上午,入库平均流量不足 1 000 m³/s,异重流潜入点位置上移至 HH33 ~ HH34 断面之间。

2013 年 7 月 4 日距坝 7.74 km 的 HH06 断面监测到异重流潜入,当天入库平均流量 2 530 m³/s,出库平均流量 2 390 m³/s,坝前平均水位 212.10 m。5 日,入库平均流量增加为 3 410 m³/s,比前一天入库平均流量增大约 35%,出库平均流量 3 170 m³/s,坝前水位抬升至 213.70 m。由于水位变化幅度不大,异重流潜入点变化主要受入库流量大小的影响,潜入位置下移至距坝 6.54 km 处。6 日,坝前水位抬升至 216.09 m,水库回水末端上延,异重流潜入点上移至距坝 6.68 km 处。7 日,随着坝前水位进一步抬升至 217.40 m 和入库平均流量减小,异重流潜入点进一步上移至距坝 7.74 km 处。随后坝前水位降低至 8 日的 213.70 m,水库回水末端下移,异重流潜入点也下移至距坝 6.86 km 处。

总体来看,水位变化对潜入点位置的影响表现为:坝前水位抬升,水库回水末端上延,异重流潜入点也会跟着上移;反之,潜入点下移,位置变化距离大小与水位升降的幅度成正比例关系。河床阻力变化对潜入点位置的影响表现为:河床受到冲刷,阻力增加,流速减小,潜入点上移;反之下移。入库流量变化对潜入点的影响表现为:流量增大,动力增强,平均流速大,潜入点下移;反之,潜入点上移。水位和入库流量的变化对潜入点位置的影响一般要大于河床阻力变化所产生的影响。

### 二、异重流的传播

异重流在水下沿库底或在浑水水库中的某一位置运行,不像河道中的明流,因此传播时间的分析比较困难,再加上水库运用及测验资料局限性等一些客观因素的影响,进一步增加了分析难度。但是异重流的传播时间关系到水库排沙时机的确定,关系到如何有效利用异重流排沙来减缓水库淤积、节约水资源、形成天然铺盖、控制下游水沙组合等一系列实际问题,并与水库运用有着密切的关系,因此很有必要就这一问题进行研究。在现有实测资料的基础上,根据各断面实测主流线异重流平均流速,求得异重流在各断面间的传播时间,而后得出全库区异重流的传播总时间。

表3-4为小浪底水库历次测验异重流的传播时间计算表。从表中可看出,小浪底水库拦沙初期2003~2007年历次测验的异重流从潜入点运行至坝前的时间为11.59~29.18 h。若考虑洪水从三门峡站传播至潜入点的时间,则入库洪水自三门峡站到坝前全部传播时间为21.89~42.31 h。随着时间的推移,异重流潜入点的位置逐渐向下移动,越来越靠近坝前,异重流从潜入点运行至坝前的时间逐渐减少,2008~2015年为2.7~11.57 h;考虑洪水从三门峡站传播至潜入点的时间,2008~2015年入库洪水自三门峡站到坝前全部传播时间为15.66~37.89 h。

异重流传播时间快慢与入库流量大小有关,入库流量大,异重流传播较快,入库流量小,异重流传播较慢;而传播总时间长短除了受入库流量大小的影响外,还与潜入点位置有关,在入库流量相同的前提下,潜入点位置越靠近大坝,传播时间越短。

传播时间估算成果的合理性分析:以2003年第一次异重流为例,采用含沙量沿程演进的方法进行判断,实测HH34断面,主流线平均含沙量最大值为8月2日10时18分实测的169 kg/m³,相应的桐树岭断面主流线平均含沙量最大值为8月3日9时48分实测的82.70 kg/m³。据此推测,异重流由HH34断面到桐树岭断面的传播时间约23.5 h,加上异重流从桐树岭断面运行至大坝所需的4.6 h,总共需要28.1 h。这与采用主流线平均流速估算值约27 h相近,成果是合理的。

# 第二节　异重流水沙因子沿程变化特性

## 一、流速沿程变化

### (一)流速垂线分布形态沿程变化

从各测次异重流水沙因子垂线分布沿程变化来看,流速垂线分布存在两种主要形态。第一种,靠近水面的清水层出现负流速(水流向水库上游流动),且流速值沿垂线方向自上而下逐渐减小至0,然后流速沿正方向迅速增大至最大值处再减小,例如图3-2中HH34断面和HH29断面主流线流速垂向分布形态;第二种,沿垂线方向不存在负向流速,上层清水流速很小,至清浑水交界面附近流速开始迅速增大至最大值后再减小,如图3-2中HH17断面和HH13断面主流线流速垂线分布形态。

出现第一种流速垂线分布形态的原因是异重流沿底部运动时,由于交界面的切应力,

表 3-4 小浪底水库各次异重流水流传播时间计算表

| 断面名称 | 距坝里程(km) | 2003-08-02 (2 180) 主流流速(m/s) | 2003-08-02 传播时间(h) | 2003-08-28 (2 420) 主流流速(m/s) | 2003-08-28 传播时间(h) | 2004-07-07 (1 820) 主流流速(m/s) | 2004-07-07 传播时间(h) | 2005-06-28 (1 260) 主流流速(m/s) | 2005-06-28 传播时间(h) | 2006-06-26 (2 510) 主流流速(m/s) | 2006-06-26 传播时间(h) | 2007-06-28 (2 620) 主流流速(m/s) | 2007-06-28 传播时间(h) | 2008-06-29 (2 470) 主流流速(m/s) | 2008-06-29 传播时间(h) |
|---|---|---|---|---|---|---|---|---|---|---|---|---|---|---|---|
| 三门峡 | 126.00 | 3.19 | | 3.35 | | 2.61 | | 2.5 | | 3 | | 3.45 | | 3.04 | |
| 河堤 | 62.50 | 1.06 | 9 | 1.53 | 7.23 | | | | | | | | | | |
| HH34 | 57.00 | | | | | | 10.19 | | 13.13 | | | | | | |
| HH33 | 55.02 | | 2.43 | | | 1.26 | 1.83 | | | | | | | | |
| HH29 | 48.00 | 1 | | | 6.61 | 0.87 | | 0.8 | | | 12.35 | | 10.81 | | 15.94 |
| HH23 | 37.55 | | 5.01 | | | | 6.65 | 0.74 | 3.77 | 0.98 | | | | | |
| HH17 | 27.19 | 1.31 | 1.75 | 1.44 | 1.73 | 0.87 | 2.88 | | 9.35 | 0.93 | 3.01 | 1.63 | 1.73 | | |
| HH13 | 20.39 | 0.85 | | 0.74 | | 0.44 | | 0.28 | | 0.38 | 2.88 | 0.55 | | 0.64 | |
| HH11 | 16.39 | | 2.88 | | 3.48 | | 5.66 | | 7.02 | | 7.22 | | 3.56 | | 3.53 |
| HH09 | 11.42 | 0.88 | 1.75 | 0.69 | 2.24 | 0.44 | 3.39 | 0.43 | 3.11 | 0.31 | | 0.85 | 2.15 | 0.77 | 2.34 |
| HH05 | 6.54 | 0.67 | | 0.52 | | 0.36 | | 0.44 | | | | 0.41 | | 0.39 | |
| HH04 | 4.55 | | 3.88 | | 4.46 | | 3.58 | | 4.31 | | 10.4 | | 2.99 | | 3.63 |
| 桐树岭 | 1.32 | 0.08 | 9.4 | 0.13 | 3.19 | 0.45 | 0.86 | 0.23 | 1.62 | 0.3 | | 0.56 | 0.65 | 0.41 | 0.89 |
| 坝址 | 0 | 0 | | 0.1 | | 0.4 | | | | | | | | | |
| 潜入点至坝址合计 | | | 27.11 | | 21.71 | | 24.85 | | 29.18 | | 23.51 | | 11.59 | | 11.56 |
| 三门峡至坝址合计 | | | 36.11 | | 28.94 | | 35.04 | | 42.31 | | 35.86 | | 21.89 | | 26.33 |

续表3-4

| 测次日期(年-月-日)<br>断面名称 | 距坝里程<br>(km) | 2009-06-30　流量(m³/s) 2 360 | | 2010-07-04　3 910 | | 2011-07-04　2 810 | | 2012-07-04　2 300 | | 2013-07-03　2 530 | | 2014-07-06　2 760 | | 2015-07-09　2 530 | |
|---|---|---|---|---|---|---|---|---|---|---|---|---|---|---|---|
| | | 主流流速<br>(m/s) | 传播时间<br>(h) | 主流流速<br>(m/s) | 传播时间<br>(h) | 主流流速<br>(m/s) | 传播时间<br>(h) | 主流流速<br>(m/s) | 传播时间<br>(h) | 主流流速<br>(m/s) | 传播时间<br>(h) | 主流流速<br>(m/s) | 传播时间<br>(h) | 主流流速<br>(m/s) | 传播时间<br>(h) |
| 三门峡 | 126.00 | 3.44 | 13.40 | 3.69 | 11.99 | 3.35 | 13.54 | 3.24 | 12.99 | 1.65 | 32.37 | 2.90 | 15.80 | 1.83 | 26.31 |
| 河堤 | 62.50 | | | | | | | | | | | | | | |
| HH34 | 57.00 | | | | | | | | | | | | | | |
| HH33 | 55.02 | | | | | | | | | | | | | | |
| HH29 | 48.00 | | | | | | | | | | | | | | |
| HH23 | 37.55 | | | | | | | | | | | | | | |
| HH17 | 27.19 | | | | | | | | | | | | | | |
| HH13 | 20.39 | | | | | | | | | | | | | | |
| HH11 | 16.39 | 0.94 | 2.80 | | | | | | | | | | | | |
| HH09 | 11.42 | 0.84 | 2.17 | 1.39 | 1.00 | | | | | | | | | | |
| HH05 | 6.54 | 0.41 | 1.84 | 1.36 | 1.26 | 1.35 | 1.03 | 1.66 | 1.37 | 0.40 | 0.81 | 1.13 | 1.58 | | |
| HH04 | 4.55 | 0.19 | 2.53 | 0.8 | 1.77 | 1.28 | 1.21 | 1.12 | 0.89 | 0.96 | 0.91 | 1.28 | 0.99 | 0.40 | 2.47 |
| 桐树岭 | 1.32 | 0.52 | 1.41 | 0.84 | 0.44 | 1.11 | 0.33 | 0.90 | 0.41 | 1.02 | 0.36 | 0.54 | 0.68 | 0.50 | 9.11 |
| 坝址 | 0 | | | | | | | | | | | | | | |
| 潜入点至坝址合计 | | | 11.21 | | 4.99 | | 3.08 | | 2.94 | | 2.70 | | 2.86 | | 11.57 |
| 三门峡至坝址合计 | | | 24.14 | | 16.45 | | 16.12 | | 15.66 | | 34.45 | | 19.04 | | 37.89 |

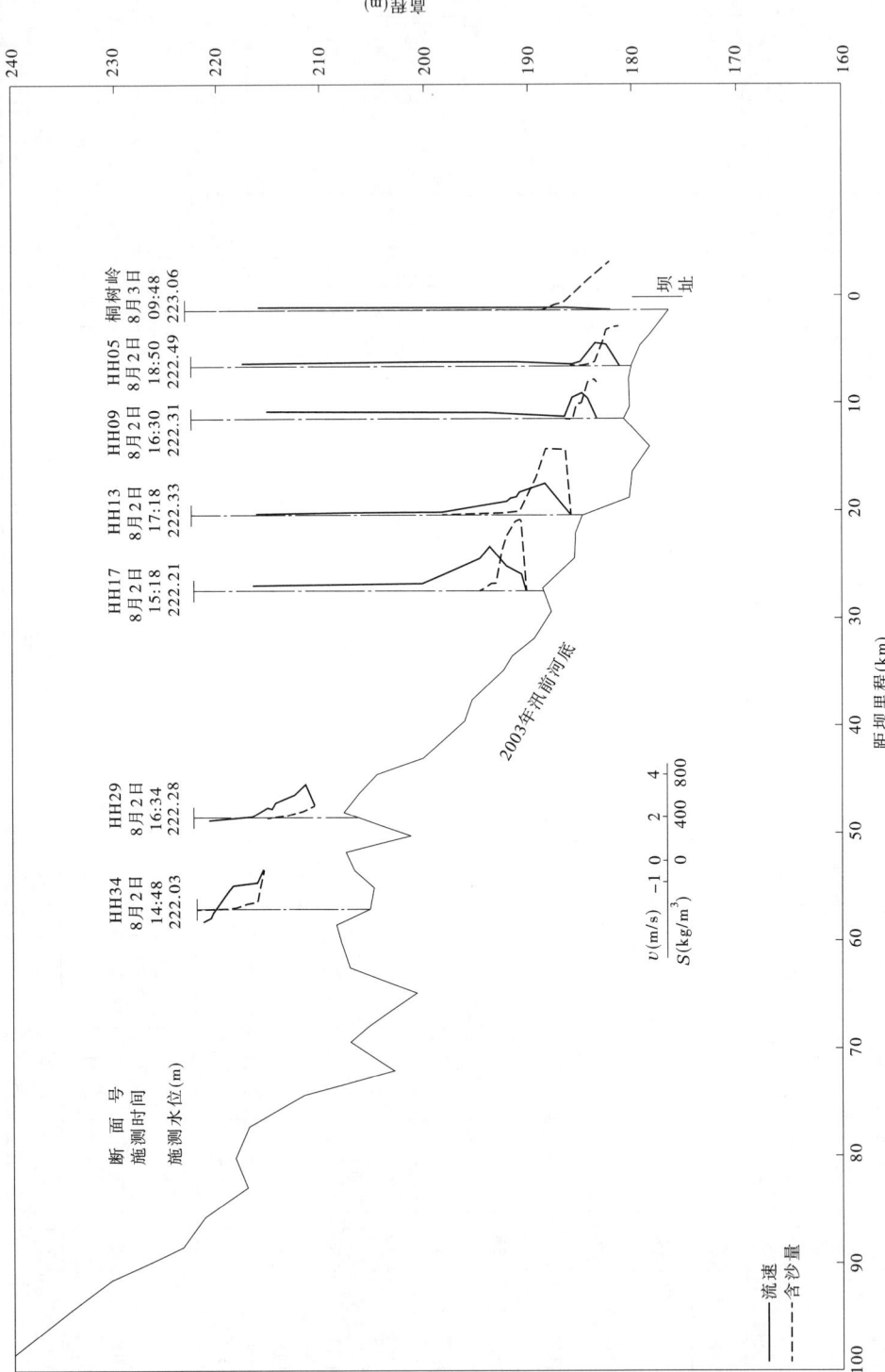

图 3-2 2003 年第 1 次异重流水沙因子沿程分布

常常带动上层清水,浑水与清水在潜入点处汇合后潜入库底,在清水中形成较弱的环流,表层清水自下而上向潜入点位置流动而出现负流速现象。一般情况下,在异重流潜入的初期或入库流量明显增大的时候,潜入的浑水水体因挤占部分清水水体的空间,加剧了清水环流的强度,使得表层清水负向流动变得明显。靠近潜入点的断面,异重流流速大,清浑水交界面切应力也大,带动的清水多,加上过水断面相对坝前而言面积小,因此表层清水向潜入点流动的速度就越大;而靠近大坝的断面离潜入点位置较远,异重流流速经沿程衰减而变得越来越小,加上坝前水深大,过水断面宽,负流速则相对较弱,且坝前泄水建筑物的开启往往可以将异重流及其带动的清水一起排出,清水水体的环流运动受阻,上层清水的负流速现象将会进一步减弱甚至消失。在库区异重流形成相对稳定的运行通道后,若入库流量也相对较稳定,浑水水体不再进一步挤占清水水体的空间,清水水体的环流运动就相对较弱,加上坝前的泄水影响,负流速现象就会减弱甚至消失。

图3-2、图3-4、图3-6、图3-7、图3-10、图3-11中,流速垂线分布形态沿程发生变化,靠近潜入点的断面流速垂线分布属于上述第一种分布形态,表层清水负流速沿程逐渐减小,最终过渡到第二种分布形态直至大坝。图3-3、图3-5、图3-8、图3-9、图3-12～图3-15中,流速垂线分布形态沿程基本为上述第二种分布形态,仅个别断面出现第一种分布形态,其负流速值较小或不明显。

**（二）垂线最大流速发生位置沿程变化**

水库异重流形成的根本原因是浑水与清水的密度差异,含沙水流密度较大,潜入清水水体下层运行,因此底层流速较大,异重流主流线垂线最大流速位于浑水层靠近库底的位置。各测次异重流各断面主流线垂线最大流速测点相对水深沿程变化统计见表3-5。2004年以后各次异重流主流线垂线最大流速的相对水深为0.78～0.99,说明最大流速发生的位置靠近库底。2003年的两次异重流主流线垂线最大流速相对水深却沿程逐渐减小,在桐树岭断面分别为0.49和0.76,分析其原因分别为:一是异重流运行至大坝附近能量损失较多,流速减小,加上大坝泄水建筑物分层布置,坝区附近流场复杂,垂线流速分布容易受其影响。一般情况下,当排沙洞开启时,坝前断面垂线最大流速多分布在相对水深较大处;而关闭排沙洞,多开明流洞和发电洞时,最大流速位置就会上提,例如2003年第1次异重流。二是在靠近大坝的库段,存在浑水水库,经过沉降析出,含沙量大于新入库的异重流,使得异重流难以潜入库底,而在浑水水库的上部运行,因此垂线最大流速位置不再靠近库底,如2003年第2次异重流,垂线最大流速位置在相对水深0.80左右。

**（三）垂线平均流速沿程递减**

表3-6给出了历次测验的异重流主流线垂线平均流速沿程变化情况。由表可知,由于水库淤积,异重流潜入点以下库段沿程坡降减小、水深加大,异重流能量的损失使得各断面流速沿程递减,尤其HH09断面以下水深增加较大,流速减小明显。小浪底水库拦沙初期异重流进入八里胡同(以HH17断面为代表)后,由于八里胡同库段过水断面较上游断面狭窄,主流线垂线平均流速在该河段有所增加。

## 二、含沙量沿程变化

各断面异重流主流线含沙量垂线分布形式沿程基本一致,在清浑水交界面附近,异重

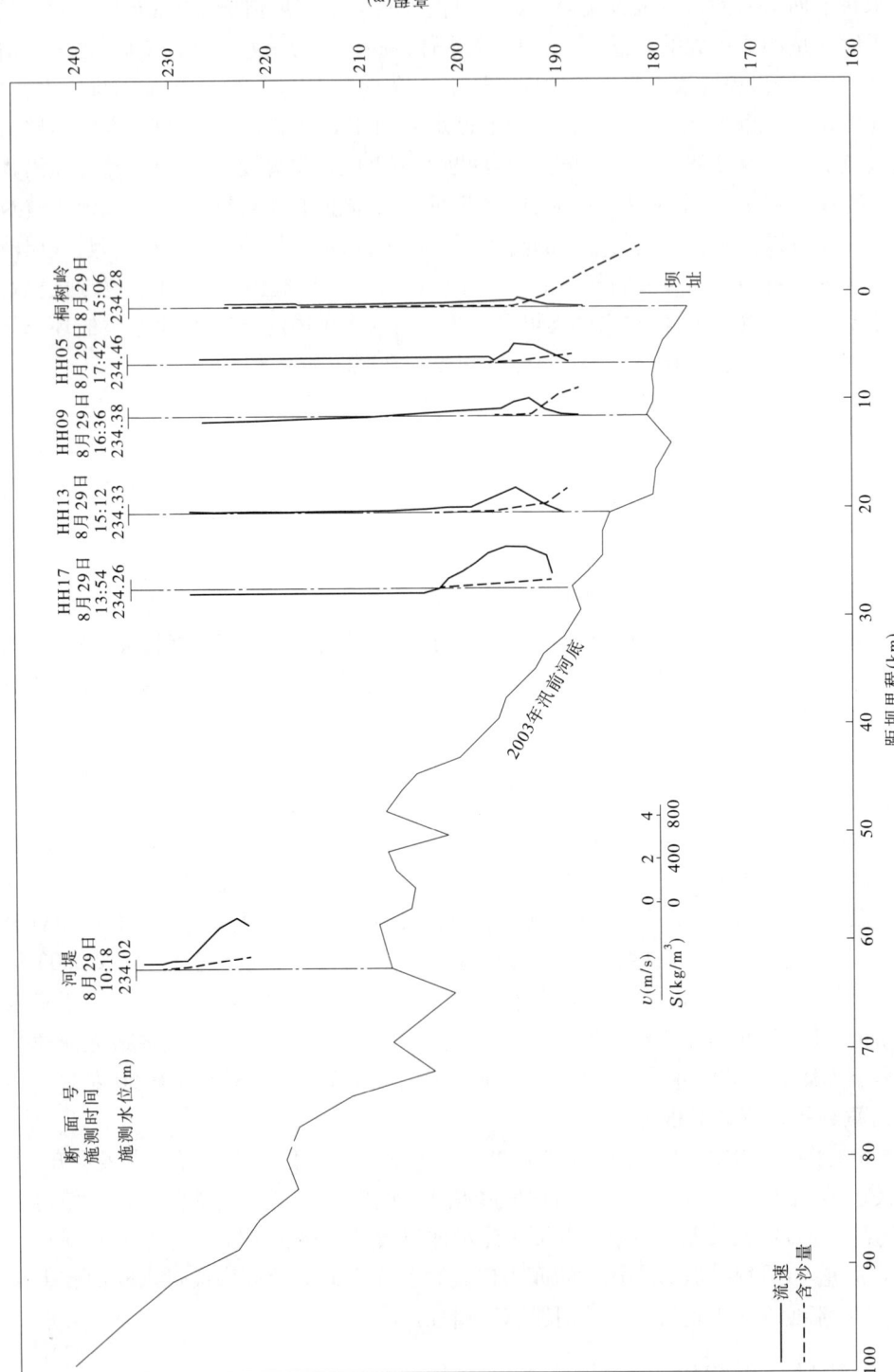

图 3-3　2003 年第 2 次异重流水沙因子沿程分布

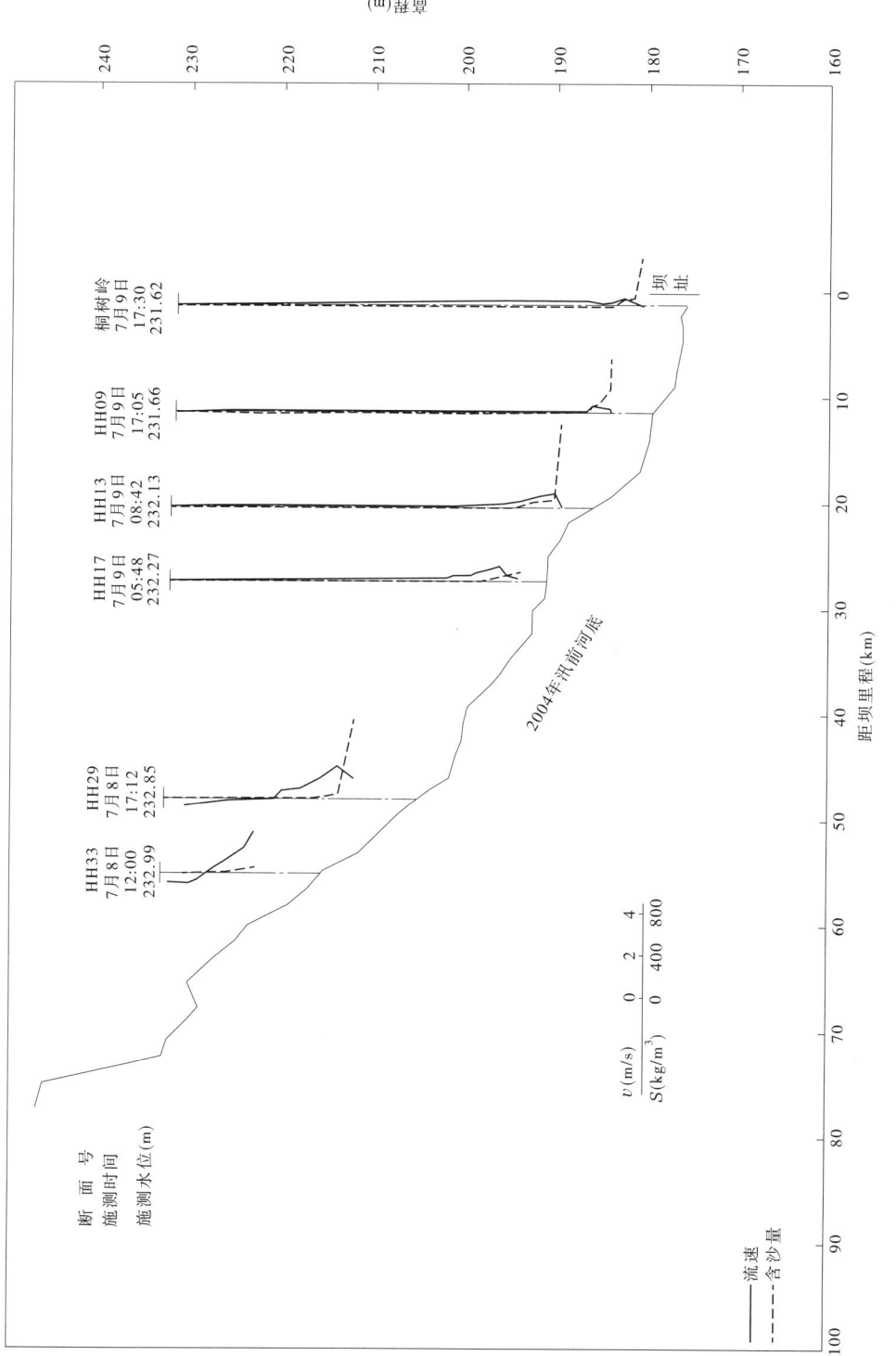

图 3-4　2004 年第 1 次异重流水沙因子沿程分布

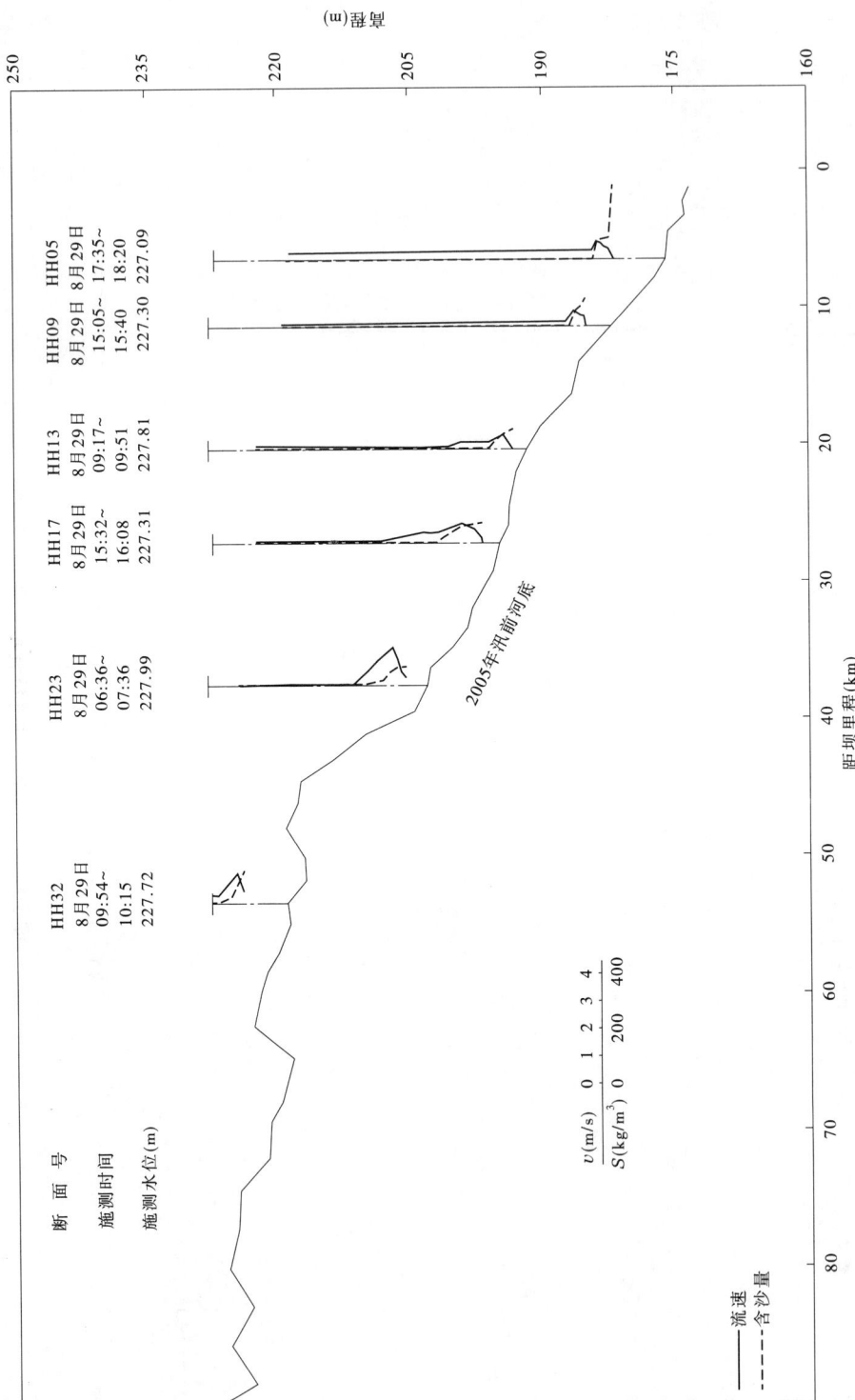

图 3-5  2005 年第 1 次异重流水沙因子沿程分布

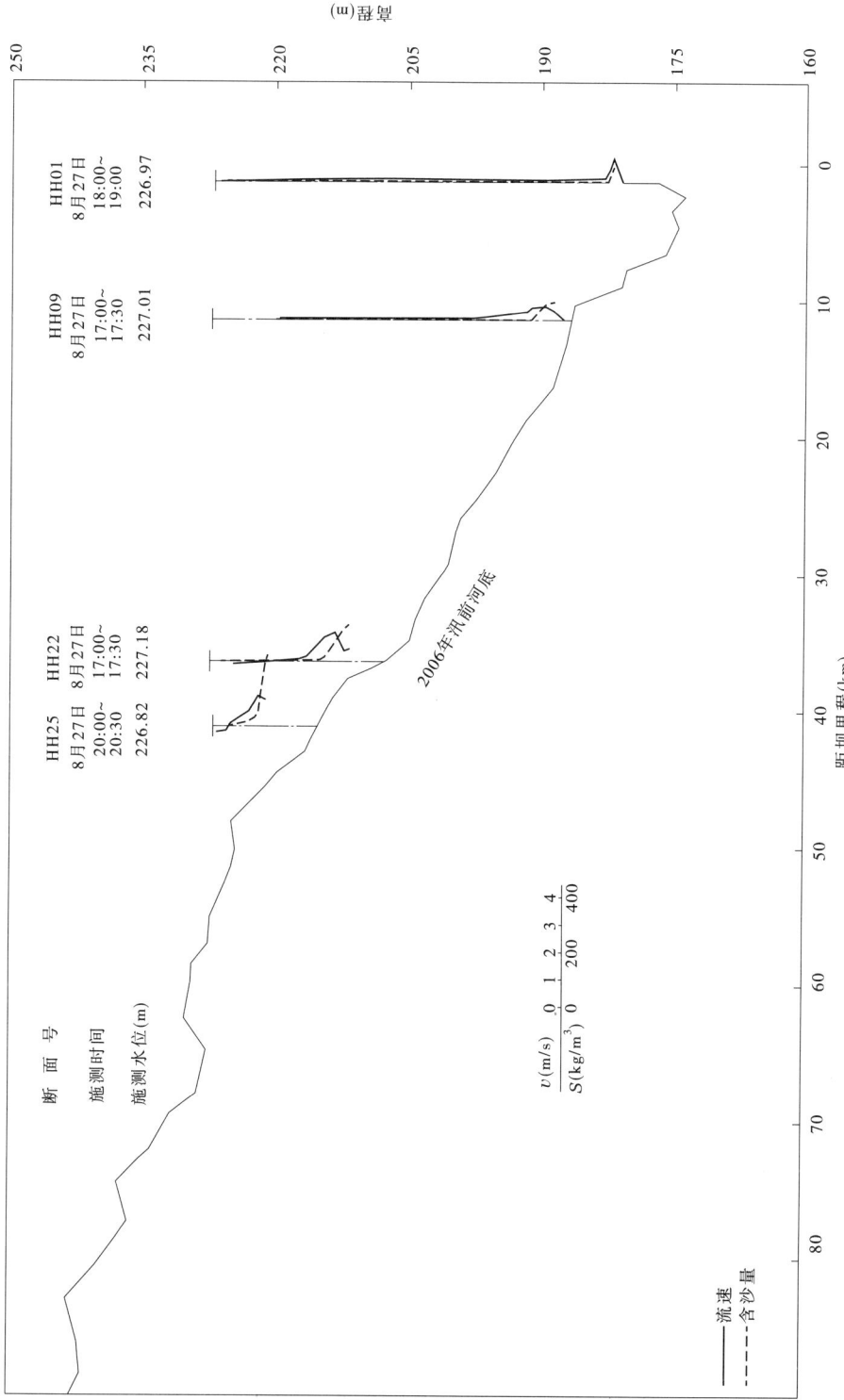

图 3-6  2006 年第 1 次异重流水沙因子沿程分布

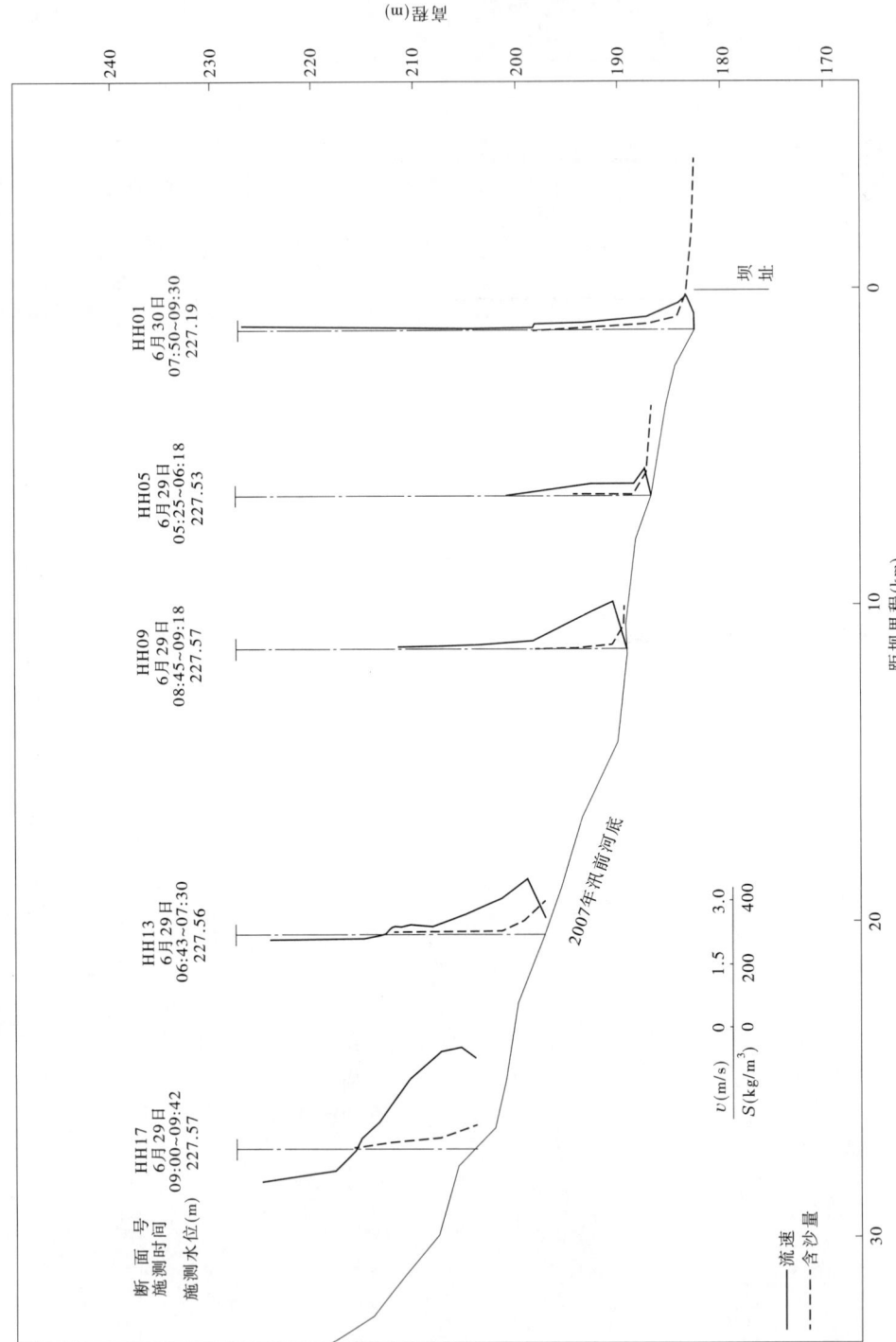

图 3-7  2007 年第 1 次异重流水沙因子沿程分布

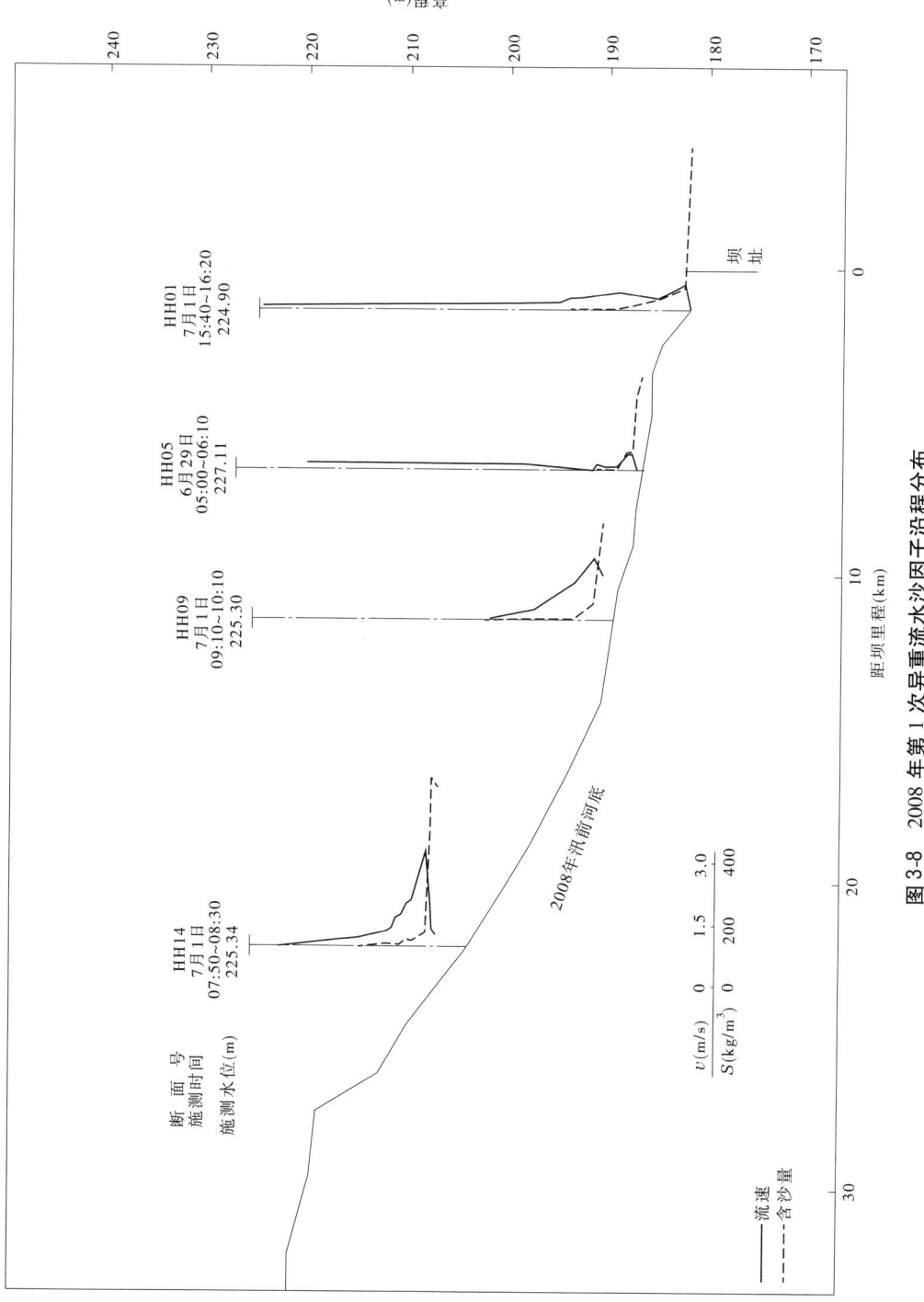

图 3-8　2008 年第 1 次异重流水沙因子沿程分布

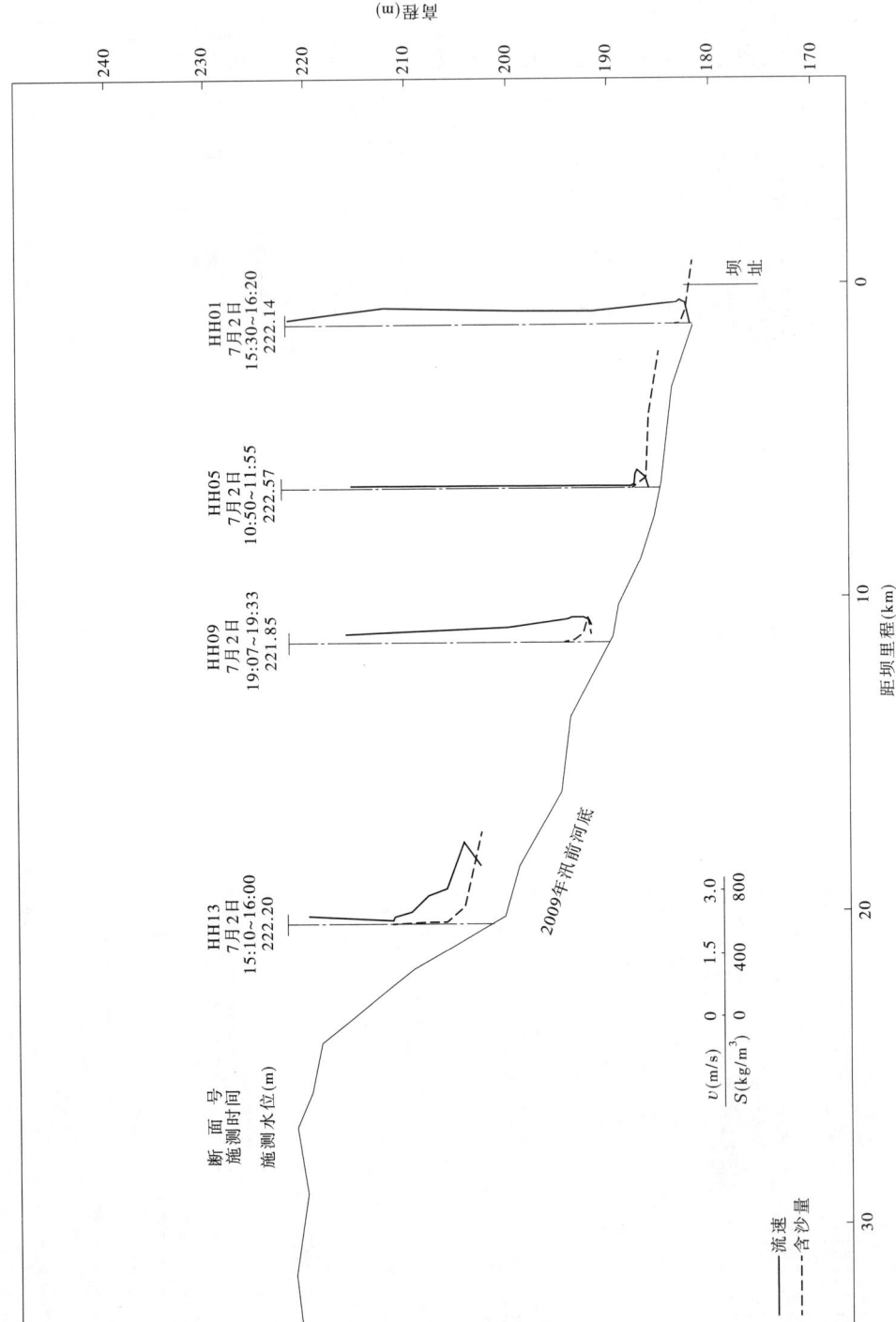

图 3-9 2009 年第 1 次异重流水沙因子沿程分布

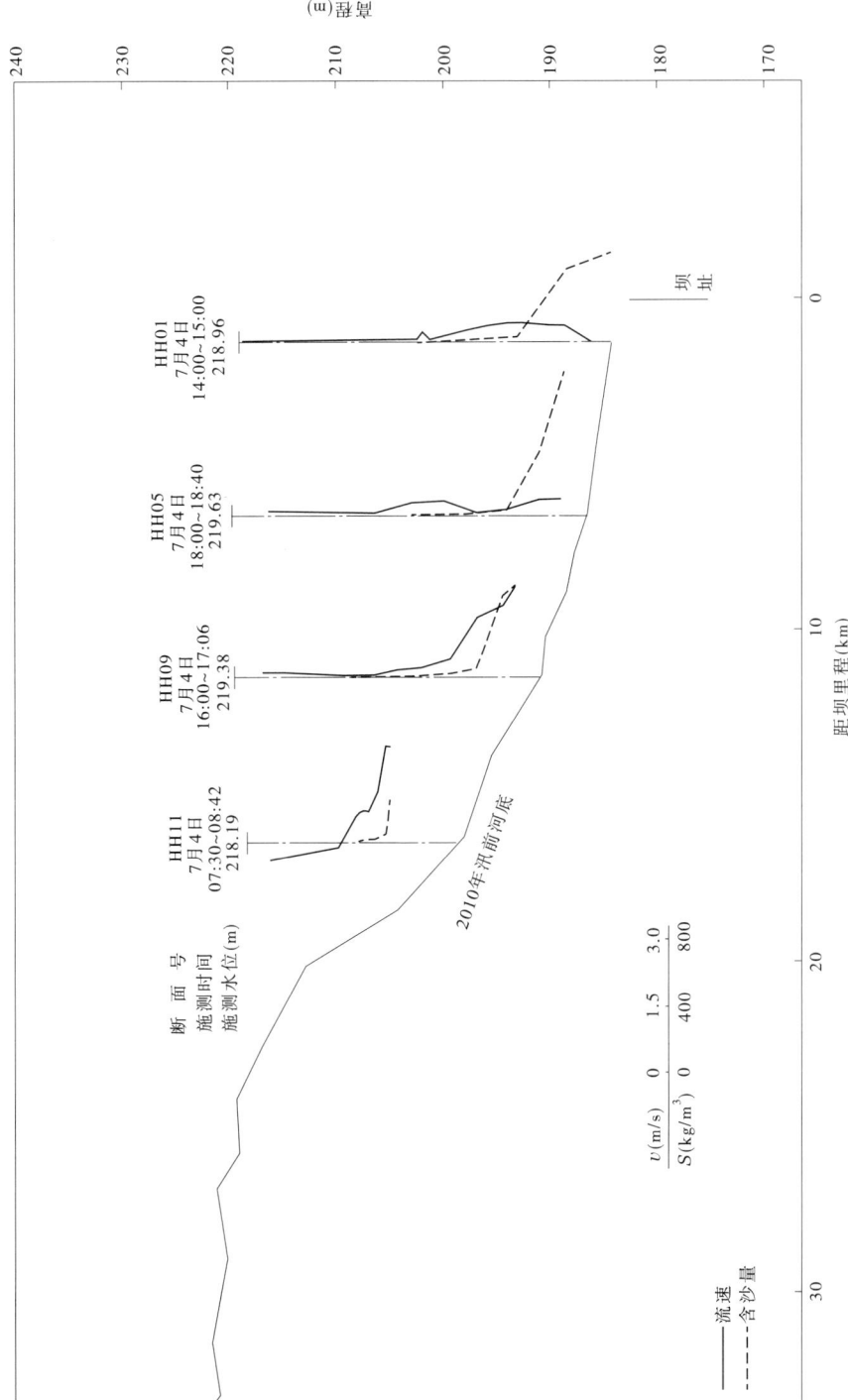

图 3-10　2010 年第 1 次异重流水沙因子沿程分布

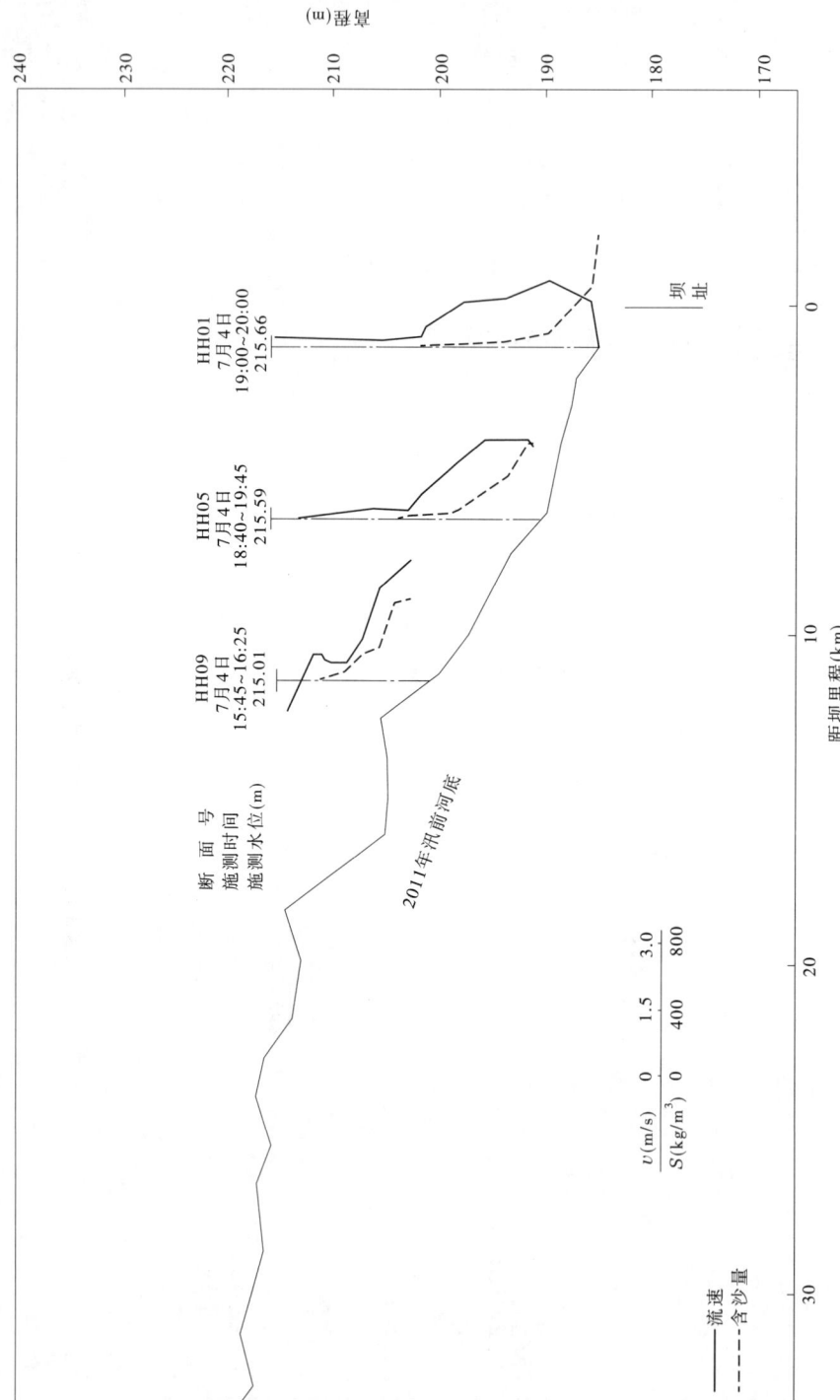

图 3-11　2011 年第 1 次异重流水沙因子沿程分布

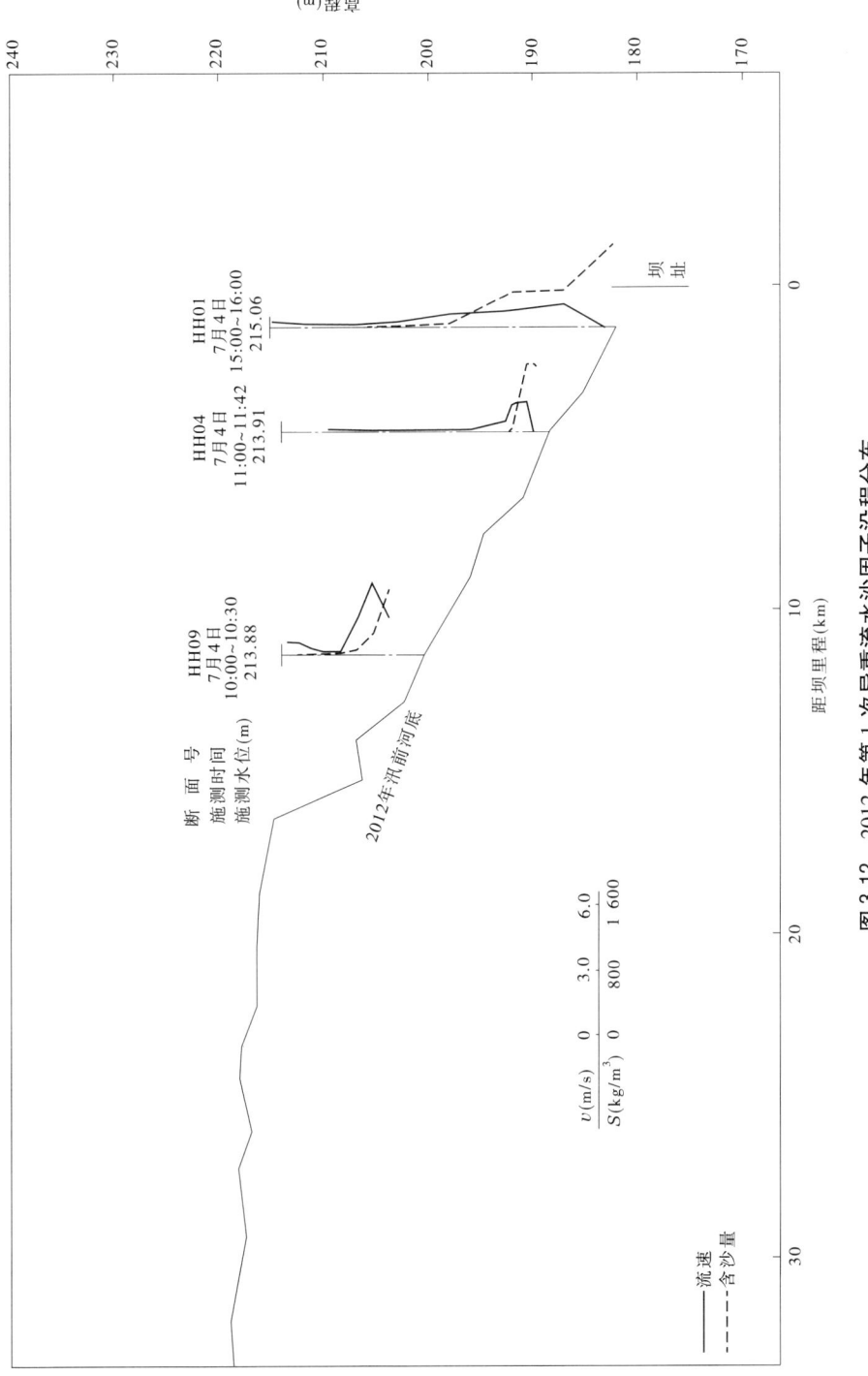

图 3-12　2012 年第 1 次异重流水沙因子沿程分布

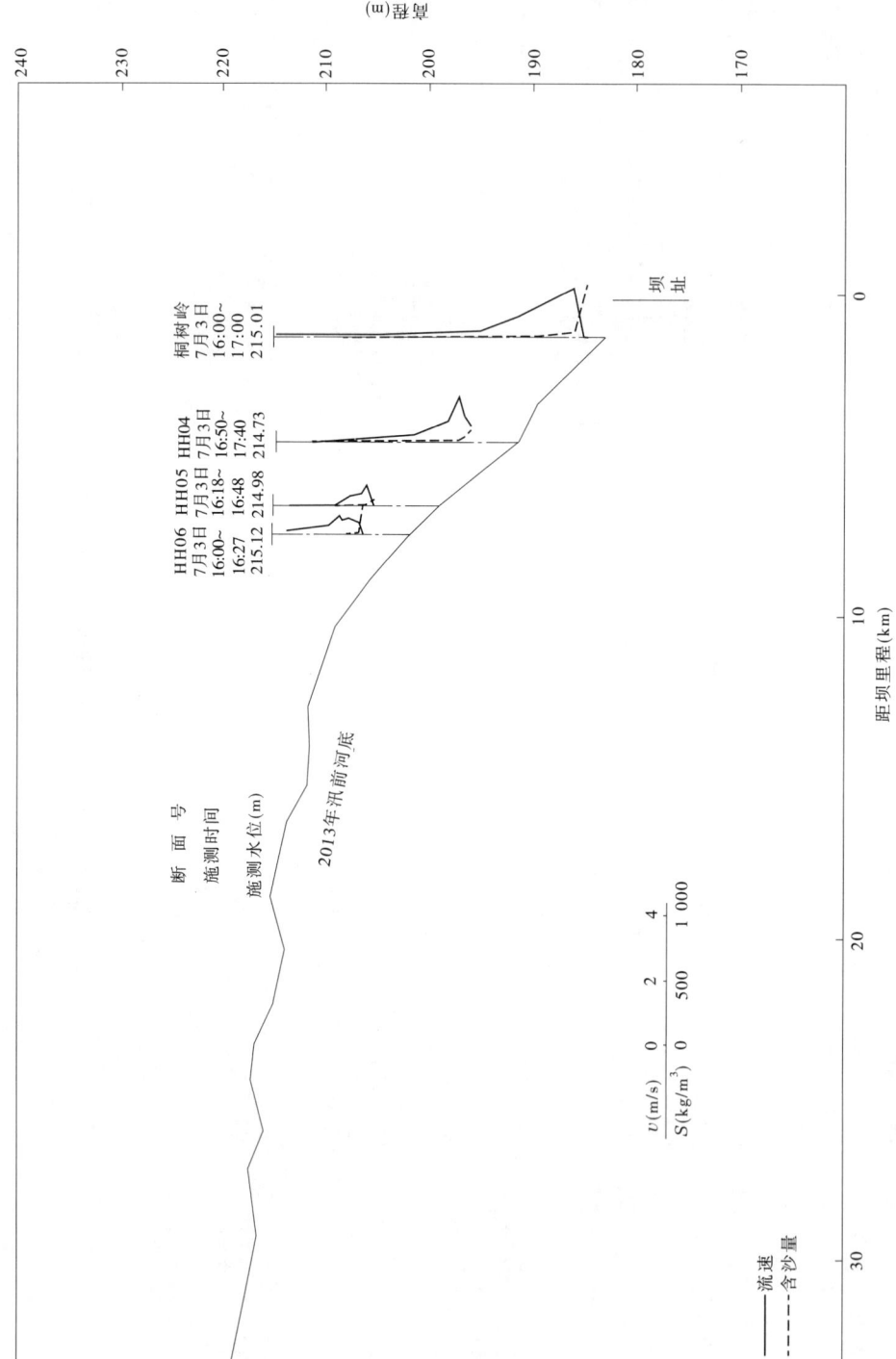

图 3-13　2013 年第 1 次异重流水沙因子沿程分布

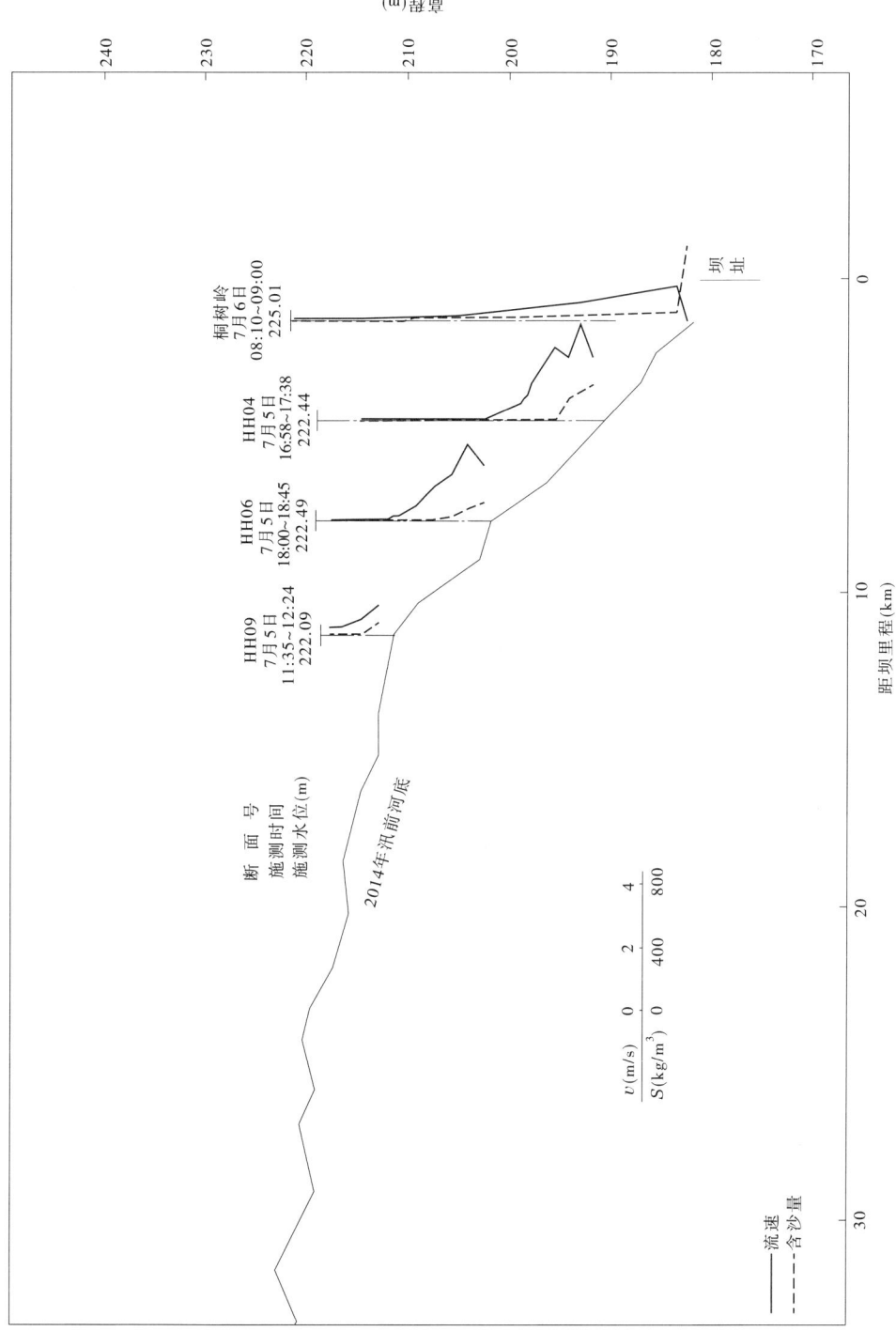

图 3-14　2014 年第 1 次异重流水沙因子沿程分布

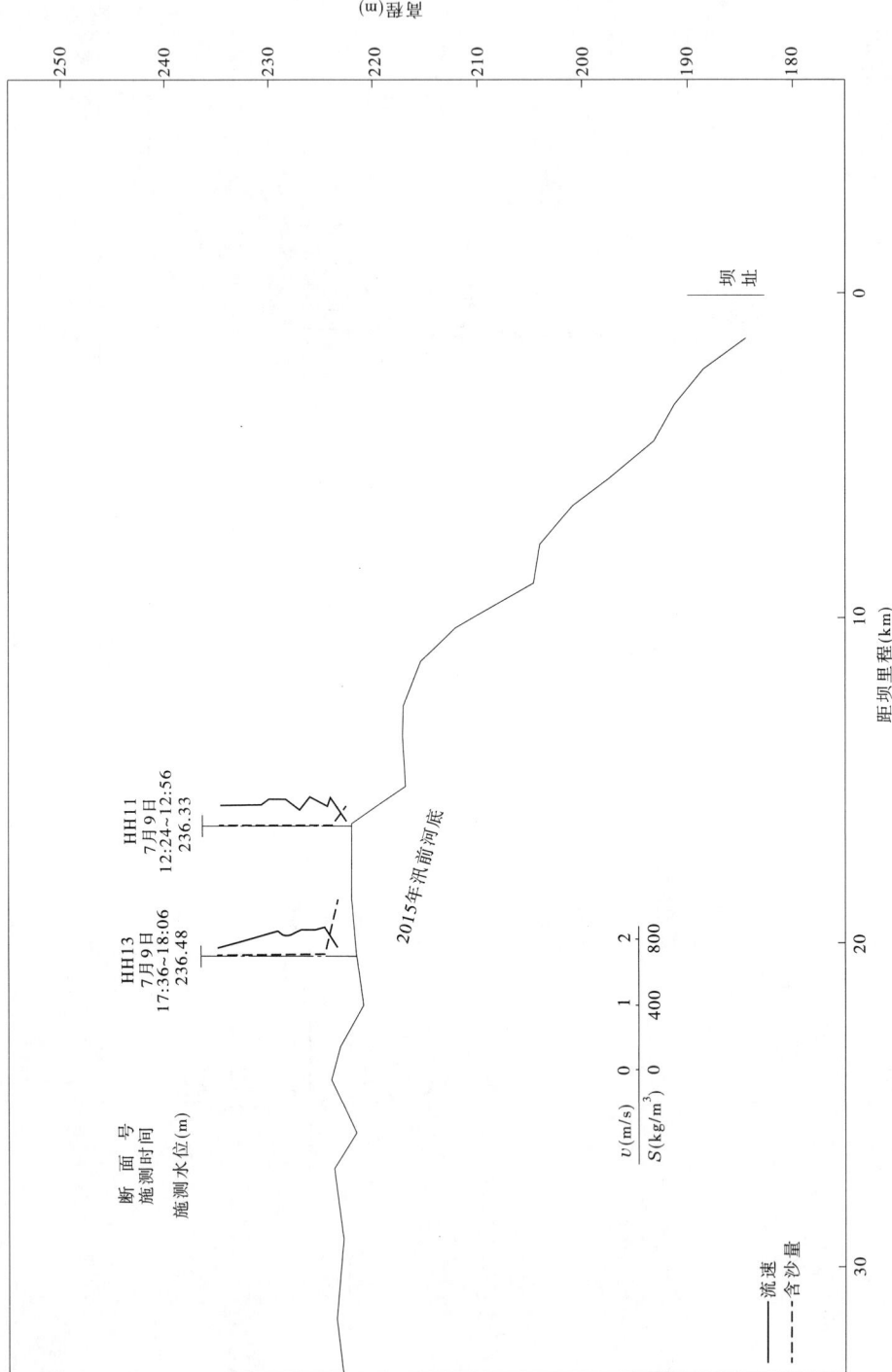

图 3-15  2015 年第 1 次异重流水沙因子沿程分布

表 3-5　异重流主流线垂线最大流速测点相对水深沿程变化

| 测次 | 河堤 | HH34 | HH33 | HH32 | HH29 | HH25 | HH23 | HH22 | HH17 | HH14 | HH13 | HH11 | HH09 | HH06 | HH05 | HH04 | 桐树岭 |
|---|---|---|---|---|---|---|---|---|---|---|---|---|---|---|---|---|---|
| 2003 年第 1 次 | | 0.98 | | | 0.91 | | | | 0.89 | | 0.93 | | 0.83 | | 0.75 | | 0.49 |
| 2003 年第 2 次 | 0.85 | | | | | | | | 0.89 | | 0.85 | | 0.75 | | 0.73 | | 0.76 |
| 2004 年第 1 次 | | | 0.93 | | 0.90 | | | | 0.94 | | 0.97 | | 0.89 | | | | 0.96 |
| 2005 年第 1 次 | | | | 0.8 | | | 0.93 | | 0.91 | | 0.95 | | 0.91 | | 0.84 | | |
| 2006 年第 1 次 | | | | | | 0.83 | | 0.89 | | | | | 0.91 | | | | 0.97 |
| 2007 年第 1 次 | | | | | | | | | 0.92 | | 0.93 | | 0.90 | | 0.89 | | 0.98 |
| 2008 年第 1 次 | | | | | | | | | | 0.95 | | | 0.96 | | 0.92 | | 0.95 |
| 2009 年第 1 次 | | | | | | | | | | | 0.91 | | 0.96 | | 0.94 | | 0.93 |
| 2010 年第 1 次 | | | | | | | | | | | | 0.97 | 0.92 | | 0.93 | | 0.90 |
| 2011 年第 1 次 | | | | | | | | | | | | | 0.99 | | 0.98 | | 0.83 |
| 2012 年第 1 次 | | | | | | | | | | | | | 0.85 | | | 0.96 | 0.85 |
| 2013 年第 1 次 | | | | | | | | | | | | | | 0.78 | | 0.85 | 0.99 |
| 2014 年第 1 次 | | | | | | | | | | | | | 0.80 | 0.90 | | 0.88 | 0.97 |
| 2015 年第 1 次 | | | | | | | | | | | 0.79 | 0.95 | | | | | |

表 3-6 异重流主流线垂线平均流速沿程变化值

(单位：m/s)

| 测次 | 河堤 | HH34 | HH33 | HH32 | HH29 | HH25 | HH23 | HH22 | HH17 | HH14 | HH13 | HH11 | HH09 | HH06 | HH05 | HH04 | 桐树岭 |
|---|---|---|---|---|---|---|---|---|---|---|---|---|---|---|---|---|---|
| 2003 年第 1 次 | | 1.06 | | | 1.00 | | | | 1.31 | | 0.85 | | 0.88 | | 0.67 | | 0.08 |
| 2003 年第 2 次 | 1.44 | | | | | | | | 1.44 | | 0.62 | | 0.23 | | 0.52 | | 0.13 |
| 2004 年第 1 次 | | | 1.26 | | 0.87 | | | | 0.41 | | 0.43 | | 0.24 | | | | 0.24 |
| 2005 年第 1 次 | | | | 0.70 | | | | | 0.51 | | 0.31 | | 0.43 | | 0.44 | | 0.46 |
| 2006 年第 1 次 | | | | | | 0.61 | | 0.72 | | | | | 0.37 | | | | 0.50 |
| 2007 年第 1 次 | | | | | | | 0.82 | | 1.23 | | 0.42 | | 0.44 | | 0.25 | | 0.23 |
| 2008 年第 1 次 | | | | | | | | | | 0.85 | | | 0.52 | | 0.28 | | 0.29 |
| 2009 年第 1 次 | | | | | | | | | | | 0.64 | | 0.47 | | 0.20 | | 0.36 |
| 2010 年第 1 次 | | | | | | | | | | | | 0.90 | 0.60 | | 0.51 | | 0.23 |
| 2011 年第 1 次 | | | | | | | | | | | | | 0.73 | | 0.59 | | 0.36 |
| 2012 年第 1 次 | | | | | | | | | | | | | 0.92 | | | 0.51 | 0.48 |
| 2013 年第 1 次 | | | | | | | | | | | | | 1.13 | 1.13 | | 0.89 | 0.42 |
| 2014 年第 1 次 | | | | | | | | | | | | | 1.13 | 0.95 | | 0.90 | 0.65 |
| 2015 年第 1 次 | | | | | | | | | | | 0.40 | 0.31 | | | | | |

流含沙量较低,含沙量梯度也较小,交界面以下含沙量沿垂线逐渐增大,最大含沙量发生在底部。

垂线平均含沙量沿程变化见表3-7。异重流沿程运行需要克服各种阻力,能量逐渐衰减,泥沙沿程分选落淤,含沙量也沿程减小。如2006年的第1次异重流,HH25断面垂线平均含沙量为75.4 kg/m³,运行至HH09断面时,含沙量减少至46.3 kg/m³。从表中数据看,存在下断面垂线平均含沙量高于上断面的情况,这主要是受异重流测验资料的限制,即当异重流由上断面运行至下断面时,实际的时间与测验时间不对应造成的。例如,2003年第1次异重流过程,HH17断面和HH13断面的主流线垂线平均含沙量分别为244 kg/m³和339 kg/m³,比上游HH29断面的44.4 kg/m³大很多。分析原因是HH17断面和HH13断面测点时刻对应的入库洪水时刻为8月1日23时左右,相应含沙量大于590 kg/m³,而HH29断面测点时刻对应的入库洪水时刻为8月2日5时,相应含沙量为325 kg/m³,入库含沙量差别大,导致异重流下断面含沙量高于上断面。而坝前桐树岭断面含沙量大于上游断面的情况则相对特殊,除了可能受测验时间与实际不对应的影响外,还有可能与水库调度、闸门开启情况有关。坝前桐树岭断面由于离大坝较近,受排沙洞闸门启闭的影响较大:若排沙洞闸门在异重流到来时及时开启,则异重流容易被排出库外,加上清浑水掺混作用,其含沙量会明显降低;若排沙洞不能及时打开,则会形成浑水水库,后续异重流的叠加以及浑水水库自身沉降作用都会使得桐树岭断面含沙量相对于上游断面不降反增。

### 三、泥沙粒径沿程变化

各测次异重流主流线垂线泥沙粒径沿程变化范围见表3-8。由于粗颗粒泥沙沉降速度快,泥沙粒径垂线分布特性表现为上细下粗。受泥沙沿程淤积分选的影响,泥沙粒径沿程逐渐变细。同时,随着水库的运用,同一位置泥沙粒径逐渐变粗;坝前桐树岭断面,2003年第1次异重流主流线垂线泥沙平均中值粒径为0.006 mm,至2014年为0.013 mm。

# 第三节　异重流水沙因子沿横断面变化特性

根据异重流测验资料绘制水沙因子沿横断面变化情况(见图3-16~图3-34),通过分析得如下认识:

(1)沿横断面流速、含沙量垂线分布形式基本一致,且断面各垂线的流速、含沙量的最大值发生的位置基本相近。主要原因是,小浪底运用以来,河堤以下河段在横向上为平行淤积抬高,没有形成明显的河槽,致使断面各垂线水沙因子分布形态接近。

(2)主流区流速、含沙量绝对数值及沿垂线梯度较大,非主流区则较小。流量较大时,主流区流速、含沙量较大,与非主流区相比,差值较大。

(3)清浑水交界面基本呈水平。

(单位:kg/m³)

表3-7 异重流主流线垂线平均含沙量沿程变化统计

| 测次 | 河堤 | HH34 | HH33 | HH32 | HH29 | HH25 | HH23 | HH22 | HH17 | HH14 | HH13 | HH11 | HH09 | HH06 | HH05 | HH04 | 桐树岭 |
|---|---|---|---|---|---|---|---|---|---|---|---|---|---|---|---|---|---|
| 2003年第1次 | | 83.1 | | | 44.4 | | | | 244 | | 339 | | 204 | | 172 | | 82.7 |
| 2003年第2次 | 86.4 | | | | | | | | 44.6 | | 44.2 | | 111 | | 21.6 | | 56.1 |
| 2004年第1次 | | | 62.3 | | 119 | | | | 119 | | 38.4 | | 67.8 | | | | 60.5 |
| 2005年第1次 | | | | 46.7 | | | 32.4 | | 50.4 | | 26.6 | | 53.8 | | 73.08 | | 78.7 |
| 2006年第1次 | | | | | | 75.4 | | 51.9 | | | | | 46.3 | | | | 49.8 |
| 2007年第1次 | | | | | | | | | 31.8 | | 30.3 | | 30.82 | | 56.63 | | 40.24 |
| 2008年第1次 | | | | | | | | | | 44.9 | | | 37.2 | | 25.3 | | 54.85 |
| 2009年第1次 | | | | | | | | | | | 46.5 | | 31.3 | | 56.3 | | 56.4 |
| 2010年第1次 | | | | | | | | | | | | 42.1 | 67.5 | | 84 | | 54.5 |
| 2011年第1次 | | | | | | | | | | | | | 51 | | 59 | | 43.7 |
| 2012年第1次 | | | | | | | | | | | | | 49.39 | | | 64.7 | 64.77 |
| 2013年第1次 | | | | | | | | | | | | | | 33.7 | | 34 | 46.5 |
| 2014年第1次 | | | | | | | | | | | | | 24.6 | 24 | | 48.6 | 29.6 |
| 2015年第1次 | | | | | | | | | | | 12 | 8.8 | | | | | |

· 128 ·

表 3-8 异重流主流线垂线泥沙粒径沿程变化统计

（单位：mm）

| 测次 | HH34 | HH33 | HH32 | HH29 | HH25 | HH23 | HH22 | HH17 | HH14 | HH13 | HH11 | HH09 | HH06 | HH05 | HH04 桐树岭 |
|---|---|---|---|---|---|---|---|---|---|---|---|---|---|---|---|
| 2003年第1次 | 0.008~0.039 (0.14) | | | 0.007~0.014 (0.009) | | | | 0.006~0.037 (0.014) | | 0.008~0.027 (0.014) | | 0.005~0.006 (0.006) | | 0.005~0.007 (0.006) | 0.005~0.007 (0.006) |
| 2003年第2次 | | | | | | | | 0.006~0.01 (0.008) | | 0.006~0.014 (0.008) | | 0.006~0.01 (0.007) | | 0.006~0.008 (0.007) | 0.005~0.007 (0.006) |
| 2004年第1次 | | 0.007~0.023 (0.015) | | 0.007~0.056 (0.01) | | | | 0.007~0.011 (0.01) | | 0.006~0.007 (0.007) | | 0.005~0.011 (0.007) | | | 0.005~0.006 (0.006) |
| 2005年第1次 | | | 0.007~0.018 (0.012) | | | 0.007~0.011 (0.01) | | 0.006~0.009 (0.009) | | 0.005~0.007 (0.006) | | 0.005~0.009 (0.008) | | 0.005~0.007 (0.007) | 0.005~0.006 (0.006) |
| 2006年第1次 | | | | | 0.008~0.036 (0.028) | | 0.008~0.026 (0.018) | | 0.011~0.054 (0.027) | | | 0.007~0.021 (0.008) | | | 0.005~0.007 (0.007) |
| 2007年第1次 | | | | | | | | 0.017~0.029 (0.022) | | 0.010~0.021 (0.015) | | 0.008~0.017 (0.012) | | 0.008~0.014 (0.010) | 0.007~0.013 (0.010) |
| 2008年第1次 | | | | | | | | | | | | 0.010~0.038 (0.020) | | 0.009~0.016 (0.012) | 0.008~0.015 (0.010) |

续表 3-8

| 测次 | HH34 | HH33 | HH32 | HH29 | HH25 | HH23 | HH22 | HH17 | HH14 | HH13 | HH11 | HH09 | HH06 | HH05 | HH04 | 桐树岭 |
|---|---|---|---|---|---|---|---|---|---|---|---|---|---|---|---|---|
| 2009年第1次 | | | | | | | | | | 0.017 ~ 0.050 (0.030) | | 0.006 ~ 0.020 (0.013) | | 0.009 ~ 0.016 (0.012) | | 0.008 ~ 0.014 (0.010) |
| 2010年第1次 | | | | | | | | | | | 0.010 ~ 0.040 (0.025) | 0.008 ~ 0.049 (0.021) | | 0.011 ~ 0.053 (0.030) | | 0.007 ~ 0.017 (0.011) |
| 2011年第1次 | | | | | | | | | | | | 0.011 ~ 0.032 (0.020) | | 0.010 ~ 0.038 (0.019) | | 0.008 ~ 0.027 (0.013) |
| 2012年第1次 | | | | | | | | | | | | 0.015 ~ 0.052 (0.026) | | | 0.011 ~ 0.052 (0.018) | 0.010 ~ 0.028 (0.014) |
| 2013年第1次 | | | | | | | | | | | | | 0.012 ~ 0.026 (0.021) | | 0.014 ~ 0.030 (0.021) | 0.011 ~ 0.030 (0.016) |
| 2014年第1次 | | | | | | | | | | | | 0.009 ~ 0.017 (0.013) | 0.009 ~ 0.018 (0.014) | | 0.009 ~ 0.031 (0.016) | 0.009 ~ 0.017 (0.013) |
| 2015年第1次 | | | | | | | | | | 0.010 ~ 0.015 (0.012) | 0.010 ~ 0.011 (0.010) | | | | | |

注：表中"~"两侧数字表示主流线粒径沿垂线的变化范围，"（ ）"内数字表示平均值。

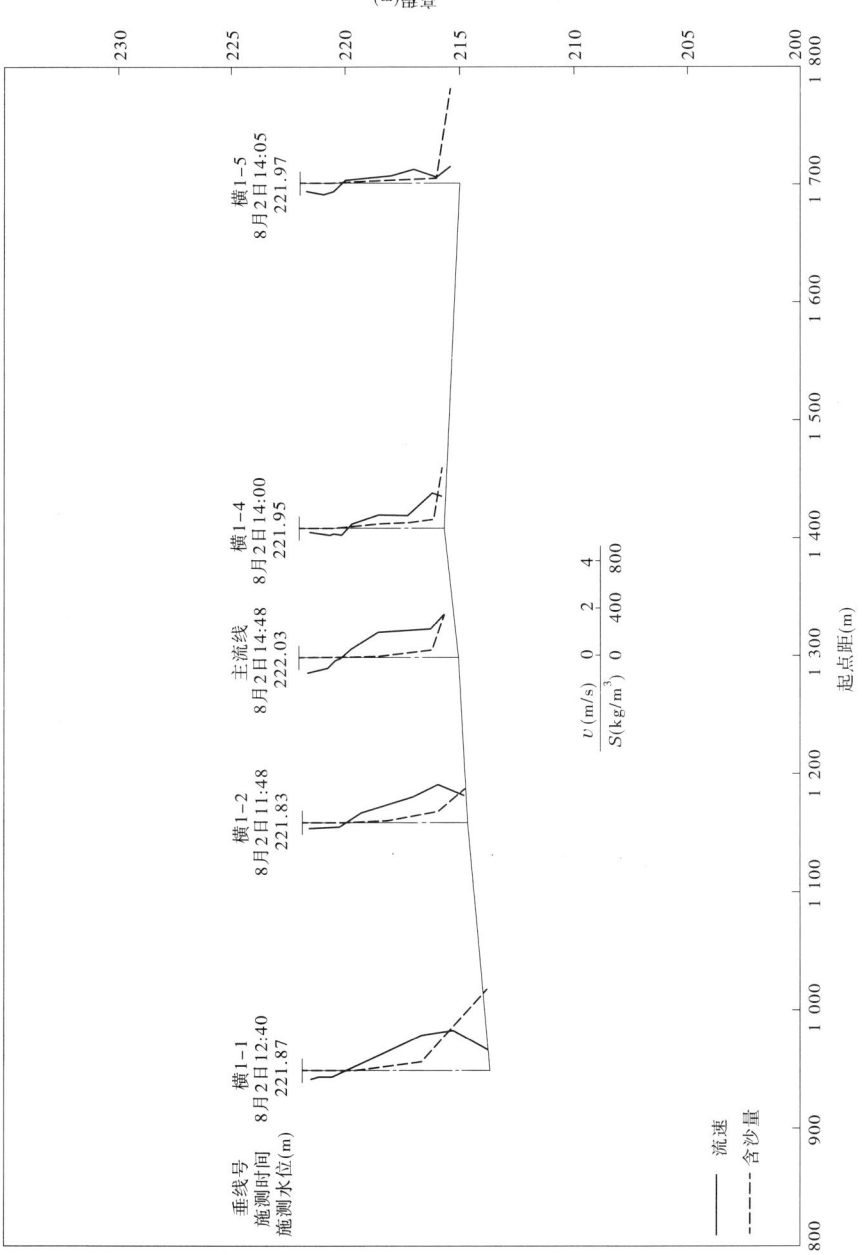

图 3-16 2003 年第 1 次异重流 HH34 断面水沙因子横向分布

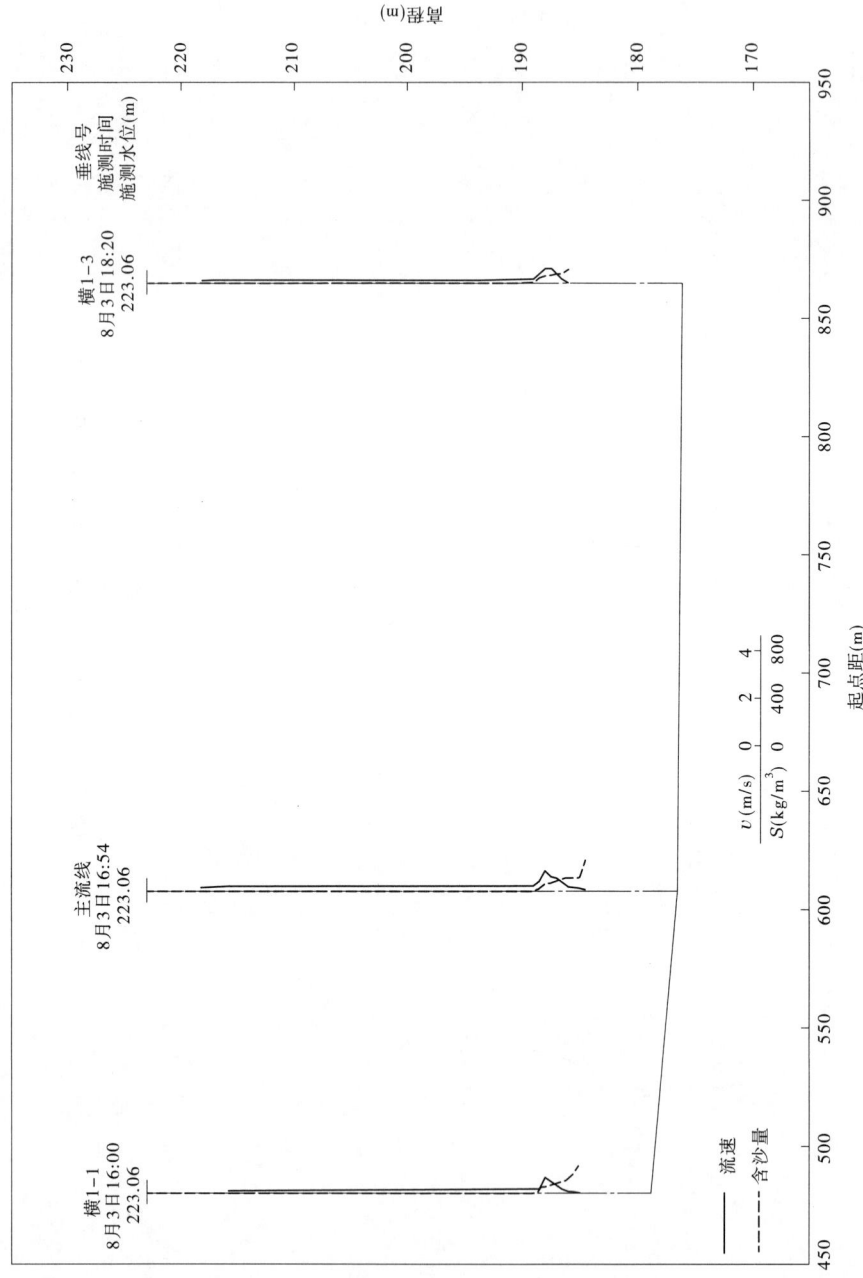

图 3-17 2003 年第 1 次异重流 HH09 断面水沙因子横向分布

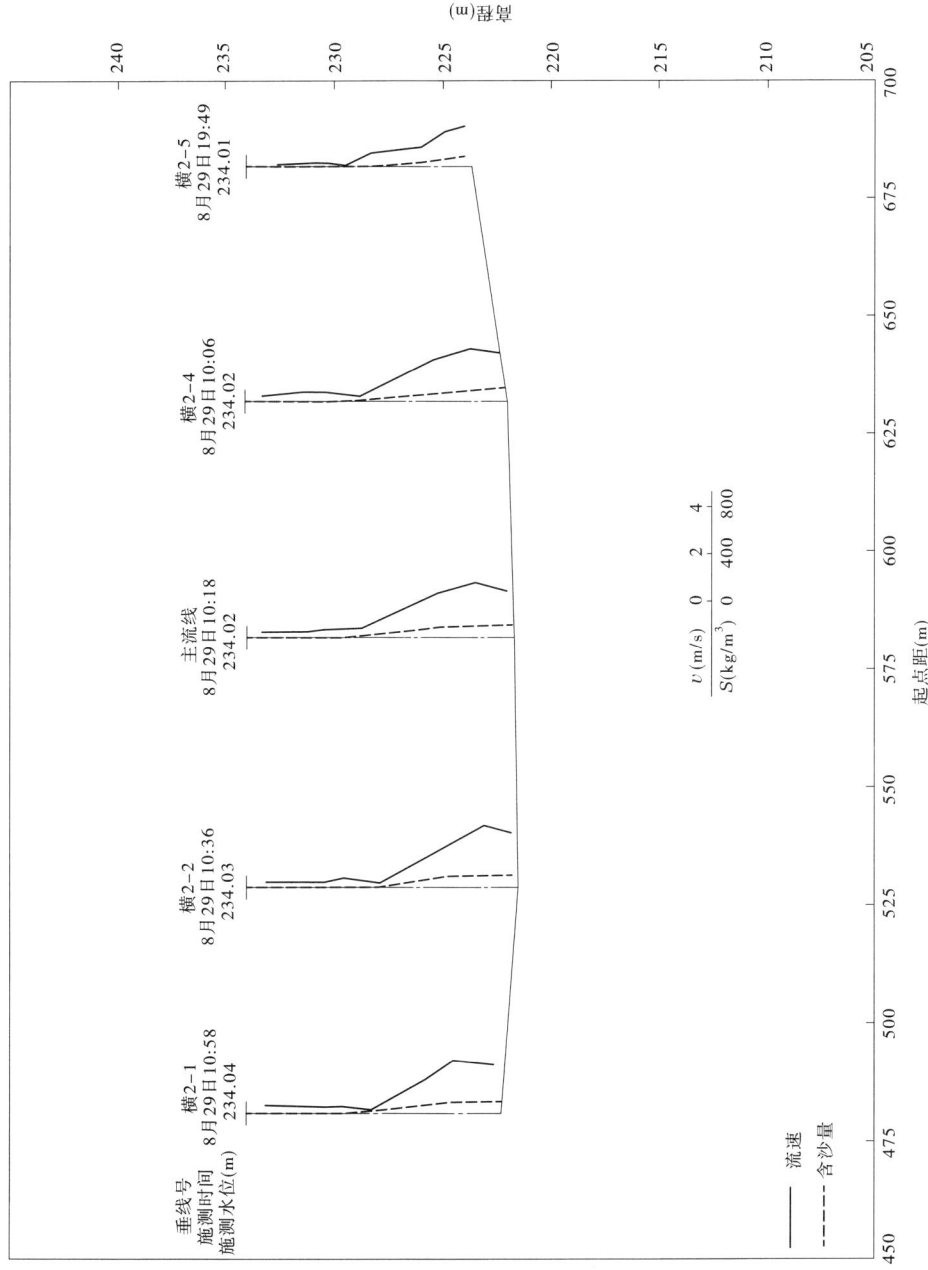

图 3-18　2003 年第 2 次异重流河堤站断面水沙因子横向分布

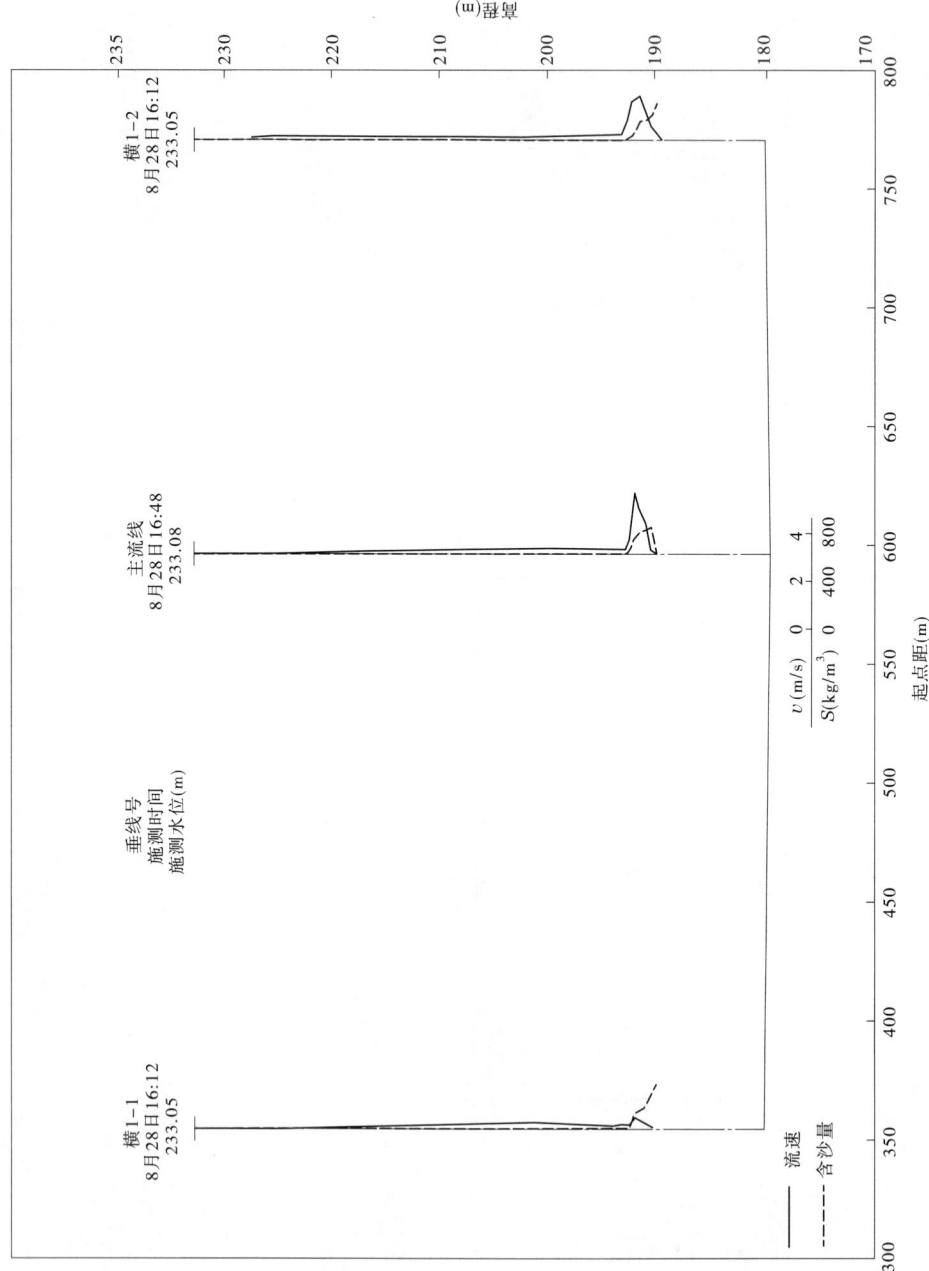

图 3-19　2003 年第 2 次异重流 HH09 断面水沙因子横向分布

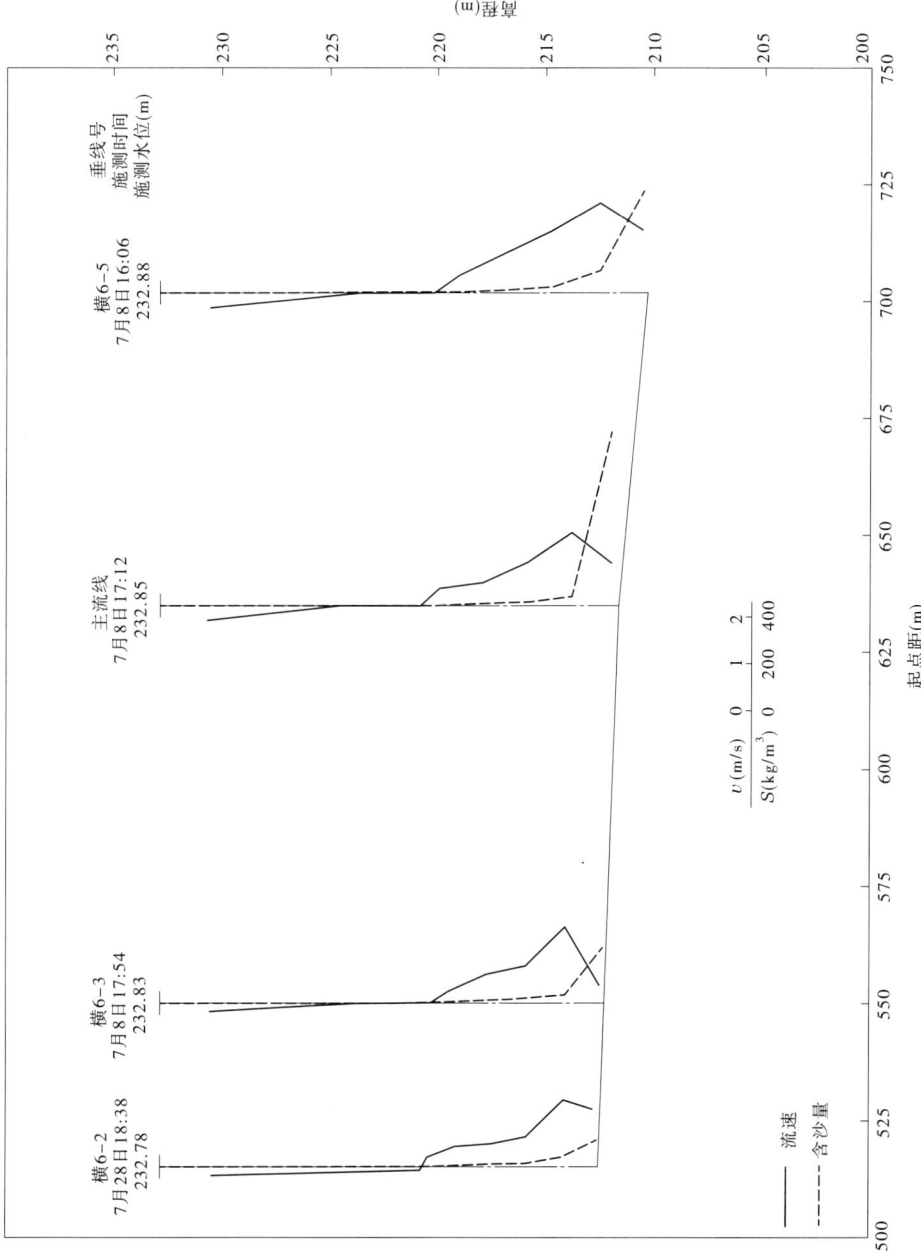

图 3-20 2004 年第 1 次异重流 HH29 断面水沙因子横向分布

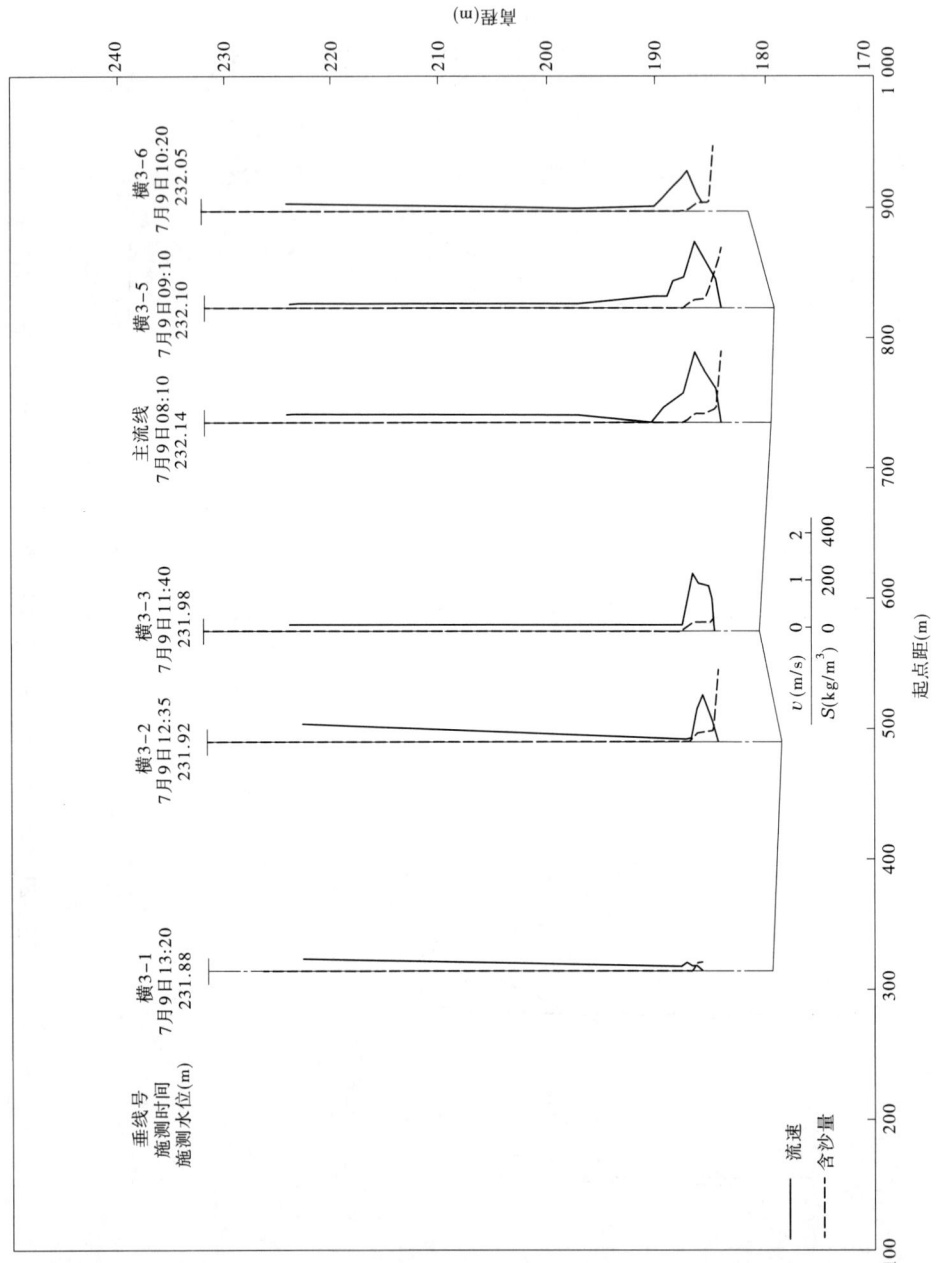

图 3-21　2004 年第 1 次异重流 HH09 断面水沙因子横向分布

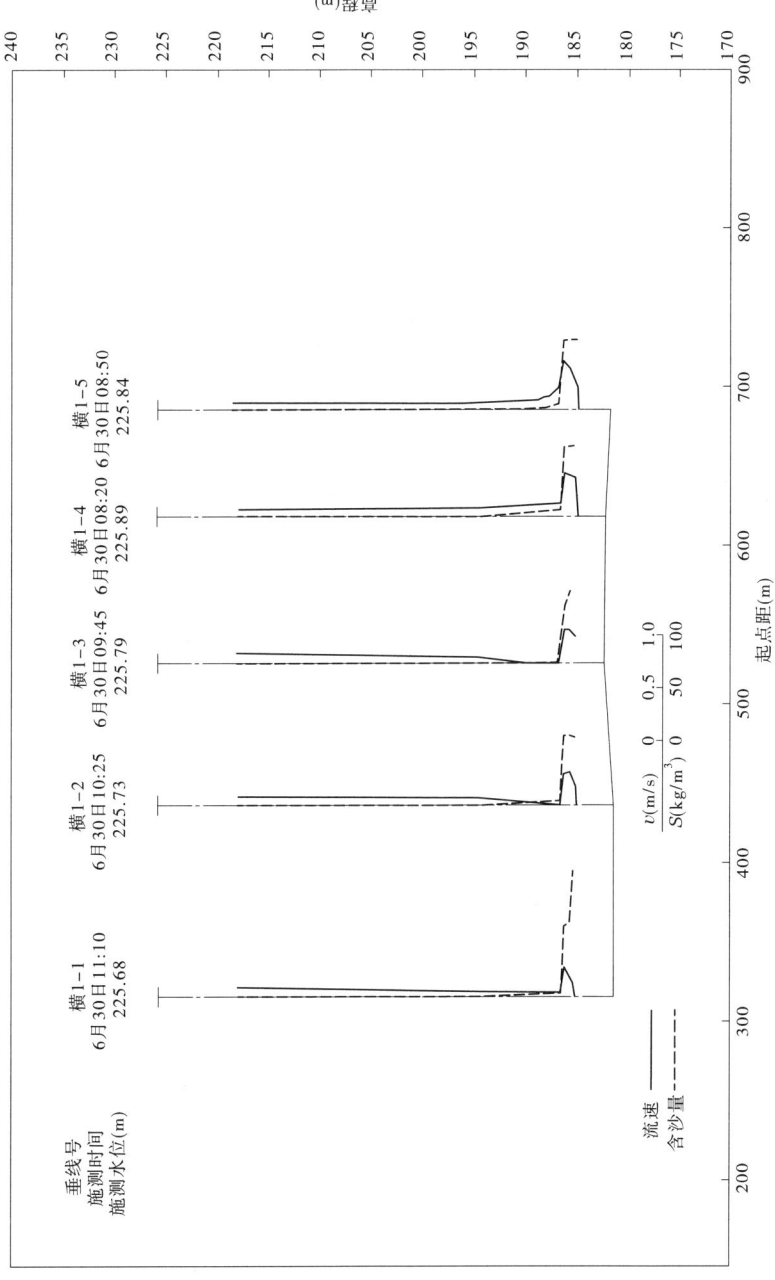

图 3-22 2005 年第 1 次异重流 HH09 断面水沙因子横向分布

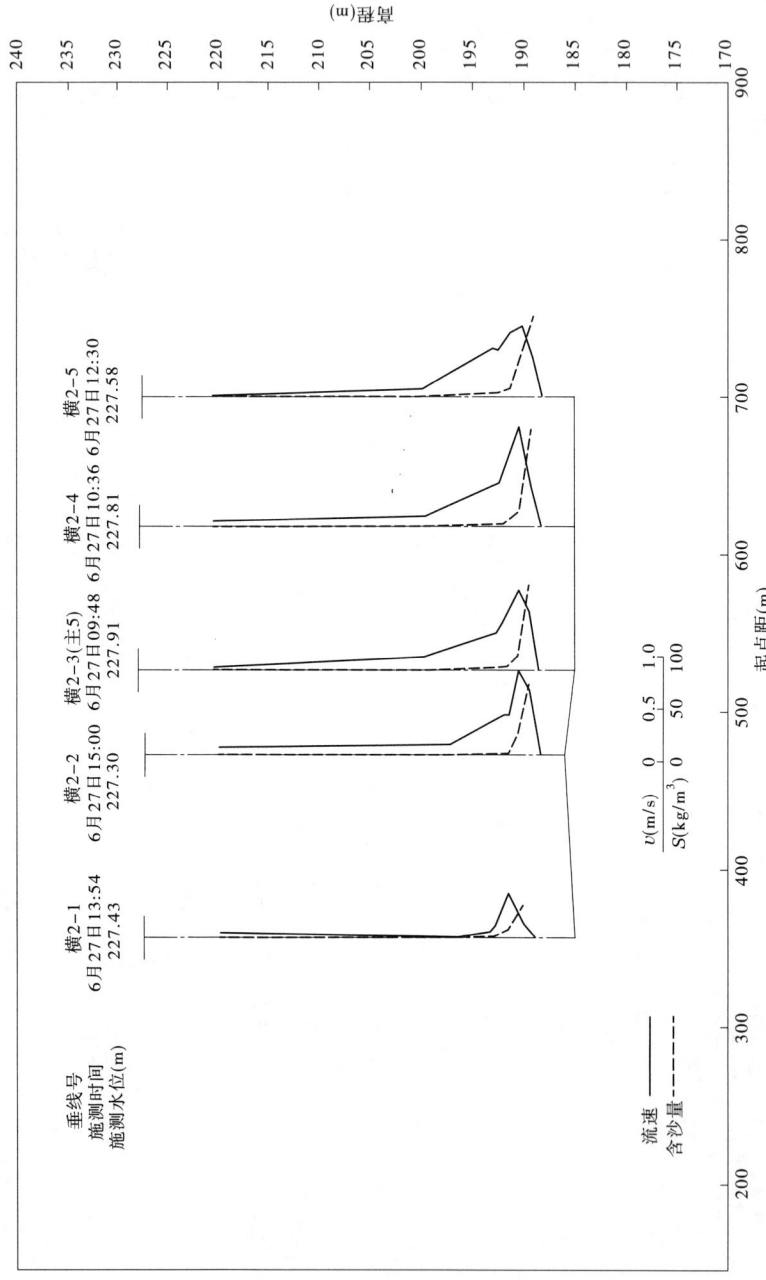

图 3-23　2006 年第 1 次异重流 HH09 断面水沙因子横向分布

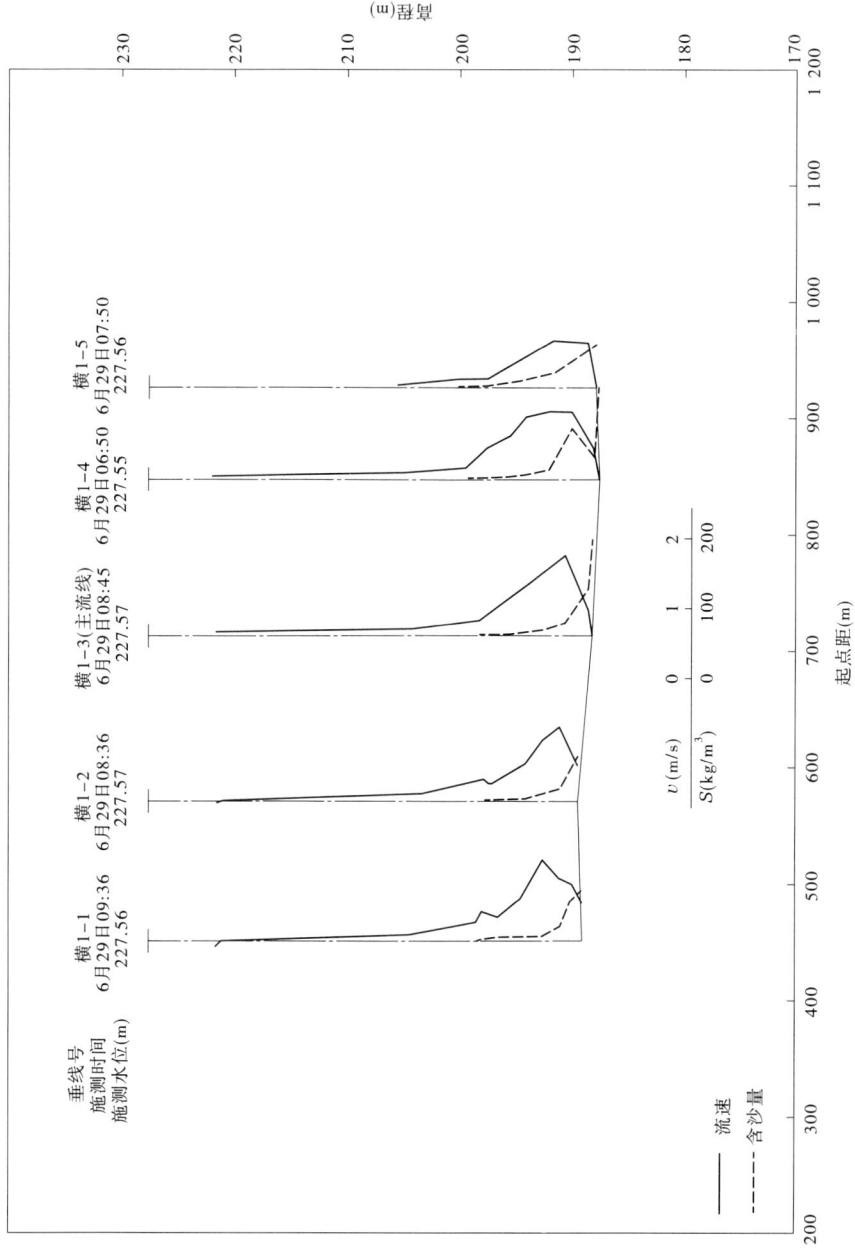

图 3-24　2007 年第 1 次异重流 HH09 断面水沙因子横向分布

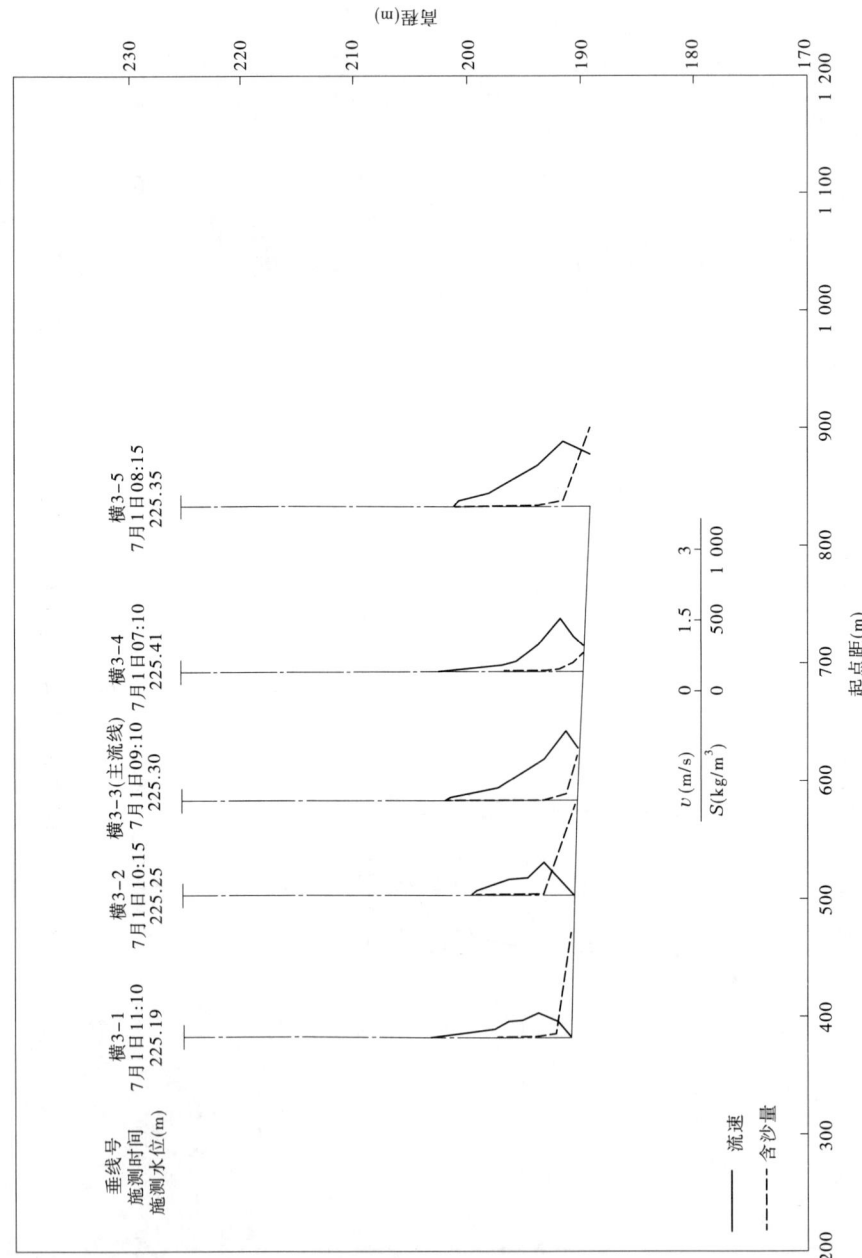

图 3-25  2008 年第 1 次异重流 HH09 断面水沙因子横向分布

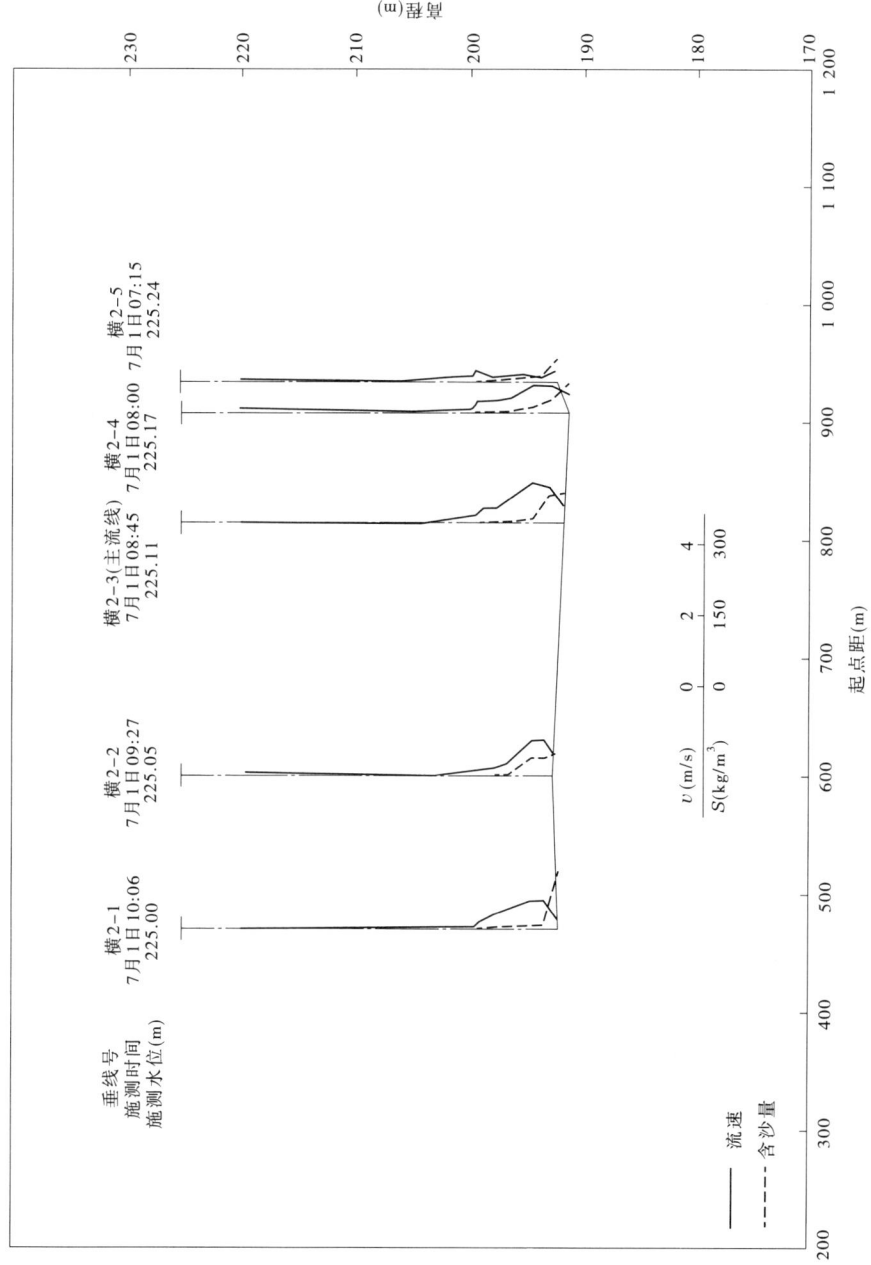

图 3-26　2009 年第 1 次异重流 HH09 断面水沙因子横向分布

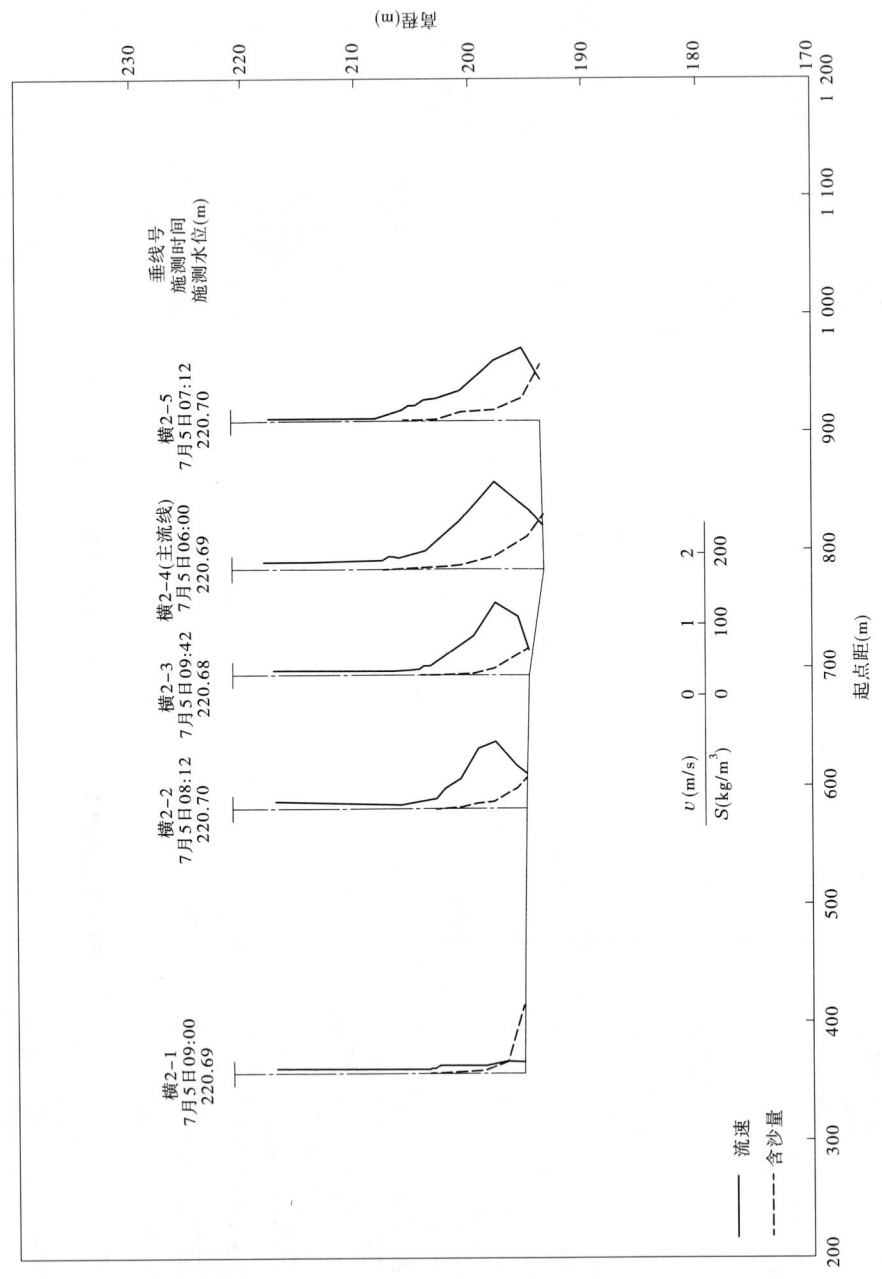

图 3-27　2010 年第 1 次异重流 HH09 断面水沙因子横向分布

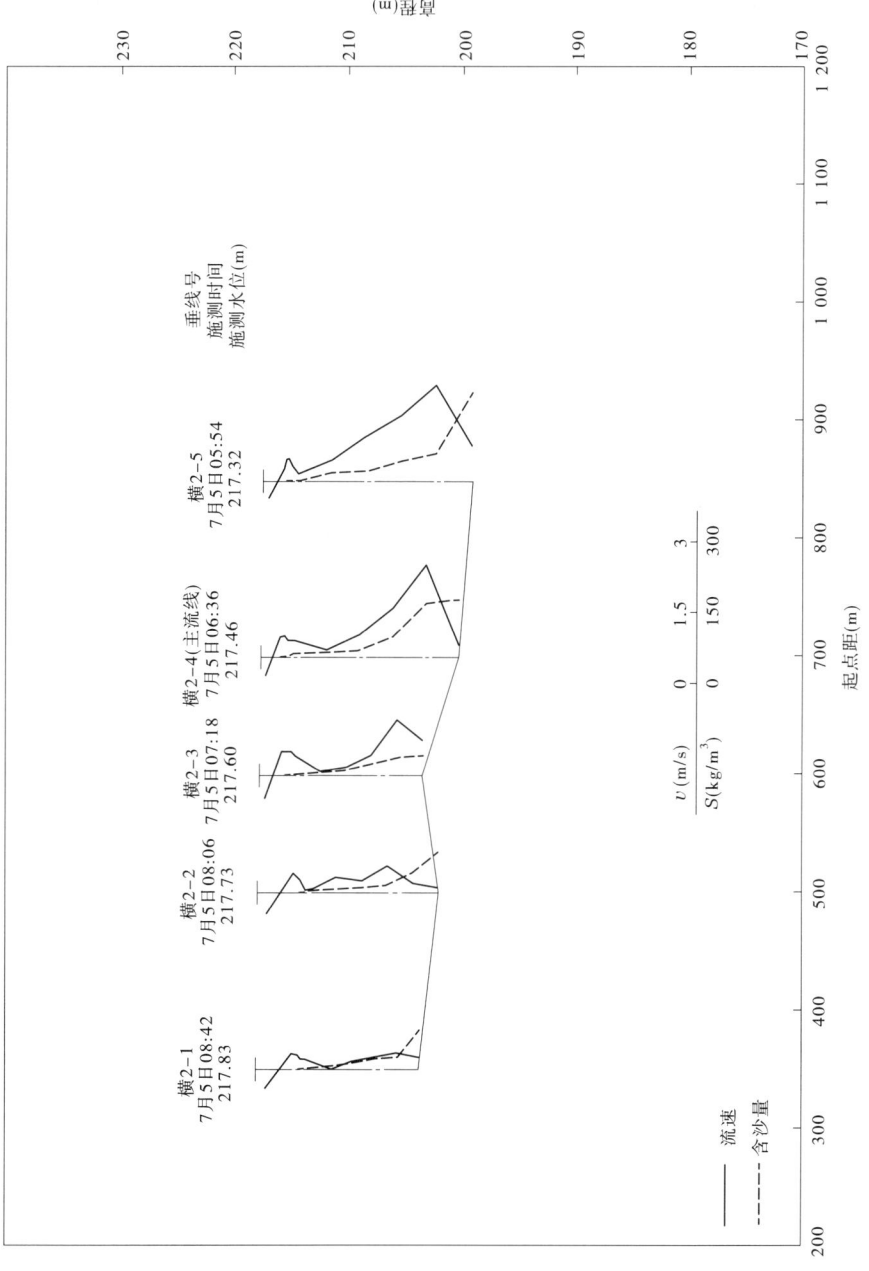

图 3-28　2011 年第 1 次异重流 HH09 断面水沙因子横向分布

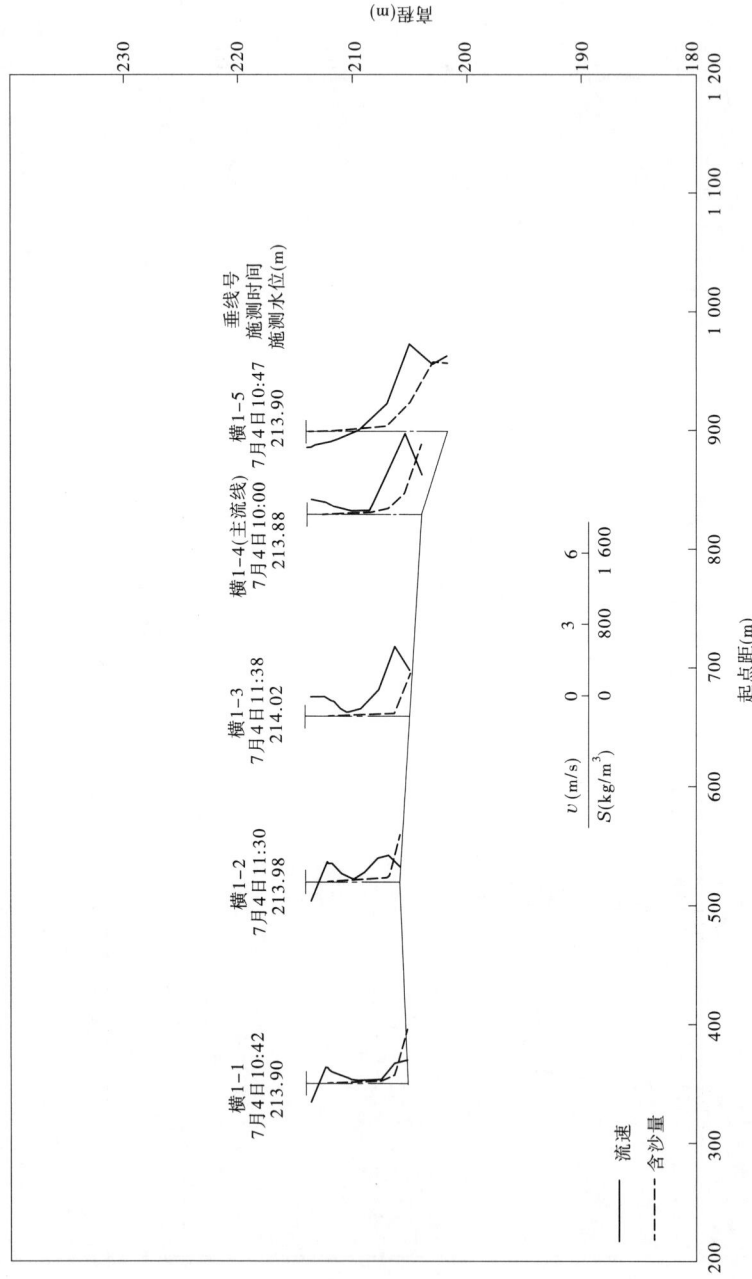

图 3-29  2012 年第 1 次异重流 HH09 断面水沙沙因子横向分布

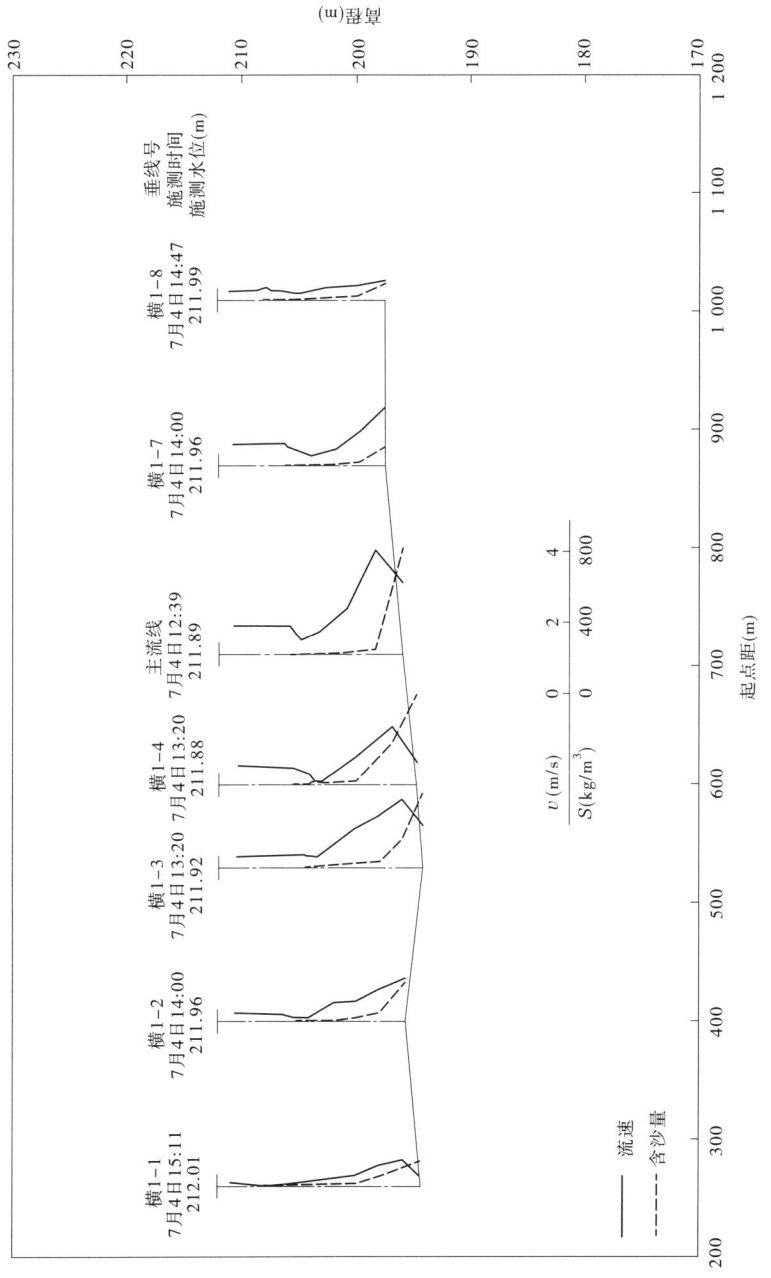

图 3-30　2013 年第 1 次异重流 HH04 断面水沙因子横向分布

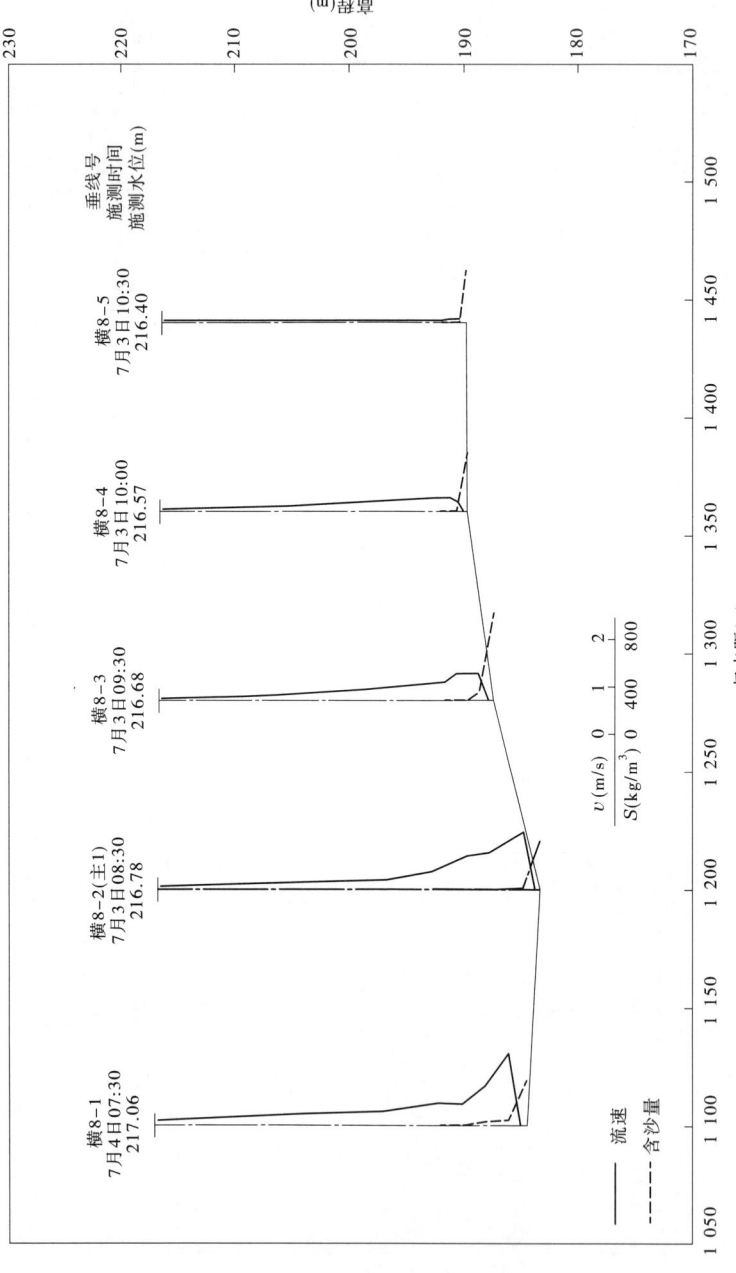

图 3-31　2013 年第 1 次异重流桐树岭断面水沙因子横向分布

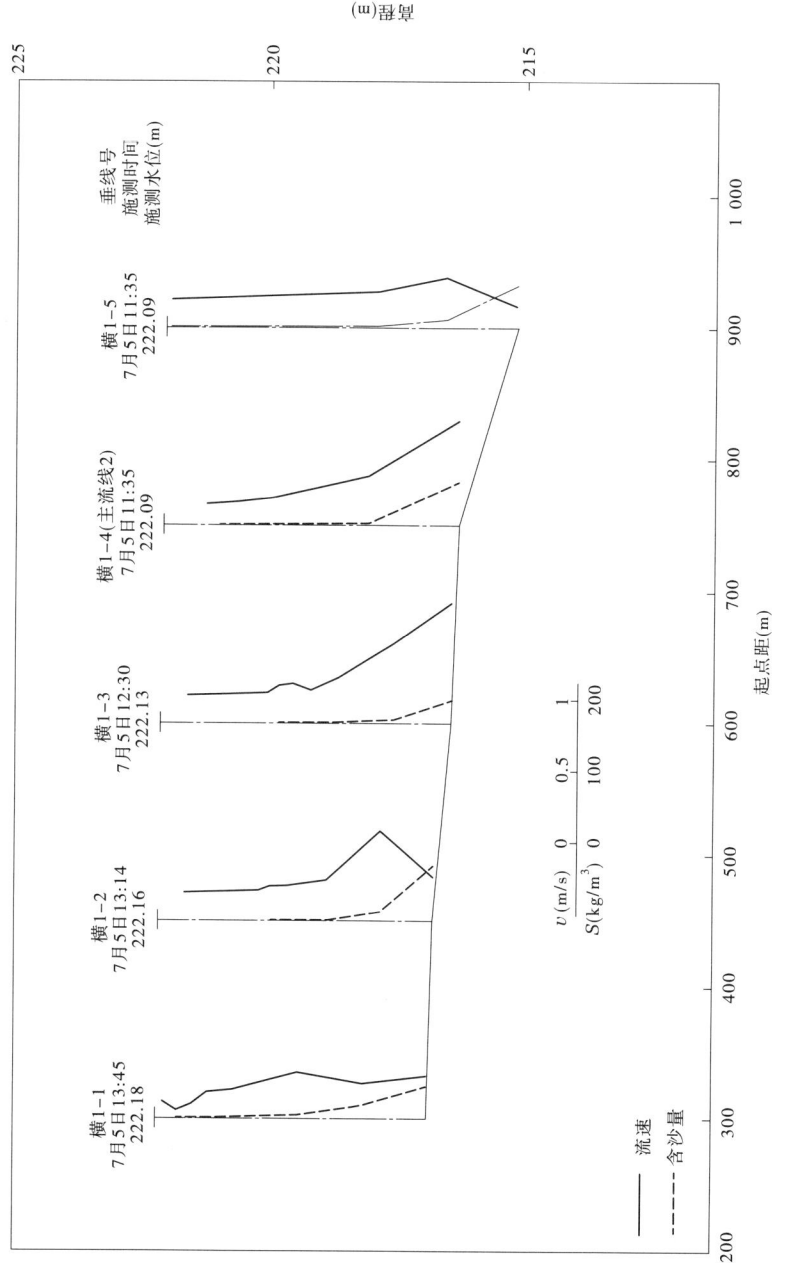

图 3-32　2014 年第 1 次异重流 HH09 断面水沙因子横向分布

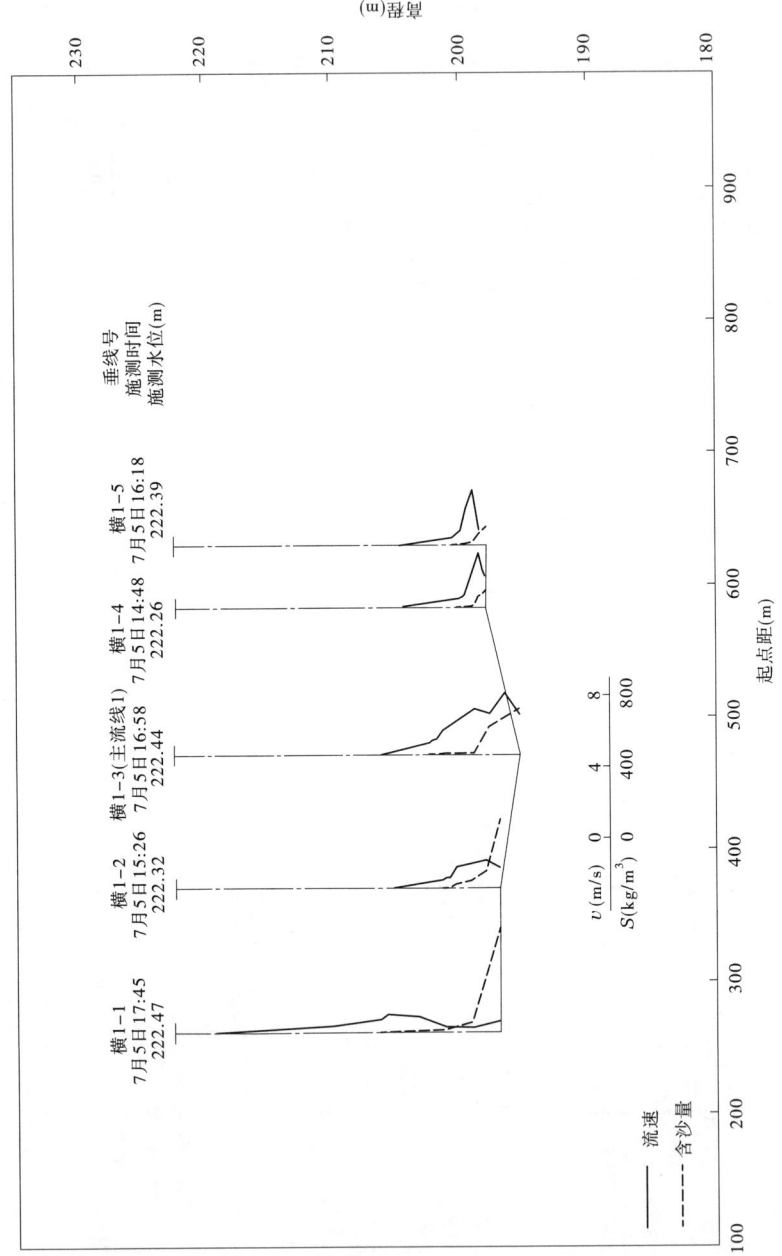

图 3-33　2014 年第 1 次异重流 HH04 断面水沙因子横向分布

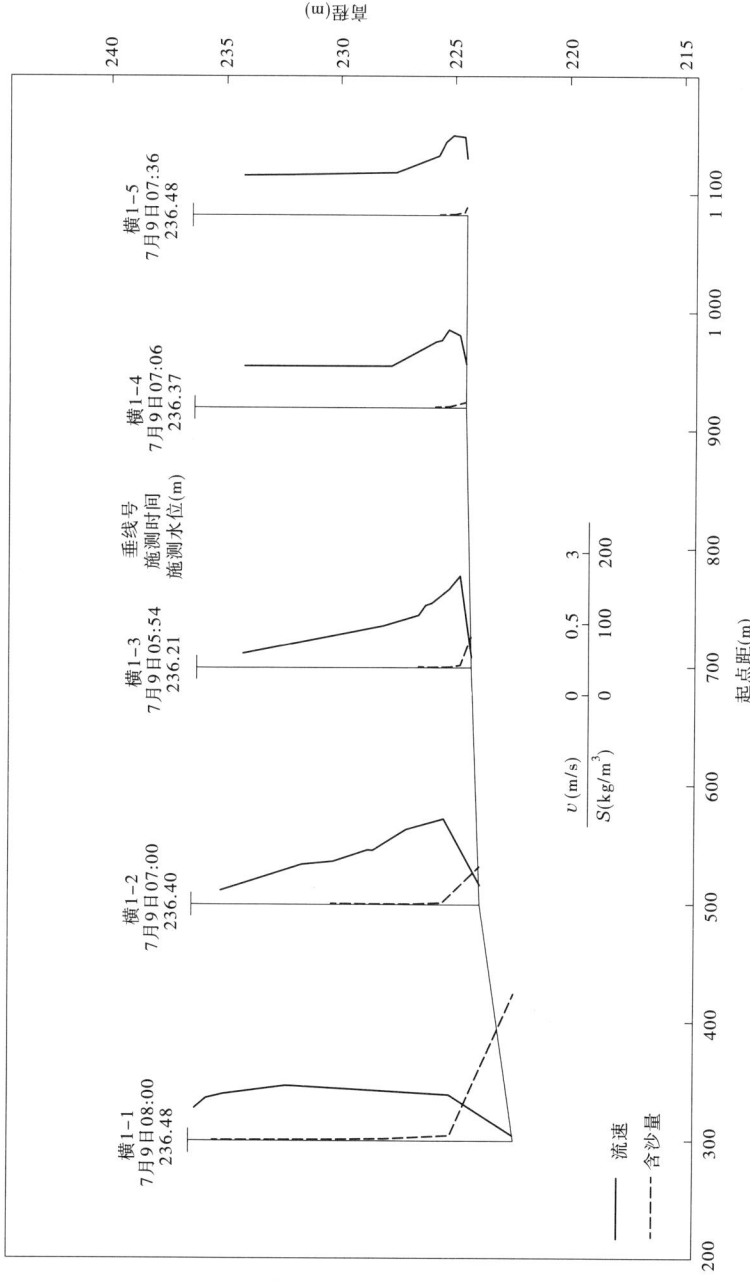

图 3-34 2015 年第 1 次异重流 HH11 断面水沙因子横向分布

## 第四节　异重流拦粗排细作用分析

一般挟沙水流进入水库壅水段之后,由于水深增加,流速降低,水流含沙量由饱和状态变为超饱和状态,水流中所挟带的粗颗粒泥沙由于水力的分选作用而沉降,较细泥沙因其沉速小,尚能保持悬浮状态流向下游,在其自身重力和水流压力作用下,潜入形成异重流。其水流仍具有二相紊流特性,沿程要发生泥沙水力分选,起到拦粗排细作用。三门峡水库 1960~1964 年异重流排沙,泥沙粒径大于 0.05 mm 的排沙比仅为 1.1%~3.3%,而粒径小于 0.025 mm 的排沙比却达 30.4%~56.1%,做到了拦粗排细。

小浪底水库自 2000 年运用以来,库区以异重流和浑水输沙为主。根据历次异重流测验资料,按一天传播时间对其拦粗排细情况进行统计,见表 3-9。由表可知,2003~2009 年异重流期间水库排沙比为 0.44%~61.59%,平均排沙比为 32.05%。2010 年以来,通过联合调度万家寨、三门峡、小浪底等水利枢纽工程,小浪底水库对接水位接近或低于水库淤积三角洲顶点高程,成功在小浪底水库库区塑造人工异重流,大幅提高了小浪底水库排沙比,2012 年和 2013 年异重流期间水库排沙比达到 132.10% 和 157.29%。2014 年异重流测量期间水库排沙比为 37.77%;2015 年水库出库沙量为 0,排沙比为 0。2003~2015 年,异重流测量期间水库入库细沙、中沙、粗沙总量分别为 4.322 9 亿 t、2.567 1 亿 t 和 2.651 4 亿 t,出库细沙、中沙、粗沙总量分别为 2.787 5 亿 t、0.441 6 亿 t 和 0.308 5 亿 t,排沙比分别为 64.48%、17.20% 和 11.64%,拦粗排细效果显著。

表 3-9　小浪底水库各次异重流拦粗排细情况

| 年份 | 日期(月-日)(三门峡站) | 项目 | 细沙 | 中沙 | 粗沙 | 全沙 |
|---|---|---|---|---|---|---|
| 2003 | 08-02~08-12 | 入库沙量(亿 t) | 0.398 | 0.203 | 0.172 | 0.773 |
| | | 出库沙量(亿 t) | 0.003 1 | 0.000 2 | 0.000 1 | 0.003 4 |
| | | 淤积量(亿 t) | 0.395 | 0.203 1 | 0.172 2 | 0.770 5 |
| | | 淤积物级配(%) | 51.27 | 26.37 | 22.35 | 100 |
| | | 水库排沙比(%) | 0.78 | 0.10 | 0.06 | 0.44 |
| | 08-27~09-17 | 入库沙量(亿 t) | 1.639 3 | 1.081 1 | 0.854 5 | 3.574 9 |
| | | 出库沙量(亿 t) | 0.726 | 0.05 | 0.023 | 0.799 |
| | | 淤积量(亿 t) | 0.912 8 | 1.031 1 | 0.831 3 | 2.775 2 |
| | | 淤积物级配(%) | 32.89 | 37.15 | 29.95 | 100 |
| | | 水库排沙比(%) | 44.29 | 4.62 | 2.69 | 22.35 |
| 2004 | 07-07~07-10 | 入库沙量(亿 t) | 0.146 6 | 0.151 | 0.134 9 | 0.432 5 |
| | | 出库沙量(亿 t) | 0.038 4 | 0.003 4 | 0.001 4 | 0.043 2 |
| | | 淤积量(亿 t) | 0.108 2 | 0.147 7 | 0.133 5 | 0.389 4 |
| | | 淤积物级配(%) | 27.78 | 37.92 | 34.3 | 100 |
| | | 水库排沙比(%) | 26.19 | 2.25 | 1.04 | 9.99 |

续表 3-9

| 年份 | 日期(月-日)<br>(三门峡站) | 项目 | 细沙 | 中沙 | 粗沙 | 全沙 |
|---|---|---|---|---|---|---|
| 2005 | 06-28~06-30 | 入库沙量(亿t) | 0.16 | 0.118 | 0.136 | 0.414 |
| | | 出库沙量(亿t) | 0.019 | 0.001 | 0 | 0.02 |
| | | 淤积量(亿t) | 0.141 | 0.117 | 0.136 | 0.394 |
| | | 淤积物级配(%) | 35.79 | 29.70 | 34.52 | 100 |
| | | 水库排沙比(%) | 11.88 | 0.85 | 0 | 4.83 |
| | 07-05~07-07 | 入库沙量(亿t) | 0.294 | 0.141 | 0.207 | 0.642 |
| | | 出库沙量(亿t) | 0.258 | 0.033 | 0.022 | 0.313 |
| | | 淤积量(亿t) | 0.036 | 0.108 | 0.185 | 0.329 |
| | | 淤积物级配(%) | 10.94 | 32.83 | 56.23 | 100 |
| | | 水库排沙比(%) | 87.76 | 23.40 | 10.63 | 48.75 |
| 2006 | 06-25~06-27 | 入库沙量(亿t) | 0.087 | 0.059 | 0.071 | 0.217 |
| | | 出库沙量(亿t) | 0.058 | 0.008 | 0.003 | 0.069 |
| | | 淤积量(亿t) | 0.029 | 0.051 | 0.068 | 0.148 |
| | | 淤积物级配(%) | 19.59 | 34.46 | 45.95 | 100 |
| | | 水库排沙比(%) | 66.67 | 13.56 | 4.23 | 31.80 |
| 2007 | 06-27~07-03 | 入库沙量(亿t) | 0.417 | 0.110 | 0.089 | 0.616 |
| | | 出库沙量(亿t) | 0.207 | 0.020 | 0.007 | 0.234 |
| | | 淤积量(亿t) | 0.211 | 0.090 | 0.082 | 0.383 |
| | | 水库排沙比(%) | 49.64 | 18.18 | 7.87 | 37.99 |
| 2008 | 06-28~07-04 | 入库沙量(亿t) | 0.352 | 0.180 | 0.210 | 0.742 |
| | | 出库沙量(亿t) | 0.372 | 0.052 | 0.033 | 0.458 |
| | | 淤积量(亿t) | −0.020 | 0.127 | 0.177 | 0.284 |
| | | 水库排沙比(%) | 105.68 | 28.89 | 15.71 | 61.59 |
| 2009 | 06-29~07-03 | 入库沙量(亿t) | 0.177 | 0.157 | 0.211 | 0.545 |
| | | 出库沙量(亿t) | 0.032 | 0.003 | 0.001 | 0.036 |
| | | 淤积量(亿t) | 0.145 | 0.154 | 0.210 | 0.509 |
| | | 水库排沙比(%) | 18.08 | 1.91 | 0.47 | 6.61 |
| 2010 | 07-04~07-09 | 入库沙量(亿t) | 0.167 | 0.103 | 0.148 | 0.418 |
| | | 出库沙量(亿t) | 0.196 | 0.032 | 0.022 | 0.250 |
| | | 淤积量(亿t) | −0.029 | 0.071 | 0.126 | 0.168 |
| | | 水库排沙比(%) | 117.37 | 31.07 | 14.86 | 59.81 |

续表3-9

| 年份 | 日期(月-日)(三门峡站) | 项目 | 细沙 | 中沙 | 粗沙 | 全沙 |
|---|---|---|---|---|---|---|
| 2011 | 07-04~07-08 | 入库沙量(亿t) | 0.130 | 0.054 | 0.091 | 0.275 |
| | | 出库沙量(亿t) | 0.179 | 0.027 | 0.014 | 0.219 |
| | | 淤积量(亿t) | −0.049 | 0.027 | 0.078 | 0.056 |
| | | 水库排沙比(%) | 137.69 | 50.00 | 15.38 | 79.64 |
| 2012 | 07-03~07-09 | 入库沙量(亿t) | 0.207 | 0.079 | 0.147 | 0.433 |
| | | 出库沙量(亿t) | 0.338 | 0.116 | 0.118 | 0.572 |
| | | 淤积量(亿t) | −0.131 | −0.037 | 0.029 | −0.139 |
| | | 水库排沙比(%) | 163.29 | 146.84 | 80.27 | 132.10 |
| 2013 | 07-03~07-09 | 入库沙量(亿t) | 0.222 | 0.064 | 0.091 | 0.377 |
| | | 出库沙量(亿t) | 0.415 | 0.104 | 0.074 | 0.593 |
| | | 淤积量(亿t) | −0.194 | −0.040 | 0.017 | −0.217 |
| | | 水库排沙比(%) | 186.94 | 162.50 | 81.32 | 157.29 |
| 2014 | 07-05~07-09 | 入库沙量(亿t) | 0.186 | 0.187 | 0.265 | 0.638 |
| | | 出库沙量(亿t) | 0.204 | 0.025 | 0.012 | 0.241 |
| | | 淤积量(亿t) | −0.018 | 0.162 | 0.254 | 0.397 |
| | | 水库排沙比(%) | 109.68 | 13.37 | 4.53 | 37.77 |
| 2015 | 07-08~07-10 | 入库沙量(亿t) | 0.034 | 0.021 | 0.031 | 0.086 |
| | | 出库沙量(亿t) | 0 | 0 | 0 | 0 |
| | | 淤积量(亿t) | 0.034 | 0.021 | 0.031 | 0.086 |
| | | 水库排沙比(%) | 0 | 0 | 0 | 0 |
| 历次合计 | | 入库沙量(亿t) | 4.322 9 | 2.567 1 | 2.651 4 | 9.541 4 |
| | | 出库沙量(亿t) | 2.787 5 | 0.441 6 | 0.308 5 | 3.537 6 |
| | | 淤积量(亿t) | 1.535 4 | 2.125 5 | 2.342 9 | 6.004 1 |
| | | 水库排沙比(%) | 64.48 | 17.20 | 11.64 | 37.08 |

注:表中时间为三门峡站时间,入、出库沙量计算时考虑一天传播时间。

# 第五节　结　论

（1）异重流潜入点的位置随着时间的推移和库区淤积三角洲的逐渐下移,会逐渐向下移动,越来越靠近坝前;在一次异重流发生的过程中,其潜入点的位置也会随着入库流量变化、河床阻力变化及坝前水位的升降而上下移动。总体来看,水位变化对潜入点位置的影响表现为:坝前水位抬升,水库回水末端上延,异重流潜入点也会跟着上移,反之,潜入点下移,位置变化距离大小与水位升降的幅度成正比例关系。河床阻力变化对潜入点位置的影响表现为:河床受到冲刷,阻力增加,流速减小,潜入点上移,反之下移。入库流量变化对潜入点的影响表现为:流量增大,动力增强,平均流速大,潜入点下移,反之潜入点上移。水位和入库流量的变化对潜入点位置的影响一般要大于河床阻力变化所产生的影响。

（2）异重流传播时间快慢与入库流量大小有关,入库流量大,异重流传播较快,入库流量小,异重流传播较慢;而传播总时间长短除了受入库流量大小的影响外,还与潜入点位置有关,在入库流量相同的前提下,潜入点位置越靠近大坝,传播时间越短。

（3）异重流发生期间,库区主要测验断面主流线流速垂线分布存在两种形态:一种是表层存在负流速,即沿垂线方向,靠近水面的清水层出现负流速,且流速值自上而下逐渐减小至0,然后流速沿正方向迅速增大至最大值处再减小;第二种是沿垂线方向不存在负向流速,上层清水流速很小,至清浑水交界面附近流速开始迅速增大至最大值后再减小。一般情况下,流速垂线分布形态沿程发生变化,靠近潜入点的断面流速垂线分布属于上述第一种分布形态,沿程逐渐过渡到第二种分布形态。但若受泄水建筑物的开启影响,将异重流及带动的清水排出,清水水体的环流运动受阻,主流线垂线分布有可能全部为第二种形态。

（4）异重流主流线垂线最大流速多发生在相对水深为 0.78～0.99,说明最大流速发生的位置靠近库底,但一些靠近坝前的断面,受浑水水库或坝前泄水建筑物调度的影响,最大流速发生位置抬高至相对水深 0.49～0.76 处。

（5）由于水库淤积,异重流潜入点以下库段沿程坡降减小、水深加大,异重流能量的损失使得各断面流速沿程递减。小浪底水库拦沙初期八里胡同库段过水断面较上游断面窄,导致主流线垂线平均流速在该河段有所增加。

（6）各断面异重流主流线含沙量垂线分布形式沿程基本一致,在清浑水交界面附近,异重流含沙量较低,含沙量梯度也较小,交界面以下含沙量沿垂线逐渐增大,最大含沙量发生在底部。异重流运行需要沿程克服各种阻力,能量逐渐衰减,泥沙沿程分选落淤,含沙量也沿程减小。

（7）由于粗颗粒泥沙沉降速度快,泥沙粒径垂线分布特性表现为上细下粗。受泥沙沿程淤积分选的影响,泥沙粒径沿程逐渐变细。同时,随着水库的运用,泥沙粒径逐渐变粗;坝前桐树岭断面,2003 年第 1 次异重流主流线垂线泥沙平均中值粒径为 0.006 mm,至2014 年为 0.013 mm。

（8）异重流横向分布情况表现为,主流区流速、含沙量绝对数值及沿垂线梯度较大,非主流区则较小。但小浪底运用以来,河堤以下河段在横向上为平行淤积抬高,没有形成明显的河槽,断面各垂线水沙因子分布形态有差异,但差别不大。

（9）2003～2009 年异重流期间水库排沙比为 0.44%～61.59%,平均排沙比为 32.05%。2010 年以来,通过联合调度万家寨、三门峡、小浪底等水利枢纽工程,小浪底水库对接水位接近或低于水库淤积三角洲顶点高程,成功在小浪底水库库区塑造人工异重流,大幅提高了小浪底水库排沙比,2012 年和 2013 年异重流期间水库排沙比达到 132.10% 和157.29%。2014 年异重流测量期间水库排沙比为 37.77%;2015 年水库出库沙量为 0,排沙比为 0。2003~2015 年，异重流测量期间水库入库细沙、中沙、粗沙总量分别为 4.322 9 亿 t、2.567 1 亿 t 和 2.651 4 亿 t，出库细沙、中沙、粗沙总量分别为 2.787 5 亿 t、0.441 6 亿 t 和 0.308 5 亿 t，排沙比分别为 64.48%、17.20% 和 11.64%，拦粗排细效果显著。

# 参 考 文 献

[1] Chien N, Wan Z. Density Currents[M]. Virginia：ASCE Press，1999.

[2] 吴联春，郑民生，郑慧. 提高异重流排沙效率，延长小浪底水库使用寿命[C]// 中国科协年会黄河中下游水资源综合利用专题论坛，2008.

[3] 李书霞，夏军强，张俊华，等. 小浪底水库异重流持续运动条件的定量准则[J]. 武汉大学学报（工学版），2011，44(5)：599-603.

[4] 侯素珍，焦恩泽. 小浪底水库异重流有关问题分析[J]. 水利水电技术，2003，34(6)：11-14.

[5] 李书霞，夏军强，张俊华，等. 水库浑水异重流潜入点判别条件[J]. 水科学进展，2012，23(3)：363-368.

[6] 赵振国. 异重流的交界面曲线形式[J]. 水利学报，2008，39(2)：158-161.

[7] 范家骅. 异重流泥沙淤积的分析[J]. 中国科学，1980(1)：84-91.

[8] 范家骅. 异重流与泥沙工程实验与设计[M]. 北京：中国水利水电出版社，2011.

第四章

# 浑水水库与异重流联合排沙

# 第一节 浑水水库形成机制

## 一、浑水水库

水库蓄水期,由于水位较高,挟带大量泥沙的水流进入水库后,较粗泥沙首先淤积,较细泥沙随水流继续前进。在运行过程中,由于其密度大于水库中的清水,在一定的条件下,这种浑水水流可能在一定的位置潜入库底,以异重流的形式向前运动。如果洪水来量较大,且能够持续一定的时间,库底又有足够的坡降,异重流则可能运行到坝前。此时如果及时打开水库的底孔闸门,异重流就可以排出库外。如果异重流运行至坝前时,水库没有开闸泄流,或者即使泄流,但其泄量小于异重流流量,则继之而来的超过泄量的异重流,受大坝的阻挡形成涌波反射,速度较低时形成长波,速度更低时长波消失,异重流的动能转换为势能,浑水厚度不断加大,在坝前段即形成浑水水库。随时间的推移,清浑水交界面不断升高,且逐渐向上游延伸。浑水水库是水库异重流问题研究的一种特殊现象。

## 二、清浑水界面

焦恩泽(2006)指出目前对清浑水交界面的划分有三种方法:一是在流速分布转折处;二是在异重流流速最大位置附近;三是以含沙量为界限,小浪底水库含沙量为 $3 \sim 5 \ kg/m^3$ 处。这个问题涉及异重流厚度、平均含沙量及异重流输沙能力的计算,目前尚不统一。

大量资料表明,在浑水水库内,存在着两种沉降形式,即分选沉降和群体沉降。较粗颗粒的泥沙在浑水体中做分选沉降。分选沉降的强弱与浑水含沙量等有关,随着含沙量的增高而减弱。较粗颗粒的泥沙分选沉降的同时,较细颗粒的泥沙以一整体形式作群体沉降,清浑水交界面下沉,并从浑水中分离出清水。此时,底孔被浑水淹没,排泄浑水,把上层清水保留在库内。在浑水水库排沙时,清浑水交界面除受进库出库浑水流量影响外,还受到界面沉速的影响,界面沉速的大小直接影响着浑水水库排沙历时和排沙效率。研究界面沉降规律,对浑水水库排沙计算、排沙洞规模设计等,具有重要的意义。

## 三、浑水水库排沙

汛期蓄水运用的水库,当含沙洪水进入水库后,一般呈异重流流态。当异重流到达坝前后,随着浑水位的上升,逐渐开启闸门,浑水位很快超过泄洪排沙洞顶,形成浑水水库。由于清浑水交界面沉速较小,入库洪水停止后,仍能继续排泄浑水,排沙历时可以是入库洪水历时的几倍,这种排沙方式称为浑水水库排沙。

高含沙浑水中少量粗泥沙沉降较快,大部分泥沙以很慢的速度群体下沉,入库异重流停止后,在相当长的时间内,保持较高含沙浓度排沙。当浑水位下降到洞顶以上一定高度后,逐渐关闭闸门,停止排沙,该时段( $T_{排}$ )内的排沙即为浑水水库排沙,见图 4-1。高含沙异重流几乎能将全部泥沙挟带到坝前或带入浑水水库,没有三角洲淤积,或三角洲淤积不明显,一次排沙比可高达80%以上。如黑松林水库1964年8月1日洪水,浑水水库排沙比达87.6%;刘家峡洮河库区,1976年异重流排沙比达84.8%。但异重流排沙耗水率很高,刘家峡水库为 $7.6 \sim 361$ m³/t,官厅水库为 $15 \sim 200$ m³/t。浑水水库排沙耗水率却很低,一般为 $1.5 \sim 10$ m³/t。

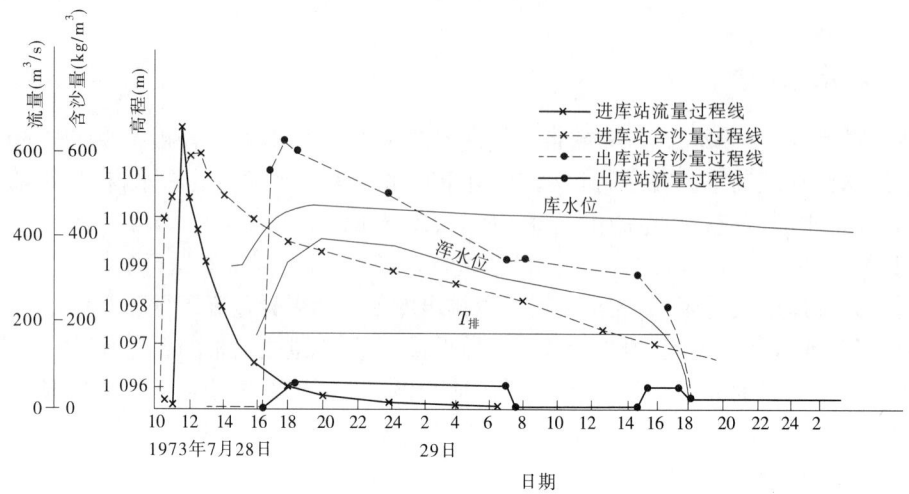

**图 4-1 巴家嘴浑水水库排沙过程**

近几年,作者对陕西、云南、广东、广西、湖南等省中小水库淤积问题进行调查,发现南方山区河流中小水库淤积也很严重,评价年淤积量达有效库容的 $1\% \sim 1.5\%$,这些水库也是浑水水库淤积。与北方河流比较,南方河流洪量大、历时长,在洪水上涨阶段,由于上升速度远大于泥沙下沉速度,泥沙几乎不下沉,故在排沙洞设计合理的情况下,浑水水库排沙比亦很高,如陕南的南秦水库,多年平均排沙比接近 $60\%$。

### 四、研究意义

浑水水库排沙在国内很多水库,特别是在中小型水库上被广泛采用。若仅从排沙耗水率的角度考虑,浑水水库排沙可较异重流排沙低得多。例如,刘家峡水库异重流排沙耗水率为 $7.6 \sim 361$ m³/t,官厅水库为 $15 \sim 200$ m³/t,而浑水水库一般为 $1.5 \sim 10$ m³/t。因此,开展浑水水库排沙研究,在流域来水偏枯的情况,尤其是水资源利用异常紧张的黄河流域具有更加特别的现实意义。对黄河小浪底水库而言,利用浑水水库的特点,更有利于优化出库水沙组合。

### 五、浑水水库特性

浑水水库内清浑水交界面沉降速度、含沙量和粒径分布规律等重要特性,对研究计算排沙效率是极为重要的。浑水水库内的泥沙基本按静水沉降规律下沉。作者从浑水流变特性分析出发,利用室内试验资料($d_{50} = 0.017 \sim 0.07$ mm),得到组合沙静水沉降的极限粒径 $d_0$ 的表达式:

$$d_0 = 0.783 \times 10^{-2} \frac{S^5}{(\gamma_s - \gamma') d_{50}^3} \quad (\text{mm}) \qquad (4\text{-}1)$$

式中,$S$、$\gamma'$、$d_{50}$、$\gamma_s$ 分别为浑水的含沙量(体积比表示)、容重、中值粒径、泥沙容重。

同一种组合极限粒径随含沙量的增加而增加,当含沙量增加到浑水体内无大于 $d_0$ 的颗粒时,停止分选沉降,这时的含沙量叫极限含沙 $S_P(\rho_P)$,单位为 $\mathrm{kg/m^3}$,可按下式计算:

$$S_P = 3.15 d_{50}^{0.72}, \rho_P = 8\,500 d_{50}^{0.72} \tag{4-2}$$

非均匀沙界面沉速 $\omega'$ 是浑水水库水沙调节计算的重要数据之一,采用沙玉清的公式结构,引用巴家嘴、黑松林等水库的原型观测资料得:

$$\omega' = 0.13 \left(1 - \frac{S}{2\sqrt{d_{50}}}\right)^3 \omega_0 \tag{4-3}$$

式中:$\omega_0$ 为 $d_{50}$ 粒径泥沙在清水中的沉速。

图 4-2 是小河口水库坝前含沙量观测资料,从该图可看出,浑水水库内横向含沙量和粒径分布较均匀,横断面上为水平淤积,因此浑水水库内的淤积规律近似于一维问题。纵向淤积与厚度、浑水深成正比,淤积形态为锥体。泥沙在垂线上的分布规律是:含沙量上小下大,粒径是上细下粗,故出库含沙量常常比入库含沙量还大,如图 4-2 所示。

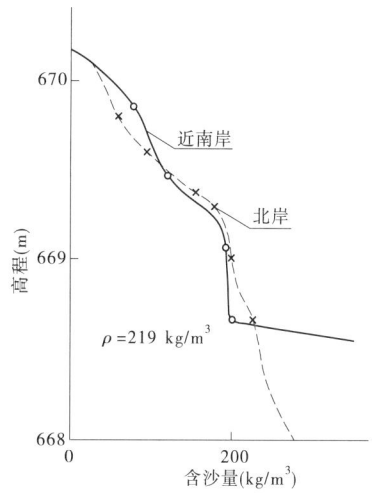

图 4-2　小河口水库横向含沙量垂线分布

## 六、研究进展

20 世纪 70 年代以来,陈景梁等(1987,1988)对浑水水库的特性、排沙规律、计算方法等问题做了比较系统的研究,在此基础上也曾对浑水水库排沙的数学模型进行研究。山西省水科所(1991)通过恒山水库多年采用浑水水库排沙应用资料,提出浑水水库排沙的经验公式。赵克玉(1994)对浑水水库排沙基本方程即数学模型做了进一步的研究,根据浑水水库内清浑水位的变化,建立了浑水水库排沙的基本方程,特别对计算参数(界面沉降)等做了比较深入的研究。李涛等(2006)对小浪底水库浑液面沉降进行了初步研究。

# 第二节　浑水水库形成条件

## 一、浑水水库的形成

到达坝前的异重流不能及时排出,则异重流将源源不断地运行至坝前,浑液面不断升高而形成浑水水库。汾河水库仅有的 1973~1979 年异重流实测资料表明,形成浑水水库次数就有 3 次,坝前浑水深一般为 4 m 左右,最高达 7.2 m。浑水水库形成后,一方面含沙量很高,另一方面细颗粒泥沙含量又大,这样,泥沙沉降极其缓慢,使得浑水水库能维持较长时间。浑水水库的形成影响引黄连接段的取水质量,为保证引水质量进行汾河水库运用方式优化研究是很有必要的。

## 二、小浪底水库浑水水库形成

2001 年异重流期间,小浪底水库为蓄水运用,出库流量小于入库流量,且主要由发电洞排出,异重流运行至坝前汇集壅高形成浑水水库。

异重流初期清浑水交界面不稳定,异重流运行至坝前渐趋稳定,在坝前由于浑液面壅高而存在倒比降。随着浑水水库的形成,浑液面持续抬升,坝前一定范围内基本保持水平,见图 4-3。

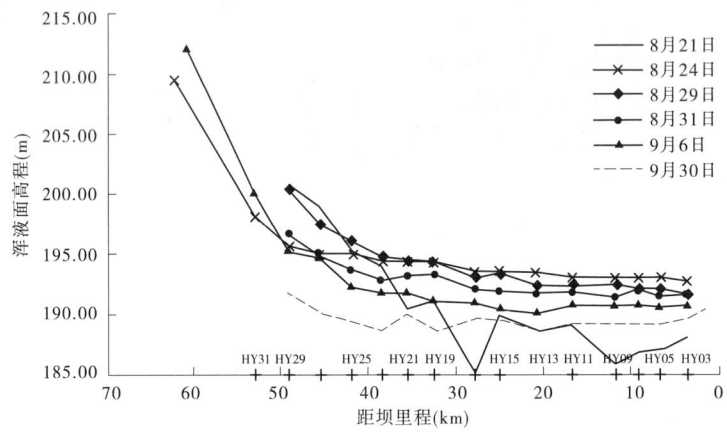

**图 4-3　异重流浑液面高程与距坝里程的关系**

实际上,入库水流为非恒定、非均匀流,在洪水消落过程中,入库流量、含沙量减小,形成异重流的流量和含沙量减小,组成库区浑水的泥沙在重力作用下缓慢沉降,没有足够的泥沙来补充和保持浑水水库的库容,浑水交界面下降。8 月 24 日以后交界面缓慢降低,黄淤(HY)13 断面以下浑液面平均高程由 193.00 m 降到 31 日的 191.60 m,平均下降速度0.2 m/d;8 月 31 日以后交界面下降速度加快,到 9 月 6 日平均下降速度 0.4 m/d。

从清浑水交界面以下到河床之间的厚度,在异重流属自由流河段为异重流厚度,在浑水水库部位为浑水厚度。在异重流形成初期,浑水厚度除潜入点附近较小外,沿程其他断面起伏变化在 11~19 m;当异重流抵达坝前形成浑水水库后,清浑水交界面抬高,浑水厚度沿程增加,从潜入点附近的 5~10 m 增加到 15~20 m。8 月 24 日以后随着浑液面的降低,浑水厚度也逐渐减小,递减速度沿程基本相当。

# 第三节　浑水水库维持机制

## 一、清浑水液面

浑水水库形成之后,如果没有后续的能量就会消失,要想利用浑水水库排沙的优越性,就必须了解异重流的维持机制。浑水水库的存在是以清浑水交界面为标志的,如果清浑水交界面不存在了,那么浑水水库就消失了,因此研究浑水水库的维持机制实际上是研究清浑水交界面的变化。清浑水交界面的界定问题历来就是一个引起较多争议的问题。

部分学者根据浑液面的性质,认为浑液面处的流速为零,采用$v=0$处的位置作为清浑水交界面即浑液面。

也有学者使用对含沙量分布积分形式,采用积分上限位置作为清浑水交界面。

黄委水文部门在水库异重流的实测资料整编中,根据实际情况采用 5 kg/m³含沙量处作为清浑水交界面即浑液面。本书以该方法界定浑液面。

## 二、小浪底水库浑液面

对 2001~2003 年小浪底桐树岭水沙因子站的实测资料进行整理,取固定起点距的水沙因子作为浑水水库的代表因子,以浑水厚度为纵坐标、时间为横坐标得到浑液面随时间变化图,见图 4-4~图 4-6。由库区清浑水交界面沿程变化可以看出,浑水水库的范围基本在距坝约 30 km 以内。

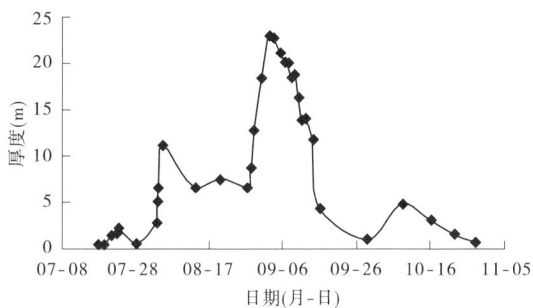

图 4-4　2001 年浑液面随时间变化

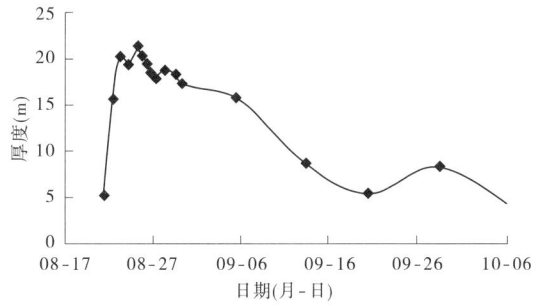

图 4-5　2002 年浑液面随时间变化

2001 年浑水水库首次出现在 8 月 21 日,在 8 月 25 日浑液面厚度达到最大值。随着时间的推移,由于出库流量小于入库流量,库水位增加,但浑液面高程随泥沙的沉降不断降低,浑水含沙量不断增加。

2002 年小浪底库区分别于 6 月下旬和 7 月上旬形成了两次较明显的异重流输沙过程。6 月下旬形成的异重流运行至坝前时,由于排沙底孔未打开,逐渐形成浑水水库,且沉降速度极为缓慢,至 7 月 4 日调水调沙试验开始时,排沙洞闸门打开,立即有浑水排泄出库,此时明流洞下泄清水。随着浑水下泄,浑液面逐渐降低。7 月 6~8 日洪水入库后再次形成异重流。7 月 8 日以后入库流量、含沙量相对减小较多,库水位下降较快,随着时

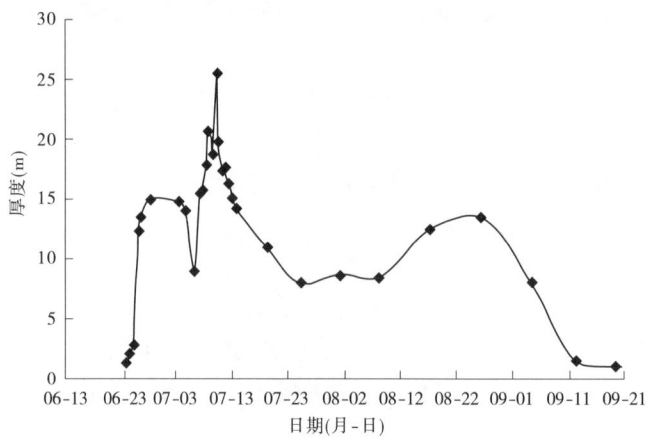

**图 4-6  2003 年浑液面随时间变化**

间的推移,浑液面高程也随泥沙的沉降不断降低,浑水含沙量不断增加。7 月 21 日之后至 8 月 8 日期间为压缩沉降,表现出浑液面的沉降速度进一步减小。8 月 26 日,浑液面高程又明显抬升,主要原因是三门峡水库排沙,同时小浪底水库为满足下游用水,调水调沙试验结束后仍然补水运用,库水位降幅较大,三角洲洲体向下推移,部分较细颗粒的泥沙被输移至浑水水库范围内。

2003 年坝前浑水水库与 2001 年类似,首先出现在 7 月 21 日,于 8 月 2 日再次形成,第二次异重流到达坝前之后,清浑水交界面在前期浑水水库的基础上,再一次迅速抬升,浑水体积和厚度均迅速增加,浑水水库沉降极其缓慢。

三幅图中浑液面在接近自由沉降的条件下(上游的补充及出库浑水可略而不计),其变化曲线形式符合浑水的沉降规律,即浑液面在初始阶段下降较快,达到临界点后,沉降速度变缓。

## 三、浑液面沉降公式

### (一) Kynch 公式

Kynch(1952)从最基本的假设出发 $u = u(S)$,认为某一时刻在浑液面下的含沙量可以由沉降曲线所决定。假定静水沉降中某浓度层的沉速仅是周围含沙量的函数,可以得出:

$$S_0 H_0 = S_2 H_2 \tag{4-4}$$

式中　$H_0$——浑液面的初始高度;

　　　$S_0$——浑液面的初始含沙量;

　　　$S_2$——任意时刻 $t_2$ 的含沙量;

　　　$H_2$——任意时刻 $t_2$ 的高度。

### (二) Roberts 公式

根据高浓度黏性泥沙的静水沉降高度的 Roberts(1949)经验公式,浑液面的高度公式可以表述如下:

$$H = (H_0 - H_\infty)\, e^{-\left(\frac{1}{s_0 H_0}\right)\left(\frac{S}{S_0}\right)t} + H_\infty \tag{4-5}$$

式中　$H$、$H_0$、$H_\infty$——浑液面的高度、初始浑液面最大高度、$t$ 时刻的界面高度；

　　　$S_0$——$H_0$ 时对应的浑液面以下平均含沙量；

　　　$S$——取 $H$ 对应的以式(4-4)计算的浑液面以下平均含沙量 $S_2$。

### 四、小浪底水库浑液面沉降计算

利用 2001~2003 年小浪底浑水水库厚度、含沙量统计结果,对式(4-4)进行了验证计算,浑水厚度计算结果与实测结果点绘于图 4-7。对式(4-5)也进行了验证计算,浑水厚度与沉降时间的计算结果与实测结果分别点绘于图 4-8(a)及图 4-8(b)。

根据三门峡站入库和小浪底站出库实际情况,划分不同的浑水水库沉降时段进行计算。2001 年按两个沉降时段计算,分别为 2001 年-1、2001 年-2;2002 年按三个沉降时段计算,分别为 2002 年-1、2002 年-2、2002 年-3;2003 年按三个沉降时段计算,分别为 2003 年-1、2003 年-2、2003 年-3。其中,在计算浑水厚度时根据小浪底水库的实际情况,$H_\infty$ 暂取 1 m,在计算沉降时间时,2001 年、2002 年、2003 年 $H_\infty$ 按实测浑水厚度最小值分别暂取计算时段内最小值,单位为 m;浑液面最高即浑水厚度最大时取为 $H_0$,单位为 m,对应平均含沙量取为 $S_0$,单位为 kg/m$^3$。

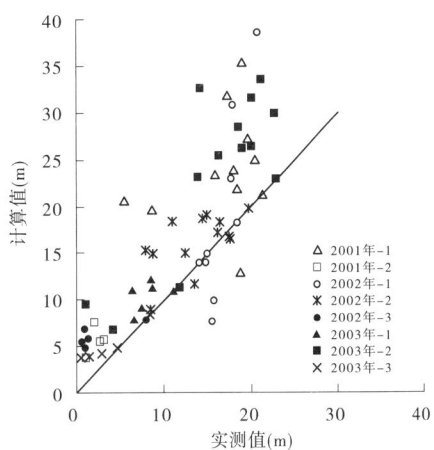

图 4-7　式(4-4)计算值与实测值比较

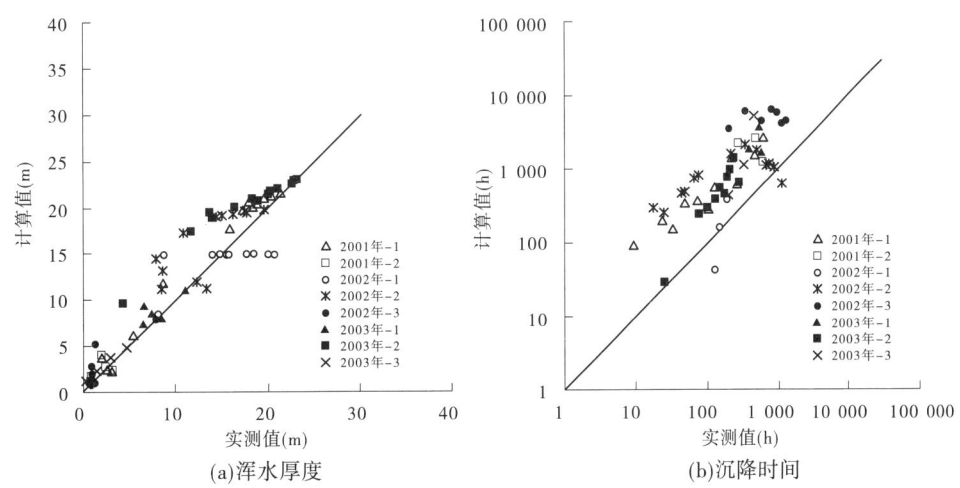

(a)浑水厚度　　　　　　　　(b)沉降时间

图 4-8　式(4-5)计算值与实测值比较图

从图 4-7 可以看出,利用式(4-4)进行浑水厚度计算,计算结果较接近实测结果,但点据散乱,这说明在浑液面沉降过程中,式(4-4)不能够详细描述其变化过程。利用关系式(4-4)可以求得不同含沙量时此含沙量界面层的沉速,为计算提供了较为简捷的途径。此法虽减少了大量的工作量,但没有考虑动水与静水的差别,而且只适宜于无进出口变化的封闭空间。

从图 4-8 可以看出,利用式(4-5),浑水厚度计算结果非常接近实测结果,沉降时间的计算结果较实测结果为大。浑水厚度计算值在沉降时段内较为准确,而沉降时间的计算值在历时较短时相对准确。随着历时的增长,库区内来流、排沙情况等其他因素对浑水水库的浑液面造成影响,从而导致计算产生误差。

比较这两种方法,式(4-5)计算结果较式(4-4)为准确,在预测浑水水库初始沉降阶段时的浑水厚度问题方面比较可靠。在预测浑液面的沉降历时时,考虑来水来沙条件、泄水建筑物启闭方式、进出库水量等影响单个沉降过程,准确划分沉降时段比较关键。其他的影响表现在浑水体积的增减,以及水流运动引起的对泥沙形成的网状絮体的破坏,这些影响因素使浑液面沉降特性更具有多变性和复杂性。

小浪底水库实测资料表明,水库浑液面在接近自由沉降的条件下,其变化曲线形式符合浑水的沉降规律,基本上可利用 Roberts 经验公式描述其沉降过程,在使用过程中,要排除入流及泄流等因素的影响。下阶段应进一步提高计算分析精度,同时研究浑水水库含沙量和粒径分布规律,为优化出库水沙组合服务。

# 第四节　浑水水库与异重流联合排沙

## 一、浑水水库排沙

多沙河流的水库,入库洪水含沙量高,当洪水进入水库后,一般呈异重流流态运行。异重流到达坝前,若排沙洞未打开,或出库流量小于入库流量,异重流不能及时下泄时,清浑水交界面逐渐抬升,形成浑水水库。浑水水库内的少量粗沙沉降较快,大部分细沙以很慢的速度群体沉降。入库异重流停止后,在相当长的时间内,排沙洞保持较高含沙浓度排沙;为了将浑水尽快排出库外并不损失上层清水,应随着浑水位的上升,逐渐开启闸门,当浑水位下降到洞顶以上一定高度后,逐渐关闭闸门,停止排沙。该时段内的排沙,就是浑水水库排沙。

浑水水库形成之后,泥沙的絮凝、沉淀及水化学对泥沙沉降的作用均对排沙和淤积有影响。一般含沙量的异重流浑水水库,絮凝与沉降较快,高含沙异重流的浑水水库絮凝与沉降很慢,沉速约为 0.000 5 cm/s,这是因为高含沙异重流已经是群体式沉降。

### (一)界面沉降规律

赵克玉曾对浑水水库界面沉降进行研究。

#### 1.基本公式

在浑水水库排沙时,清浑水交界面除受进出库浑水流量影响外,还受到界面沉速的影响,界面沉速的大小直接影响着浑水水库排沙历时和排沙效率。研究界面沉降规律,对浑水水库排沙计算、排沙洞规模设计等,具有重要的意义。

对于静置浑水的界面沉降规律,以前研究较多,其中沙玉清的研究比较有代表性,得到的关系式为

$$\frac{\omega}{\omega_0} = \left( 1 - \frac{S_V}{2\sqrt{d_{50}}} \right)^n \tag{4-6}$$

式中　$\omega$——静水界面沉速；

　　　$\omega_0$——单颗粒泥沙在清水中的沉速；

　　　$S_V$——沉降开始时浑水的体积含沙量；

　　　$d_{50}$——泥沙中值粒径，$2\sqrt{d_{50}}$为滞限含沙量；

　　　$n$——指数，由 $d_{50}=0.01$ mm 的泥沙试验，得 $n=3$。

对于水库动水情况下的界面沉速，以前研究较少，我们在计算浑水水库排沙时，界面沉速借用公式(4-6)的形式，在公式右边加一系数，即

$$\frac{\omega'}{\omega_0} = K \left( 1 - \frac{S_V}{2\sqrt{d_{50}}} \right)^3 \tag{4-7}$$

式中　$\omega'$——水库动水界面沉速；

　　　$K$——系数；

　　　$S_V$——入库浑水平均含沙量；

　　　$d_{50}$——入库浑水泥沙平均中值粒径；

　　　其他符号意义同前。

由于过去我们对式(4-7)的适应性及系数 $K$ 的取值范围研究不够，本书意在对此问题做进一步研究，以应用在水库排沙等生产问题计算中。

2.沉降系数 $K$ 的计算方法

利用已有实测浑水水库排沙资料，试算系数 $K$。在浑水水库排沙过程中，入库浑水与浑水水库内浑水的掺混很复杂，根据入库浑水含沙量和泥沙级配无法确定浑水水库内的含沙量和泥沙级配。所以，在整个浑水水库排沙过程中，界面沉速近似采用一个统一值，即按入库浑水平均含沙量和平均中值粒径计算界面沉速。对于一次洪水，进出库流量、进库含沙量、进库泥沙中值粒径及洪水前库容曲线为已知。$K$ 值试算过程如下：

(1)计算入库浑水平均含沙量和中值粒径，按一定的时间间隔及清水传播时间，划分时段。

(2)试给式(4-7)的 $K$ 值，求得 $\omega'$。

(3)通过式(4-6)和式(4-7)，求得库内浑水位和清水位变化过程。

(4)计算结果与实测浑水水库排沙过程进行比较。

库内清水位一般都有实测资料，计算与实测库内清水位对比，可以看出区间径流量的取值及库容曲线的选取是否合理，因为一般情况下，水库在汛前和汛后各测一次库容曲线，洪水时的库容曲线靠内插取得，发现不合理时做适当修正。当库内有浑水水库排沙时的浑水水位实测值时，计算与实测浑水水位进行对比；否则，根据出库流量及含沙量实测过程，判定排沙历时及出现吸清的时间，与计算排沙历时及吸清时间进行对比。如果不相符或相符不好，重新试给 $K$ 值，重复(2)~(4)项工作；相符较好时，给定的 $K$ 值即为所求。

3.结果分析

由于本项试算需要实测资料较多，特别是入库浑水泥沙级配，很多水库没有实测资

料。还有一些水库,在异重流运行过程中淤积较多,或出现异重流三角洲淤积体,这时,进库站水沙资料不能代表进库浑水水库的水沙情况。这些都使资料的选取受限制。本书所用资料,主要是巴家嘴、黑松林和恒山等水库的实测资料(见表4-1)。这些水库都是处在多沙河流上,并且都以浑水水库排沙作为其主要的排沙运用方式。

表4-1 水库基本情况

| 水库 | 流域面积 (km²) | 库容 (万 m³) | 年径流量 (万 m³) | 年输沙量 (万 t) | 库型 | 运用方式 |
|---|---|---|---|---|---|---|
| 巴家嘴 | 3 020 | 36 300 | 13 400 | 2 860 | 河谷型 | 滞洪 |
| 黑松林 | 370 | 860 | 1 420 | 70 | 河谷型 | 蓄清排浑 |
| 恒山 | 163 | 1 330 | 1 580 | 118 | 河谷型 | 蓄清排浑 |

采用这些水库的20次浑水水库排沙实测资料进行试算,$K$值的变化在0.20~0.26。

表4-2列出了计算洪水界面沉速的影响因子,绘制出$\dfrac{\omega'}{\omega_0} \sim 1 - \dfrac{S_V}{2\sqrt{d_{50}}}$关系图(见图4-9),从图中得到$K$值的平均值为0.24,所以界面沉速公式为:

$$\frac{\omega'}{\omega_0} = 0.24 \left( 1 - \frac{S_V}{2\sqrt{d_{50}}} \right)^3 \tag{4-8}$$

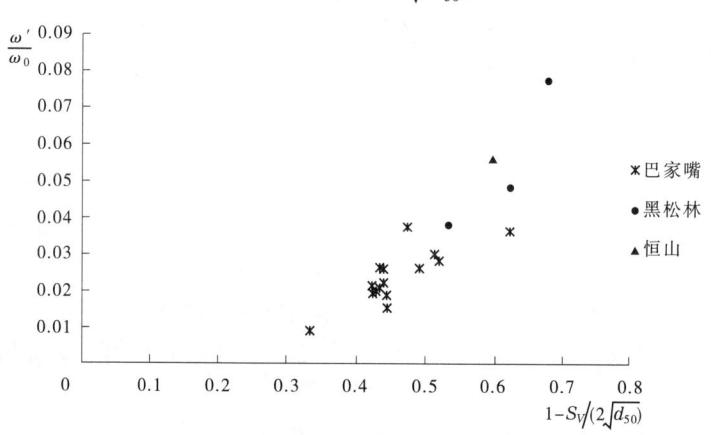

图4-9 $\dfrac{\omega'}{\omega_0}$与$1 - S_V/(2\sqrt{d_{50}})$关系图

表4-2 界面沉速及其影响因子统计

| 序号 | 水库 | 时间 (年-月-日) | 含沙量 (kg/m³) | $d_{50}$ (mm) | $\omega'$ (cm/s) | $\dfrac{\omega'}{\omega_0}$ | $1 - \dfrac{S_V}{2\sqrt{d_{50}}}$ |
|---|---|---|---|---|---|---|---|
| 1 | 巴家嘴 | 1970-07-24~25 | 565 | 0.036 | 0.001 70 | 0.021 0 | 0.438 |
| 2 | 巴家嘴 | 1970-08-01~03 | 584 | 0.037 | 0.001 66 | 0.019 4 | 0.427 |
| 3 | 巴家嘴 | 1970-08-04~07 | 507 | 0.030 | 0.000 86 | 0.015 3 | 0.448 |
| 4 | 巴家嘴 | 1971-08-17~19 | 502 | 0.035 | 0.001 94 | 0.026 4 | 0.494 |

续表 4-2

| 序号 | 水库 | 时间<br>（年-月-日） | 含沙量<br>（kg/m³） | $d_{50}$<br>（mm） | $\omega'$<br>（cm/s） | $\dfrac{\omega'}{\omega_0}$ | $1-\dfrac{S_V}{2\sqrt{d_{50}}}$ |
|---|---|---|---|---|---|---|---|
| 5 | 巴家嘴 | 1971-09-02～03 | 564 | 0.037 | 0.001 60 | 0.018 7 | 0.447 |
| 6 | 巴家嘴 | 1972-08-18～19 | 612 | 0.042 | 0.002 92 | 0.026 5 | 0.437 |
| 7 | 巴家嘴 | 1973-07-11～13 | 439 | 0.030 | 0.001 60 | 0.028 4 | 0.522 |
| 8 | 巴家嘴 | 1973-07-28～29 | 493 | 0.037 | 0.002 58 | 0.030 2 | 0.516 |
| 9 | 巴家嘴 | 1973-08-17～18 | 387 | 0.038 | 0.003 31 | 0.036 6 | 0.625 |
| 10 | 巴家嘴 | 1973-08-24～26 | 520 | 0.035 | 0.002 87 | 0.037 5 | 0.476 |
| 11 | 巴家嘴 | 1977-07-05～07 | 648 | 0.034 | 0.000 66 | 0.009 1 | 0.336 |
| 12 | 巴家嘴 | 1977-08-06～07 | 563 | 0.035 | 0.001 54 | 0.020 1 | 0.432 |
| 13 | 巴家嘴 | 1980-07-23～25 | 467 | 0.025 | 0.000 88 | 0.022 5 | 0.443 |
| 14 | 巴家嘴 | 1981-08-14～17 | 461 | 0.025 | 0.000 71 | 0.021 5 | 0.426 |
| 15 | 巴家嘴 | 1983-09-07～08 | 467 | 0.025 | 0.001 02 | 0.026 1 | 0.443 |
| 16 | 黑松林 | 1964-07-11～12 | 344 | 0.030 | 0.002 74 | 0.048 7 | 0.625 |
| 17 | 黑松林 | 1964-08-01～02 | 416 | 0.020 | 0.000 48 | 0.019 2 | 0.445 |
| 18 | 黑松林 | 1971-08-20～24 | 263 | 0.024 | 0.002 81 | 0.077 9 | 0.680 |
| 19 | 黑松林 | 1972-08-16 | 397 | 0.026 | 0.001 62 | 0.038 3 | 0.535 |
| 20 | 恒山 | 1977-07-08～10 | 300 | 0.020 | 0.001 25 | 0.056 8 | 0.600 |

### （二）浑水水库排沙数学模型

赵克玉对浑水水库排沙数学模型进行了研究。

**1.浑水水库排沙基本方程**

1）浑水位变化方程

在微小时段 $dt$ 内,进出库浑水流量分别用 $Q_{hi}$ 和 $Q_{ho}$ 表示;洪水开始时高程 $Z$ 以下的水库库容用 $V$ 表示;某一时刻库内浑水位用 $Z_h$ 表示;$dt$ 时段内进出库浑水引起的浑水蓄水量增值为 $(Q_{hi}-Q_{ho})dt$,由此产生的浑水位变化为

$$(Q_{hi} - Q_{ho})\, dt\, \frac{dZ}{dV}\bigg|_{Z=Z_h} \tag{4-9}$$

清浑水交界面动水沉速用 $\omega'$ 表示,$dt$ 时段内由界面沉降产生的浑水位变化为 $-\omega'dt$。上两项之和即为 $dt$ 时段内的浑水位变化 $dZ_h$,即

$$dZ_h = (Q_{hi} - Q_{ho})\, dt\, \frac{dZ}{dV}\bigg|_{Z=Z_h} - \omega'dt \tag{4-10}$$

2）清水位变化方程

库内清水位的变化只由进出库总水量产生,在微小时段 $dt$ 内,进出库流量分别用 $Q_i$

和 $Q_o$ 表示，$dt$ 时段内进出库水量引起的蓄水总量增值为 $(Q_i-Q_o)\,dt$，由此产生的清水位变化值为

$$(Q_i - Q_o)\,dt\,\frac{dZ}{dV}\Big|_{Z=Z_q} = dZ_q \tag{4-11}$$

式中　$Z_q$——库内清水位。

3）其他控制方程

$$Q_0 = f_1(Z_q, E_k) \tag{4-12}$$

$$Q_{ho} = f_2(Z_q, Z_h, E_k) \tag{4-13}$$

$$V = f_3(Z) \tag{4-14}$$

式中　$E_k$——各泄流设施的开度或控制。

方程(4-14)表示库容曲线。

2. 差分方程的建立

方程(4-10)化成差分形式为

$$[Q_{hi}(i) - Q_{ho}(i)]\,\Delta t\,\frac{Z_h(i+1) - Z_h(i)}{V_h(i+1) - V_h(i)} - \omega'\Delta t = Z_h(i+1) - Z_h(i) \tag{4-15}$$

方程(4-11)化成差分形式为

$$[Q_i(i) - Q_o(i)]\,\Delta t\,\frac{Z_q(i+1) - Z_q(i)}{V_q(i+1) - V_q(i)} = Z_q(i+1) - Z_q(i) \tag{4-16}$$

即

$$[Q_i(i) - Q_o(i)]\,\Delta t = V_q(i+1) - V_q(i) \tag{4-17}$$

由式(4-14)、式(4-16)、式(4-11)、式(4-12)、式(4-13)即可计算出一次洪水的排浑总量。

3. 排沙比与排浑比的关系

在一次洪水排沙过程中，被排出库的浑水总量与入库洪水总量之比称为排浑比 $\eta_w$；同时排出的总沙量与入库总沙量之比称为排沙比 $\eta_s$。

浑水水库排沙比主要取决于来水来沙条件、库型和泄流规模。在库型和泄流规模一定的条件下，若入库洪量大，则洪水在库内停滞时间长；含沙量低，粒径粗，泥沙沉降速度快，撇清量多，则排浑比和排沙比低。所以，在来水来沙条件中，入库洪量、含沙量和粒径对排浑比和排沙比都有较大影响。在其他条件相同的情况下，湖泊型水库撇清和泥沙落淤快，排浑比和排沙比小于河道型水库。

在设计泄流设施时，规模和造价要合理，要有利于排沙。泄洪排沙洞要尽可能定得低一些、大一些，则可缩短滞洪历时，在泥沙还没有大量淤积前，大部分浑水和泥沙已排出库外，从而提高了排浑比和排沙比。当然，泄流规模过大，会增加造价，运用不便，布置困难。

从以上分析可以看出，影响排浑比和排沙比的主要因素是一致的，所以排浑比和排沙比之间存在着较密切的关系。图 4-10 为巴家嘴、黑松林等六座水库 $\eta_s = f(\eta_w)$ 的经验关系。这六座水库的基本情况见表 4-3。

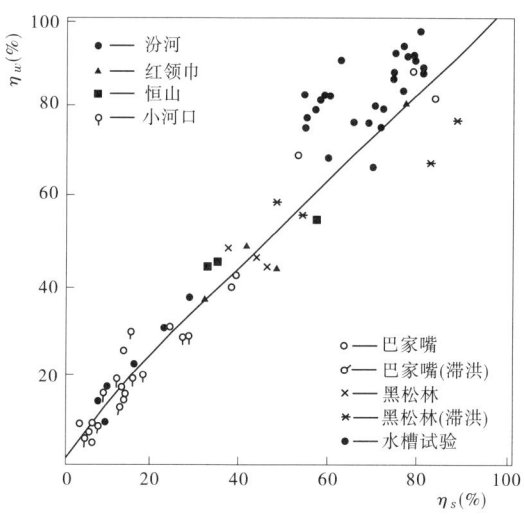

图 4-10 排沙比 $\eta_s$ 与排浑比 $\eta_w$ 关系

表 4-3 巴家嘴等水库情况简表

| 水库 | 库容（万 m³） | 年径流量（万 m³） | 年沙量（万 t） | 含沙量（kg/m³） | | 流域面积（km²） |
|---|---|---|---|---|---|---|
| | | | | 平均 | 最大 | |
| 汾河 | 7 000 | 45 200 | 2 310 | 51.1 | — | 5 268 |
| 巴家嘴 | 36 300 | 13 400 | 2 860 | 213 | 1 070 | 3 522 |
| 黑松林 | 860 | 1 420 | 70.1 | 49.5 | 801 | 370 |
| 红领巾 | 1 660 | 4 320 | 77.7 | 17.7 | 890 | 1 364 |
| 恒山 | 1 330 | 158 | 158 | 74.3 | 802 | 163 |
| 小河口 | 3 300 | 2 800 | 151 | 59.2 | 620 | 338 |

| 水库 | $d_{50}$（mm） | 原比降（%） | 库型 | 淤积形态 | 泄洪排沙洞 | | |
|---|---|---|---|---|---|---|---|
| | | | | | 距河底高程（m） | 尺寸（m） | 最大泄量（m³/s） |
| 汾河 | 0.03 | 3.6 | 湖泊 | 锥体三角洲 | 5 | 4 | 608 |
| | 0.04 | | | | 26 | 27 | |
| 巴家嘴 | 0.028 | 2.28 | 河道 | 锥体 | 32.8 | 4 | 180 |
| | 0.046 | | | | | | |
| 黑松林 | 0.025 | 11 | 河道 | 锥体 | 6.5 | 2×1.5 | 10 |
| 红领巾 | <0.05 | 10.9 | 河道 | 锥体 | 4.45 | 1.2 | 12.5 |
| | | | | | 17 | 1.4 | 16 |
| 恒山 | 0.015 | — | 河道 | 锥体 | 14.5 | 7×9 | 1 260 |
| | 0.23 | | | | | | |
| 小河口 | — | 9 | 湖泊 | 锥体 | — | 1.3 | 10 |

表 4-3 中的水库有明流和异重流形成的浑水水库,库型有河道型和湖泊型,入库含沙量为 $17.7 \sim 1\,070\ \mathrm{kg/m^3}$ ,$d_{50}$ 为 $0.015 \sim 0.23\ \mathrm{mm}$ ,排沙历时为 $3 \sim 92\ \mathrm{h}$ ,水库资料范围较为广泛、普遍,故经验关系图 4-10 的适用范围是较广的。

4.淤积量及其分布计算

实测排沙资料表明,水库排沙比与排浑比有较好的关系。计算的排浑量除以入库浑水量得到排浑比,由图 4-10 查得排沙比,从而计算出一次洪水的排沙量和淤积量。

在浑水水库中,淤积形态呈锥体,某处的淤积厚度与浑水在该处停留的时间成正比,即

$$\Delta Z_s(i) = \alpha \Delta t \tag{4-18}$$

式中　$\Delta Z_s(i)$ ——库区某点在第 $i$ 时段的淤积厚度;

　　　$\alpha$ ——比例系数。

上式两边求和,得

$$\sum \Delta Z_s(i) = \alpha \sum \Delta t \big|_{z > z_{so}} \tag{4-19}$$

即

$$Z_{si} - Z_{so} = \alpha \sum \Delta t \big|_{z > z_{so}} \tag{4-20}$$

式中　$Z_{so}$ 、$Z_{si}$ ——库区某点一场洪水前、后的河床高程。

又由式(4-18)得

$$F(i)\,\Delta Z_s(i) = \alpha F(i)\,\Delta t \tag{4-21}$$

式中　$F(i)$ ——第 $i$ 时段的浑水水面面积。

上式两边求和,得

$$\sum F(i)\,\Delta Z_s(i) = \alpha \sum F(i)\,\Delta t \tag{4-22}$$

$\sum F(i)\,\Delta Z_s(i)$ 为总淤积体积,所以上式可写为

$$\frac{W_s}{\gamma'} = \alpha \sum F(i)\,\Delta t \tag{4-23}$$

$$\alpha = \frac{W_s}{\gamma'} \frac{1}{\sum F(i)\,\Delta t} \tag{4-24}$$

式中　$W_s$ ——一场洪水淤积量;

　　　$\gamma'$ ——淤积物干容重。

由式(4-20)和式(4-24)得

$$Z_{si} = Z_{so} + \frac{W_s}{\gamma'} \frac{\sum \Delta t \big|_{z > z_{so}}}{\sum F(i)\,\Delta t} \tag{4-25}$$

通过式(4-25)计算库内各处淤积后的高程,即得到淤积量在整个库区的分布。重新计算库容曲线,为计算下一场洪水的做准备。

5.模型计算框图

模型计算框图见图 4-11。

6.模型的验证

本模型以计算与实测的排沙比及排沙量进行验证,对于一场洪水,用本书建立的数学

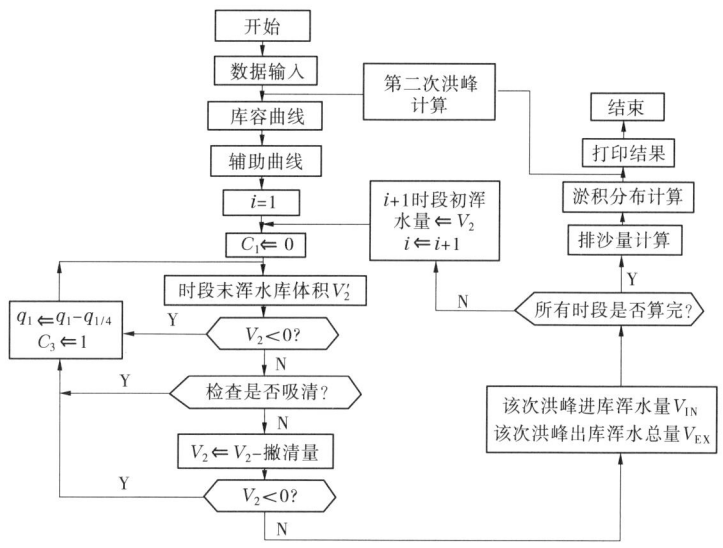

**图 4-11 模型计算框图**

模型计算排沙比和该次洪水的排沙总量。计算与实测的排沙比见图 4-12,计算与实测的排沙量见图 4-13。

从图 4-12 和图 4-13 可见,除极个别点子外,绝大多数点子很靠近 45°线,计算与实测符合较好。

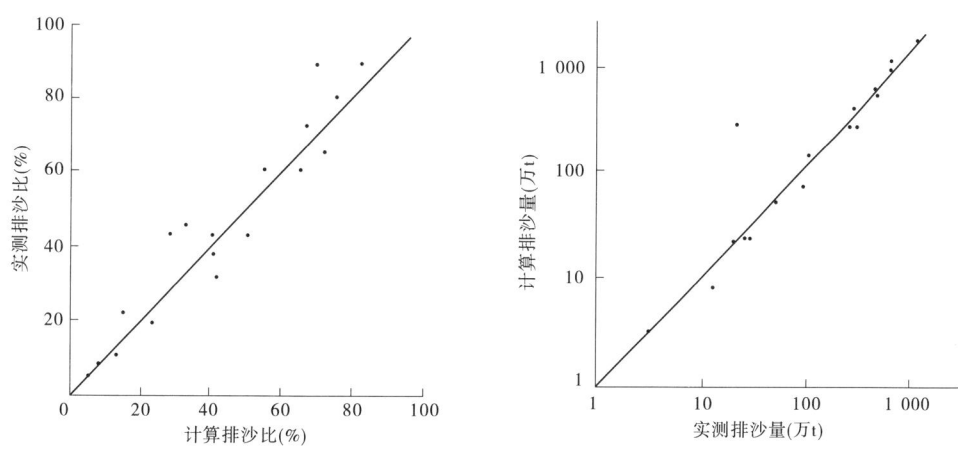

**图 4-12 计算与实测排沙比对比**　　　　**图 4-13 计算与实测排沙量对比**

### (三)浑水水库排沙模拟

水库蓄水期,由于水位较高,挟带大量泥沙的水流进入水库后,较粗泥沙首先淤积,较细泥沙随水流继续前进。在运行过程中,由于其密度大于水库中的清水,在一定的条件下,这种浑水水流可能在一定的位置潜入库底,以异重流的形式向前运动。如果洪水来量较大,且能够持续一定的时间,库底又有足够的坡降,异重流则可能运行到坝前。此时如果及时打开水库的底孔闸门,异重流就可以排出库外。对于不能及时排出库外的异重流,将在水库坝前段向上扬起,悬浮在水库中,形成浑水水库。由于浑水水库中泥沙均为细颗粒,沉积的速度很慢,可以在水库中持续一定的时间,此时开启排沙孔洞,将可以利用浑水水库排沙使水库增加排沙时间,多排沙出库。

小浪底水库在实际调度过程中,2001 年和 2003 年均有上述现象发生,见图 4-14 和图 4-15。

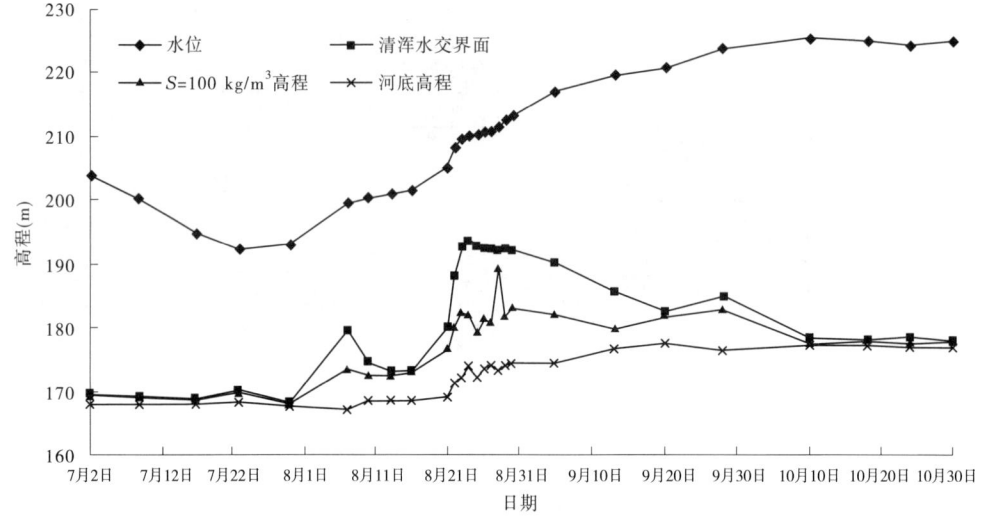

图 4-14  2001 年浑水水库清浑水交界面变化

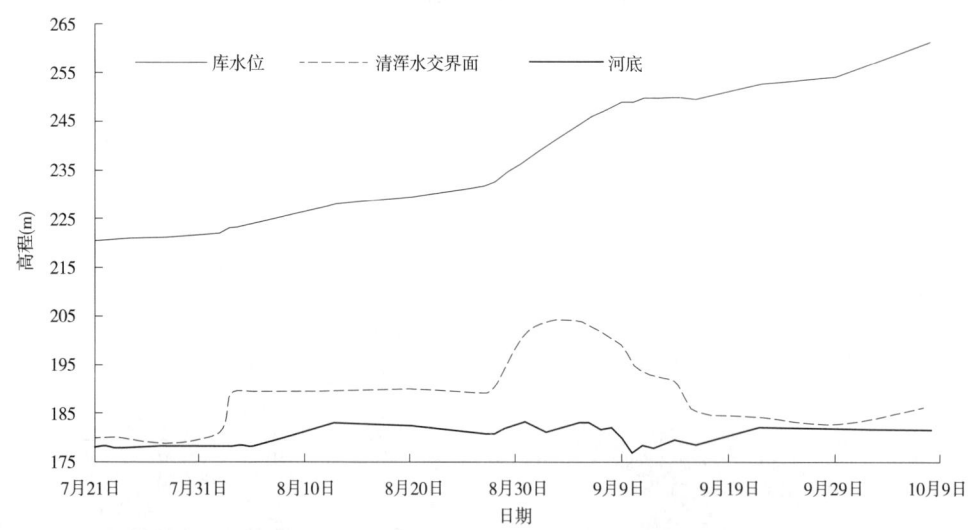

图 4-15  2003 年浑水水库清浑水交界面变化

由图 4-14 和图 4-15 可知,水库发生异重流后,没有排出水库的细颗粒泥沙并非很快淤积在库底,而是较长一段时间内悬浮在水库中形成浑水水库。在以往的异重流模拟过程中,在一个计算周期内,没能排出水库的泥沙均沉积到库底,没考虑细颗粒泥沙长时间悬浮在水库中的现象,原有库区一维数学模型异重流计算结果不很合理,因此作者在原基础上,进一步分析研究了当小浪底水库发生浑水水库时的模拟技术。

1.异重流计算

1）潜入条件

在以往工作中,根据已有水库资料,曾得到了异重流一般潜入条件为:

$$h = \max(h_0, h_n) \tag{4-26}$$

其中

$$h_0 = \left(\frac{Q^2}{0.6\eta_g g B^2}\right)^{\frac{1}{3}}, \qquad h_n = \left(\frac{fQ^2}{8J_0 \eta_g g B^2}\right)^{\frac{1}{3}} \tag{4-27}$$

式中,$Q$、$B$、$J_0$、$\eta_g$、$f$ 分别为异重流流量、宽度、河底比降、重力修正系数和阻力系数。异重流阻力系数一般在 0.025～0.03 变化,模型中取 $f = 0.025$。

2）异重流的计算

一般计算异重流的水力参数时采用均匀流方程,存在的问题是,当河道宽窄相间、变化较大时,计算的水面线跌宕起伏;而且当河底出现负坡时,就不能继续计算。故需采用非均匀流运动方程来计算浑水水面,具体计算方法如下:

潜入后第一个断面水深

$$h'_1 = \frac{1}{2}\left(\sqrt{1 + 8Fr_0^2} - 1\right)h_0 \tag{4-28}$$

式中,0 下标代表潜入点。

潜入后其余断面均按非均匀异重流运动方程计算,该方程形式与一般明流相同,只是以 $\eta_g$ 对重力加速度进行了修正。

异重流淤积计算与明流计算相同,分组挟沙力计算暂不考虑河床补给的影响。

异重流运行到坝前,将产生一定的爬高,一般爬高值在 8～10 m,若坝前淤积面加爬高尚不超过最低出口高程,则出库水流含沙量为 0。

2.浑水水库的模拟

为了更好地模拟库区水流泥沙运用,根据水库近几年来的运用情况,在韩其为院士的指导下,作者进行了小浪底水库形成浑水水库后水库排沙的模拟分析。计算原理和方法如下:

（1）将坝前一定范围内河段看作一个单元,根据孔口出流的计算原理,将这个单元分层进行浑水水库排沙计算,见图 4-16,分别计算每一层水体的体积、分组沙量、含沙量等。

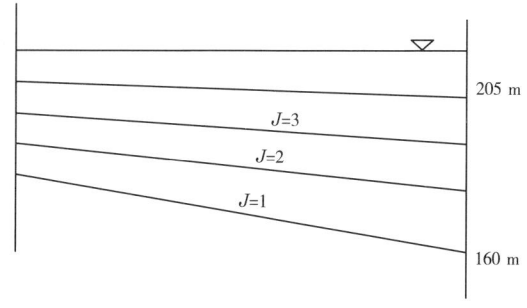

图 4-16　浑水水库分层

(2)计算各粒径组的沉速,求每层含沙量。

沉速为

$$\omega_k = \begin{cases} \dfrac{\gamma_s - \gamma_0}{18\mu_0} d_k^2 & (d_k < 0.1 \text{ mm}) \\[3mm] (\lg S_a + 3.79)^2 + (\lg \varphi - 5.77)^2 = 39 & (0.1 \text{ mm} \leqslant d_k \leqslant 1.5 \text{ mm}) \end{cases} \tag{4-29}$$

每组沙沉降距离

$$L_k = \omega_k dT \tag{4-30}$$

根据沉降距离计算每层浑水中剩余各分组沙沙量。

(3)孔口出流计算,示意图见图4-17。

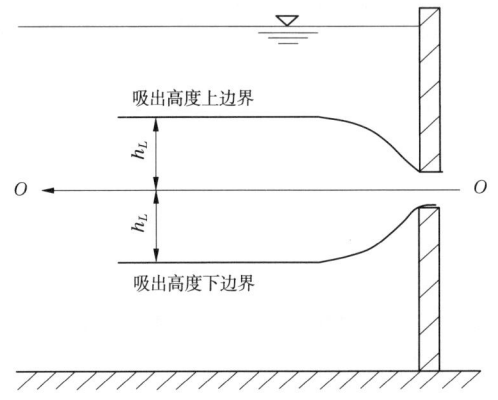

**图 4-17　孔口出流吸出高度示意图**

克拉亚(A. Caraya)研究孔口出流得出孔口吸出高度的计算公式为

$$h_L = K \left[ \dfrac{\rho q^2}{\rho' \eta_g g} \right]^{\frac{1}{3}} \tag{4-31}$$

式中　$K$——系数,根据范家骅试验取 $K = 0.68 \sim 0.85$;

　　　$\rho$——清水密度;

　　　$\rho'$——浑水密度;

　　　$\eta_g$——重力修正系数,$\eta_g = \dfrac{\rho' - \rho}{\rho}$。

(4)出库泥沙计算。判断每一浑水层的高程和孔口出流的上下边界的范围,由此计算每一层浑水分组沙出库沙量。

(5)计算每一浑水层剩余的沙量及含沙量。

(6)计算进入此河段每一层的沙量。

(7)计算每层现有的沙量。

(8)进入第二天,重新分层,计算每层沙量。

3.小浪底水库浑水水库排沙模拟

根据以上的计算方法,我们对小浪底水库2001年和2003年两次库区形成浑水水库排沙的实例进行了计算。计算的出库含沙量与实测出库含沙量对比见图4-18和图4-19。

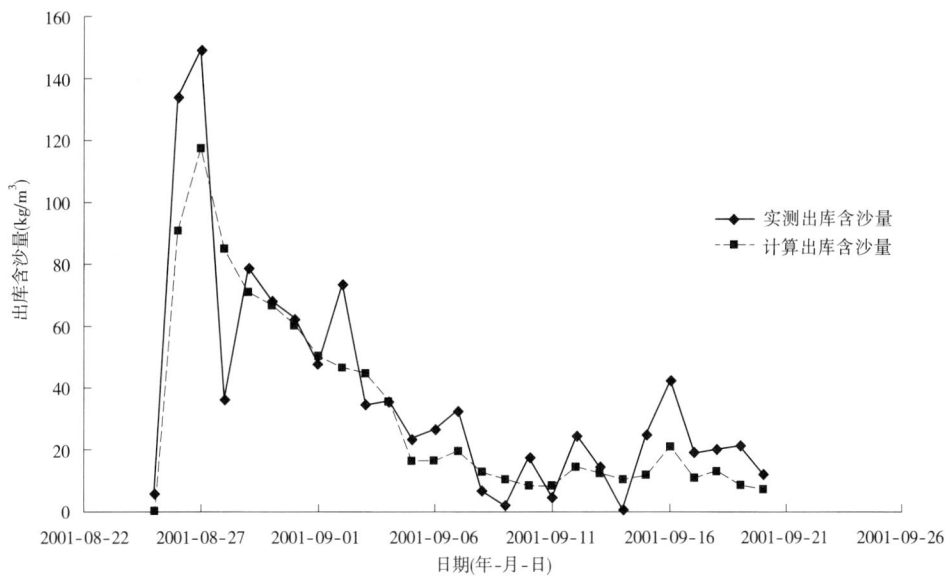

图 4-18 2001 年小浪底水库浑水水库排沙计算值与实测值比较

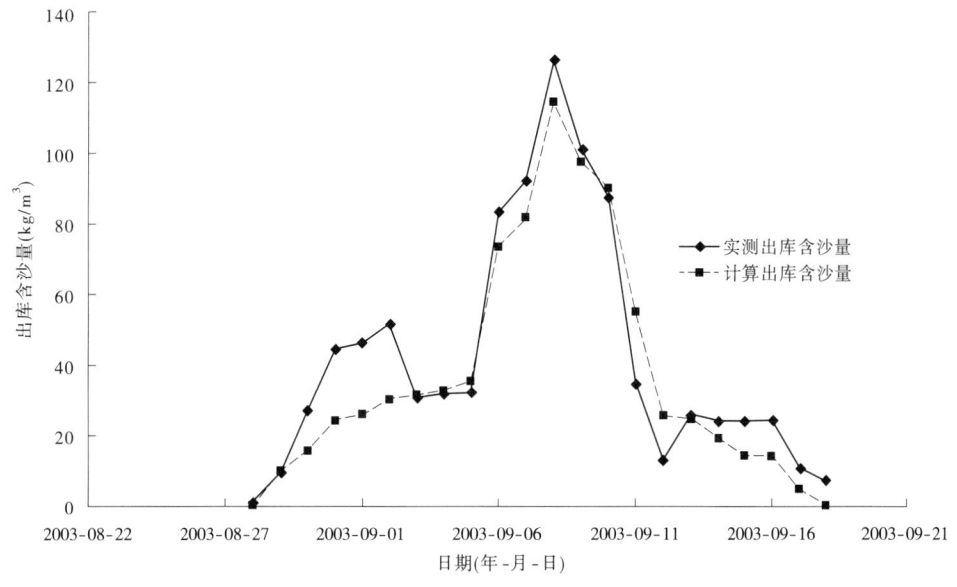

图 4-19 2003 年小浪底水库浑水水库排沙计算值与实测值比较

由图 4-18 和图 4-19 可以看出,小浪底水库形成浑水水库排沙后,采用上述计算方法得出的出库含沙量过程基本合理。

## 二、浑水水库与异重流联合排沙形式

浑水水库的形成大致可分为三种类型:①水库形成异重流并运行至大坝,未能及时排出,受水流动力影响,浑水层沿大坝爬坡回流,造成清浑水掺混,在坝前形成一定厚度的浑水水库;②部分异重流由于后续动力不足,未运行至大坝,浑水层运行至库区某部位时停止,由于浑水层泥沙颗粒较细,淤积速度缓慢,并向周边扩散形成浑水水库;③浑水进入水库后,受水流及水沙条件限制未能潜入形成异重流,则会在库区回水末端进行清浑水掺混,粗颗粒泥沙先行淤积,细颗粒泥沙后续逐渐沉降,形成浓度较高的浑水层,形成浑水水库。总体而言,无论哪一种类型的浑水水库,浑水层均含有较多细颗粒泥沙,在外动力条件下,极易再次形成异重流潜行。

当水库再次发生异重流时,异重流潜入并带有一定的水流动力,为沿程原本存在的浑水层带来新的运动能量,将裹挟原浑水水库的大部分悬浮泥沙继续潜行,并顺利到达坝前。此时若及时打开水库的底孔闸门,不仅可将本次发生的异重流顺利排沙出库,还可以将原来浑水水库中大部分泥沙也顺势排出库外,提高了异重流的输沙效率,进一步减少水库淤积。

# 参 考 文 献

[1] 朱春耀,李春雨. 汾河水库泥沙冲淤计算数学模型[J]. 水利水电技术,1999,30(10):34-36.

[2] 钱宁,万兆惠. 泥沙运动力学[M]. 北京:科学出版社,1983.

[3] 焦恩泽. 对水库异重流的研究与建议[C]// 2006年全国异重流问题学术研讨会,2006.

[4] 赵克玉. 水库动力沉降规律的研究[C]// 全国水利水电工程学青年学术讨论会,1994.

[5] 陈景梁,付国岩,赵克玉. 浑水水库排沙的数学模型及物理模型试验研究[J]. 泥沙研究,1988(1):79-88.

[6] 夏迈定,程永华. 黑松林水库泥沙处理技术的研究及应用[J]. 泥沙研究,1997(4):7-13.

[7] 毛继新,郑勇. 刘家峡水库洮河口排沙洞排沙效果研究[C]// 全国泥沙基本理论研究学术讨论会,2005.

[8] 李贵生,高承众. 刘家峡水电站异重流排沙问题[C]// 中国水力发电工程学会水文泥沙专业委员会学术讨论会,2003.

[9] 陈景梁,赵克玉. 南秦水库排沙运用的研究[J]. 泥沙研究,1987(1):3-11.

[10] 赵克玉. 浑水水库排沙数学模型的研究[J]. 水资源与水工程学报,1994(4):59-63.

[11] 凌来文,郭志刚. 恒山浑水水库排沙计算方法研究[J]. 泥沙研究,1991(4):47-52.

[12] 李涛,张俊华,王艳平. 小浪底水库浑液面沉降初步研究[C]// 全国异重流问题学术研讨会,2006.

[13] 张俊华,王国栋,陈书奎,等. 小浪底水库运用初期库区水沙运动规律试验研究[J]. 人民黄河,2000,22(9):14-16.

[14] 李书霞,张俊华,陈书奎,等. 2002年小浪底水库运用及库区水沙运动特性分析[C]// 全国水动力学学术会议,2003.

[15] 张瑞瑾. 河流泥沙动力学[M]. 北京:中国水利水电出版社,1998.

[16] Yalin M S. Mechanics of sediment transport[M]. Oxford:Pergamon Press,1972.

[17] 张红武,江恩惠. 黄河高含沙洪水模型的相似律[M]. 郑州:河南科学技术出版社,1994.

[18] 沙玉清. 泥沙运动学引论[M]. 北京:中国工业出版社,1965.

[19] Kynch G J. A theory of sedimentation[J]. Transctions of the Faraday Society,1952,48(2):166-176.

[20] Roberts E J. Thickening-art or science[J]. Mining Engineering,1949,1(3):61-64.

[21] 付健,毛继新. 小浪底水库浑水水库排沙模拟方法初步探讨[C]// 全国异重流问题学术研讨会,2006.

# 第五章

# 异重流模拟技术

# 第一节　异重流的物理模拟

## 一、异重流的水槽试验研究

现有的有关异重流的试验工作,均可分为下列几个方面:

(1)关于异重流流动规律方面的试验。

(2)关于异重流交界面稳定问题的试验。

(3)关于异重流吸出极限高度的试验。

这里主要介绍试验设备、研究方法、试验中观测到的现象和问题,以及试验结果。

### (一)关于异重流流动规律方面的试验

有关层流或紊流的阻力系数问题,雷诺、盖撒与伏契锡、美国麻省理工学院及法国谢都水利试验所都曾进行过研究。雷诺直接采用水库淤泥配制异重流,盖撒与伏契锡用各种油类作为轻质液体,美国麻省理工学院利用壅水制成异重流,法国谢都水利试验所则采用高岭土及河中淤泥配制浑水。此外,寇宁用很浓的泥沙混合物注入水槽内,观察异重流的运动情况,并试求异重流的谢才系数值。朗恩在水槽中,研究了异重流受到阻碍后发生波动的情况。这些试验,前者在解决一定水利工程问题,寇宁的研究则是为了解释深海峡谷的形成问题,而朗恩的试验,是针对气象方面密度不同的气流运动情况而进行研究的。表 5-1 给出了上述各家的试验情况。

#### 1.雷诺的阻力系数试验

雷诺所用装有玻璃的水槽长 15 m,试验时槽底的比降是 0.02。选择这样大的比降,是为了避免泥沙发生淤积,因为泥沙淤在水槽内时,将改变异重流的密度,同时也改变了底部的粗糙度,从而使试验变得更为复杂。

在水槽的上游,经过管道加入一定流量的浑水。加入的浑水先沿比降为 0.02 的自由水面流动,然后潜入底部,潜入时用铝板将清水浑水隔开,避免因紊动的存在而致潜流冲淡,这些情况都在预备试验中准备就绪。潜流到达水槽下游后即排入水池。

试验是这样进行的:在混合池中预备一定密度的浑水,送入水箱,由水箱以定常流量供给试验。试验过程中,槽内水位保持一定。每次试验,测定输送的流量、潜流的高度和一根垂线上的密度。密度用虹吸管吸出测定,虹吸管的速度事先校准,使之等于水流的速度。

在试验中观测到两种流态:缓流和波动流态。

在流量小于 2.5 L/s 时为缓流,大于 2.5 L/s 时为波动流态。缓流时在相距 5.2 m 的两站测量密度,发现潜流在清水下流动时其密度并不改变。交界面处密度分布中有明确的不连续区。交界面的波浪清晰可见,对流动并无阻碍,波形在整个槽内各点实际上并无变化。没有观察到混合现象。

表 5-1　各家试验情况

| 试验者 | 试验内容 | 试验设备 | 液体性质 | 测验项目 | 试验成果摘要 |
|---|---|---|---|---|---|
| 雷诺 | 异重流层流及波动流态时的阻力系数 | 矩形水箱，长15 m，宽0.5 m，高0.5 m，底坡比降0.02 | 清水及浑水，泥水中的泥沙平均粒径为0.01 mm | 流量、潜流高度及垂直线上的密度分布 | 1.试验中层流（缓流）与波动流态的流量界限为2.5 L/s。<br>2.在相距5.2 m的两个断面上测量密度，在缓流时密度不变。<br>3.当流量大于2.5 L/s时，波头向下游移动时发生变形，与清水略有混合。<br>4.雷诺数小于6 500时，$\lambda = \dfrac{225}{Re}$。<br>5.层流时，根据抛物线型流速分布的假定，可得 $\tau_i = 2.64\mu\dfrac{V}{h'}$；$\tau_0 = 4.3\mu\dfrac{V}{h'}$；$u_i = 0.85V$。<br>6.测量了不同泥沙浓度的黏滞系数 |
| 盖散与伏契锡 | 层流及紊流范围内的阻力系数 | 矩形水槽，均流段长约150 cm，宽12 cm，高25 cm，光底用铁板铺底，糙底用石子铺底 | 上层流体分别为汽油、煤油、灯油、原油与煤油的混合物，密度范围为0.73~0.86 g/cm³。下层流体渗流为清水 | 施测上下层流体的流速分布（层流时只测上层），渗流高度 | 1.根据流速分布的测量，了解交界面处的流速。<br>2.层流时阻力系数$\lambda = \dfrac{196}{Re} \sim \dfrac{236}{Re}$。<br>3.紊流时，对于本试验所用流体，$\lambda = 0.020$（糙底），$\lambda = 0.010$（光底）。 |
| 美国麻省理工学院 | 层流的流速分布及阻力 | 玻璃矩形水槽，长2.4 m，宽45 cm，高11.5 cm，坡度最大可超过15‰ | 壅水$\Delta\rho/\rho$的变化范围为0.001 7~0.024 | 流速分布及阻力系数与雷诺数间的关系 | 流速分布遵循抛物线型，阻力系数与雷诺数成反比 |
| 寇宁 | 高密度异重流流动情况 | 1.槽长2 m，深宽各50 cm | 浑液用黏土、沙、砾加水而成 | 流动速度、密度、比降、黏滞系数 | 1.在$\sqrt{\Delta\rho}$等于1.00以内，证明渗流推进速度与$\sqrt{\Delta\rho}$成正比。<br>2.谢才系数$C = 125$ |

续表 5-1

| 试验者 | 试验内容 | 试验设备 | 液体性质 | 测验项目 | 试验成果摘要 |
|---|---|---|---|---|---|
| 寇宁 | 高密度异重流流动情况 | 2.人工梯形渠道,长 30 m,前部 2 m 有 1/20 的底坡,后部底为水平 | 浑液用黏土、沙、砾加水混合而成,密度范围 1.57~1.59 g/cm³ | 渗流头部的流速,取水样测含沙量 | 1.渗流流速逐渐变小。2.渗流含沙浓度逐渐变淡,泥沙逐渐落淤,淤积物的粒径亦随距离的增加而变小。3.渗流在垂直方向的浓度分布以愈接近底部愈大。4.密度在 1.57~1.59 g/cm³ 时,渗流厚度逐渐变小。 |
| | 浑水进入宽广地区的淤积情况 | 水槽长 5 m,宽 3 m,一端有狭窄的小槽 | 细砂、黏土加水混合成浑液 | 纵向及横向淤积断面 | 浑水流出峡谷后淤积成三角洲。 |
| 朗恩 | 两层不同密度的流体受到阻碍物的运动情况 | 矩形水槽,长 3.05 m,宽 12.7 cm,高 50.8 cm。用马达带动一流线型的阻碍物,沿渠底以等流速前进,两层流体不动 | 卤水及四氯化碳水与清水的混合物,与清水的密度差为 0.025 g/cm³ | 观察发生水跃的条件 | 水流情况与弗劳德系数 $Fr = \dfrac{V}{\sqrt{g\dfrac{\Delta\rho}{\rho}H}}$,异重流厚度及障碍物的高度有关。急流缓流状态有其界限 |
| 法国谢都水利试验所 | 流速分布,头部前进速率分布,垂线输沙率分布,温度分布等 | 谢都水利试验所水槽长 21 m,宽 80 cm,高 65 cm。方旦奉渠道,长 100 m,底宽 1 m,高 1.5 m 以上为 1:1 边坡,高 3.5 m | 用高岭土及河中淤泥配制浑水 | 浑水流量,密度差,底部比降,清水水深,含沙量分布,流速分布,温度分布 | 底部阻力系数:<br>渠底光滑:$Re > 2000$ 时,$\lambda_0 = 0.0306$(水槽),$\lambda_0 = 0.033$(渠道)。<br>渠底粗糙:$\lambda_0$ 因相对粗糙率的增加而急剧增加。<br>交界面阻力系数:$\dfrac{\lambda_i Fr^2}{I} = 6.04$。<br>流速分布:<br>近底区:遵循对数流速分布或指数分布;<br>交界区:遵循高斯分布。<br>异重流头部速度:$V_i = \sqrt{\dfrac{1}{K}Ih\dfrac{\Delta\rho}{\rho}}$ |

当流量大于 2.5 L/s 时,交界面即不稳定,波浪扰乱水流的流动。波浪在向下游移动的过程中发生变形,造成某些混合。这种情况下的交界面是一个具有很大密度梯度的区域,但潜流仍保持一定的形状。

一般说来,潜流潜入时是很乱的,这时的密度较后来稳定时的密度为小,潜流涌波(异重流头部)过后,在流态为波动流态时,紊流情况稍有减弱,在缓流时则完全消失。这时可以观测到明确的交界面。试验结果如表 5-2 所示。

在试验的同时,为了计算雷诺数,用毛细管试验测定泥水的黏滞系数。

表 5-2 雷诺的试验结果

第一组试验

| | $Q(\mathrm{m^3/s})$ | $h'(\mathrm{cm})$ | $\rho(\mathrm{g/cm^3})$ | $R(\mathrm{m})$ | $v(\mathrm{m/s})$ | $g'$ | $100\lambda$ | $Re$ | $100\nu(\mathrm{cm^2/s})$ |
|---|---|---|---|---|---|---|---|---|---|
| | 265 | 1.3 | 1.015 | 1.24 | 4.08 | 14.50 | 17.24 | 1 320 | 1.53 |
| | 500 | 1.4 | 1.026 | 1.33 | 7.14 | 24.86 | 10.33 | 2 140 | 1.77 |
| | 750 | 1.6 | 1.026 | 1.50 | 9.37 | 24.86 | 6.80 | 3 190 | 1.77 |
| | 1 000 | 1.85 | 1.022 | 1.72 | 10.81 | 21.12 | 4.98 | 4 430 | 1.68 |
| 层 | 1 500 | 2.0 | 1.031 | 1.85 | 15.00 | 29.49 | 3.88 | 5 370 | 1.96 |
| 流 | 2 000 | 2.4 | 1.027 | 2.19 | 16.67 | 25.79 | 3.25 | 8 020 | 1.82 |
| 过 | 2 500 | 2.9 | 1.031 | 2.60 | 17.24 | 29.49 | 4.12 | 9 140 | 1.92 |
| 渡 | 3 000 | 3.2 | 1.025 | 2.84 | 18.75 | 23.93 | 3.09 | 12 090 | 1.76 |
| 区 | 3 500 | 4.75 | 1.030 | 3.63 | 16.47 | 28.57 | 6.12 | 12 450 | 1.92 |
| | 4 000 | 6.1 | 1.028 | 4.90 | 13.11 | 26.72 | 12.19 | 13 830 | 1.86 |
| | 4 500 | 7.0 | 1.029 | 5.47 | 12.86 | 27.65 | 14.63 | 14 880 | 1.89 |
| | 5 000 | 7.9 | 1.028 | 6.00 | 12.66 | 26.72 | 16.02 | 16 340 | 1.86 |
| | 6 000 | 8.75 | 1.030 | 6.48 | 13.71 | 28.57 | 15.75 | 18 520 | 1.92 |

第二组试验

| | $Q(\mathrm{m^3/s})$ | $h'(\mathrm{cm})$ | $\rho(\mathrm{g/cm^3})$ | $R(\mathrm{m})$ | $v(\mathrm{m/s})$ | $g'$ | $100\lambda$ | $Re$ | $100\nu(\mathrm{cm^2/s})$ |
|---|---|---|---|---|---|---|---|---|---|
| | 265 | 1.7 | 1.007 | 1.59 | 3.12 | 6.82 | 17.8 | 1 420 | 1.40 |
| | 500 | 1.3 | 1.011 | 1.68 | 5.56 | 10.67 | 9.26 | 2 340 | 1.45 |
| 层 | 750 | 2.1 | 1.011 | 1.94 | 7.15 | 10.67 | 6.58 | 3 830 | 1.45 |
| 流 | 1 000 | 2.3 | 1.011 | 2.11 | 8.70 | 10.67 | 4.75 | 5 070 | 1.45 |
| 过 | 1 500 | 3.0 | 1.006 | 2.68 | 10.00 | 7.79 | 3.21 | 7 610 | 1.41 |
| 渡 | 2 000 | 4.7 | 1.009 | 3.96 | 8.51 | 8.75 | 7.25 | 8 940 | 1.42 |
| 区 | 2 500 | 5.0 | 1.012 | 4.17 | 10.00 | 11.63 | 7.75 | 11 350 | 1.47 |
| | 3 000 | 5.3 | 1.015 | 4.37 | 11.32 | 14.50 | 8.08 | 12 930 | 1.53 |
| | 4 000 | 6.0 | 1.011 | 4.34 | 13.33 | 10.67 | 4.64 | 17 800 | 1.45 |

2.盖撒与伏契锡的试验

盖撒与伏契锡的试验,是在南斯拉夫贝尔格莱德大学水力试验室内举行的,所用矩形断面槽宽 12 cm,高 25 cm,均流段长约 150 cm。

槽内分别加入较轻的油类:汽油、煤油、灯油、原油与煤油的混合物。每次试验加入清水作为下层流体。油类与清水的黏着系数 $\mu$ 之比变化范围如下:

$$0.45 < \frac{\mu_b}{\mu} < 5.4 \tag{5-1}$$

所用油类的密度($\rho_b$)为 0.73~0.86 g/cm³。

试验的目的在于决定层流和紊流范围内的阻力系数和流速分布,试验结果指出,在层流范围内 $\lambda Re$ 值随 $\mu/\mu_b$ 的增大而有减小的趋势。

在层流中只测定了潜流以上轻质液体部分的流速分布。测量方法是观察小球在轻质液体中上升或下降时运动的轨迹,这样的轨迹代表流速在垂线上的积分曲线,微分以后,就得到流速分布曲线。

根据流速分布的性质,可以得到如下的结论:

(1)在接近交界面处,有一层上层的液体受潜流的牵动。这层的厚度 $h_e$ 随上层液体的黏滞系数增大而增加,但难于看出与 $Re$ 变化的规律。

(2)在交界面的上面,有同量的倒退液体,厚度为 $h_r$。流向相反的两层液体形成一个漩涡,当雷诺数大的时候,可以达到自由面,并在整个上层液体中出现。

(3)当雷诺数小的时候,则形成两个漩涡,向相反方向转动,上漩涡完全或部分地盖住下漩涡。当雷诺数较大时,上漩涡向上游退隐,直至完全消失。

(4)在上层流速为零的线上,当发生两个漩涡时,则下漩涡的后退层厚度向上游减少,减少的情况遵循抛物线规律($h_r \sim \sqrt{x}$)。

上层液体的牵动层厚度 $h_e$,可由交界面处剪力和流速对于两种介质都相等的条件而求得。

首先假定流速分布为抛物线型(坐标随交界面流速 $u_i$ 移动),设坐标原点置于牵动层的上限,则

$$u = \frac{y^2}{h_e^2} u_i \tag{5-2}$$

异重流中的流速分布为

$$u = 2V_m \frac{y}{y_m} \left(1 - \frac{y}{2y_m}\right) \tag{5-3}$$

根据交界面处两种介质的剪力大小相等的条件,得

$$\frac{h_e}{h'} = \frac{\mu_b}{\mu} \frac{2-r}{r-1} \tag{5-4}$$

其中 $r = \frac{h'}{y_m}$。从试验中得出 $h_e$ 后,可根据上式计算 $r$,然后计算 $\lambda Re$。计算结果如表 5-3 所示。

表 5-3　由牵动层厚度计算 $\lambda Re$ 值

| 上层液体 | $\mu_b/\mu$ | $h_e$(mm) | $h'$(mm) | $r$ | $\lambda Re$ |
|---|---|---|---|---|---|
| 煤油 | 0.83 | 3.8 | 6.5 | 1.59 | 216 |
| 混合油 | 1.75 | 9.0 | 6.5 | 1.56 | 208 |
| 原油 | 5.40 | 20.0 | 6.5 | 1.65 | 234 |

附带说明一下,根据交界面流速求得 $\lambda Re$,计算结果见表 5-4。

表 5-4　由交界面流速计算 $\lambda Re$ 值

| 上层液体 | $u_i/V$ | $r$ | $\lambda Re$ |
|---|---|---|---|
| 汽油 | 1.20 | 1.34 | 156 |
| 煤油 | 1.15 | 1.38 | 164 |
| 混合油 | 1.00 | 1.50 | 192 |
| 原油 | 0.82 | 1.62 | 226 |

异重流的运动进入紊流时,潜流流速运用毕托管测量,而上层液体则仍用小球测量。潜流的流速分布自底部至水流中部符合对数定律,再向上则因交界面阻力的影响而有显著的差别。随着紊动的增大,上层液体的流速分布变得愈来愈不规则。在牵动层和倒退层的接触处,产生一连串漩涡。且上述两层液体之间的界限并不固定,时上时下,随小球落入漩涡的峰和谷而异。

3.美国麻省理工学院的试验

在伊本和哈尔门的指导下,美国麻省理工学院曾对异重流的问题进行了一系列的试验。所用水槽长 2.4 m,宽 11.5 cm,高 45 cm,可以任意变坡。试验时先在玻璃槽中注满清水,然后用水泵把液体自搅拌箱中抽出,送入水槽进口的底部。在异重流到达水槽末端后,就用倒虹吸管吸出。待异重流在水槽全长上达到均匀厚度以后,开始进行流速分布的测量,测量采用摄取小球运动轨迹的电影的方法。所用变量的范围如下:

$\frac{\Delta\rho}{\rho}$:0.001 7 ~ 0.024;

坡降 $J$:0.005~0.018;

异重流厚度 $h$:0.356~3.66 cm。

4.法国谢都水利试验所的试验

目前,在各方面所进行的有关异重流的研究工作中,以法国谢都水利试验所的工作最为全面。试验是在可调节坡度的水槽及杜朗斯河河边方旦奉试验站渠道内进行的。在试验中改变下列因素,以了解异重流的运动规律:

(1)进入流量,$Q$;

(2)密度差,$\Delta\rho$;

(3)底部比降,$J$;

(4)清水总水深,$H$;

(5)底部糙率,$K_s$;

(6)清浑水的温度差。

水槽长 21 m,宽 80 cm,两侧玻璃高 47 cm,底部光滑,坡度变化范围为 3%~10%。下游有活动堰板可以调节水位,使槽的中部保持常水位。浑水系在容积约 20 m³ 的水池配制,用流量为 300 L/s 的水泵循环搅拌均匀,并用 20 L/s 的水泵打到常水位水箱中,然后引入水槽。浑水流量用装在水管上的文杜里水计测量。所用泥沙系 400 号高岭土,平均直径约为 0.015 mm。高岭土密度一般为 2.15 g/cm³,只有在两组试验(试验 70 及 81)中等于 2.45 g/cm³。浑水运动黏滞系数随高岭土浓度的增加而加大,随温度增高而减小。

在四个断面 $A$、$B$、$BC$ 及 $C$ 上测定流速、含沙量和温度的分布,各断面距水槽进口的距离分别为 4.5 m、10.5 m、15.7 m 及 19.5 m。流速用旋桨式小流速仪施测,这种流速仪的使用范围为 0.8~25 L/s。在断面 $B$ 与 $BC$ 之间(相距 5.2 m)测得异重流近底区中时均流速相差不到 5%,由此可以认为在该区域中水流基本上是均匀的。在同一断面上,各垂线之间流速差别很小,证明了水流属于平面流动。当在反向流速区中可以测出流速时,流动总有很大的脉动。

含沙量用虹吸管取样,在 $A$、$B$、$C$ 三个断面上分别取 8、12、4 个点子,在试验中自每点取样 5~10 L,定出该点的平均含沙量,此外还在进出口分别取样。含沙量测定用光电管法,在浓度小于 1 g/L 时结果很好,另外还采用了比重计法。

清浑水的温度不同,浑水一般较清水高 2~5 ℃。

大部分试验系在光滑槽底进行的,但有时在异重流头部通过以后,底部均匀地遮盖了一层高岭土,这时计算的阻力系数相当于有淤积的底部的情况。为了加大底部糙率,曾在槽底铺上 2 cm 的铁线,振幅约 10 cm。

为了进行大比尺的试验,曾在方旦奉试验站 100 m 的渠道中进行了 3 组试验。渠道底宽 1 m,高 1.5 m 以上为 45° 的边坡,高 3.5 m。底部混凝土幅面坡度平均为 0.27%,尾部边上有两个玻璃观察孔。

水流自方旦奉水电站引水渠引进,由于自流引水,最大水深限于 3 m 左右。进入流量堰板测量,范围为 8~50 L/s。所用泥沙为杜朗斯河淤泥,平均粒径在 0.010 mm 左右。首先在淤泥中加入少量的水,置于混凝土搅拌器中搅拌均匀,然后送到容积为 5 m³ 的混合水箱中,用 20 L/s 的水泵循环搅拌,使达到 25~50 g/L 的浓度。将浑水和自量水堰跌下的清水相混合,最后所得浑水浓度在 2~3 g/L。在第三组试验中,并曾利用经过电站引水渠的杜朗斯河的浑水进行观察。

测量断面有 5 个,流速仪仍用旋桨式小流速仪,在 3 m 的深度下,仍给出了令人满意的结果。含沙量用光电管浑度测定仪施测,可以量到 2 g/L。同时在 3 个断面上用小水泵抽出 10 L 沙样进行分析,垂线上测点相隔 5~10 cm。根据含沙量测定仪的记录,可以判断异重流通过各断面的时间,从而决定异重流的前进速度。

5.寇宁的试验

寇宁为了研究深海峡谷的形成与高密度异重流的关系,在1937年以来,曾经进行了多种试验,考察高密度异重流的动力性质。在试验的同时,测定了沙粒在黏土浑液及黏土与沙的混合浑液内的沉降速度和含沙量对沉速的影响,以及黏土浑液的黏滞系数。

1)试验设备及试验概况

第Ⅰ组试验是在长2 m、深宽各50 cm的水槽内进行的。槽底坡度可以任意调节。槽内用沙铺成一定的横向斜坡,表面用石膏粉平。所用浑液为水、黏土、沙及砾的混合物,泥沙与水在水箱中混合后,通过箱底活动底板在上游近底处放入水槽,用停表测定流动速度。在试验中改变密度、比降、容积,以研究这些量对于流速的影响。

第Ⅱ组试验是在人工挖成的30 m长的渠道内进行的,试验主要目的是研究淤积物及水流的性质,并在各段施测流速,虹吸管吸取水样。

加入的浑水量达100~150 kg,自渠首先流经长2 m、高度差为20 cm的进口段,然后沿水平的渠道前进。渠道中每隔3 m用一头封闭的玻璃管插入水中以观测潜流到达时的速度,用虹吸管取样以考察潜流中浓度的变化。

第Ⅲ组试验在一长5 m、宽3 m、水深为40~50 cm的水箱内进行,槽的一头有狭窄的小槽用以加入浑水,以比拟异重流自海下峡谷流入深海盆地的情况。最大浑水容积为40 L。浑液由细沙及黏土和水混合而成,亦有加入粗沙的。

需要说明的是,寇宁的试验和其他学者的试验有两点根本的不同。第一,他在试验中并不连续放入浑水进行观察,而是一次放入一定容积的浑水,然后观测这一团浑水在清水中的运动情况。第二,他所用的泥沙的密度非常高,水流有时入了塑性流的范畴。

2)试验结果

A.不同的流动方式

流动情况随泥沙稠度的不同而不同,寇宁在试验中观察到三种流动方式:在稠度最大时,放出的黏土泥浆(带沙或不含沙)沿坡面滑动相当距离,不久即停止。稠度减稀后,特别是含有若干沙的时候,除了形成紊动的异重流以外,还在浑流头部的后面形成一薄而稠度较大的楔形浑流。这个楔形浑流扩展成为薄层,有碎成小块的趋势,这些小块所形成的淤积物并不按大小层离;紊流部分所形成的淤积物,层离现象就十分明确,淤积的位置也扩展更远。如果稠度更稀(加入水或减少黏土的含量),全部浑流都成为紊流,底部不再产生浑水楔,淤积物的分布更广,层流现象也更彻底。如再稀释,流动的性质并无改变,不过前进的速度更小,挟沙能力也相应减小。

B.潜流的性质

潜流在渠内流动时,由于泥沙的落淤和与清水发生紊动混合,水流逐渐变稀。试验证明,潜流浓的部分总是在水流的头部,而沿其尾迹逐渐变稀;在一定的时间和一定的地点施测的结果则表明,潜流底部的浓度最高,愈向上所含泥沙愈少。观测结果列于表5-5及表5-6。

表 5-5 在不同地点,异重流密度沿垂线的分布

| 组次 | | III | IV |
|---|---|---|---|
| 浑流最初密度(g/cm³) | | 1.57 | 1.58 |
| 距离原点距离(m) | | 3.5 | 3.5 |
| 高度(cm)<br>(自底部算起) | 12.5 | 1.06 | 1.01 |
| | 10.0 | 1.10 | 1.02 |
| | 7.5 | 1.10 | 1.05 |
| | 5.0 | 1.18 | 1.12 |
| | 2.5 | 1.28 | 1.15 |

表 5-6 在一定地点,异重流头部过后在不同时间的密度

| 组次 | | II | III | IV | V |
|---|---|---|---|---|---|
| 浑流最初密度(g/cm³) | | 1.58 | 1.57 | 1.58 | 1.59 |
| 距离原点距离( m) | | 15.5 | 6.5 | 2.5 | 2.5 |
| 头部过去后的<br>秒数(s),在底部<br>以上 5 cm 取样 | 0 | 1.04 | 1.24 | 1.27 | 1.24 |
| | 1 | | | 1.21 | |
| | 2 | 1.02 | 1.12 | | 1.16 |
| | 3 | | | 1.05 | |
| | 5 | 1.02 | 1.06 | | 1.06 |
| | 6 | | | 1.01 | |
| | 9 | 1.01 | 1.04 | 1.01 | 1.01 |

组次号 I ~ VI 的泥沙组成列于表 5-7。

表 5-7 各组的泥沙组成

| 组次 | 水(%) | 黏土(L) | 细沙(L) | 粗沙(L) | 密度(g/cm³) |
|---|---|---|---|---|---|
| I | 70 | 30 | 60 | 20 | 1.58 |
| II | 70 | 25 | 60 | 20 | 1.57 |
| III | 70 | 25 | 60 | 20 | 1.57 |
| IV | 65 | 30 | 60 | 20 | 1.58 |
| V | 70 | 40 | 60 | 20 | 1.59 |
| VI | 70 | 40 | 60 | 20 | 1.59 |

第 I 组试验中的流速最大,可能因为渠底比较絮净,异重流所受的阻力较小。在第 V 和 VI 两组试验中,浑水并不是一下子都放到清水中去,而是保持一个较长的时间(10 s 左

右），其中第Ⅵ组放浑水的时间又较第Ⅴ组为长。第Ⅴ组的流速，在开始的 3 m 中较其他各组为快，但不久即行减少。而第Ⅵ组的流速则减小很多，虽然流速曲线的性质仍与第Ⅴ组基本上一致。浑流厚度对流速影响很小。

C.潜流的阻力系数

第Ⅰ组试验中曾对各个因子对于流速的影响进行了试验。试验企图应用河渠中流速计算公式，求出潜流的第一次近似关系。在河渠中，$V=C(RJ\rho)^{\frac{1}{2}}$，对于异重流来说，密度 $\rho$ 应以清浑水的密度差 $\Delta\rho$ 来代替，系数 $C$ 也应有所不同。

流速与密度差的平方根存在关系，对于黏土，根据第Ⅰ组试验结果，算出 $C$ 的数值在 100~130，平均为 120（cm-g-s 单位）。在第Ⅱ组试验里，算得 130~135。从第Ⅰ、Ⅱ两组试验的不同条件来看，差别是不算太大的。若取其平均值 125，则仅及天然河流 $C$ 值的 1/6。1937 年寇宁等曾用极稀的泥水进行试验，所得 $C$ 值也超过上述数值的 3 倍。

D.异重流淤积物的分离现象

第Ⅱ组试验中曾对异重流在前进中沿程淤积下来的泥沙的组成进行了分析。各组所用泥水的原始组成及密度列于表5-8。

表5-8　试验用泥水的原始组成

| 沙样 | 黏土含量（kg） | 细沙含量（kg） | 粗沙含量（kg） | 容积（L） | 密度（g/cm³） |
|---|---|---|---|---|---|
| 1 及 2 | 32 | 75 | 75 | 160 | 1.7 |
| 3 | — | 130 | 60 | 135 | 1.84 |

沙样 1 及 2 分别取自进口段末端下游 2.5 m 及 3.5 m 的地方，沙样 3 则直接取自进口段末端。

E.异重流进入三维槽中的扩散

在第Ⅲ组试验中，寇宁研究了高浓度的三维扩散现象。异重流在进入宽广的平底槽后，便立刻向四周扩散，泥沙沉淀下来，形成典型的三角洲。在进口的地方，由于潜流的动能关系，沿着进口水流的方向，在三角洲上冲成一个浅谷，而当动能被遮挡遏制以后，泥沙的分散沉淀主要受重力的作用，这时所形成的沙堆的扩张方向就和槽边垂直。泥水的容重愈大，稠度愈高，含沙量愈细，则淤积物的分布愈广，淤积厚度因距离的增加而递减的速度也愈小。

寇宁在有关异重流问题上所做的研究和试验还远不止上面所介绍的这些。因为他本人是一个地质学家，所以在水力学的推理上不一定十分严谨，试验的精度也不一定够高。读者们在援引他的成果的时候，最好采用比较保留的态度。当然，我们并不能因此就抹杀了寇宁在异重流问题上所做出的杰出贡献。

6.朗恩的试验

为了研究接近地面、具有不同温度的大气层，在越过山岭或其他障碍物时的运动情况，朗恩曾在水槽中对两层或三层上下不同密度的流体，在遇到障碍物后的流态进行了分析和试验。试验所用水槽长 3.05 m（10 尺），宽 12.7 cm（5 英寸），高 50.8 cm（20 英寸）。

所用液体为卤水以及四氯化碳与市场清絮液体的混合物。用马达带动与槽宽相等近半固体的流线型障碍物，使其沿渠底以等速前进。这样的安排意味着两层液体在经过障碍物前具有相同的流速，这一点与上述各试验的情况是有区别的。所采用两层液体的密度差为 0.025 g/cm$^2$。

根据试验分析，本试验的运动现象至少与下列三个无量纲数有关

$$Fr = \frac{V}{\sqrt{g \dfrac{\Delta\rho}{\rho} H}}, \qquad r_1 = \frac{h'}{H}, \qquad r_2 = \frac{h''}{H} \tag{5-5}$$

式中　$Fr$——弗劳德数；

$\quad\quad h'$——下层液体在障碍物上游的水深；

$\quad\quad h''$——障碍物的最大高度；

$\quad\quad H$——两层液体总高度。

这三个参数不同，通过障碍物时的流态也各有差异。

**（二）关于异重流交界面稳定问题的试验**

美国国家标准局、柯立根及美国麻省理工学院都曾先后对异重流交界面稳定问题进行过研究。劳斯与道杜则利用特殊设备，研究了两层密度不同的静止液体，因外加的紊动而相混的问题。这些试验的成果都总结在表 5-9 中。

**表 5-9　异重流交界面稳定问题试验成果的总结**

| 研究者 | 试验设备 | 液体性质 | 试验项目 | 主要成果 |
|---|---|---|---|---|
| 美国国家标准局 | 用三个水槽：<br>第一号，长 4.27 m，水塘长 1.22 m；<br>第二号，长 4.27 m，水塘长 2.44 m；<br>第三号，尺寸为第二号的一半 | 重液用硫代硫酸钠、糖。比重 1.02~1.20 | 相混时的临界流速、水力半径、黏滞系数、密度 | 判别数 $\theta = 0.153$（水力半径 0.39 m）<br>判别数 $\theta = 0.157$（水力半径 0.29 m）<br>判别数 $\theta = 0.147$（水力半径 0.15 m） |
| 柯立根 | 用三个水槽，断面各为 2 cm×4 cm、4 cm×8 cm 及 11.3 cm×28.5 cm，槽长约为深度的 25 倍 | 重液用糖水，比重 1.007~1.226 | 相混时的临界流速，交界面失去稳定后的扩散现象 | 判别数 $\theta = 0.127$（$Re < 450$）<br>判别数 $\theta = 0.178$（$Re > 450$） |
| 美国麻省理工学院 | 玻璃矩形水槽，长 2.4 m，高 45 cm，宽 11.5 cm，坡度最大可超过 15% | 重液用盐水，$\dfrac{\Delta\rho}{\rho} = 0.001 \sim 0.024$ | 相混时的临界流速 | 在雷诺数小时，判别数 $\theta$ 与雷诺数的立方根成反比 |
| 劳斯与道杜 | 直径 20 cm、高 50 cm 的透明塑料圆筒，附有振动的格栅 | 重液用盐水，比重 1.017~1.180 | 不同格栅振动频率下的盐淡水混合量 | 交界面的确定与雷诺数、弗劳德数及扩散情况有关 $\dfrac{D_f}{Fr^{1/2} Re} = 5 \times 10^4$ |

**(三)关于异重流吸出极限高度的试验**

60年来,不少学者对"异重流吸出极限高度"和"泄出层厚度"的问题进行了研究(见图5-1),其研究内容可分为5类:①二层流垂直壁二元和三元孔口出流时的吸出极限高度和流动泄出层厚度;②二层流二元和三元底孔出流时的吸出极限高度或泄出层厚度;③密度线性分布的分层流通过垂直壁二元和三元孔口时的吸出极限高度或泄出层厚度;④密度线性分布的分层流通过二元和三元底孔时的泄出层厚度;⑤异重流出口密度的变化规律。

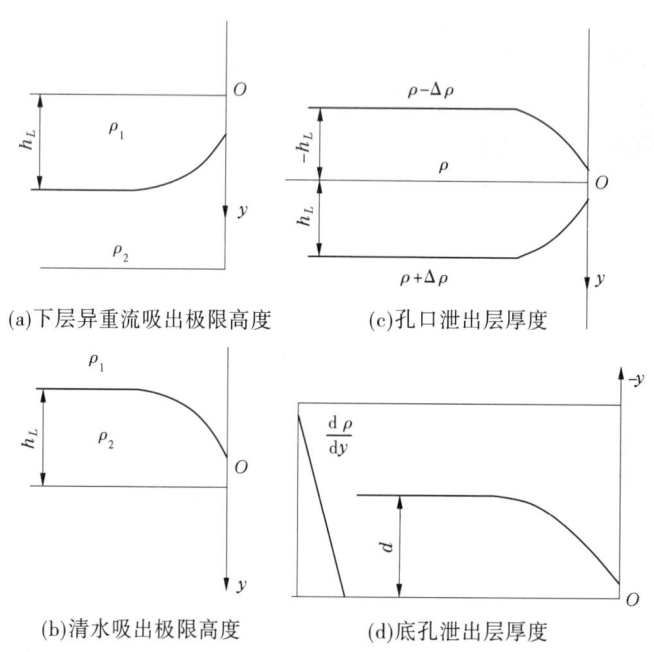

(a)下层异重流吸出极限高度          (c)孔口泄出层厚度

(b)清水吸出极限高度          (d)底孔泄出层厚度

**图 5-1　吸出极限高度和泄出层厚度示意**

测定吸出极限高度和流动泄出层厚度的方法为:①观察通过垂直壁孔口中有无下层异重流吸出的临界水力条件;②观察盐水密度线性分布的分层流通过底孔时,水流是否出现分层,上层流体不能排出,仅下层流体排出的临界密度弗劳德数;③用指示剂观测孔口前的流动泄出层的厚度无量纲数;④利用孔口泄流浓度变化的观测资料,确定泄出层的厚度无量纲数,以及下层异重流吸出极限高度参数和上层清水吸出极限高度参数。观测资料表明,用指示剂观测的泄出层厚度比用孔口泄流浓度变化所确定的泄出层厚度略大。

Cariel(1949)进行了盐水异重流孔口出流试验,观察和分析下层异重流可能排出时交界面与孔口之间的极限高度及与各因素的经验关系,其试验资料为 Craya 的水力学理论分析提供了基础。Craya(2011)利用两层之间交界面的上层和下层的两根流线的伯努利方程,求解二元和三元孔口出流时的下层异重流液体的吸出极限高度的无量纲判别数,对于二元孔口和三元孔口分别求得 $Cr_2 = 0.34$ 和 $Cr_3 = 0.154$。其理论结果同 Cariel 的盐水异重流试验结果接近。Craya 的简化图形忽略了黏滞力的影响,以后不少学者沿用此方法,如 Jirka 等(1979)、Lawrence 等(1979)、Wood(2001)等。此外,不少学者采用临界密度弗劳德数,或采用下层异重流起始泄出的临界流量(相当于异重流吸出极限高度时的流量）。

### （四）我国范家骅水槽试验

异重流水槽试验分别在 3 个水槽内进行,各槽的尺寸与试验项目列于表 5-10。

表 5-10　水槽尺寸

| 槽号 | 水槽尺寸(m) | | | 底坡 | 异重流 | 试验项目 |
|---|---|---|---|---|---|---|
| | 长 | 宽 | 高 | | | |
| 1 | 50 | 0.5 | 2.0 | ①0.005<br>②0.000 5 | 泥水 | 1.不恒定异重流;<br>2.恒定异重流;<br>3.异重流孔口出流,二元孔口、方孔及长方形孔口;<br>4.异重流的扩大损失 |
| 2 | 20 | 0.15 | 0.16~0.52 | ①0.001<br>②0.019 6<br>③0.03 | 泥水 | 1.异重流发生条件;<br>2.异重流挟带的极限粒径;<br>3.异重流的弯道损失 |
| 3 | 14 | 0.5 | 0.55 | ①0.01<br>②0.02 | 盐水 | 异重流孔口出流:二元孔口与方孔 |

1 号槽为两臂镶有若干玻璃观察窗的砖砌水槽,右臂有玻璃窗 19 个,其中除距槽端 18.8 m 处安装连续的 4 个窗口外,其余均为每隔 2 m 一个。左臂安装观测窗 5 个,第一个距槽端 2 m,其余每隔 10.1 m 一个。窗口尺寸为 0.8 m×1.2 m。

浑水试验系统,除上述水槽外,包括浑水池、常水头平水塔、清水池及电动抽水机 3 套(抽浑水、搅拌及抽清水各一套)。

水槽前后装有直式平板闸门,以控制水深和流量。水槽的前段另有溢流回水设备,把前端平板闸门关闭,即可调节进槽流量的大小。槽底和槽壁为水泥粉光表面。

圆形浑水池直径为 3.4 m,深 2.3 m,容积为 21 m³。利用一套抽水机的循环水流进行搅拌;同时平水塔中溢流回水池的部分流量,通过垂直管道注入浑水池,也起相当的搅拌作用。

平水塔为圆锥形,上部直径为 1.5 m,下部直径为 0.15 m,高 1.65 m,容积达 0.97 m³。用 15 cm 的管道通至水槽,管道上装有文杜利流量计,异重流试验时最大流量可达 12.6 L/s。

回水槽并列 2 个,两端分别安装木制闸门,全长约 55 m,各宽 0.75 m,深 0.65 m,容积共达 53.6 m³。

清水池长 7 m,宽 2.9 m,深 2.75 m,容积 40 m³。池中清水可以在很短时间内抽入异重流水槽,达到所需的清水水深。

试验之前,一方面将清水抽入水槽至一定深度,待其静止;另一方面将浑水池中的浑水开始搅拌。试验时首先调节流量达一定值,然后开启平板闸门,浑水进入水槽后即以异重流形式运动。试验中出槽水流储于回水槽内,而不直接流入浑水池内,以保持在试验时进槽水流中含沙量不变。

试验中测定流量、异重流头部流速、异重流沿程的厚度,以及不同断面的流速分布和含沙量分布。流速以奥脱型小流速仪施测,亦曾应用热丝仪测量,但效果不好。

2 号水槽为具有弯道的木框玻璃水槽,槽宽为 15 cm,底部为木板,两壁为玻璃。此槽曾进行过一次大的改动,其布置情况分别说明如下:

第一种布置:前段底坡为 0.002,后段为 0.027 6。

第二种布置:前段底坡为 0.001,后段为 0.019 6。

以上两种布置都有两个 90°的弯道,中线的曲率半径均为 0.5 m。两弯道之间的距离为 1.5 m。

第三种布置:前段 6 m 内的底坡为 0.001,以后的底坡为 0.019 6。直段长 20.6 m,之后接曲率半径为 0.5 m 的 180°弯道,以下的直段长 4.5 m,最后为扩大段。

水槽试验中的浑水,取自 1 号槽的浑水池,经过一个较小的平水塔进入槽内,并利用 1 号槽的回水槽储存出流水流。

试验的流量范围为 0.3~0.4 L/s,以容积法测定流量。

3 号槽为底部可以调整、两臂镶有玻璃的钢槽,底坡为水泥板。底坡的调节范围为 0~3%。在水槽进口处安装木架,上有直径 1.5 m、高 1.2 m 的密封圆柱水箱,容积为 2.1 m³。箱上有加盐水的孔口,箱上部有通气孔,其作用是使出流保持为常值。箱下有控制出流闸门,最大出流量可达 5 L/s。

槽的前部装有弧形隔板,使盐水入槽后沿隔板在槽底运动。

试验前槽内充满清水,盐水自铁箱中流出,形成异重流向下游运动。用秒表测量异重流头部的流速,沿纵向观测异重流的厚度,用虹吸管沿垂线深度吸取水样,测定出含盐量的分布。

## 二、水库异重流的物理相似条件

模型设计采用的相似条件包括水流重力相似、阻力相似、挟沙相似、泥沙悬移相似、河床冲淤变形相似、泥沙起动、扬动相似及河型相似,同时考虑异重流运动相似,即满足异重流发生(或潜入)相似、异重流挟沙相似及异重流连续相似。模型沙选用郑州热电厂粉煤灰。

鉴于黄河水沙条件及河床边界条件的复杂性,20 世纪 80 年代末,黄科院在前人研究成果的基础上,对黄河动床模型相似条件进行了深入的探讨和研究,提出一套完整的模型相似律,并在模型试验中广泛采用,使其日臻完善。相似律主要由下式组成:

水流重力相似条件

$$\lambda_V = \lambda_H^{0.5} \tag{5-6}$$

水流阻力相似条件

$$\lambda_n = \frac{\lambda_R^{2/3}}{\lambda_V} \lambda_J^{0.5} \tag{5-7}$$

泥沙悬移相似条件

$$\lambda_\omega = \lambda_V \frac{\lambda_H}{\lambda_{\alpha_*} \lambda_L} \tag{5-8}$$

水流挟沙相似条件

$$\lambda_s = \lambda_{s_*} \tag{5-9}$$

河床冲淤变形相似条件

$$\lambda_{t_2} = \frac{\lambda_{\gamma_0} \lambda_L}{\lambda_s \lambda_V} \tag{5-10}$$

泥沙起动及扬动相似条件

$$\lambda_{V_c} = \lambda_V = \lambda_{V_f} \tag{5-11}$$

河型相似条件

$$\left[ \frac{\left( \frac{\gamma_s - \gamma}{\gamma} D_{50} H \right)^{1/3}}{JB^{2/3}} \right]_m \approx \left[ \frac{\left( \frac{\gamma_s - \gamma}{\gamma} D_{50} H \right)^{1/3}}{JB^{2/3}} \right]_p \tag{5-12}$$

式中　$\lambda_L$——水平比尺；

$\lambda_H$——铅直比尺；

$\lambda_V$——流速比尺；

$\lambda_n$——糙率比尺；

$\lambda_J$——比降比尺；

$\lambda_\omega$——泥沙沉速比尺；

$\lambda_R$——水力半径比尺；

$\lambda_{V_c}$、$\lambda_{V_f}$——泥沙起动流速、扬动流速比尺；

$\lambda_{\alpha_*}$——平衡含沙量分布系数比尺；

$\lambda_s$、$\lambda_{s_*}$——含沙量及水流挟沙力比尺；

$\lambda_{t_2}$——河床变形时间比尺；

$\lambda_{\gamma_0}$——淤积物干容重比尺；

$B$——造床流量下河宽；

$H$——造床流量下平均水深；

$J$——河床比降；

$\gamma_s$、$\gamma$——泥沙、水的容重；

$D_{50}$——床沙中值粒径。

对于水库而言，蓄水条件下，泥沙输移过程会发生性质上的变化，亦即处于异重流输移状态。因此，除必须保证泥沙悬移相似外，还应考虑异重流运动相似。研究认为，为保证异重流运动相似，尚需满足以下相似条件：

异重流发生（或潜入）相似条件

$$\lambda_{se} = \left[ \frac{\gamma(\lambda_{k_1} - 1)}{\frac{\gamma_{sm} - \gamma}{\gamma_{sm}} S_p} + \lambda_{k_1} \frac{\lambda_{\gamma_s - \gamma}}{\lambda_{\gamma_s}} \right]^{-1} \tag{5-13}$$

异重流挟沙相似条件

$$\lambda_{s_e} = \lambda_{s_{e*}} \tag{5-14}$$

水流连续相似条件

$$\lambda_{t_e} = \lambda_L / \lambda_V \tag{5-15}$$

式(5-13)~式(5-15)中下标"$m$""$p$""$e$"分别代表模型、原型及异重流有关值。$\lambda_{\gamma_s - \gamma}$ 为泥沙与水的容重差比尺。式(5-13)中 $\lambda_{k_1}$ 为考虑浑水容重沿垂线分布不均匀性而引入的修正系数比尺,修正系数 $k_1$ 的定义式为

$$k_1 = \frac{\int_0^{h_e} \left( \int_z^{h_e} \gamma_m \mathrm{d}z \right) \mathrm{d}z}{\gamma_m \dfrac{h_e^2}{2}} \tag{5-16}$$

若取 $\lambda_{k_1} = 1$,则式(5-13)为 $\lambda_{s_e} = \lambda_{\gamma_s}/\lambda_{\gamma_s - \gamma}$,即为常见的异重流发生相似条件。水库动床模型多采用轻质沙作为模型沙,则由 $\lambda_{s_e} = \lambda_{\gamma_s}/\lambda_{\gamma_s - \gamma}$ 求得的含沙量比尺会小于1,而大量的研究结果表明,多沙河流模型的 $\lambda_s$ 往往大于1。从另一方面讲,由河床变形相似条件看出,如果 $\lambda_s < 1$,将导致时间变态,使得一定的入库水沙过程所对应的库水位及相应库容相差甚多,更谈不上异重流运动的相似性。因此,式(5-13)对多沙河流水库模型设计具有十分重要的意义。

在运用式(5-16)时,尚需引入异重流含沙量分布公式。由于紊动扩散作用及重力作用仍是决定异重流挟沙运动的一对主要矛盾,其浓度沿水深的分布及挟沙能力规律与一般挟沙水流应当类似。因此,模型设计时,可引用张红武的含沙量沿垂线分布公式计算异重流含沙量垂线分布。

利用原型水沙及河床边界特征值及模型相似条件进行模型设计,并经三门峡水库验证,确定的主要比尺汇总于表5-11。

表 5-11　模型主要比尺汇总

| 比尺名称 | 比尺值 | 依据 |
|---|---|---|
| 水平比尺 $\lambda_L$ | 300 | 试验要求及场地条件 |
| 铅直比尺 $\lambda_H$ | 45 | 满足变率限制条件 |
| 流速比尺 $\lambda_V$ | 6.71 | 水流重力相似条件 |
| 流量比尺 $\lambda_Q$ | 90 585 | $\lambda_Q = \lambda_L \lambda_H \lambda_V$ |
| 糙率比尺 $\lambda_n$ | 0.73 | 水流阻力相似条件 |
| 沉速比尺 $\lambda_\omega$ | 1.34 | 泥沙悬移相似条件 |
| 容重差比尺 $\lambda_{\gamma_s - \gamma}$ | 1.5 | 郑州热电厂粉煤灰 |
| 起动流速比尺 $\lambda_{V_c}$ | $\approx 6.71$ | 泥沙起动相似条件 |

续表 5-11

| 比尺名称 | 比尺值 | 依据 |
|---|---|---|
| 含沙量比尺 $\lambda_s$ | 1.70 | 挟沙相似及异重流运动相似条件 |
| 干容重比尺 $\lambda_{\gamma_0}$ | 1.74 | $\lambda_{\gamma_0} = \gamma_{0p}/\gamma_{0m}$ |
| 水流运动时间比尺 $\lambda_{t_1}$ | 44.7 | $\lambda_{t_1} = \lambda_L/\lambda_V$ |
| 河床变形时间比尺 $\lambda_{t_2}$ | 45.8 | 河床冲淤变形相似条件 |

## 三、小浪底水库异重流的物理模型设计

### (一)工程概况

小浪底水利枢纽工程位于黄河中游最后一个峡谷的出口,上距三门峡水库 130 km,下游是黄淮海平原,处在承上启下控制黄河水沙的关键部位。水库的开发目标以防洪(包括防凌)、减淤为主,兼顾灌溉、供水、发电。水库总库容 128.8 亿 m³,其中拦沙库容约 75 亿 m³,可以长期保持有效库容 51 亿 m³。小浪底水库与三门峡、陆浑、故县等干支流水库联合运用,可大大提高下游洪水防护标准,并可减轻三门峡水库的防洪负担。凌汛期,小浪底水库可提供 20 亿 m³ 的防凌库容,与三门峡水库联合运用,可基本解除下游的凌汛威胁。利用水库拦沙库容可拦蓄泥沙 100 亿 t,加上水库调水调沙的作用,相当于使下游河道在较长时期内不淤积抬升。水库的调节作用,除保证沿黄工业和城市供水外,还可提高灌溉保证率和灌溉引水量。水库多年平均发电量 54 亿 kW·h,是河南电力系统中理想的调峰电站。

小浪底水库的主要建筑物包括拦河坝、泄洪排沙系统和发电引水系统。小浪底水库的泄洪、排沙、引水建筑物均集中布置在北岸,最低部位的 3 条排沙洞和 3 条孔板泄洪洞进口高程为 175 m,3 条高位明流泄洪洞,进口高程分别为 195 m、209 m 和 225 m,溢洪道高程为 258 m,发电洞进口高程 1#~4# 为 195 m,5#~6# 为 190 m,泄水建筑物形成了一个低位排沙、高位排污、中间引水发电的布局。

小浪底水库库区河段系峡谷弯曲型河道,平面形态上窄下宽。根据河道平面形态的不同,可将库区划分为两段。上段自三门峡水文站至板涧河口,长 63 km,河谷底宽 200~400 m。下段自板涧河口至小浪底拦河坝,长约 67 km,河谷底宽 800~1 400 m,其中距坝 30 km 至 34 km 之间,被称为八里胡同的库段,河谷宽仅 200~300 m。库区有 12 条较大的支流入汇,集中分布在库区下段。库区原始河床为砂卵石覆盖的岩石河床,平均比降约 11‰,沿程有许多险滩,河床纵剖面起伏不平,局部有基岩出露,形成跌水。小浪底水库投入运用后,由于泥沙的淤积,河床组成及形态将发生很大变化。

小浪底水库原始库容分布特点是:干流库容约占总库容的 64.3%;高程 230 m 以上的库容约占总库容的 67.5%;距坝约 30 km 库段的库容约占总库容的 60.3%;八里胡同以下的 4 条大支流(畛水河、大峪河、石井河、东洋河)的库容占支流总库容的 72%;距坝 67 km

以上库段(库段长占总库长的 52%)的库容约占总库容的 6.8%。

### (二)研究目的及内容

通过小浪底库区物理模型试验,预测小浪底水库在不同的运用阶段及运用方式下,库区水沙运动规律、排沙特性及库区纵横剖面形态变化过程,为选择水库最优运用方式提供必要的科学依据。

### (三)试验范围及平面布置

对于试验范围,曾提出了 3 个对比方案。方案 1 为小浪底大坝至八里胡同约 33 km 的库段;方案 2 为小浪底大坝至板涧河附近约 67 km 的库段;方案 3 为全部库区。

通过方案比选认为方案 1 库段太短,不能全面了解库区水沙运动规律、排沙特性及淤积形态变化等内容,满足不了试验要求。再者,入库水沙过程要经过 90 km 库段的调整才能到达模型进口断面,因此模型进口水沙条件难以准确给出。方案 3 能够满足模型试验的全部要求是无可置疑的,但模型长度比方案 2 几乎大一倍,限于试验经费,同时考虑到距坝 67 km 以上库段的库容仅占总原始库容的 7%,且相对讲,该库段水沙运行及冲淤变化与下段相比要简单得多。因此,现阶段选用方案 2,即取试验范围为板涧河至大坝约 67 km 的库段。该库段包括了库区近 90% 的干流原始库容,近 100% 的支流原始库容(若该库段的支流能全部模拟)及 85% 以上的有效库容。本库段以上库区河道比降较陡,河谷狭窄,水沙调整幅度不大,进口水沙过程容易确定,各方面基本满足试验要求。

库区有十余条较大支流集中分布在选定的试验范围内,其中畛水河为最大的一条支流,原始库容达 17.5 亿 m³,为此专门修建了长 50 m、宽 18 m 的试验厅容纳该支流,其余支流视场地条件或全部或部分模拟。基本上全部模拟的支流除畛水外,自下而上还有石井河、亳清河、板涧河等,模型平面布置图见图 5-2(图中没有显示畛水河全貌),图中各断面距坝里程见表 5-12。

小浪底坝址断面原始平均河底高程约为 130 m,在工程导截流期间,部分泥沙被拦截在库内,坝前淤积高程达 167 m。因此,模型高程模拟范围选择 165 m 至水库正常蓄水位 275 m。小浪底泄水建筑物最低部位的排沙洞和孔板泄洪洞进口高程为 175 m,模型最低高程定为 165 m 亦可满足排沙洞及孔板泄洪洞前淤积面高程调整幅度的需要。

综上所述,模型模拟的原型长度约 70 km,高度为 110 m,按水平比尺 $\lambda_L = 300$,铅直比尺 $\lambda_H = 45$,则模型长约 230 m,高约 2.5 m。

### (四)模型制作及测试设备

模型地形按照小浪底水库运用方式研究项目组提供的小浪底库区最新地形图及部分断面资料制作。根据项目组提供的断面资料,干流库段自下而上有 36 个(HH01~HH36),支流有 115 个。为更好地控制地形,提高模型制作精度,在此基础上又内插出 215 个断面,共计有 366 个控制断面。对两断面之间的地形,参照地形图制作。坝前局部地形根据项目组提供的地形资料进行精细制作,在模型不足 1 m² 的范围内采用 100 余个控制点控制地形,以保证坝前地形的相似性。

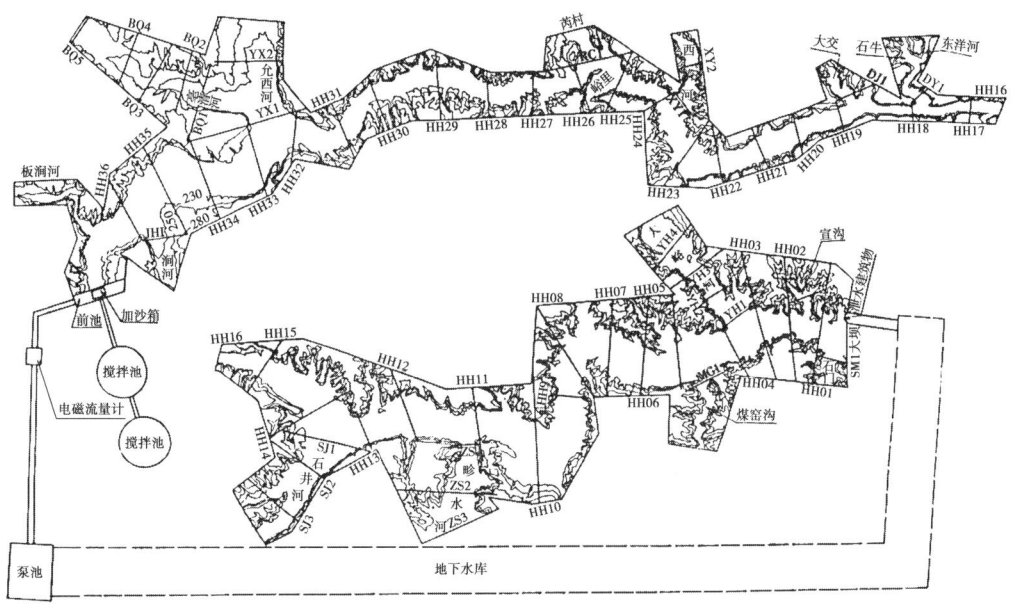

图 5-2　小浪底库区模型平面布置

表 5-12　小浪底库区模型各观测断面距坝里程统计

| 断面号 | 距坝里程（km） | 断面号 | 距坝里程（km） | 断面号 | 距坝里程（km） |
|---|---|---|---|---|---|
| HH01 | 1.45 | HH13 | 21.41 | HH25 | 42.51 |
| HH02 | 2.54 | HH14 | 23.22 | HH26 | 44.43 |
| HH03 | 3.58 | HH15 | 25.66 | HH27 | 46.05 |
| HH04 | 4.90 | HH16 | 27.25 | HH28 | 47.78 |
| HH05 | 6.89 | HH17 | 28.44 | HH29 | 49.63 |
| HH06 | 8.36 | HH18 | 30.58 | HH30 | 51.53 |
| HH07 | 9.83 | HH19 | 33.10 | HH31 | 53.53 |
| HH08 | 11.37 | HH20 | 34.74 | HH32 | 55.22 |
| HH09 | 12.64 | HH21 | 36.10 | HH33 | 56.85 |
| HH10 | 15.24 | HH22 | 37.63 | HH34 | 58.91 |
| HH11 | 17.33 | HH23 | 38.90 | HH35 | 60.51 |
| HH12 | 19.72 | HH24 | 40.87 | HH36 | 62.11 |

为保证模型的安全,经反复计算,模型外边墙采用100#砖及425#水泥砌成,底部厚度为1 m,向上逐渐减少至0.75 m、0.5 m、0.38 m及0.24 m。边墙内填充物为黄河滩地沙土,层层夯实后塑制地形,其上用砖衬砌再用水泥砂浆粉面。为减少填充沙土对模型边墙的压力,在模型内安装大约250个排水孔。

模型制作完成后,又对地形进行反复测量修正,使模型地形与原型符合,从而保证了模型几何形态及库容与原型相似。

对于枢纽泄水建筑物,采用复合变态而实现泄流能力相似的原则,将排沙洞18个进口概化成6个,出口为3条洞;发电洞18个进口概化为6个,出口仍为6条洞;孔板泄洪洞及明流洞仍各保持3条,并保证各洞进口高程不变。此方案在制作之前,得到项目组及有关专家的认可。

## 四、小浪底水库异重流物理模拟

### (一)边界条件及水沙条件

#### 1. 验证时段选择

小浪底水库是修建在多沙河流上的大型水利枢纽,面对黄河下游河道日趋淤积抬高的状况,减淤就与防洪、防凌共同成为小浪底水利工程的主要开发任务。为了充分发挥小浪底水库对黄河下游的减淤效益,根据多沙河流水库运行的实践经验,提出了调水调沙的运用方式,即通过水库调节,使出库水沙过程适应黄河下游河道的输沙规律,从而达到减淤的目的。因此,即使在小浪底水库运用初期,其排沙形式也十分复杂。而模型的验证利用水沙条件及河床边界与之相近的三门峡水库完成。模型的验证时段应包括较为明显的淤积及冲刷时段。此外,在验证时段内,应具有完整的地形观测资料及流速、含沙量、级配等实测资料。同时,在保证验证试验要求的前提下,考虑验证试验的可操作性。

基于上述原则,在征得小浪底水库运用方式研究项目组同意后,选择1962年9月17日至10月20日验证水库壅水淤积过程及1964年10月13日至1965年4月15日验证水库泄水冲刷过程。此外,又选择了1977年及1962年一定时段分别对高含沙量洪水及异重流进行了概化试验。选定的验证时段见表5-13。

表5-13　三门峡库区验证时段

| 时段 | 初始地形 | 水库运用及河床变化 |
| --- | --- | --- |
| 1962年9月17日至10月20日 | 1962年9月中旬 | 水库滞洪排沙,库区壅水淤积 |
| 1964年10月13日至1965年4月15日 | 1964年10月中旬 | 水库敞泄排沙,库区沿程及溯源冲刷 |
| 参考1962年7月过程概化 | 1962年7月上旬 | 异重流排沙 |
| 参考1977年7月过程概化 | 1977年6月下旬 | 高含沙水流敞泄或壅水排沙 |

#### 2. 验证范围选择

如前所述,在选择的验证时段内,具有多种排沙方式,包括壅水排沙、敞泄排沙及异重流排沙。河床变形极为复杂,包括沿程淤积、沿程冲刷及溯源冲刷等。如此复杂的排沙方式及河床变形在坝前近30 km的库段内(HY18至大坝)得到充分反映,因此选HY18至大坝之间为本次验证范围,平面图见图5-3。

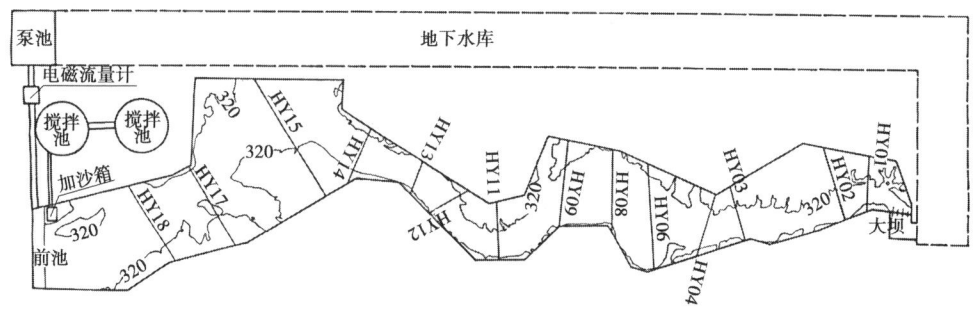

图 5-3　三门峡库区验证库段模型平面布置图

**3.验证时段水沙条件设计**

在验证时段内,虽然在模型进口断面的上下游分别有北村站(距坝 42.3 km)及茅津站(距坝 15 km)的实测资料,但由于水库运用方式的不同,库区水流含沙量沿程调整极大,故两站的流量、含沙量过程均不能作为进口水沙条件,需进行设计。进口断面水沙条件设计采用实测资料分析与泥沙数学模型计算相结合的方法。首先根据三门峡水文站的实测沙量资料,结合北村站以下库区淤积量,对北村断面沙量资料进行修正,再通过黄科院曲少军等研制的三门峡库区泥沙数学模型计算确定。

通过计算及合理性分析,得到模型进口断面水沙量及各级流量、含沙量出现天数统计结果,分别见表 5-14 ~ 表 5-16,逐日流量、含沙量过程线见图 5-4 及图 5-5。

表 5-14　模型进口断面水沙量统计结果

| 时段<br>(年-月-日) | 水量<br>(亿 m³) | 沙量(亿 t) 及百分数(%) | | | | | |
|---|---|---|---|---|---|---|---|
| | | 全沙 | $d > 0.05$ mm | | $d = 0.025 \sim 0.05$ mm | | $d < 0.025$ mm |
| 1962-09-17 ~ 1962-10-20 | 54.28 | 1.074 | 0.077 | 7 | 0.235 | 22 | 0.762 | 71 |
| 1964-10-13 ~ 1965-03-18 | 198.62 | 5.510 | 1.850 | 33 | 1.920 | 35 | 1.740 | 32 |
| 1965-03-19 ~ 1965-04-16 | 28.81 | 0.700 | 0.250 | 36 | 0.290 | 41 | 0.160 | 23 |
| 1964-10-13 ~ 1965-04-16 | 227.43 | 6.210 | 2.100 | 34 | 2.210 | 36 | 1.900 | 30 |

表 5-15　模型进口断面各级流量出现天数统计　　　　　　　　(单位:d)

| 时段<br>(年-月-日) | 流量级 (m³/s) | | | | | | $\overline{Q}_{max}$ | $\overline{Q}_{min}$ |
|---|---|---|---|---|---|---|---|---|
| | <1 000 | <2 000 | <3 000 | <4 000 | <5 000 | ≥5 000 | | |
| 1962-09-17 ~ 1962-10-20 | 0 | 18 | 34 | 34 | 34 | 0 | 2 554 | 1 059 |
| 1964-10-13 ~ 1965-04-16 | 110 | 153 | 165 | 176 | 186 | 0 | 4 618 | 579 |

**(二)验证试验结果**

验证试验以时段初实测的地形资料制作初始地形,试验运行时严格控制进口流量、含沙量、悬移质泥沙级配及坝前水位与原型一致。重点观测出库含沙量、沿程水位、流速分布等,最终以时段末实测地形来判断库区冲淤量及纵向、横向分布是否与原型相似。

表 5-16　模型进口断面各级含沙量出现天数统计　　　　　（单位:d）

| 时段 | 含沙量（kg/m³） | | | | | | |
|---|---|---|---|---|---|---|---|
| （年-月-日） | <15 | <30 | <50 | <100 | ≥100 | $\overline{S}_{max}$ | $\overline{S}_{min}$ |
| 1962-09-17 ~ 1962-10-20 | 7 | 30 | 34 | 34 | 0 | 34.1 | 10.0 |
| 1964-10-13 ~ 1965-04-16 | 6 | 123 | 185 | 186 | 0 | 50.4 | 7.4 |

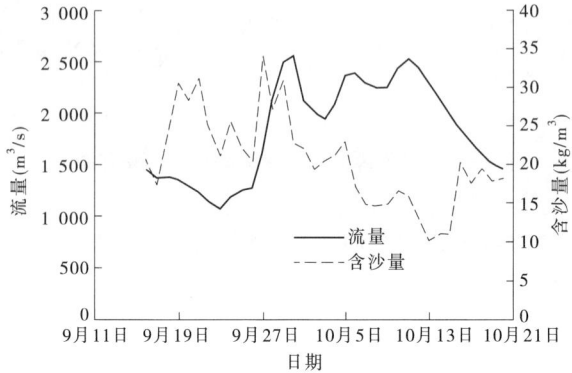

图 5-4　模型进口断面流量及含沙量过程线（1962 年）

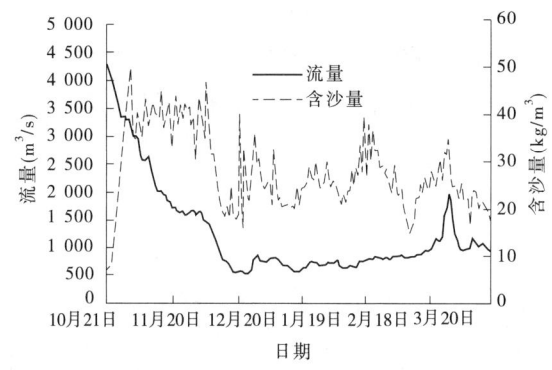

图 5-5　模型进口断面流量及含沙量过程线（1964 ~ 1965 年）

1. 淤积时段验证试验结果

1）原型情况分析

1962 年 9 月中旬至 10 月中旬,基本上包括了一场小洪水过程。9 月 16 日北村站流量接近 1 500 m³/s,至 23 日逐渐减小至验证时段内日平均最小值 1 070 m³/s。此后流量逐渐增大,至 9 月底达到验证时段内日平均最大值 2 680 m³/s,至 10 月 13 日,流量基本上维持在 2 000 ~ 2 500 m³/s。HY18 断面含沙量除与入库(潼关)含沙量的大小有关外,亦与坝前水位有关。9 月 16 ~ 26 日,由于坝前水位较低,壅水范围短,水库上段产生少量的沿程冲刷,HY18 断面含沙量较潼关站含沙量略有增加。之后随入库流量增加,水库自然滞洪,坝前水位逐渐抬高,近坝库段形成壅水,北村以下库区沿程淤积,HY18 断面含沙量较北村断面有所减小。验证时段内,泄水建筑物 12 个深孔全部处于开启状态。从实测坝前水位过程线看,9 月 16 日水位接近 309 m,随着流量的减小,水位逐渐降低至 307.27 m,之后随着入库流量增加至大于当时水位的泄流能力时,水位开始上升,日平均最高水位为 312.22 m,与日平均最大流量出现的时间相应。

出库含沙量过程与来水来沙条件、水库运用水位、悬沙组成及排沙方式等因素有关。9月16～22日,HY18断面流量减小,含沙量相对较大,水库为低壅水排沙,出库含沙量相对较大;9月27～30日,来水流量较大,含沙量较高,在坝区出现了不十分明显的异重流排沙,出口含沙量较大;10月以后,来水含沙量较小,加之水库坝前水位较高,水库为壅水排沙,出库含沙量较小。

2)初始地形

三门峡水库1962年9月中旬,在HY18断面以下库段共测量了11个断面,基本上控制了地形变化情况。此外,沿库区各部位对淤积物进行了取样分析。因模拟时段为单向淤积过程,床沙基本不与悬沙交换,因此可仅考虑表层床沙级配与原型相似。实测断面资料及床沙级配资料为制作初始地形的重要依据。

3)悬沙级配

模型悬沙级配取决于原型悬沙级配及粒径比尺。粒径比尺 $\lambda_d = (\lambda_\omega \lambda_\nu / \lambda_{\gamma_s - \gamma})^{1/2}$ ,其中 $\lambda_\omega$ 及 $\lambda_{\gamma_s - \gamma}$ 分别为泥沙沉速比尺及容重差比尺,如前所述两者取值分别为1.34及1.5; $\lambda_\nu$ 为水流运动黏滞系数比尺,该值与水流含沙量大小,特别是原型与模型的水温差有关。由于在验证时段内,含沙量本身为一变值,加之原型沙与模型沙种类不同,以及含沙量比尺等因素,在确定 $\lambda_\nu$ 时,若严格考虑含沙量对 $\lambda_\nu$ 的影响是十分困难的。再者,对一般挟沙水流,含沙量的影响相对较小,因而在试验过程中确定 $\lambda_\nu$ 时,仅考虑模型与原型水温差。由实测资料可知,1962年9月下旬及10月上、中旬,黄河北村、茅津及史家滩站水温基本相同,一般为14～16℃,可取平均值15℃。验证试验期间,模型水温亦接近15℃。因此, $\lambda_\nu$ 可近似取1,则粒径比尺 $\lambda_d = \left(\dfrac{1.34}{1.5}\right)^{1/2} = 0.95$ 。

HY18断面原型悬沙粒径 $d_{50}$ 一般为0.016～0.019mm,按粒径比尺 $\lambda_d$ 可得到模型进口悬沙粒径 $d_{50}$ 应为0.017～0.02mm,选配后的模型悬沙级配曲线与原型资料的比较结果见图5-6。由此可以看出,模型沙级配基本与原型平均情况接近。只是在9月27～30日期间,由于悬沙粒径较时段平均为细,因此模型悬沙粒径较原型略粗。

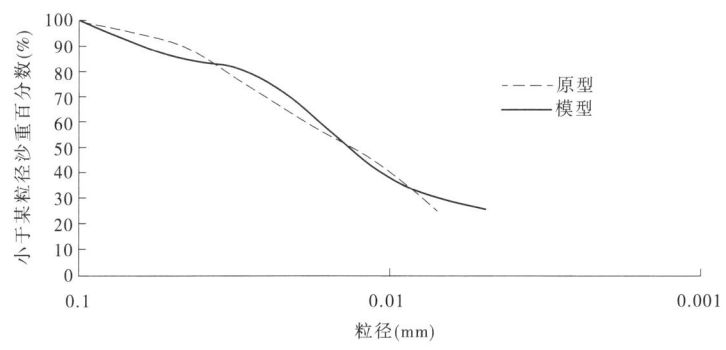

图5-6 HY18断面悬沙级配曲线(1962年)

4)试验结果

A.水位

原型资料中,茅津站(HY12)及史家滩站(HY01)均有较完整的水位观测资料。将原型资料及模型观测资料进行对比,绘制图 5-7 及图 5-8。从图中可以看出,模型与原型水位过程符合较好,说明模型满足阻力相似。图 5-9 给出了某时段沿程水面线,可以看出随坝前水位升高库区水面线的变化过程。

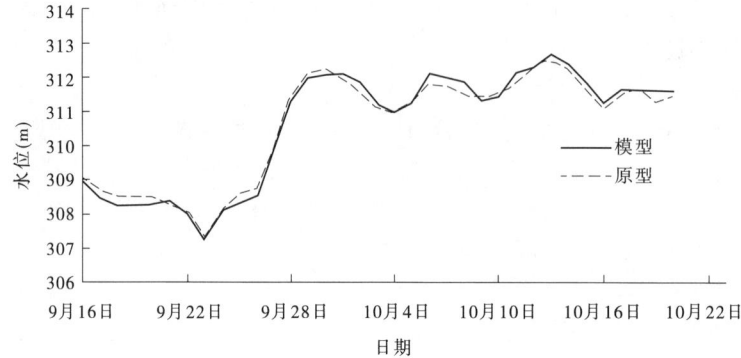

图 5-7 茅津站水位过程验证结果(1962 年)

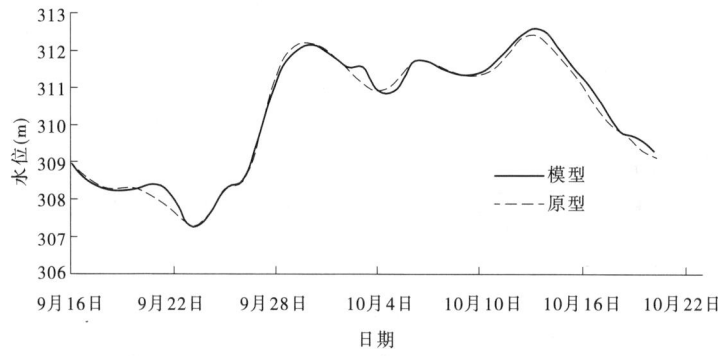

图 5-8 史家滩站水位过程验证结果(1962 年)

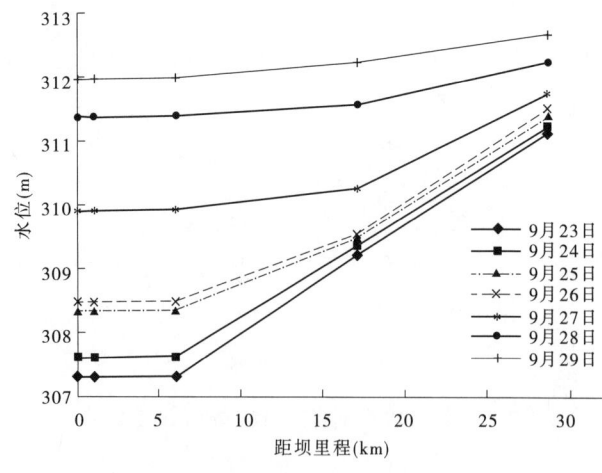

图 5-9 验证时段沿程水面线(1962 年)

B. 出库含沙量

验证试验出库含沙量过程与原型对比结果见图 5-10。从图中可以看出,除个别时段略有差别外(9 月底模型出口含沙量小于原型,似与模型悬沙较原型为粗所致),出库含沙量变化趋势与原型基本一致。

原型资料显示,9 月下旬坝区段形成异重流排沙。图 5-11 及图 5-12 点绘了某些断面和时段原型及模型流速沿垂线分布及含沙量沿垂线分布,可以看出,两者符合较好,表明本模型可做到流速分布及含沙量分布相似,同时也说明试验对异重流运动进行的模拟是成功的。

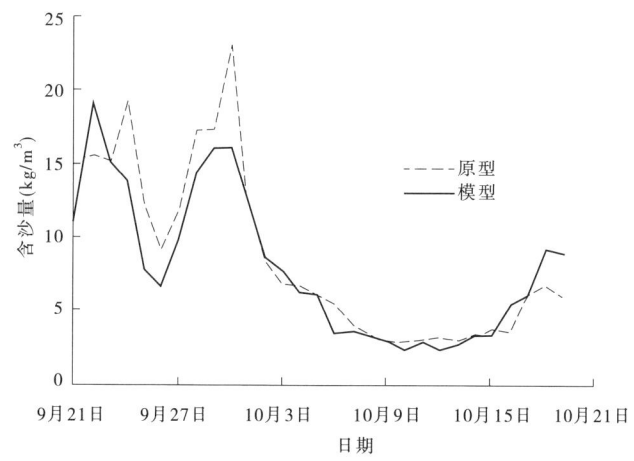

图 5-10　出库含沙量过程验证结果(1962 年)

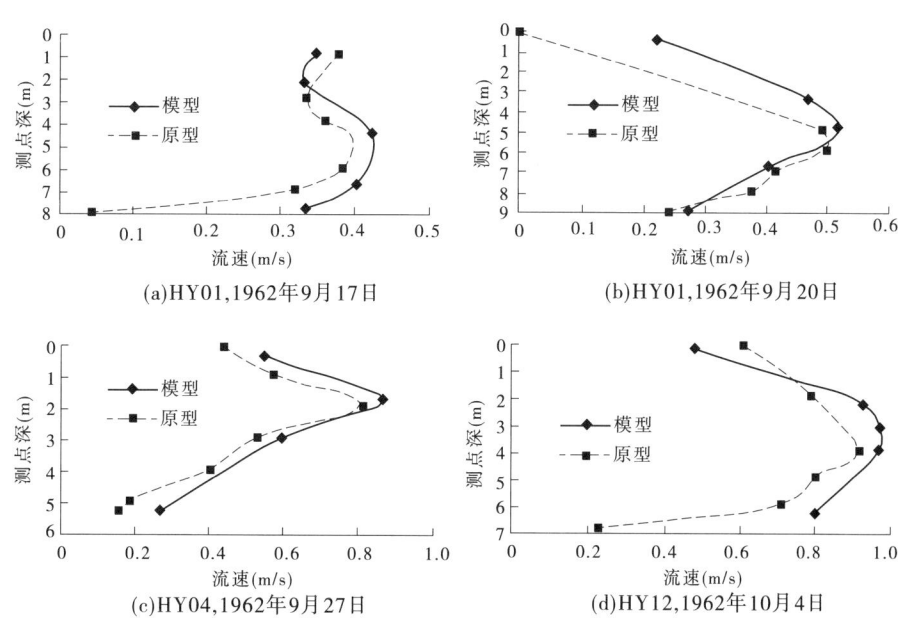

(a)HY01,1962年9月17日　　　　　(b)HY01,1962年9月20日

(c)HY04,1962年9月27日　　　　　(d)HY12,1962年10月4日

图 5-11　流速沿垂线分布验证结果(1962 年)

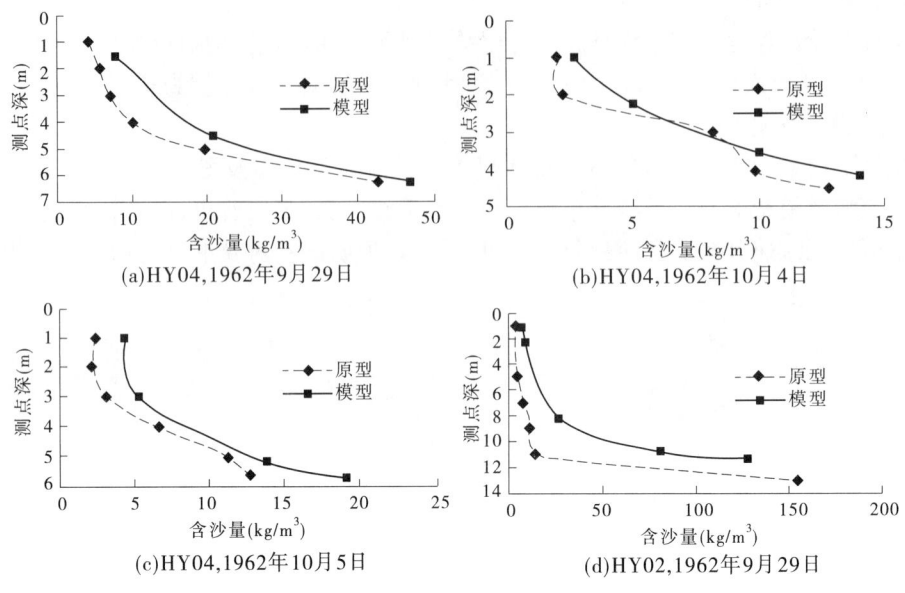

图 5-12　含沙量沿垂线分布验证结果(1962 年)

C. 出库悬沙级配

取代表时段的出库悬沙进行颗分,其结果与原型对比见图 5-13。可以看出,两者符合较好。

D. 冲淤量及分布

在验证时段内,原型进口沙量为 1.08 亿 t,库区淤积 0.527 亿 m³。模型淤积量为 0.569 亿 m³,与原型相近。由断面测验资料可以看出,各库段淤积量与原型符合较好,见表 5-17,表明沿程淤积分布也颇为相似。

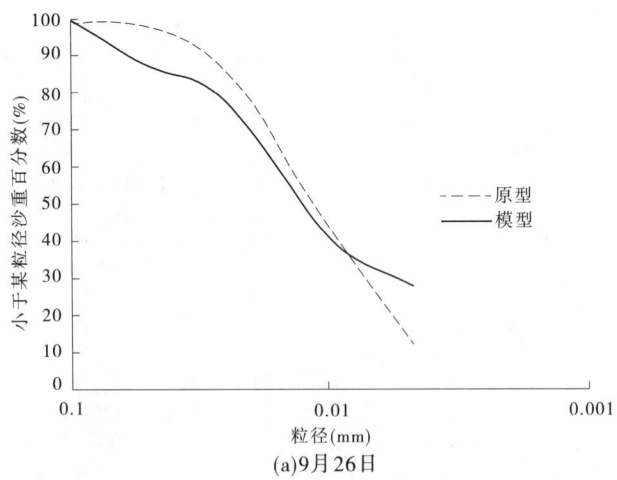

图 5-13　出库悬沙级配验证结果(1962 年)

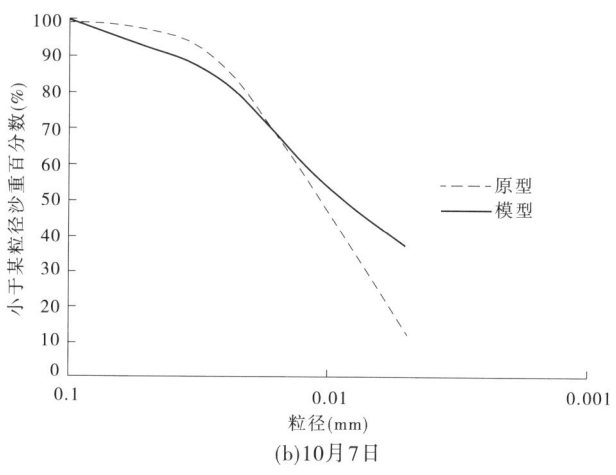

(b)10月7日

续图 5-13

表 5-17　各库段冲淤量验证结果　　　　　　　　　（单位：亿 m³）

| 库段 | HY01～HY02 | HY02～HY04 | HY04～HY08 | HY08～HY12 | HY12～HY15 | HY15～HY17 | HY01～HY17 |
|---|---|---|---|---|---|---|---|
| 原型 | 0.000 2 | 0.024 | 0.058 | 0.105 | 0.226 | 0.114 | 0.527 |
| 模型 | 0.000 8 | 0.043 | 0.057 | 0.106 | 0.237 | 0.125 | 0.569 |

　　实测资料表明,在验证时段内,库区基本上为平行抬升,断面平均淤积厚度为 0.15～3.6 m,坝区淤积极少。从时段末原型与模型断面资料对比(见图 5-14)可以看出,HY04～HY17 断面之间,无论是淤积分布还是淤积量,两者均符合较好,只是坝前段模型比原型淤积量略多。

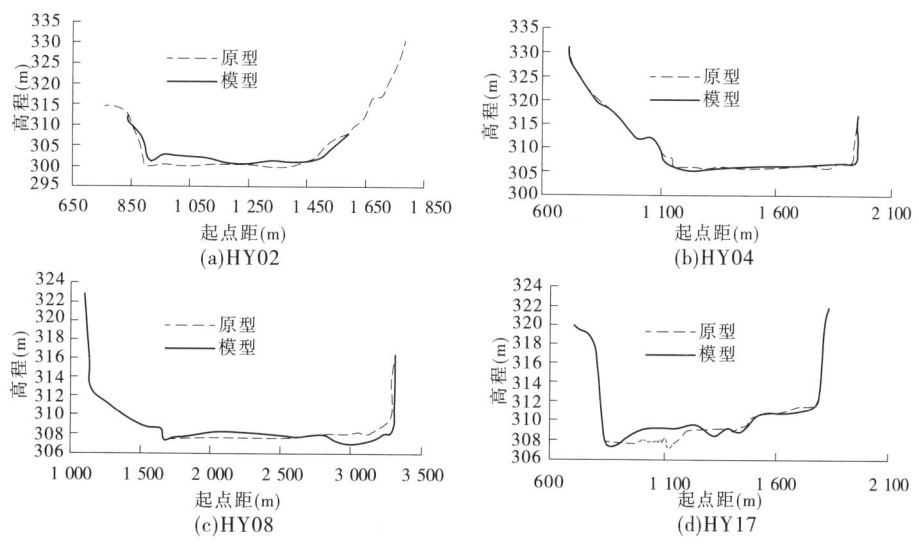

图 5-14　库区河床变形验证结果(1962 年)

　　由上述 1962 年 9 月 17 日至 10 月 20 日的验证试验可看出,沿程水位及过程与原型符合较好,说明模型可以满足阻力相似;模型出口含沙量及过程、悬沙级配与原型符合较好;库区淤积量及分布与原型基本一致。模型对异重流运行进行了较好的模拟。

2.冲刷时段验证试验结果

1)原型资料分析

1964年为大水大沙年,汛期库区滞洪淤积。10月下旬至翌年4月中旬,来水总趋势逐渐减小。潼关流量由10月21日的3 930 m³/s减小至11月16日的2 050 m³/s,至12月10日为1 020 m³/s,之后流量基本上维持在600~900 m³/s,只是在3月桃汛期流量有所增加,最大日平均流量为1 209 m³/s。本时段,泄水建筑物12个深孔全部打开,库水位与来水流量的大小成正比。在来水流量逐渐减小的情况下,库水位逐渐下降。1964年10月21日,史家滩日平均水位为322.39 m,至11月底降为310 m左右,至12月18日,史家滩水位降至305.10 m,为该时段最低值,之后,来水流量有所增加,大于该水位下的泄流能力,水位有所回升。至1965年3月桃汛期,史家滩最大日平均水位达308.14 m。来水含沙量一般为20~40 kg/m³。本时段前期地形为1964年汛期滞洪淤积形成的高滩高槽形态。汛后,随着来水流量的减小,坝前水位逐渐降低,水库敞泄排沙,库区产生了强烈的溯源冲刷及沿程冲刷,断面形态由1964年10月下旬时的高滩高槽形态冲刷形成高滩深槽形态,滩槽高差一般为8~10 m。由于水库冲刷,出口含沙量一般大于入口含沙量,最大日平均含沙量达70 kg/m³。

2)初始地形

如前所述,1964年10月下旬,坝前水位骤然下降,库内发生溯源冲刷,在原较为平坦的河床上拉开一道深槽。由于大量床沙被冲起排出库外,所以床沙的铺放对试验结果的准确性有较大的影响。为保证试验成果的可靠性,在初始河床床沙铺放上进行了级配和密实度(干容重)两方面的控制。经实测资料分析,溯源冲刷所冲起泥沙大部分为1964年1~10月库区淤积泥沙,其中7~9月淤积物最多。1~10月库区淤积泥沙中值粒径变化见表5-18。

表5-18　1964年实测库区淤积物中值粒径统计　　　　(单位:mm)

| 取样位置 | 取样时间 | | | | | | | |
|---|---|---|---|---|---|---|---|---|
| | 1月21日 | 3月27日 | 4月29日 | 6月12日 | 7月15日 | 7月25日 | 8月23日 | 10月13日 |
| HY02 | 0.071 | 0.070 | 0.045 | 0.049 | 0.034 | | 0.020 | |
| HY04 | 0.074 | 0.030 | 0.034 | 0.050 | 0.040 | | 0.023 | |
| HY08 | 0.060 | 0.041 | 0.032 | 0.045 | 0.042 | | 0.025 | |
| HY12 | 0.056 | 0.050 | 0.035 | 0.049 | 0.040 | 0.026 | 0.020 | 0.028 |
| HY17 | 0.041 | 0.040 | 0.033 | 0.050 | 0.033 | 0.030 | 0.020 | 0.025 |

从表5-18中可以看出,在该时段初期淤积泥沙较粗,而末期淤积泥沙较细,亦说明淤积物沿垂向自下而上逐渐变细。根据原型实测资料,将库区初始河床泥沙铺放大致分为三层:底层厚约5 cm(相当于原型2.25 m),模型沙中值粒径控制在0.035 mm左右;中层厚约5 cm,中值粒径控制在0.025 mm左右;上层厚约12 cm左右(相当于原型5.4 m),中

值粒径控制在 0.015 mm 左右。

采用粉煤灰作床沙时,淤积物干容重一般与床沙粒径有关。多次的试验观测表明,制作动床地形时,在严格控制床沙粒径与原型相似的前提下,应保证床沙充分密实,地形浸水后不会发生沉降变形,其干容重基本满足要求。

3)悬沙级配

在 1964 年 10 月至 1965 年 4 月时段内,原型水温变化幅度为 0.3~15 ℃,按水温变化可概化为 3 个时段,即 1964 年 10 月下旬至 11 月及 1965 年 3 月、1964 年 12 月至 1965 年 2 月、1965 年 4 月。三个时段水温分别按 8 ℃、1 ℃ 及 15 ℃ 考虑,相应的水流运动黏滞系数分别为 $1.38 \times 10^{-6}$ $m^2/s$、$1.7 \times 10^{-6}$ $m^2/s$ 及 $1.15 \times 10^{-6}$ $m^2/s$。验证试验期间,模型水温约为 25 ℃,水流运动黏滞系数为 $0.92 \times 10^{-6}$ $m^2/s$,则 $\lambda_v$ 分别为 1.5、1.85 及 1.25,相应 $\lambda_d$ 分别为 1.12、1.29 及 1.06。在验证试验过程中,进口悬沙级配则根据原型资料采用不同的 $\lambda_d$ 进行配制。从实际测验结果看,模型进口悬沙级配与原型符合较好,见图 5-15。

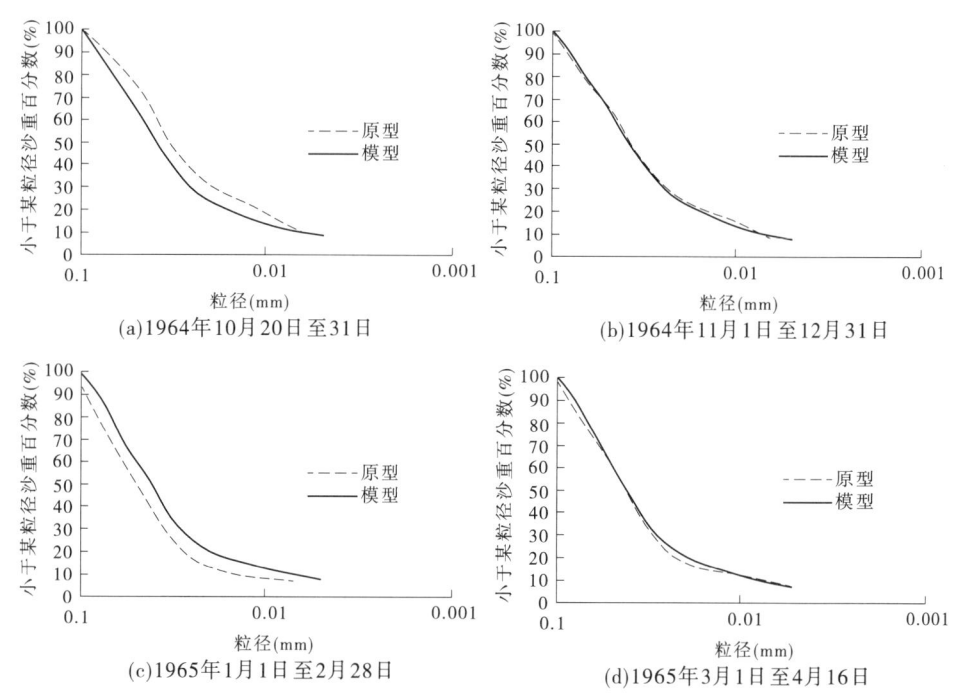

(a)1964 年 10 月 20 日至 31 日

(b)1964 年 11 月 1 日至 12 月 31 日

(c)1965 年 1 月 1 日至 2 月 28 日

(d)1965 年 3 月 1 日至 4 月 16 日

图 5-15　进口悬沙级配曲线(1964~1965 年)

4)验证结果

A. 水位

图 5-16 及图 5-17 分别为茅津站(HY12)及史家滩站(HY01)断面水位过程线验证结果,可以看出模型与原型符合较好。图 5-18 为观测到的某时段沿程水面线,可反映出随坝前水位下降时水面线变化过程。

B. 出库含沙量

图 5-19 为出库含沙量验证结果,可以看出,原型与模型两者变化趋势一致,且定量上也基本接近,在精度上能满足验证要求。

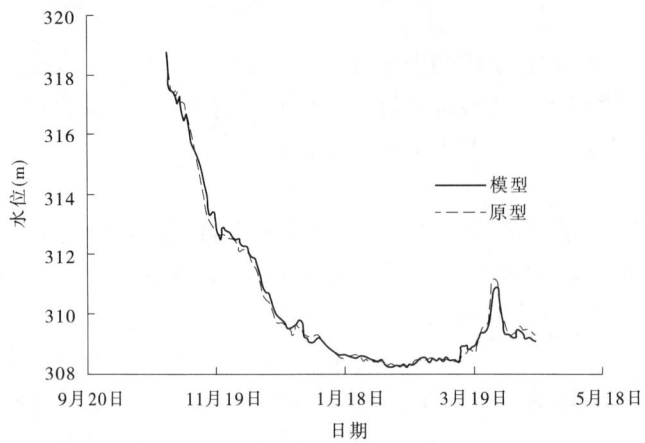

图 5-16　茅津站水位过程验证结果(1964～1965 年)

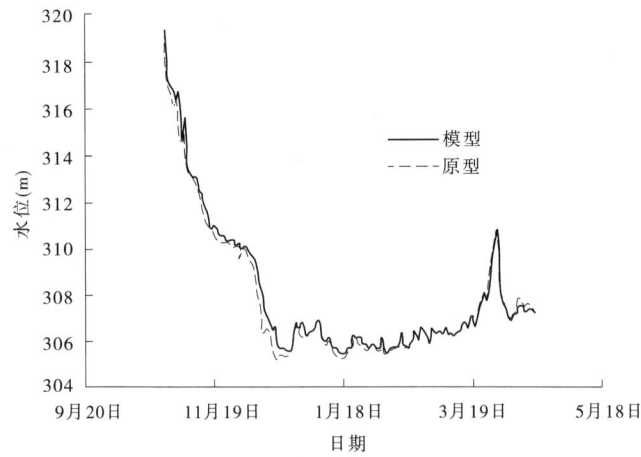

图 5-17　史家滩站水位过程验证结果(1964～1965 年)

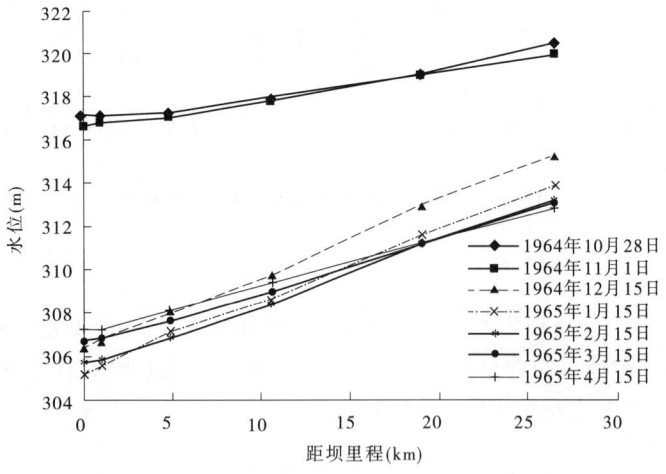

图 5-18　模型水面线变化过程(1964～1965 年)

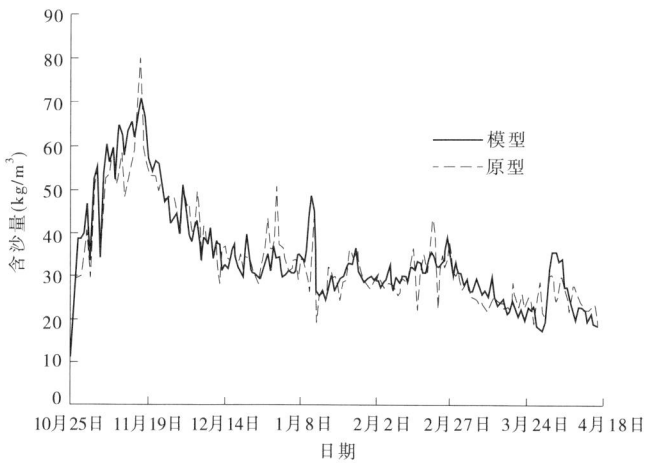

图 5-19　出库含沙量验证结果(1964~1965 年)

C. 冲淤量及分布

验证时段内,原型进口沙量为 6.21 亿 t,冲刷 0.74 亿 m³,模型冲刷 0.64 亿 m³,两者相差不大。模型及原型各库段冲淤量也很接近,见表 5-19。

表 5-19　各库段冲淤量验证结果　　　　　　　　　　　(单位:亿 m³)

| 库段 | HY01~HY04 | HY04~HY08 | HY08~HY11 | HY11~HY14 | HY14~HY15 | HY15~HY17 | HY01~HY17 |
|---|---|---|---|---|---|---|---|
| 原型 | −0.071 | −0.144 | −0.112 | −0.098 | −0.161 | −0.154 | −0.740 |
| 模型 | −0.075 | −0.118 | −0.129 | −0.082 | −0.131 | −0.105 | −0.640 |

图 5-20 为原型与模型时段末横断面套绘图。可以看出,两者不仅冲淤量相差不大,而且断面形态也基本一致,表明模型可满足冲刷相似。

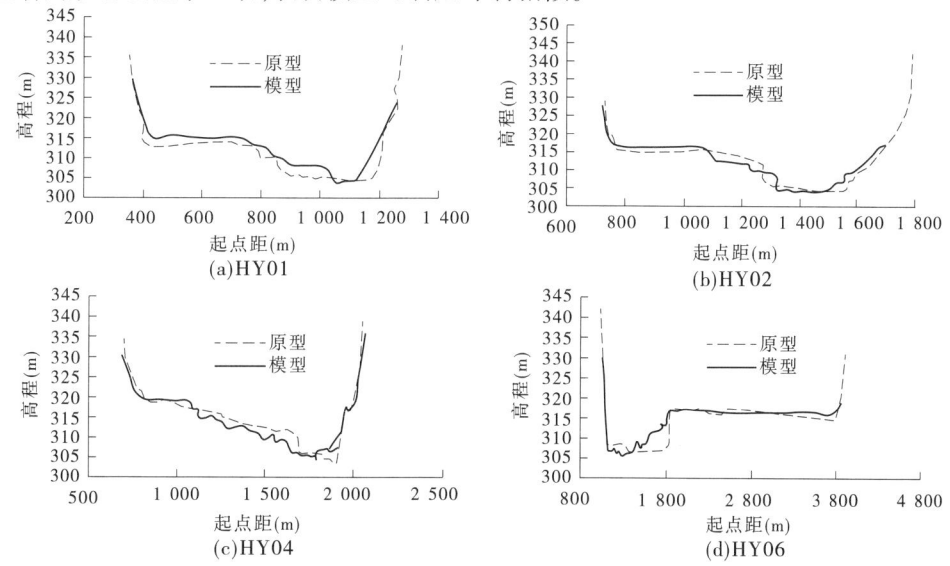

图 5-20　库区河床变形验证结果(1964~1965 年)

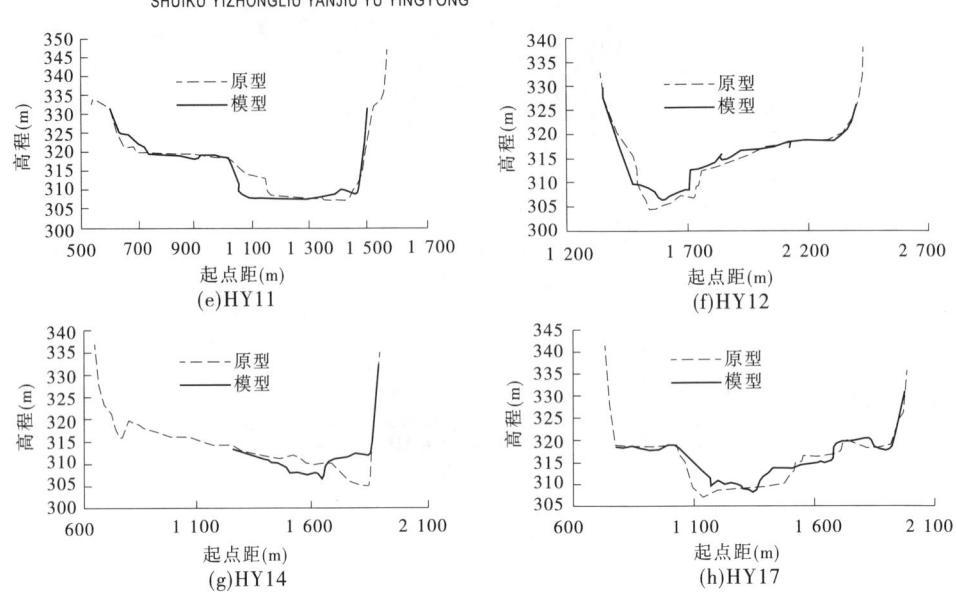

续图 5-20

D. 河势变化

图 5-21 为验证时段内河势图。验证时段初期,水库蓄水位较高,HY17 断面以下基本处于回水范围。汛期滞洪淤积后,个别断面几乎无滩槽之分,或为浅碟状。在水位下降过程中,逐渐显现出河槽。随着流量的变化及历时的增加,在个别河段主槽位置也发生了位移,特别是在弯道附近。图 5-22 为主流线套绘图,图中显示,HY15 断面主槽不断左移,位于 HY15 与 HY14 断面之间的弯道顶冲点随之左移,受地形条件影响,入流与出流夹角逐渐减小至小于 90°,进而不断改变进入下游的水流方向,使主槽在 HY14 断面处逐渐右移。下游 HY04 断面亦出现右岸冲蚀、左岸淤积、主槽右移的现象。在坝前,水流顶冲泄水洞

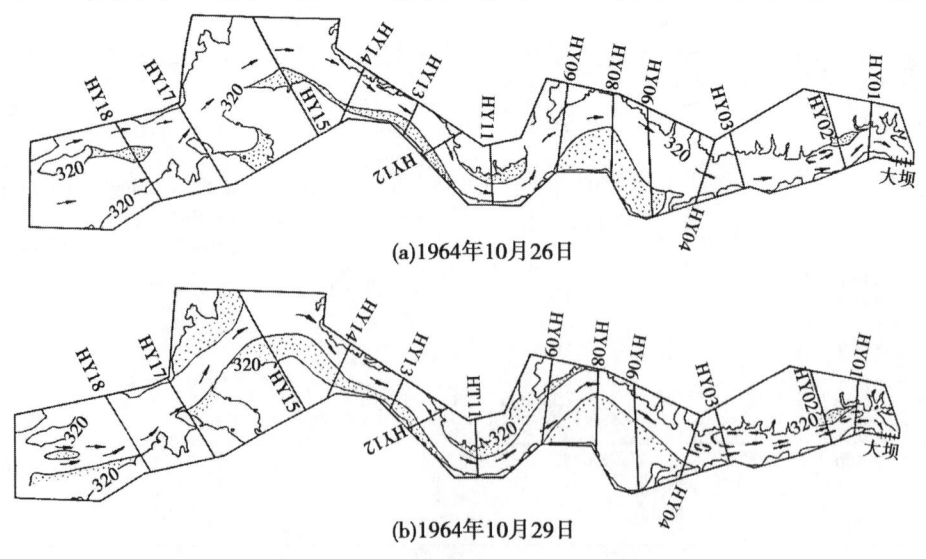

图 5-21　三门峡库区模型验证试验河势图

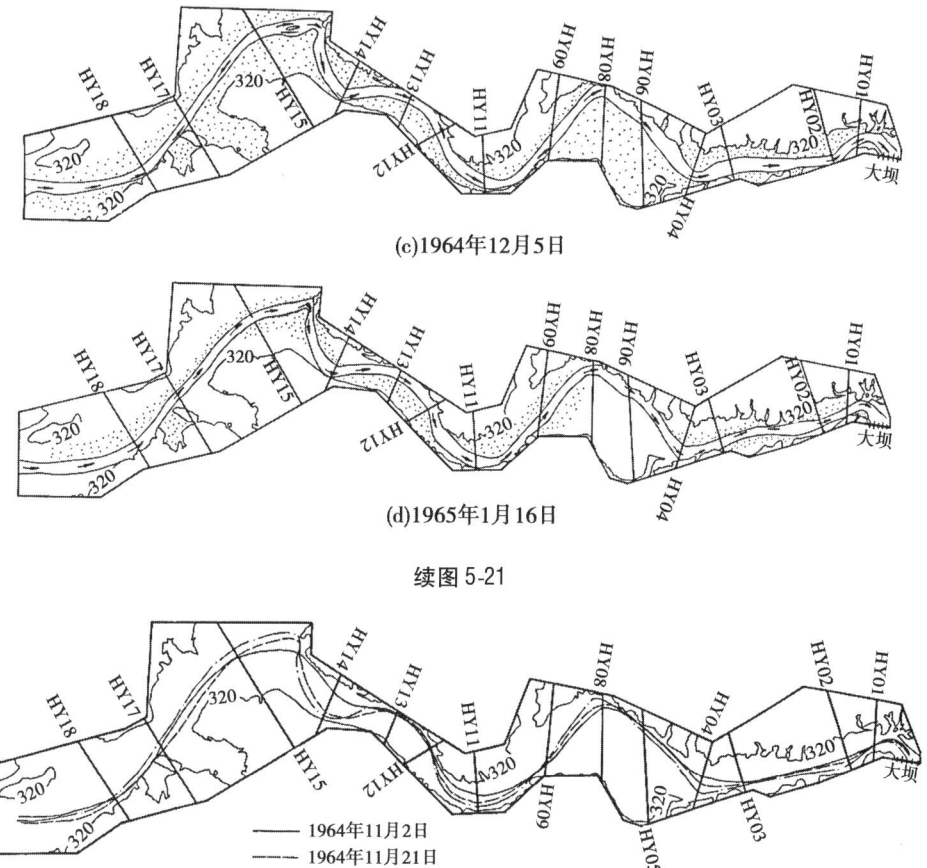

(c)1964年12月5日

(d)1965年1月16日

续图5-21

—— 1964年11月2日
—— 1964年11月21日
—— 1964年12月5日

图5-22 三门峡库区模型验证试验主流线套汇图

对岸山嘴,遂折90°与大坝正交出流,在右岸保留高滩。从整个河势看,最终相对稳定的平面形态基本上与目前三门峡库区相同。同时,反映出原型库段降水冲刷过程中主槽位置受两岸山体的制约,平面变化并不十分显著。

E. 流速及含沙量垂线分布

图5-23及图5-24为HY12断面代表时段流速及含沙量沿垂线分布验证结果,可以看出两者均符合较好,基本满足了流速分布及含沙量分布的相似性。

F. 床沙级配

表5-20为冲刷时段库区沿程表层床沙中值粒径变化过程,从中可以看出,冲刷初始至1965年3月15日,库区床沙中值粒径逐渐变粗,1965年3月15日至1965年4月16日,库区沿程床沙中值粒径有变细的趋势。实测资料表明,初始至1965年3月15日,库区发生冲刷;1965年3月15日至1965年4月16日,库区略有淤积。因此,本次试验床沙变化符合冲刷时粗化、淤积时细化的河床演变一般规律。

从1964年12月23日及1965年1月20日观测结果看,HY18断面至坝前淤积物沿程渐粗,似反映出床沙粒径受溯源冲刷的影响。从时段末床沙中值粒径与实测资料对比

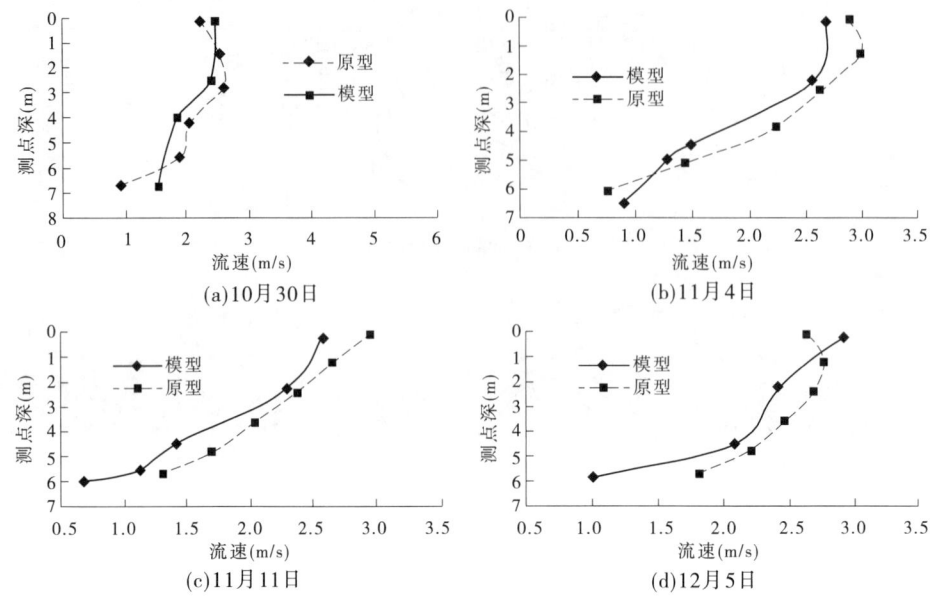

图 5-23　HY12 断面流速沿垂线分布验证结果（1964 年）

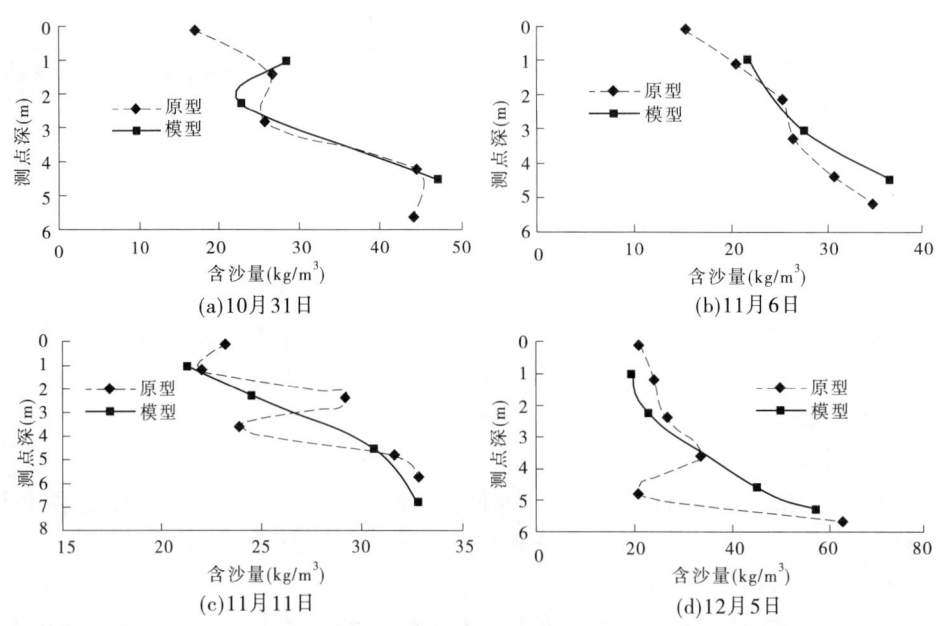

图 5-24　HY12 断面含沙量沿垂线分布验证结果（1964 年）

来看,床沙粒径与原型也颇为接近。

上述验证结果表明,模型水位、出库含沙量过程、河势变化、流速及含沙量沿垂线分布、床沙级配及变化过程、库区冲刷量及形态均与原型相似。

表 5-20　冲刷时段库区沿程表层床沙中值粒径变化　　　　　（单位:mm）

| 位置 | 模型 | | | | | 原型 |
|------|------|------|------|------|------|------|
| | 初始 | 1964 年 12 月 23 日 | 1965 年 1 月 20 日 | 1965 年 3 月 15 日 | 1965 年 4 月 16 日 | 1965 年 4 月 16 日 |
| HY18 | | 0.045 | 0.048 | 0.075 | 0.073 | 0.079 |
| HY15 | 0.025 | 0.042 | 0.055 | 0.072 | 0.065 | 0.079 |
| HY12 | | 0.060 | 0.070 | 0.082 | 0.080 | 0.073 |
| HY08 | 0.020 | 0.062 | 0.065 | 0.070 | 0.068 | 0.08 |
| HY04 | | 0.060 | 0.063 | 0.080 | 0.078 | 0.066 |
| HY02 | 0.020 | 0.060 | 0.073 | 0.079 | 0.079 | 0.078 |

**3. 概化验证试验**

**1）异重流概化试验**

概化试验初始地形采用 1962 年汛前地形,流量约为 3 200 m³/s,水流含沙量为 45 kg/m³,悬沙中值粒径约为 0.015 mm。初期水库蓄清水,坝前蓄水位基本上稳定在 312 m。当浑水入库后,在 HY12 断面以上为明流状态,至 HY08 处浑水潜入形成异重流。随放水历时增加,淤积面逐步抬升、水深减小,潜入位置下移,最后基本稳定在 HY04 断面以下。观测到的流速垂线分布及含沙量垂线分布显示出异重流的存在。例如,在 HY02 断面表层流速小于 0.5 m/s,在水下 6 m 处垂线最大流速为 1.2 m/s。在水面至水面以下约 5 m 处,含沙量均不大,一般不大于 5 kg/m³;而水下约 6.5 m 处含沙量猛增至 60~80 kg/m³。

**2）高含沙水流概化试验**

概化试验初始地形采用 1977 年汛前地形,进口流量为 3 000~4 000 m³/s,含沙量为 300~400 kg/m³,悬沙级配中值粒径为 0.035 mm。首先进行敞泄排沙试验,坝前水位基本上控制在 305~307 m,从模型中可以看出水流处于充分紊动状态,水库排沙比介于 80%~100%;之后,通过减少出库流量不断抬高坝前水位,以观测高含沙水流壅水排沙状况,最高蓄水位至 312 m,蓄水量(大坝至 HY18 断面之间)接近 0.8 亿 m³,水库排沙比接近 40%。

**（三）验证试验结论**

(1)采用三门峡水库 1962 年 9~10 月自然滞洪淤积及 1964 年 10 月至 1965 年 4 月降水冲刷两个时段,给出的验证结果表明,模型设计得出的比尺值可满足库区沿程水位、出库含沙量及级配、河床冲淤量及其分布、河势变化等方面与原型相似,同时可满足淤积及冲刷相似,且可模拟入库洪水运行及水库冲淤变化过程。

(2)通过对异重流进行的概化试验,较好地观测了异重流的潜入、运行及流速、含沙量沿垂线分布,观测资料分析表明,异重流的潜入条件符合一般规律。在此基础上开展的 1962 年验证时段中对异重流的观测资料与原型资料相符合,进一步说明模型满足异重流运动相似条件,可正确地模拟异重流的运动。

（3）进行的高含沙水流概化试验结果表明,模型中高含沙水流流态、各种排沙条件下的输沙特性等方面均与原型观测结果基本一致。

（4）综合来看,三门峡库区模型较好地复演了原型水流泥沙运动规律及其水库冲淤变化过程,表明模型设计是合理的,其比尺值用于小浪底水库模型,可保证试验结果的可靠性。

# 第二节　异重流的数学模拟

## 一、异重流运动基本方程

### （一）异重流水力学基础

观测静止的两种不同密度的液体的压力分布（见图 5-25）,设上层轻液体容重为 $\gamma$,下层较重的液体的容重为 $\gamma'$,如上下两种液体的密度都是均匀的话,则在重液体中的压力 $p$ 为

$$p = p_0 - \gamma' y \tag{5-17}$$

式中　　$p_0$ ——底部即 $y = 0$ 处的压力;

$y$ ——底部以上的高度。

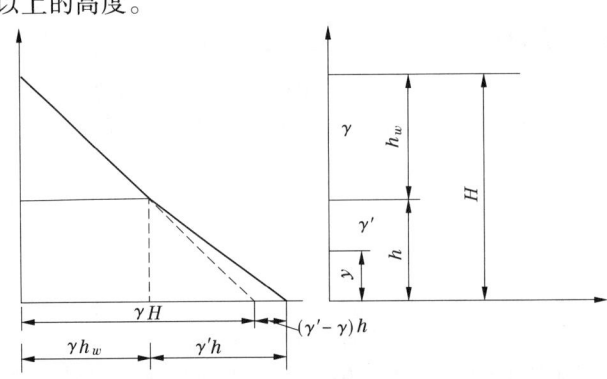

图 5-25　压力分布

从静压力平衡条件可知,静止的两种不同密度的液体的交界面必然保持水平。

压力 $p$ 包括两部分,一部分是轻液体的压力,另一部分是重液体的压力。压力 $p$ 值还可以这样来理解,一部分是仅由轻液体引起的压力,另一部分是（由于某个深度范围内是重液体）因轻重液体的容重差而引起的附加压力,其表达式分别为

$$p = \gamma h_w + \gamma'(h - y) \tag{5-18}$$

和

$$p = \gamma(H - y) + (\gamma' - \gamma)(h - y) \tag{5-19}$$

在底部处的压力为

$$p_0 = \gamma h_w + \gamma' h = \gamma H + (\gamma' - \gamma)h = \gamma H + \Delta\gamma h \tag{5-20}$$

一般来说,可以写成

$$p = p_* + \Delta p \tag{5-21}$$

式中　　$p_*$ ——轻液体的压力;

$\Delta p$ ——附加压力。

水力学中计算液体中的压力时,一般不计大气的压力。根据上述附加压力的看法,则在空气中的液体内的任一点,除受有大气压力外,还有因液体的容重不同于空气容重所引起的附加压力,所以有

$$p = p_a + (\gamma - \gamma_a)(H - y) \tag{5-22}$$

$$p_0 = p_a + (\gamma - \gamma_a)H \tag{5-23}$$

式中 $p_a$ ——大气压力;

$\gamma_a$ ——空气的容重;

$H$ ——液体的深度;

$y$ ——自底部量起的距离。

把式(5-22)、式(5-23)同式(5-21)、式(5-20)比较,则可以看出,水力学中所计算的液体压力,只是后一部分的所谓附加压力的部分,因为忽略大气压力及 $\gamma_a H$ ,故得

$$p = \gamma(H - y), \quad p_0 = \gamma H$$

如果把轻液体也看作是没有重量的话,可对整个轻重液体施以与重力加速度 $g$ 相反的加速度 $-g$ ,即可看出轻重液体相对运动的受力特性,此时轻液体的容重为 $\rho g + \rho(-g) = 0$ ,重液体对轻液体的相对容重为 $\rho'g' = \rho'g - \rho g$ ,得

$$g' = \frac{\Delta\rho}{\rho'}g \tag{5-24}$$

$g'$ 的物理意义是:在不计轻液体的重力条件下,重液体在轻液体中运动所承受的相对加速度。反过来看,对于轻液体而言,也可以看作是具有相反方向的相对加速度。

这就不难理解,较重的液体总是往低处流动,而流动的速度在其他条件相同时,与轻重液体的容重差的开方成比例。

在异重流运动时,我们认为压力分布仍保持静止时的分布;异重流的压力同非异重流的压力之间的差别,就是前者多一项由于密度差而引起的附加压力。

在本书中,考虑到异重流运动时交界面上下液体的密度分布基本上是均匀的,所以可利用上述不同密度的液体均属均质的假定。

如果密度不是均匀的话,则在重液体中有 $\mathrm{d}p = \gamma'\mathrm{d}y$ ,因此有

$$p = p_0 - \int_0^y \gamma'\mathrm{d}y \tag{5-25}$$

**(二)异重流的运动方程**

在异重流中取出长度为 $\mathrm{d}s$ 的流管,其断面面积为 $\mathrm{d}A$ (见图5-26),不计阻力,则得欧拉方程。

$$\frac{1}{\rho'}\frac{\partial p}{\partial s} + g\frac{\partial y}{\partial s} + \frac{\partial\left(\frac{v^2}{2}\right)}{\partial s} + \frac{\partial v}{\partial t} = 0 \tag{5-26}$$

式中 $p$ ——异重流中一点的压力, $p = p_* + \Delta p$ ;

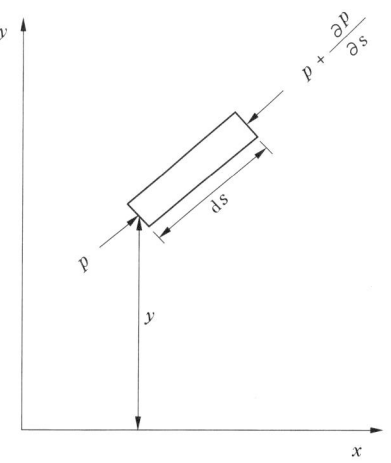

**图5-26 异重流流线段 $\mathrm{d}s$ 作用力示意图**

$\rho'$ ——异重流的密度。

因此有

$$\left(\frac{p}{\rho'} + gy + \frac{v^2}{2}\right)\Big|_2^1 = \int_1^2 \frac{\partial v}{\partial t}\mathrm{d}s \tag{5-27}$$

对于恒定流,有伯努利方程

$$\left(\frac{p_1}{\rho'} + gy_1 + \frac{v_1^2}{2}\right) = \left(\frac{p_2}{\rho'} + gy_2 + \frac{v_2^2}{2}\right) \tag{5-28}$$

由图 5-27 知, $p + \gamma'y = \gamma H + \Delta\gamma h + \gamma'y_0$ ,如以底部为基准面,即不计 $y_0$ ,设 $H_1 = H_2$ ,则

$$\frac{\Delta\gamma}{\gamma'}h_1 + \frac{v_1^2}{2g} = \frac{\Delta\gamma}{\gamma'}h_2 + \frac{v_2^2}{2g}$$

或

$$h_1 + \frac{v_1^2}{2\frac{\Delta\lambda}{\gamma'}g} = h_2 + \frac{v_2^2}{2\frac{\Delta\lambda}{\gamma'}g} \tag{5-29}$$

如考虑流管管壁的剪力 $\tau$ ,则可得

$$\frac{1}{\rho'}\frac{\partial p}{\partial s} + y\frac{\partial y}{\partial s} - \frac{1}{\rho'}\frac{\partial \tau}{\partial n} + \frac{\partial\left(\frac{v^2}{2}\right)}{\partial s} + \frac{\partial v}{\partial t} = 0 \tag{5-30}$$

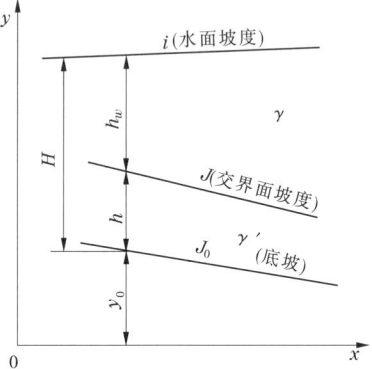

图 5-27 异重流示意图

或者写成

$$\left(\frac{p_1}{\gamma'} + y_1 + \frac{v_1^2}{2g}\right) - \left(\frac{p_2}{\gamma'} + y_2 + \frac{v_2^2}{2g}\right) = h_f + \frac{1}{g}\int_1^2 \frac{\partial v}{\partial t}\mathrm{d}s \tag{5-31}$$

式中

$$h_f = \frac{1}{\gamma'}\int_1^2 \frac{\partial \tau}{\partial n}\mathrm{d}s \ ; \ p_1 = p_* + \Delta p_1 \ ; \ p_2 = p_* + \Delta p_2$$

对于流线法线方向的平衡,亦可用同样的方法,写出它的平衡方程。

**(三)异重流的动量方程**

在计算有关异重流局部阻力损失问题时,往往要应用动量方程。在讨论中常忽略边界的阻力,或者在某种条件下不考虑异重流重力的分力,最简单的情况是讨论两断面 $A_1$ 和 $A_2$ 之间的均质异重流,其动量方程为

$$p_1A_1 - p_2A_2 = \frac{\gamma'Qv_2}{g} - \frac{\gamma'Qv_1}{g} \tag{5-32}$$

式中　$p_1$ , $p_2$ ——断面 $A_1$、$A_2$ 上一点的压力;

$A_1$ , $A_2$ ——两断面面积;

$p_1A_1$ , $p_2A_2$ ——断面 $A_1$ 和 $A_2$ 上的总压力。

因此,对于二元问题,有

$$p_1H_1 - p_2H_2 = \frac{\gamma'qv_2}{g} - \frac{\gamma'qv_1}{g} \tag{5-33}$$

而

$$pH = \frac{\gamma H^2}{2} + \frac{\Delta\gamma h^2}{2}$$

所以 $\dfrac{\gamma}{\gamma'}\dfrac{(H_1^2 - H_2^2)}{2} + \dfrac{\Delta\gamma}{\gamma'}\dfrac{(h_1^2 - h_2^2)}{2} = \dfrac{q}{g}(v_2 - v_1)$

设 $H_1 = H_2$，则

$$\dfrac{\Delta\gamma}{\gamma'}\dfrac{h_1^2}{2} + \dfrac{qv_1}{g} = \dfrac{\Delta\gamma}{\gamma'}\dfrac{h_2^2}{2} + \dfrac{qv_2}{g}$$

或 $$\dfrac{\Delta\gamma}{\gamma'}\dfrac{h_1^2}{2} + \dfrac{q^2}{gh_1} = \dfrac{\Delta\gamma}{\gamma'}\dfrac{h_2^2}{2} + \dfrac{q^2}{gh_2} \qquad (5\text{-}34)$$

或 $$\dfrac{h_1^2}{2} + \dfrac{q^2}{\frac{\Delta\gamma}{\gamma'}gh_1} = \dfrac{h_2^2}{2} + \dfrac{q^2}{\frac{\Delta\gamma}{\gamma'}gh_2}$$

**（四）异重流的连续方程**

在不恒定流情况下，对于均质而无沉淀现象的异重流，有流量的连续方程

$$\dfrac{\partial A}{\partial t} + \dfrac{\partial Q}{\partial s} = 0 \qquad (5\text{-}35)$$

考虑到异重流的密度 $\rho'$，有质量的连续方程

$$\dfrac{\partial \rho' A}{\partial t} + \dfrac{\partial \rho' Q}{\partial s} = 0 \qquad (5\text{-}36)$$

天然情况下，$\rho'$ 并不是常数，因而

$$A\dfrac{\partial \rho'}{\partial t} + \rho'\dfrac{\partial A}{\partial t} + Q\dfrac{\partial \rho'}{\partial s} + \rho'\dfrac{\partial Q}{\partial s} = 0 \qquad (5\text{-}37)$$

对于异重流的恒定流动，$\dfrac{\partial \rho'}{\partial t} = 0$，$\dfrac{\partial A}{\partial t} = 0$，则有 $\dfrac{\partial \rho' Q}{\partial s} = 0$，$\rho' Q = $ 常数，或

$$\rho'\dfrac{\partial Q}{\partial s} + Q\dfrac{\partial \rho'}{\partial s} = 0 \qquad (5\text{-}38)$$

如沿程 $\rho'$ 不改变，则为

$$\dfrac{\partial Q}{\partial s} = 0 \qquad (5\text{-}39)$$

对于泥水异重流，在异重流的流速改变后，一部分泥沙下沉，因而不能保持上述输沙的连续关系。

## 二、异重流的运动

天然异重流的运动，多是不恒定流，例如水库中潜入底部运动的泥水异重流，随着进库洪峰的落涨，各断面上的异重流的厚度也不断变化。但由于沿程的槽运作用和阻力作用，异重流在超过一定距离后，会慢慢地接近于恒定状态。又如热电站向水库中排除热水，会形成上层异重流，它随热水排出流量的改变及温度的变化，也有不恒定的性质。

异重流为恒定流时，同明渠水流一样，又可分均匀流和不均匀流两种流态。从试验中观察，发现异重流流动常具有不均匀的特性。在一定条件下，则接近均匀流。

**（一）异重流在恒定条件下的运动**

在恒定条件下，由

$$\frac{\Delta\gamma}{\gamma'}\left(J_0 - \frac{dh}{ds}\right) - \frac{\lambda_m v^2}{8gR} + \frac{v^2}{gh}\frac{dh}{ds} = 0 \tag{5-40}$$

所以
$$\frac{dh}{ds} = \frac{J_0 - \dfrac{\lambda_m v^2}{8\dfrac{\Delta\gamma}{\gamma'}gR}}{1 - \dfrac{v^2}{\dfrac{\Delta\gamma}{\gamma'}gh}}$$

在水槽内观察到的异重流多具有不均匀的性质,因此可根据上式计算阻力系数 $\lambda_m$。从上式可以得到均匀流动的条件,如 $\frac{dh}{ds} = 0$,则

$$v^2 = \frac{8}{\lambda_m}\frac{\Delta\gamma}{\gamma'}gRJ_0 \tag{5-41}$$

当 $\frac{dh}{ds} \to 0$,即交界面不连续时,则有

$$\frac{v^2}{\frac{\Delta\gamma}{\gamma'}gh} = 1 \tag{5-42}$$

从式(5-40)可以写出一般关系式

$$v^2 = \frac{8}{\lambda_m}\frac{\Delta\gamma}{\gamma'}gRJ \tag{5-43}$$

利用
$$J_0 = -\frac{dy_0}{ds}$$

$$J_i = -\frac{d}{ds}(h + y_0)$$

可得
$$J = J_i - \frac{v^2}{\frac{\Delta\gamma}{\gamma'}gh}(J_i - J_0) \tag{5-44}$$

或
$$J = J_0 - \frac{dh}{ds}\left(1 - \frac{v^2}{\frac{\Delta\gamma}{\gamma'}gh}\right) \tag{5-45}$$

从式(5-40)或式(5-45)还可以看到,如 $\frac{dh}{ds} \neq 0$,而 $\frac{v^2}{\frac{\Delta\gamma}{\gamma'}gh} \to 1$,则仍可得如式(5-41)所示的所谓均匀流动的条件。当然 $\frac{dh}{ds} \neq 0$,异重流沿程 $J_i \neq J_0$,由于 $J_i \geqslant J_0$,故仍接近于均匀流。由式(5-43)可写出

$$\frac{v^2}{\frac{\Delta\gamma}{\gamma'}gh} = \frac{8J}{\lambda_m}\left(\frac{R}{h}\right)$$

临界状态的条件为

$$\frac{8J_k}{\lambda_m}\left(\frac{R_k}{h_k}\right) = 1$$

式中　$J_k$——临界坡度。

$$J_k = \frac{\lambda_m}{8}\left(\frac{h_k}{R_k}\right) \tag{5-46}$$

当 $\frac{8J}{\lambda_m}\left(\frac{R}{h}\right) > 1$ 时,异重流为急流;当 $\frac{8J}{\lambda_m}\left(\frac{R}{h}\right) < 1$ 时,异重流为缓流。

对于二元流动,$R \to h$。

在计算时,如用式(5-41)及连续方程

$$q = vh \tag{5-47}$$

即当 $\lambda_m$、$J_0$、$\frac{\Delta\gamma}{\gamma'}$ 与 $q$ 为已知时,即可求解 $v$、$h$。但如用不均匀流动方程,由式(5-43)代替式(5-41)。则由于 $J$ 为 $J_i$ 与 $\frac{v^2}{\frac{\Delta\gamma}{\gamma'}gh}$ 的函数,或为 $\frac{\mathrm{d}h}{\mathrm{d}s}$ 与 $\frac{v^2}{\frac{\Delta\gamma}{\gamma'}gh}$ 的函数(见式(5-44)式(5-45)),$J$ 不易确定,尚须另一个条件才能求解。

在计算中,必须肯定 $\lambda_m$ 值,并应区分各种不同流态性质,作为计算时判别的准则。因此,为了求得计算上所需的数据,在水槽试验中,观察下列有关恒定流的问题:

(1)异重流的流态,底部异重流和中间异重流;

(2)阻力系数值;

(3)异重流前锋流速和平均流速的关系。

**(二)不均匀流动的特性**

在试验中观察异重流沿纵向的厚度的变化,发现在不同底坡(大于和小于临界坡度)时,异重流均具有不均匀的性质。这是一个很重要的特性。

试验所用的底坡有 0.02、0.01(盐水)、0.019 6、0.005、0.000 5(泥水)五种,发现异重流几乎为加速流,关于造成加速流的问题,列维教授曾经从二元均匀流动方程

$$h = \sqrt[3]{\frac{\left[\lambda_0 + \lambda_i\left(\frac{H}{H-h}\right)\right]q^2}{8\frac{\Delta\gamma}{\gamma'}gJ_0}}$$

指出上游的 $\frac{H}{H-h}$ 较大,下游的较小。因此,异重流具有不均匀性。

在目前的试验条件下,异重流在 50 m 长度中运动,我们看到在异重流同清水的接触面上存在交界面的波动,交界面上的剪力同紊动程度有关,由于阻力引起的阻尼作用,交界面上的紊动逐渐减小,因此可能产生这种不均匀性。由于异重流的不均匀性,增加了一个未知数,这将使式(5-43)和式(5-47)不能求解,合并两式得:

$$h = \sqrt{\frac{\lambda_m q^2}{8\frac{\Delta\gamma}{\gamma'}gRJ}} \tag{5-48}$$

$\lambda_m$、$\frac{\Delta\gamma}{\gamma'}$ 和 $q$ 为已知,而在天然条件下的 $J$ 仍难以确定。目前的任务是寻求不均匀特性的规律,以便进行计算。

从试验中我们得到一个极有意义的现象:从测量异重流的沿程变化中得到,绝大多数异重流的 $\left(-\dfrac{\mathrm{d}h}{\mathrm{d}s}\right)$ 值在 $0.001\sim0.002$,只有极少几次例外,平均约为 $0.002$。从表 5-21 可以看出 $\dfrac{\mathrm{d}h}{\mathrm{d}s}$ 的变化范围。

表 5-21　异重流的沿程各量值变化

| 异重流 | $J_0$ | $-\mathrm{d}h/\mathrm{d}s$ 的范围 | 底部粗糙情况 |
|---|---|---|---|
| 泥水 | 0.019 6 | 0.002 ~ 0.003 3 | 刨光木板 |
| | 0.005 | 0.000 8 ~ 0.003 4 | 水泥粉光 |
| | 0.000 05 | 0.001 ~ 0.002 96 | 水泥粉光 |
| 盐水 | 0.01 | 0.001 4 ~ 0.002 2 | 水泥粉光 |
| | 0.01 | 0.000 8 ~ 0.003 9 | 水泥粉光 |

如果认为 $\left(-\dfrac{\mathrm{d}h}{\mathrm{d}s}\right)$ 接近于常数,则可得

$$\frac{J_0 - \dfrac{\lambda_m}{8}\dfrac{\gamma'}{\Delta\gamma}\dfrac{v^2}{gR}}{1 - \dfrac{v^2}{\dfrac{\Delta\gamma}{\gamma'}gh}} = \frac{\mathrm{d}h}{\mathrm{d}s} = -J'$$

计算时可采用下式

$$\frac{v^2}{\dfrac{\Delta\gamma}{\gamma'}gh} = \frac{J_0 + J'}{J_k + J'} \tag{5-49}$$

当 $J_0 \gg J_k$ 时,$J'$ 同 $J_0$ 相比,$J'$ 可以忽略不计,因此 $\dfrac{v^2}{\dfrac{\Delta\gamma}{\gamma'}gh} > 1$。这时可用下式计算

$$v = \sqrt{\frac{8}{\lambda_m}\frac{\Delta\gamma}{\gamma'}gRJ_0}$$

如 $J_0$ 很小,$J_0 \ll J_k$,设 $J_0$ 小于 $J'$ 很多,例如:$J_0 = 0$ 或 $J_0 = 0.000\,5$ 时,即可得

$$v = \sqrt{\frac{\Delta\gamma}{\gamma'}gh}\sqrt{\frac{1}{1+\dfrac{J_k}{J'}}}$$

此时 $\dfrac{v^2}{\dfrac{\Delta\gamma}{\gamma'}gh} < 1$。

在临界状态时 $J_0 = J_k$,则得

$$\frac{v^2}{\dfrac{\Delta\gamma}{\gamma'}gh} = 1$$

如水库不长,异重流在库内的运动可能属于不均匀流,在水槽试验中更具有明显的不均匀性质。

列维在列出异重流的不均匀方程时,考虑到异重流对上层清水的拖曳作用,引起断面环流,在自由面上形成反坡。如令自由面、交界面和库底的坡度分别为 $-i$、$J_i$ 及 $J_0$,则作用在单位长度自由体上的水流动量方程为

$$(\rho' - \rho)gh'\left(J_0 - \frac{\mathrm{d}h'}{\mathrm{d}x}\right) = \lambda_0\frac{\rho'U'^2}{2} + \lambda_i\frac{\rho'U'^2}{2} + \rho gh'i + \rho'g\alpha h'\frac{\mathrm{d}}{\mathrm{d}x}\left(\frac{U'^2}{2g}\right) \quad (5\text{-}50)$$

式中　$\alpha$——流速分布校正系数。

因为清水中的流速非常小,在考虑动能的改变时,可以假定清水区中动能的影响只局限于流速分布系数的改变(自 $\alpha$ 变至 $\alpha'$)。这时,作用于自由体上的水流动量方程为

$$(\rho' - \rho)gh'\left(J_0 - \frac{\mathrm{d}h'}{\mathrm{d}x}\right) = \lambda_0\frac{\rho'U'^2}{2} + \lambda_i\frac{\rho'U'^2}{2} + \rho gHi + \rho'g\alpha'h'\frac{\mathrm{d}}{\mathrm{d}x}\left(\frac{U'^2}{2g}\right) \quad (5\text{-}51)$$

为了简单起见,令

$$\alpha = \alpha'$$

联立式(5-50)及式(5-51)求解,得

$$i = \frac{\rho'}{\rho}\frac{\lambda_i}{2g}\frac{U'^2}{H - h'} \quad (5\text{-}52)$$

将式(5-52)入式(5-50),简化后得

$$\frac{\Delta\rho}{\rho'}h'\left(J_0 - \frac{\mathrm{d}h'}{\mathrm{d}x}\right) = \frac{U'^2}{2g}\left(\lambda_0 + \lambda_i\frac{H}{H - h'}\right) + \alpha h'\frac{\mathrm{d}}{\mathrm{d}x}\left(\frac{U'^2}{2g}\right) \quad (5\text{-}53)$$

在二维水流中,连续方程可以写成

$$q = h'U' = 常数 \quad (5\text{-}54)$$

将式(5-54)代入式(5-53),并令临界水深 $h'_c$ 为

$$h'_c = \sqrt{\frac{\alpha q^2}{\frac{\Delta\rho}{\rho'}g}} \quad (5\text{-}55)$$

即得

$$\frac{\mathrm{d}h'}{\mathrm{d}x} = \frac{J_0 - \frac{1}{2\alpha}\left(\frac{h'_c}{h'}\right)^3\left(\lambda_0 + \lambda_i\frac{H}{H - h'}\right)}{1 - \left(\frac{h'_c}{h'}\right)^3} \quad (5\text{-}56)$$

当 $\mathrm{d}h'/\mathrm{d}x = 0$ 时,水流属于均匀流,这时正常的水深 $h'_n$ 可自上式推求为

$$h'_n = \sqrt[3]{\frac{q^2\left(\lambda_0 + \lambda_i\frac{H}{H - h'}\right)}{2\frac{\Delta\rho}{\rho'}gJ_0}} \quad (5\text{-}57)$$

将式(5-57)代入式(5-56),得

$$\frac{\mathrm{d}h'}{\mathrm{d}x} = \frac{J_0\left[1 - \left(\dfrac{h'_n}{h'}\right)^3\right]}{1 - \left(\dfrac{h'_c}{h'}\right)^3} \tag{5-58}$$

这就是一般明渠水流中计算回水曲线时所常用的布雷斯(J. A. C. Bresse)公式。亦即凡是明渠水流中所存在的各种回水曲线,同样也存在于异重流的交界面上。

## 三、异重流运动方程的求解

### (一)小浪底水库泥沙数学模型计算

在利用物理模型进行研究的同时,开展了与小浪底库区模型试验相同水沙条件及相同初始边界条件(指小浪底水库施工期淤积量及淤积形态)的方案计算(计算范围为全库区)。

数学模型框架包括水流连续方程、水流运动方程、悬移质泥沙连续方程、河床变形方程等,同时包含水流挟沙力计算、糙率及泥沙级配计算、异重流计算、悬移质泥沙级配计算及支流倒灌计算等基本构件。

数学模型通过淮河白沙水库及黄河三门峡水库实测资料的验证,精度满足要求。在此基础上,进行小浪底水库方案计算。计算结果显示,水库运用初期大多时段为异重流排沙,异重流潜入位置随水库运用时间的延长不断下移。通过异重流潜入点随水库运用时间变化的过程,可以看出在水库投入运用初期,异重流潜入位置一般位于距坝 60 ~ 70 km处,第 1 年 7 月中旬以后,异重流潜入位置下移至距坝 60 km 以下,至第 5 年下移至距坝 10 ~ 20 km 处。在前 5 年的 6 ~ 10 月,出现异重流排沙的天数为 611 d,占总天数的 80%。其中 7 月 1 日至 9 月 30 日异重流排沙概率占 95%。

表 5-22 为利用小浪底水库数学模型计算出的两方案在水库运用初期 1 ~ 5 年内库区不同粒径组泥沙及全沙淤积量,结果显示,方案 1 前 5 年库区总淤积量为 37.00 亿 t,其中 HH37 断面以上及以下分别淤积 4.54 亿 t 及 32.46 亿 t,后者与物理模型相应河段淤积 33.86 亿 t 的结果相近。方案 2 全库区淤积 38.41 亿 t,HH37 断面以上及以下分别淤积 5.58 亿 t 及 32.83 亿 t。可以看出,方案 2 较方案 1 多淤 1.41 亿 t,多淤的泥沙大多分布在 HH37 断面以上,为 1.04 亿 t。库区 $d < 0.025$ mm、$d = 0.025 \sim 0.05$ mm 及 $d > 0.05$ mm 的泥沙淤积量占总淤积量的比值,方案 1 分别为 46.5%、27.3%、26.2%,方案 2 分别为 47.4%、27.1%、25.5%。方案 2 淤积物 $d < 0.025$ mm 的细沙含量略大于方案 1。总的看来两方案 $d < 0.025$ mm 的细颗粒泥沙的排沙比均大于较粗泥沙的排沙比。

表 5-22　小浪底水库运用初期 1 ~ 5 年库区输沙计算结果

| 方案 | 粒径级(mm) | 入库沙量(亿 t) | 出库沙量(亿 t) | 淤积量(亿 t) | 排沙比(%) |
|---|---|---|---|---|---|
| 1 | <0.025 | 22.20 | 5.00 | 17.20 | 22.52 |
| | 0.025 ~ 0.05 | 11.50 | 1.40 | 10.10 | 12.17 |
| | >0.05 | 10.20 | 0.50 | 9.70 | 4.90 |
| | 全沙 | 43.90 | 6.90 | 37.00 | 15.72 |

续表 5-22

| 方案 | 粒径级(mm) | 入库沙量(亿 t) | 出库沙量(亿 t) | 淤积量(亿 t) | 排沙比(%) |
|---|---|---|---|---|---|
| 2 | <0.025 | 22.20 | 4.00 | 18.20 | 18.02 |
| | 0.025~0.05 | 11.50 | 1.10 | 10.40 | 9.57 |
| | >0.05 | 10.20 | 0.39 | 9.81 | 3.82 |
| | 全沙 | 43.90 | 5.49 | 38.41 | 12.51 |

库区淤积纵剖面形态见图 5-28 及图 5-29。小浪底水库运用初期为三角洲淤积,随水库运用时间的增加,三角洲洲面不断抬升,三角洲顶点不断向前推移。

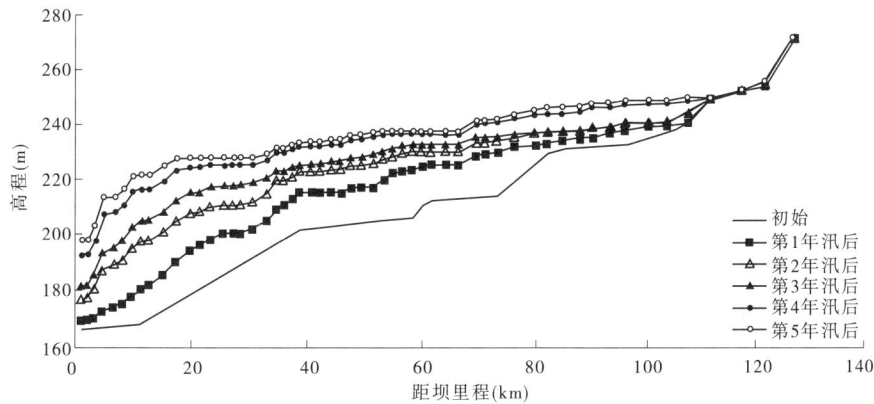

图 5-28　小浪底库区数学模型计算河槽纵剖面图(方案 1)

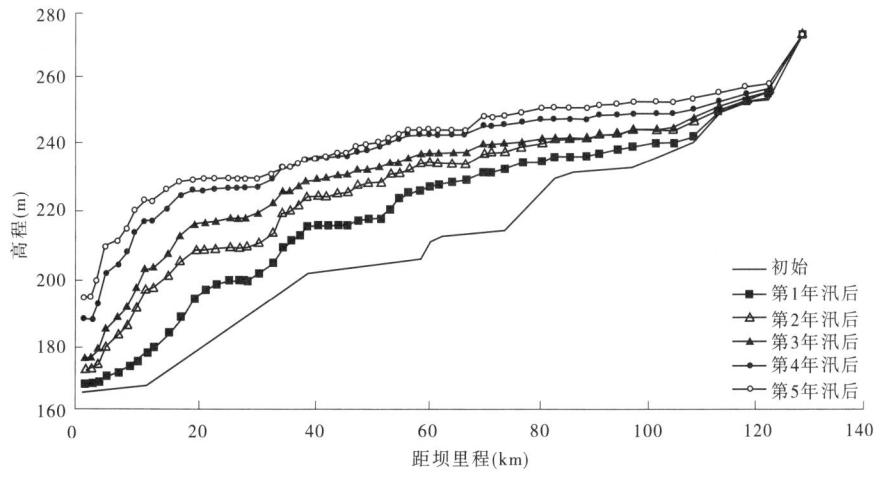

图 5-29　小浪底库区数学模型计算河槽纵剖面图(方案 2)

**(二)成果讨论**

1.初始运用水位 210 m 与 220 m 相比,排细沙效果前者优于后者

小浪底库区模型试验结果显示,水库运用初期淤积形态为三角洲,库区以异重流方式

输沙。异重流潜入点位于水深突然加大的三角洲顶点以下的前坡段，较粗泥沙很快落淤，水流挟带较细泥沙以异重流形式向坝前运行。水库形成异重流后淤粗排细的作用是毋庸置疑的。由于异重流处于超饱和输沙状态，泥沙会沿程淤积，加之沿程清水的析出及支沟的分流作用，异重流能量沿程衰减。显然异重流运行距离越长，能量损失越大，排沙效果越差，大量较细泥沙也会沿程淤积在库内。从定性上讲，若初期起调水位较低，则异重流潜入位置偏下，异重流运行距离较短，排细沙效果较好。从模型试验结果来看，HH37 断面方案 1 及方案 2 第 1 年汛期来沙量分别为 11.27 亿 t 及 10.67 亿 t，库区淤积量分别为 9.76 亿 t 及 10.04 亿 t，水库排沙比分别为 13.4% 及 6%，而且出库泥沙组成基本一致。模型试验结果与上述分析是一致的。数学模型计算结果亦表明，库区淤积物中 $D < 0.025$ mm 的细沙含量方案 1 小于方案 2。若方案 1 调蓄库容减为 5 亿 $m^3$（与方案 2 同），运用水位再低一些，排沙效果会更好。因此，仅就要求水库达到既可拦粗又能排细的效果而言，起始水位 210 m 优于 220 m，从定量上讲差别有限。

2. 水库运用初期支流库容拦沙量有限

小浪底库区支流原始库容占总库容的 1/4，人们希望充分利用支流库容拦截泥沙，发挥对黄河下游的拦沙减淤效益。

小浪底库区支流平时流量很小甚至断流，只是在汛期会发生几场洪水且历时短暂，洪水期有砂卵石推移质顺流而下。据计算分析，库区支流年平均推移质输沙总量约为 30 万 t，悬移质输沙量为 471 万 t，与干流来沙量相比可略而不计。因此，支流库容的拦沙量取决于干流进入支流的沙量。

试验结果表明，支流的淤积主要由干流倒灌形成。支流口门的拦门沙坎高程亦取决于口门处干流淤积面高程。处在三角洲坝前淤积段的支流沟口处，淤积面并不高，干流往往以异重流形式运行，在支流沟口仍以异重流的形式倒灌。当干流三角洲顶点迅速推近并跃过支流沟口时，沟口淤积面高程骤然大幅度抬升，因此支流拦门沙坎的主体是干流淤积物。支流沟口的拦门沙坎，又相当于是干流的滩地，一般情况下水流不漫滩，因此拦门沙坎的迅速形成，起着阻挡干流浑水倒灌支流的作用，只是在干流涨水时水流漫过拦门沙坎，侧向分流入支流。相对而言，干流倒灌的机遇不多且倒灌流量有限，加之进入支流的往往是表层水流，这是支流淤积量少，拦门沙坎与支流内淤积面高差大的原因所在。

在库区若干条支流中，特别值得提起的是畛水。畛水是小浪底库区最大的一条支流，原始库容达 17.5 亿 $m^3$，占支流总原始库容的比值近 40%。畛水口门处狭窄，仅 600 m 左右，内部宽阔，可达 2 000 ~ 3 000 m。由于原始河床比降小，小浪底水库最高蓄水位 275 m 时回水长度约为 20 km。畛水的平面形态对于干流倒灌淤积十分不利。

顺便指出，位于畛水岸边的新安县当地政府，认为小浪底水库修建后，支流畛水将被充水，决定在距畛水河口十余千米处的岸边修建提水工程，以解决当地缺水问题。若可行，也相当于将支流的拦沙减淤效益转化为灌溉供水效益，仍具有重要意义。

3. 在特定条件下降水冲刷可恢复部分库容

方案 2 在前期淤积的基础上，于第 5 年 8 月底开始实施降水冲刷概化试验。试验结果表明，有利的来水来沙条件及边界条件可使库区产生严重冲刷。模型试验中观察到的冲刷现象与野外十分相似，不同库段冲刷表现定性合理。但毕竟原型沙与模型沙物理化学特性存在一定的差异,加之两者沉积时间的不同,定量结果仍需进一步探讨。即使如此,通过试验观测足以说明:若库区淤积物沉积时间不长,遇到有利的大水年份,大幅度地降低坝前水位可使库区产生大量的冲刷,恢复部分库容。显然该结论对制定水库运用方式具有重要意义。

（三）结论

（1）在分析原型观测资料的基础上,对不同的模型沙特性进行试验比选,确定采用物理化学性能稳定的郑州热电厂粉煤灰作为模型沙;采用黄河泥沙模型相似律及关于对异重流运动相似条件的研究成果,并借助于较为完善的水流挟沙力等基本公式,完成了水库泥沙动床模型的设计。

（2）在小浪底水库不具备验证试验条件的前提下,利用位于小浪底水库上游,水沙条件及河床边界条件均与其相近的三门峡水库进行验证试验。验证结果表明,采用模型设计给出的比尺（含沙量比尺 $\lambda_s = 1.7$、河床冲淤变形时间比尺 $\lambda_{t_2} = 45.8$）可满足沿程水位、出库含沙量、泥沙级配、河床冲淤量及其分布、河势变化等方面与原型相似;异重流的潜入、运行及流速、含沙量沿垂线分布等现象与原型一致;高含沙水流流态及输沙特性等与原型观测结果基本一致。由此说明模型设计是合理的,选用郑州热电厂粉煤灰作为模型沙并将所有比尺用于小浪底库区模型试验,可保证试验结果的可靠性。

（3）小浪底水库试验结果表明,水库运用初期基本上为异重流排沙,潜入点一般位于三角洲顶点下游的前坡段,且随入库流量的大小或库水位的升降有所变动。异重流潜入条件符合实测资料及水槽试验得出的异重流潜入的一般规律。若异重流潜入后有足够的能量,则可运行至坝前并排泄出库。

（4）小浪底水库干流淤积形态为三角洲,随着水库运用时间的延长,三角洲不断向下游推进。在三角洲洲面形成位置相对稳定的河槽,河槽宽一般为 $400 \sim 500$ m。板涧河口以下库段除八里胡同以外均可形成滩地。库区支流主要为干流倒灌淤积,在支流沟口形成拦门沙坎。拦门沙坎顶部高程与干流滩面衔接,向内形成倒坡。随干流水位下降或抬升,支流沟口拦门沙坎可被冲出水槽或因干流浑水倒灌而淤积。

（5）水库运用初期,在 HH36 ~ HH32 断面之间,由于河谷较宽,加之非汛期淤积的影响,河势不稳定。一旦形成稳定的滩槽后,基本上不发生大的变化。HH32 断面以下,受两岸山体的制约,河势较为稳定。发生较大流量的洪水后,断面形态变化表现为淤滩刷槽。

（6）库区冲刷概化试验的结果表明,对于初期淤积物而言,若入库流量较大且持续时间长,加之坝前水位骤降,在河槽内会出现较为强烈的冲刷下切,滩地随之滑塌。这与野外观测现象一致。表明在水库运用过程中,若有较大流量入库且持续时间较长,大幅度降低水库运用水位,可达到恢复部分库容的目的。但需要说明的是,由于原型沙与模型沙的物理化学特性的完全模拟是极其困难的,加之两者沉积时间不同,定量结果尚需进一步研究。

（7）在开展物理模型试验的同时,进行了小浪底库区数学模型计算,对于两者库区水沙运动规律及淤积形态等方面,取得了颇为相近的结论,达到了互为补充、相互印证的目的。

# 参 考 文 献

[1] 钱宁. 异重流[M]. 北京:水利电力出版社, 1958.

[2] Cariel P. Recherches Experimentales sur l'ecoulement de couches superposees de fluides de densites differentes[J]. La Houille Blanche, 1949 (1): 56-64.

[3] Craya A. Recherches theoriques sur l'ecoulement de couches superposees de fluides de dedensites differentes[J]. La Houille Blanche, 1949(1):44-55.

[4] Jirka G H. Supercritical withdrawal from two-layered fluid systems: Part 1: Two-dimensional skimmer wall [J]. Journal of Hydraulic Research, 1979, 17(1): 43-51.

[5] Jirka G H, Katavola D S. Superitical withdrawal from two-layered fluid systems: Part 2: Three-dimensional flow into round intake[J]. Journal of Hydraulic Research, 1979, 17(1): 53-62.

[6] Lawrence G A, Imberger J. Selective withdrawal through a point sink in a continuously stratified fluid with a pycnocline[R]. Univ. of Western Australia, Centre for Water Research, Environmental Dynamics Report, 1979.

[7] Wood I R. Extensions to the theory of selective withdrawal[J]. Journal of Fluid Mechanics, 2001, 448: 315-333.

[8] 中国科学院. 异重流的研究和应用[M]. 北京:水利电力出版社, 1959.

[9] 屈孟浩. 黄河动床河道模型的相似原理及设计方法[J]. 泥沙研究, 1981(3):31-44.

[10] 李昌华, 金得春. 河工模型试验[M]. 北京:人民交通出版社, 1981.

[11] 谢鉴衡. 河流模拟[M]. 北京:水利电力出版社, 1990.

[12] 张红武. 黄河高含沙洪水模型的相似条件[M]. 郑州:河南科学技术出版社, 1994.

[13] 张俊华,李远发,张红武,等. 禹州电厂白沙水库取水泥沙模型试验研究报告[R]. 黄河水利科学研究院,1996.

[14] 张俊华, 张红武, 李远发, 等. 水库泥沙模型异重流运动相似条件的研究[J]. 应用基础与工程科学学报, 1997(3):309-316.

[15] 张俊华,张红武,王国栋,等. 黄河小浪底水库模型试验研究——三门峡库区模型设计报告[R]. 黄河水利科学研究院,1997.

[16] 张俊华, 陈书奎. 小浪底水库2000年运用方案库区动床模型试验研究[J]. 人民黄河, 2000, 22(8):36-37.

[17] 石春先, 安新代, 李世滢, 等. 小浪底水库初期运用方式研究[J]. 人民黄河, 2000, 22(8):7-8.

[18] 曲少军,张启卫. 黄河中游水库泥沙冲淤数学模型及方案计算[R]. 黄河水利科学研究院,1995.

[19] 张俊华,王国栋,陈书奎,等. 黄河小浪底水库模型试验研究三门峡库区模型验证试验报告[R]. 黄河水利科学研究院,1997.

[20] 涂启华, 张俊华, 曾芹. 小浪底水库减淤运用方式及作用[J]. 人民黄河, 1993(3):23-29.

[21] 涂启华,张俊华,李世滢. 小浪底、三门峡水库联合调水调沙运用对下游减淤作用研究[R]. 黄河勘测规划设计研究院有限公司,1995.

第六章

# 水库异重流研究的应用

# 第一节　工程设计中的应用

## 一、在小浪底水利枢纽工程设计中的应用

黄河小浪底水利枢纽是一座以防洪(防凌)减淤为主,兼顾供水、灌溉、发电,除害兴利、综合利用的枢纽工程,在黄河治理开发的总体布局中具有重要的战略地位。水库正常蓄水位 275 m,相应原始库容 126.5 亿 m³,拦沙库容为 75.5 亿 m³,长期有效库容为 51 亿 m³,设计汛限水位为 254 m,死水位为 230 m,非常死水位为 220 m。由于水库拦沙库容较大,水库运用阶段可大致划分为拦沙初期、拦沙后期和正常运用期三个阶段。其中,拦沙初期为水库淤积量达到 21 亿~22 亿 m³ 之前的时期;拦沙后期为水库淤积量达到 21 亿~22 亿 m³ 之后至库区形成高滩深槽,坝前滩面高程达 254 m,相应水库淤积量达到 75.5 亿 m³ 的整个时期;拦沙后期结束后进入正常运用期,其间水库利用约 10 亿 m³ 槽库容进行调水调沙调度。初步设计阶段采用 1950~1975 年翻番系列进行计算,水库拦沙期约 20 年。

小浪底水库是控制黄河泥沙进入下游河道的关键节点,减少水库淤积,延长其拦沙期年限是长期发挥水库综合效益的重要措施。但由于水库拦沙库容大,拦沙期年限较长,即较长时段内水库将保持较大蓄水体,尚不具备壅水明流或均匀明流排沙条件,则异重流排沙将是减缓水库淤积,延长拦沙年限的唯一手段。因此,在小浪底水库工程设计过程中,充分考虑了异重流排沙需求,主要体现在水库泄水建筑物的布置。

小浪底水库泄洪排沙系统采用分层布置,主要包括 3 条内径 14.5 m、进口高程 175.0 m 的三级孔板消能泄洪洞,3 条内径 6.5 m、进口高程 175.0 m 的排沙排污压力洞,3 条断面尺寸分别为 10.5 m×13.0 m、10.0 m×12.0 m 和 10.0 m×11.5 m,进口高程分别为 195.0 m、209.0 m 和 225.0 m 的明流泄洪洞。根据异重贴底潜行的特性,排沙洞进口底坎高程设置较低,有利于在拦沙初期坝前淤积面较低的条件下将库区异重流顺利排沙出库。同时,3 条排沙洞泄流规模较大,在死水位 230 m 时总泄量达到 1 500 m³/s,可单洞或多洞组合调度,入库流量较大时,还可以启用 175 m 高程的孔板消能泄洪洞,以适应不同流量级异重流排沙需求。

另外,小浪底水库还充分利用异重流泥沙颗粒沿程分选,运行至坝前所挟带泥沙颗粒较细的特点,将坝前泥沙淤积形成的天然铺盖作为大坝基础的辅助防渗措施加以利用,以达到减少坝基防渗工程量的目的。

## 二、在古贤水利枢纽工程设计中的应用

古贤水利枢纽的开发任务为防洪减淤为主,兼顾发电、供水和灌溉,调控水沙,综合利用。正常蓄水位 627 m,死水位 588 m,非常死水位 580 m,正常运用期汛期限制水位 617 m。正常蓄水位以下原始库容 125.53 亿 m³,其中拦沙库容 93.42 亿 m³,调节库容 32.11 亿 m³。

古贤水库拦沙库容较小浪底水库更大,拦沙年限更长(采用不同水沙系列,为 34~44 年),与小浪底水库类似,水库拦沙期内相当长一段时间,异重流排沙是水库唯一的减缓

库区淤积的手段。为充分利用异重流排沙,减少水库淤积,水库在河床坝段坝体下部布置了8个高程非常低的排沙底孔,与溢流表孔、泄洪中孔间隔布置,排沙底孔按单独运用设计布置,进口底坎高程490 m,闸孔尺寸4.5 m×6 m;死水位588 m总泄流量达到8 206 m³/s。古贤水库排沙底孔进口底坎高程低,多孔洞设计,泄流规模大,可适应不同流量的异重流排沙。

### 三、在东庄水利枢纽工程设计中的应用

东庄水利枢纽工程坝址位于泾河干流最后一个峡谷段出口,张家山水文站以上29 km处,左坝址控制流域面积4.31万 km²,占泾河流域面积的95%,占渭河华县站控制流域面积的40.5%,几乎控制了泾河的全部洪水泥沙,是渭河防洪减淤体系的重要组成部分,是黄河水沙调控体系的重要支流水库。水库开发任务以防洪减淤为主,兼顾供水、发电和改善生态等综合利用。水库原始总库容32.76亿 m³,拦沙库容20.53亿 m³,死水位756 m,汛期限制水位780 m,正常蓄水位789 m。

东庄水库坝址年均径流量16.92亿 m³,多年平均沙量2.37亿 t,平均含沙量为140 kg/m³;其中汛期径流量为10.46亿 m³,沙量2.17亿 t,平均含沙量为207 kg/m³;坝址断面悬移质泥沙颗粒较细,$d_{50}$为0.02 mm。可见,泾河流域水少沙多,水流含沙量非常高,且泥沙颗粒较细,具备形成异重流的非常有利的水沙条件。

东庄水库拦沙库容相对较大,拦沙期约24年。东庄水库属于峡谷型水库,坝前水深较大,且汛期洪水具有陡涨陡落的特点,洪峰形态尖瘦,历时短,水库运用初期很难迅速泄空蓄水。因此,当入库发生较大洪水时,适当降低水位,采用异重流排沙是重要的减淤手段。考虑异重流排沙需求,水库泄洪排沙建筑物布置在坝身,由3个表孔、4个深孔和2个底孔组成。其中,表孔的主要功能是泄洪,堰顶高程786 m,单孔宽度11 m;4个深孔的主要功能是排沙、泄洪,进口高程均为708 m,孔身断面尺寸5.5 m×7.5 m,出口断面尺寸5.5 m×6 m;2个底孔的主要功能是水库拦沙初期的排沙运用及正常运用期的非常排沙运用,不参与工程防洪,布置在1#、4#深孔外侧,呈对称布置,进口高程690 m,孔身断面尺寸4 m×6.5 m,孔口断面尺寸4 m×5 m。

# 第二节  工程调度中的应用

### 一、小浪底水库异重流调度应用

小浪底水库入库洪水多来自黄河北干流和泾渭洛河等支流,洪水含沙量较大,尤其容易产生高含沙水流,且洪水泥沙主要来自黄河中游黄土高原地区,颗粒较细,具备异重流潜入的有利水沙条件。小浪底库区河道狭窄,天然比降大(为11‰),地形平顺无急剧变化,则为异重流的产生及运行提供了有利的地形条件。水库共布置有3条进口排沙洞和3条孔板泄洪洞,进口高程较低,均为175 m,具备较大泄流规模,为异重流及时排沙出库提供了有利的工程条件。

**（一）利用异重流排沙取得显著的水库减淤效果**

自小浪底水库蓄水运用以来，库区发生了多次异重流现象，经水库科学调度运用，大部分异重流运行至坝前，并顺利排沙出库，有效缓解了水库淤积速度。2000 年 7 月至 2016 年 6 月，年均入库沙量 2.99 亿 t，年均出库沙量 0.63 亿 t，平均排沙比达到 21%。水库出库沙量基本全部为异重流排沙，累计排沙量 10 亿 t，合 7.7 亿 $m^3$。

水库排出的几乎全部为粒径小于 0.025 mm 的细颗粒泥沙，该泥沙悬浮性能好，落淤速度较慢，利于远距离输送，提高了下游水流的输沙效果，减少了下游河道的淤积。

**（二）成功进行了人工异重流塑造**

通过对异重流形成条件、潜入、运行、水力要素变化等深入研究，全面掌握了异重流相关规律，经过精心组织，2004 ~ 2015 年共进行了 12 次人工异重流塑造。采用的模式为：在黄河干流没有发生洪水的条件下，主要依靠水库汛限水位以上蓄水，通过调度万家寨、三门峡、小浪底水库，在小浪底库区塑造异重流，达到减少水库淤积、调整库区淤积形态及多排沙入海的目的。除 2015 年人工塑造异重流未排沙出库，其他人工异重流排沙比为 4.42% ~ 167%；其中 2010 ~ 2013 年连续 4 年人工塑造异重流排沙比超 100%。

## 二、冯家山水库异重流调度应用

冯家山水库位于渭河支流千河上，控制流域面积 3 232 $km^2$，占千河总流域面积的 92.5%，是一座以灌溉、城市及工业供水为主，兼顾防洪、发电、旅游、养殖综合利用的大（2）型水库；设计总库容 4.13 亿 $m^3$，其中死库容 0.91 亿 $m^3$，有效库容 2.86 亿 $m^3$；正常蓄水位 712 m，汛限水位 707 m，死水位 688.5 m。水库设置有泄洪排沙底洞，进口底板高程 652.5 m，仅高于原河床 8.5 m，低于死水位 36 m，十分有利于异重流排沙。

1974 ~ 2006 年，水库多年入库平均径流量为 3.43 亿 $m^3$，年均入库沙量 316.4 万 t；约 86% 的入库泥沙集中在 7 ~ 9 月，且泥沙颗粒较细，为异重流排沙调度提供了有利的水沙条件。同时，主汛期水库运用水位控制在 707 m 以下，缩短了异重流潜行距离，有利于排沙出库。

1974 ~ 2006 年，共进行了 38 次异重流观测。实测资料表明，入库洪水超过 50 $m^3/s$、含沙量超过 30 $kg/m^3$、断面输沙率大于 2 000 $kg/s$ 就能产生异重流。38 次异重流入库洪峰流量为 34 ~ 1 180 $m^3/s$，洪峰含沙量 30 ~ 604 $kg/m^3$；出库流量 18 ~ 550 $m^3/s$，出库含沙量 1 ~ 960 $kg/m^3$；排沙比 1.8% ~ 83.2%，平均排沙比 48.7%。同期水库入库沙量 10 125.4 万 t，出库沙量 3 489.6 万 t，平均排沙为 34.5%，低于异重流平均排沙比。可见，水库充分利用异重流排沙，取得了较好的排沙效果。

第七章

# 人工塑造异重流

# 第一节　人工塑造水库异重流的目的和意义

人工异重流塑造的目的是为水库库区减淤或调整其淤积形态并恢复部分库容寻找一条新的途径,进一步深化对水库泥沙运动规律的认识。本书以小浪底水库人工塑造异重流作为实例进行全面阐述。

人工异重流塑造的指导思想是:调水调沙实施的前一阶段,若中游不来洪水,小浪底水库主要是清水下泄;待库水位降低至三角洲顶点高程以下的适当时机,适时利用万家寨、三门峡水库的蓄水,加大流量下泄,进行万家寨、三门峡、小浪底水库的联合调度,形成人工异重流,使小浪底水库排沙出库。在借助自然力量的人工异重排沙基础上,探索水库泥沙多年调节的调度模式,调整小浪底水库泥沙淤积形态并恢复部分库容。

根据韩其为《水库淤积》研究,紧靠水库的下游河道排沙比与水库排沙比有着密切关系,下游河道冲淤分界的水库排沙比 $\eta_1$ 为 70%。当 $\eta_1 > 70\%$ 时,下游河道排沙比 $\eta_2 < 100\%$,下游河道淤积;当 $\eta_1 < 70\%$ 时,$\eta_2 > 100\%$,下游河道冲刷。当要求下游河道明显冲刷时,$\eta_1$ 应小于 50%,此时下游河道冲刷量仅为进入沙量的 32%。

在小浪底水库运用初期,水库以异重流排沙为主,下游最迫切问题是扩大主槽过流能力,将下游主槽过流能力恢复指标定为 4 000 m³/s 时,由此可以确定,调水调沙的调度可分为三个阶段:

(1)下游主槽过流能力紧急恢复期。此时期主槽过流能力偏小,急需改变过大的滩槽分流比以降低横河、斜河等不利河势可能造成的黄河决口改道风险。因而,利用小浪底水库运用初期淤积库容大、泥沙淤积面低、异重流排沙比不可能太大的特点,水库尽量下泄清水,以较小的 $\eta_1$ 换取较大的 $\eta_2$,使下游主槽过流能力尽快恢复。

(2)下游主槽过流能力持续恢复期。随着下游主槽过流能力逐渐恢复,小浪底水库泥沙淤积面逐渐抬高,库区泥沙淤积三角洲顶点向近坝区推移,异重流排沙比逐渐加大。此阶段小浪底水库的排沙比应小于 50%,使下游主槽过流能力持续恢复。

(3)下游主槽过流能力维持期。当下游主槽过流能力恢复到一定量级时,小浪底水库初期运用阶段行将结束,水库排沙方式也将由异重流排沙向明流排沙过渡,水库排沙比持续加大。此阶段小浪底水库排沙比应控制在 70% 左右,维持下游主槽过流能力。

结合调水调沙实践,可初步判定下述调度指标:当下游主槽过流能力为 1 800 ~ 3 500 m³/s 时,小浪底水库下泄清水为主,排沙比小于 35%,时段为 2002 ~ 2006 年;当下游主槽过流能力为 3 500 ~ 4 000 m³/s 时,兼顾水库河道减淤,水库排沙比小于 50%;当下游主槽过流能力达 4 000 m³/s 左右时,小浪底水库排沙比小于 70%。

调水调沙中人工塑造水库异重流,其对水沙的调控,实际上主要是对年内(多年内)非汛期泥沙的空间调节。对比调水调沙调度指标,现阶段的调度目标应为:

(1)将三门峡库区非汛期淤积的泥沙(这部分泥沙中值粒径较小,属细泥沙。如按常规方式运用,这部分泥沙将全部淤在小浪底库区)尽可能多地排出小浪底库外,达到三门峡水库年内冲淤平衡、小浪底水库拦粗排细、有效利用小浪底水库淤积库容的目的。在下游主槽过流能力达到 4 000 m³/s 前,尽量加大小浪底水库排沙比(接近 50%)。

(2)当小浪底库区淤积形态须调整时(如库尾淤积过度),在上述目标内,利用大流量调节,对库区淤积泥沙实施二次分选,达到三门峡水库年内冲淤平衡、小浪底水库拦粗排细、有效利用小浪底水库淤积库容、改善库区淤积形态等目的。

# 第二节　人工塑造水库异重流的调度机制

当了解水库异重流形成、持续运动的基本规律后,通过水库群的联合调度,调控出符合异重流潜入、持续运动的水沙过程,则人工塑造水库异重流排沙出库可成为现实。

要想调控出适宜异重流潜入、持续运动的水沙过程,仅仅靠异重流的基本运动规律远远不够,还必须考虑各个水库调度的边界条件、调度目标等,解决下述问题。

## 一、沙源的选择

人工塑造异重流时,进入小浪底水库的泥沙来源于河道和水库淤积的泥沙。以三门峡水库为界,可分为三门峡以上来沙和小浪底库尾淤积泥沙。而在较小量级洪水时,三门峡以上来沙主要是水库淤积的泥沙。在利用小浪底库尾淤积泥沙作为人工塑造异重流沙源时,其冲刷属一般意义上的冲刷。本书着重分析三门峡水库淤积泥沙利用。

## 二、三门峡库区冲淤演变特点

三门峡水库蓄清排浑运用以来,非汛期蓄水运用承担防凌、春灌等任务,汛期平水时按控制水位305~300 m运用,一般洪水时敞开闸门泄洪,以利于水库排沙和降低潼关高程。潼关以下库区具有非汛期淤积、汛期冲刷的演变特点,即非汛期淤积的泥沙由汛期洪水冲刷带出库外,年内进出库泥沙和库区冲淤基本平衡。

非汛期淤积分布呈两端小中间大,淤积集中在坮埝至北村河段。非汛期淤积量大小取决于来沙多少,淤积分布取决于水库运用水位,运用水位高时淤积重心靠上。由于非汛期运用方式的改善,最高运用水位下调,不同时段的淤积重心也随之改变,1974~1979年非汛期运用水位较高,淤积重心在HY30~HY38断面间;1980~1985年最高运用水位下调,高水位持续时间缩短,淤积重心下移到HY22~HY35;1986年以后最高运用水位控制在324 m以下,淤积重心明显下移,汛期的冲刷重心也相应下移,特别是1993年以后运用水位基本不超过322 m,淤积重心在HY20~HY33;2003年和2004年,三门峡水库仍为非汛期蓄水、汛期排沙运用,但非汛期最高运用水位按318 m控制,库区的淤积和冲刷量及其分布均有较大变化,HY32断面以上河段冲淤变化不受蓄水位影响,淤积重心在HY20~HY28(见图7-1)。

非汛期淤积量大的河段汛期冲刷量也大。汛期的冲刷取决于入库水流条件、前期的淤积部位及水库敞泄时间。1974~1985年来水偏丰,除1977年出现高含沙洪水外,来沙量偏少,时段内潼关以下累计淤积0.59亿$m^3$,基本冲淤平衡。1986年以后为枯水少沙系列,汛期来水量大幅度减少,洪水发生频率降低,小流量历时增加,除1992年、1996年和2003年有较大冲刷外,多数年份淤积,至2004年累计淤积2.2亿$m^3$。其中2003年汛期水库完全敞泄时间达25 d,汛期来水为20世纪90年代以来的最大值,受这些有利条件作用,坝前 50 km 范围内冲刷量显著增多。各年汛期、非汛期冲淤量及累计过程见图 7-2。表 7-1 为不同时段平均冲淤量变化。

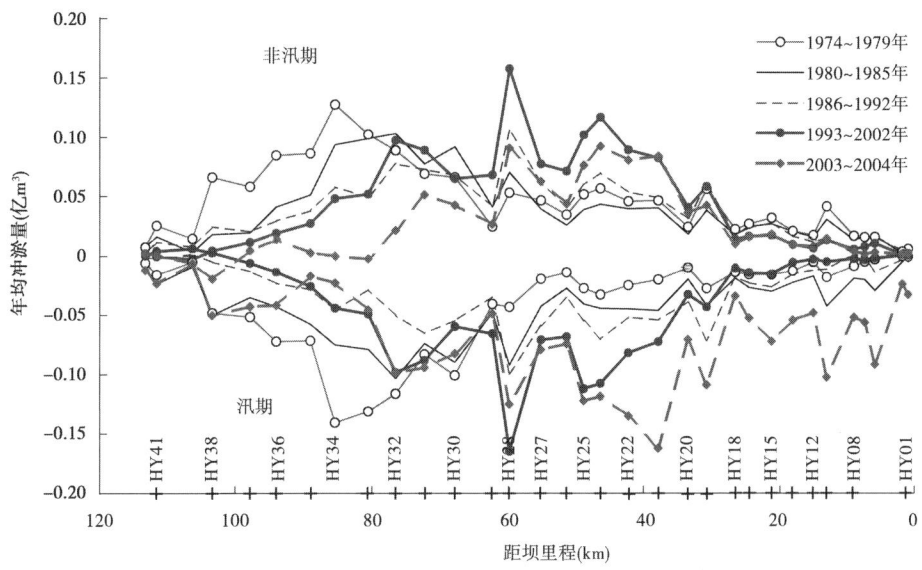

图 7-1　不同时期冲淤量沿程分布

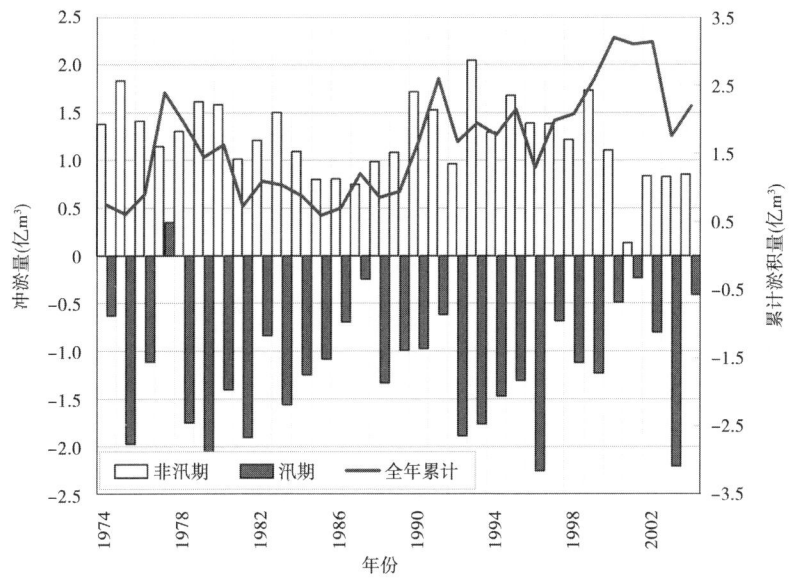

图 7-2　1974 年以来潼关以下冲淤量

汛期的冲刷过程主要分两种情况,一是汛初降低水位时产生的溯源冲刷,一是洪水时的沿程冲刷及溯源冲刷的继续发展。溯源冲刷可将坝前淤积物冲刷出库,并在一定的流量下向上发展;处于次饱和状态的挟沙水流,沿程从床面补给一部分泥沙,使水流逐渐恢复到饱和,含沙量沿程恢复,河床发生从上向下的冲刷。沿程冲刷的数量和发展部位取决于水流输沙能力及沿程床沙的补给情况。这两种情况的结果,均使出库含沙量增加。

表 7-1 不同时段冲淤量统计

| 时段 | 年均冲淤量(亿 m³) | | | 1974 年以来累计淤积量(亿 m³) |
|---|---|---|---|---|
| | 非汛期 | 汛期 | 全年 | |
| 1974～1979 年 | 1.447 | -1.206 | 0.241 | 1.446 |
| 1980～1985 年 | 1.198 | -1.340 | -0.142 | 0.594 |
| 1986～1992 年 | 1.118 | -0.965 | 0.153 | 1.672 |
| 1993～2002 年 | 1.281 | -1.135 | 0.146 | 3.132 |
| 2003 年 | 0.825 | -2.203 | -1.378 | 1.755 |
| 2004 年 | 0.850 | -0.409 | 0.441 | 2.196 |

**注**:表中"-"为冲刷。

以实测资料为基础,通过汛初小洪水、洪水和平水期进出库水沙变化特点,分析不同水沙条件和坝前水位情况下,水库对水沙的调节作用。

三门峡水库汛初水位降到305 m运用,洪水时敞泄排沙,对洪水流量的调节作用主要取决于泄水孔洞的开启情况。目前,水库泄流有12个深孔(底坎高程300 m)、12个底孔(底坎高程280 m)、2条隧洞(底坎高程290 m)、1条泄流钢管(底坎高程300 m)等27个孔洞,另有7台发电机组,库水位300 m时泄流量(不含机组)为3 633 m³/s,库水位305 m时为5 455 m³/s。实际运用过程中,洪峰流量在4 000 m³/s以下基本没有滞洪作用。

### 三、对出库泥沙的调节

非汛期坝前淤积,汛期初次排沙及以后不同时段的洪水排沙河床可补充的泥沙量不同,根据人工塑造异重流需要,仅对初次降低水位运用和初次小洪水情况进行统计分析。

在每年的6月末至7月初,三门峡水库坝前水位一般都要下降到305 m上下或更低,使汛初出现较大的排沙比。汛初排沙统计以出库输沙率大于入库输沙率为前提,分两种情况:①降低水位排沙——因坝前水位降低造成溯源冲刷而产生的排沙;②小洪水排沙——潼关有洪水但洪峰流量小于2 500 m³/s,有时洪水过程中坝前水位仍为降低过程(但在小浪底水库运用前,为减少下游淤积避免小水排沙,水库并没敞泄运用),这时产生的沿程和溯源冲刷,增加出库沙量。

统计1974年以来6、7月降低水位排沙和小洪水排沙资料,其特征值见表7-2。

(1)降低水位排沙:累计197 d,入库含沙量为10.2 kg/m³,同期出库含沙量为37.4 kg/m³,是入库的3.67倍;入库总沙量为1.054亿t,相应出库沙量4.415亿t,净排沙量3.361亿t,排沙比达到4.19。

(2)小洪水排沙:共计169 d,进出库流量接近,入库含沙量为28.8 kg/m³,出库为50.5 kg/m³,是入库的1.76倍;入库总沙量为4.653亿t,相应出库沙量8.045亿t,排沙比为1.73。由此可知,降低水位排沙的效率比较高。

汛初小水期累计入库沙量为5.707亿t,占汛期总来沙量的3.03%;累计排沙量

12.46 亿 t,占汛期总排沙量的 5.4%,其中净排沙量 6.75 亿 t,占汛期净排沙总量的 15.7%。虽然统计的资料不完全在汛期,但从水沙量的对比反映了降低水位过程和小洪水期具有较高的排沙效率。

表 7-2　汛初小水期排沙特征值(1974～1999 年累计值)

| 项目 | 次数 | 天数<br>(d) | 平均流量<br>(m³/s) | 水量<br>(亿 m³) | 沙量<br>(亿 t) | 含沙量<br>(kg/m³) | 净排沙量<br>(亿 t) |
|---|---|---|---|---|---|---|---|
| 潼关 | | | | | | | |
| 降低水位排沙 | 18 | 197 | 605 | 103.0 | 1.054 | 10.2 | 3.361 |
| 小洪水排沙 | 16 | 169 | 1 108 | 161.8 | 4.653 | 28.8 | 3.392 |
| 总计 | 34 | 366 | 837 | 264.8 | 5.707 | 21.6 | 6.753 |
| 三门峡 | | | | | | | 排沙比 |
| 降低水位排沙 | 18 | 197 | 693 | 118.0 | 4.415 | 37.4 | 4.19 |
| 小洪水排沙 | 16 | 169 | 1 091 | 159.4 | 8.045 | 50.5 | 1.73 |
| 总计 | 34 | 366 | 877 | 277.4 | 12.460 | 44.9 | 2.18 |

降低水位和小洪水排沙的主要影响因素是坝前水位和出库流量,水位越低、流量越大,排沙量越大。根据泥沙运动理论,水流能量是泥沙输移的主要动力。若以 $QJ_{北村—史家滩}$ ($Q$ 为三门峡平均流量,$J_{北村—史家滩}$ 为北村—史家滩的水面比降)表示汛初坝前河段的水流能量,其与净排沙量的关系见图 7-3。图 7-3 表明,随着水流能量的增加,净排沙量呈明显增加的趋势,但两种情况的增加趋势不同。对于降低水位过程,其相关系数达 0.95,相关程度很好。小洪水排沙是坝前水位降低后溯源冲刷的继续发展,同时也受北村以上河床调整的影响,净排沙量与北村以下水流能量的相关系数为 0.75。

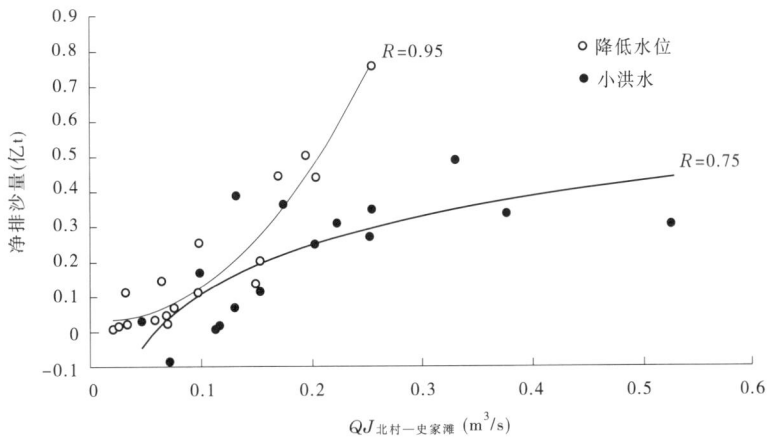

图 7-3　汛初小水期净排沙量关系

同时,考虑来沙系数和水面比降的共同影响,根据敏感性分析,建立如图 7-4 所示关系。图 7-4 表明,在相同的 $J_{潼关—史家滩}/(S/Q)^{0.35}$ 条件下,降低水位冲刷的排沙比大于小洪水的排沙比。在降低水位过程中,水库排沙是坝前水位直接作用的结果,其效果受坝前河

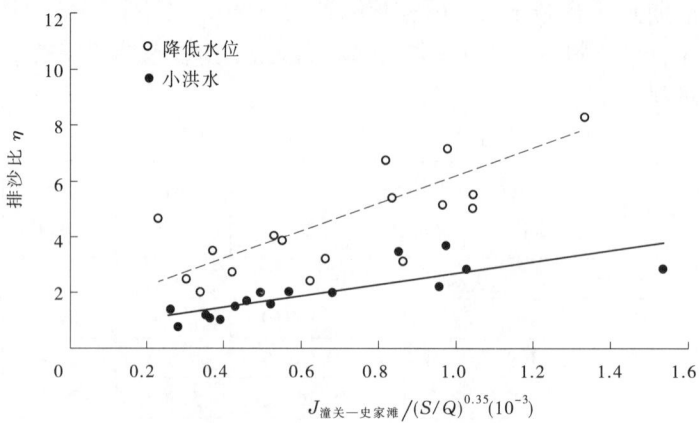

图7-4　汛初小水期排沙比关系图

床条件和水流条件的作用大,在同样的条件下净排沙量和排沙比相对较大。

图7-4的关系可以概化为

$$\eta \propto (J, S/Q) \qquad (7\text{-}1)$$

水库排沙量由进库沙量和河床冲刷量组成。影响库区河床冲刷的主要因素是来水来沙和河床边界条件、水库运用方式、坝前水位、水面比降等。水库排沙正是通过各因素组合实现的。各因素的变化和影响程度的差异造成不同的冲刷形式,但泥沙输移的基本理论是相同的。通过水流挟沙能力公式、水流连续方程、曼宁公式和输沙公式联解,可求得排沙比关系式。

水流挟沙能力公式

$$S_* = \kappa \left( \frac{v^3}{g\omega R} \right)^m \qquad (7\text{-}2)$$

水流连续方程

$$Q = Bhv \qquad (7\text{-}3)$$

曼宁公式
$$v = \frac{1}{n} J^{1/2} R^{2/3} \qquad (7\text{-}4)$$

假定进、出库流量相等,$Q_o = Q_i = Q$,式(7-2)～式(7-4)中,$h = R$,$m = 1$。

入库输沙率 $\qquad Q_{si} = Q_i S = QS$

出库输沙率 $\qquad Q_{so} = Q_o S_* = QS_*$

排沙比为 $\eta$,则

$$\eta = \frac{Q_{so}\Delta T}{Q_{si}\Delta T} = \frac{Q_{so}}{Q_{si}} \qquad (7\text{-}5)$$

将式(7-2)～式(7-4)及假定条件代入式(7-5),经过推导和变换可得

$$\eta = \left( \frac{\kappa}{g\omega n^2} \right) \left( \frac{1}{Bh^{2/3}} \right) \frac{Q}{S} J \qquad (7\text{-}6)$$

来沙系数 $S/Q$ 表示在单位流量中的含沙量,用来表示水沙的组合搭配,当 $S/Q$ 比较小时,在相同水流条件下冲刷能力强,反之则弱。水面比降 $J$ 代表水流能坡,反映水体具

有的势能。式(7-6)与图7-4的概化式(7-1)相比,其形式相同,只是系数和指数不同。

实际上,水库在汛期基本为敞泄运用,库区水较浅,$Bh^{2/3}$与过流面积接近,因此有$\dfrac{Q}{Bh^{2/3}} \approx V$,代入式(7-6)可写成

$$\eta = \left(\frac{\kappa}{gn^2}\right)\frac{VJ}{\omega S} \qquad (7\text{-}7)$$

在式(7-7)中,$VJ$取决于单位水体具有的能量$\gamma VJ$,$\omega S$取决于紊动水流保持泥沙悬浮所付出的能量。因此,排沙比的大小与水流的能量和悬浮功的比值成正比关系。

不同流量级进出库沙量的对比见表7-3。可见,7月流量小于4 000 m³/s各流量级排沙比均大于1.0,平均为1.51,水库净排沙量94%集中在1 000~3 000 m³/s流量范围,相应的水量占全月的61%;流量大于4 000 m³/s时排沙比一般小于1.0;8月流量小于4 000 m³/s的各流量级排沙比均大于1.0,平均为1.30,流量大于4 000 m³/s时排沙比一般小于1.0。8月水库排沙与7月的冲淤量和8月的洪水有关,不同时期排沙比变幅较大。当前期冲刷量少又有洪水发生时,则排沙比大;如果前期冲刷量大,河床可补给泥沙量减少,洪水冲刷期排沙比则较小。9、10月入库沙量少,水库冲刷主要依靠2 000 m³/s以上的大流量且冲刷量小,流量在1 000 m³/s以下时库区多为淤积,流量在1 000~2 000 m³/s时进出库沙量基本相当。

表7-3　1974~2004年汛期不同流量级排沙情况(年均值)

| 月份 | 流量级 (m³/s) | 天数 (d) | 潼关水量 (亿 m³) | 潼关沙量 (亿 t) | 三门峡沙量 (亿 t) | 排沙比 | 净排沙量 (亿 t) |
|---|---|---|---|---|---|---|---|
| 7 | <1 000 | 16.1 | 6.66 | 0.203 | 0.275 | 1.35 | 0.072 |
| | 1 000~2 000 | 9.5 | 11.80 | 0.645 | 0.952 | 1.48 | 0.307 |
| | 2 000~3 000 | 3.7 | 7.72 | 0.580 | 0.936 | 1.61 | 0.356 |
| | 3 000~4 000 | 1.3 | 3.80 | 0.155 | 0.234 | 1.51 | 0.079 |
| | ≥4 000 | 0.5 | 2.05 | 0.362 | 0.250 | 0.69 | −0.112 |
| 8 | <1 000 | 10.0 | 5.33 | 0.190 | 0.204 | 1.07 | 0.014 |
| | 1 000~2 000 | 10.6 | 13.37 | 0.649 | 0.878 | 1.35 | 0.229 |
| | 2 000~3 000 | 6.2 | 12.97 | 0.824 | 1.063 | 1.29 | 0.239 |
| | 3 000~4 000 | 2.8 | 8.26 | 0.546 | 0.736 | 1.35 | 0.190 |
| | ≥4 000 | 1.4 | 6.43 | 0.634 | 0.495 | 0.78 | −0.139 |
| 9 | <1 000 | 9.8 | 5.76 | 0.085 | 0.068 | 0.80 | −0.017 |
| | 1 000~2 000 | 11.2 | 13.71 | 0.327 | 0.331 | 1.01 | 0.004 |
| | 2 000~3 000 | 3.8 | 8.23 | 0.280 | 0.363 | 1.29 | 0.083 |
| | 3 000~4 000 | 2.7 | 7.94 | 0.252 | 0.292 | 1.16 | 0.040 |
| | ≥4 000 | 2.4 | 9.65 | 0.265 | 0.345 | 1.30 | 0.080 |

续表7-3

| 月份 | 流量级<br>(m³/s) | 天数<br>(d) | 潼关水量<br>(亿 m³) | 潼关沙量<br>(亿 t) | 三门峡沙量<br>(亿 t) | 排沙比 | 净排沙量<br>(亿 t) |
|---|---|---|---|---|---|---|---|
| 10 | <1 000 | 16.3 | 8.26 | 0.079 | 0.047 | 0.59 | −0.032 |
| | 1 000~2 000 | 7.7 | 9.24 | 0.129 | 0.144 | 1.11 | 0.015 |
| | 2 000~3 000 | 3.9 | 7.87 | 0.130 | 0.191 | 1.47 | 0.061 |
| | 3 000~4 000 | 2.1 | 6.39 | 0.120 | 0.165 | 1.37 | 0.045 |
| | ≥4 000 | 1.0 | 4.08 | 0.087 | 0.104 | 1.19 | 0.017 |

水库排沙在时间上和不同流量级之间存在的差异,与水库运用方式和库区的冲刷形式分不开。7、8月经常发生较大洪水,坝前水位较低,在前期淤积基础上发生溯源冲刷和沿程冲刷,其冲刷强度大,随着冲刷发展,河床比降变缓、床沙粗化,要继续冲刷需要有更大的水流能量,只有在较大的流量下才能实现。这也说明,7、8月中等流量洪水冲刷是水库库容恢复和增加排沙量的主要形式,对出库泥沙的调节幅度也最大。

但是,当流量达到某一级以上时,水库会壅水抬高水位,水面比降变缓,相应输沙能力降低,同时会发生漫滩淤积,影响排沙量。根据蓄清排浑运用以来的洪水资料,当潼关流量大于4 000 m³/s时库区有不同程度的壅水削峰作用,这也是流量在4 000 m³/s以上时排沙比多小于1.0的主要原因。由于2000年以来泄流能力增大,在今后的运用中,5 000 m³/s以下不会发生滞洪,出库含沙量仍会是增大的。

### 四、三门峡水库补充沙量分析

三门峡水库汛初排沙有两种情况,一是水库上游没有洪水,依靠降低水位排沙,其排沙量主要是坝前漏斗的淤积泥沙;二是洪水期敞泄排沙,包括了洪水挟带的泥沙、沿程冲刷补充泥沙、坝前冲刷量。

在平水期三门峡水库可补沙量主要为淤积在坝前的泥沙,即调沙库容的淤积量。据历年资料分析,在汛初水库大幅度降低水位排沙运用时,会下泄较高的含沙量过程,可补充的沙量为0.4亿~0.9亿 t。

图7-5为敞泄期或洪水期冲刷含沙量(三门峡含沙量−潼关含沙量)和出库平均流量的关系,可以看出,坝前平均水位低于300 m的点子落在分界线下方,高于300 m的点子多在分界线上方。分界线处不同流量对应的冲刷含沙量为:1 000 m³/s流量时约为40 kg/m³,2 000 m³/s时约为80 kg/m³。低水位时,即使流量小,冲刷含沙量也可达100 kg/m³以上。

### 五、三门峡水库汛期出库含沙量预测

综合分析水库多年运用实践,影响三门峡水库汛期出库含沙量的因素有三个方面:来水来沙变化、调沙库容内淤积量、泄流条件等。具体可分解为入库流量 $Q_入$、出库流量 $Q_出$、入库含沙量 $S_入$ 及悬沙级配、床沙组成、库区水面比降、排沙历时与时机、孔洞分流比、调沙库容内淤积量、库水位等。

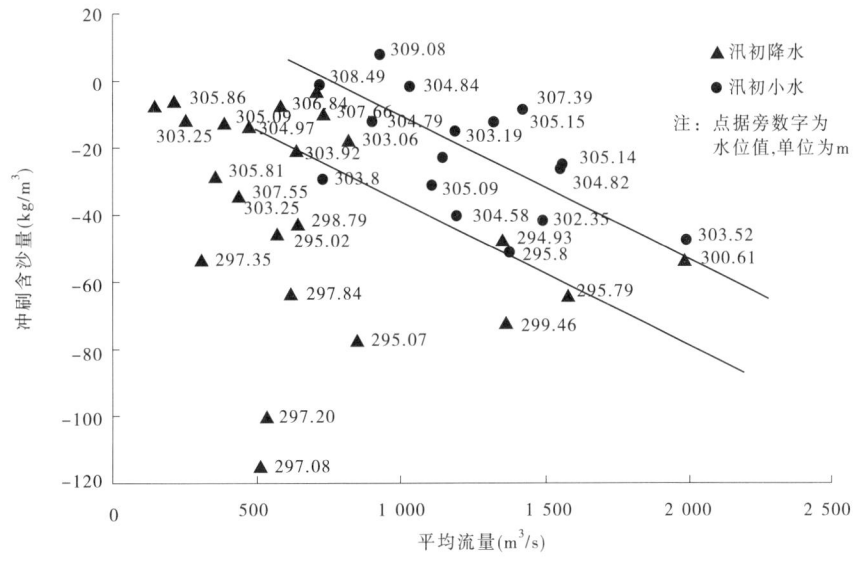

**图 7-5 汛初冲刷含沙量与出库流量的关系**

从以上影响因素可知,影响三门峡水库汛期出库含沙量的因子众多。从大量的因素中挑选出主要的影响因子是首要工作。

根据河流泥沙动力学理论及三门峡水库调度运用经验和水库多年水沙资料整理分析成果,三门峡水库在汛期不同时期出库含沙量敏感因子也有所不同。按照出库含沙量敏感因子变化,把汛期的排沙过程分为非首次排沙和首次排沙两种情况。

**(一)汛期非首次排沙**

据资料分析,在汛期已发生过大量排沙之后,三门峡水库出库含沙量对入库含沙量、入库流量、出库流量、库区水面比降及底孔分流比较为敏感。其中,出库含沙量与入库含沙量关系相当密切,入库含沙量增大时出库含沙量会相应增大;而与流量的关系主要表现在出入库流量之间的对比关系,出入库流量比在一定程度上决定了库区水流冲刷力度,也直接影响着出库含沙量的大小;水面比降的作用主要体现在对水流冲刷力度上,水面比降大则水流冲刷力度也大。由于坝前含沙量垂向分布不均匀,底孔分流比 $P$ 对出库含沙量 $S_{出}$ 有一定影响。

**(二)汛期首次排沙**

水库汛期首次排沙的出库含沙量一般较大,大部分在 50 kg/m³ 以上,有时甚至达到 300 kg/m³ 以上,历时一般为 3 d 左右。这时的出库含沙量对入库流量、底孔分流比等并不十分敏感,与入库含沙量关系也不密切。

经分析认为,汛初或汛期首次排沙过程,水库以溯源冲刷为主。这与水库的运用原则有关。三门峡水库自改建完成至今,一直采用蓄清排浑运用方式。水库在经历蓄水运用后,在汛末和翌年汛初,会发生一定的泥沙淤积,因此一般会利用汛末洪水或在汛初的第一场洪水进行排沙运用。在这种情况下,前期淤积量、淤积部位及淤积物的颗粒级配对出库含沙量影响强烈。汛初库区洪水冲刷表现为溯源冲刷以及溯源冲刷与沿程冲刷的相互衔接。坫埝至坝前库段以溯源冲刷为主,兼有沿程冲刷。潼关至坫埝段则主要受水沙条件影响,属沿程冲淤性质。例如,1996 年 7 月底发生的一次来自渭河的高含沙量洪水,到潼关后,洪峰流量仅 2 290 m³/s,最大含沙量 490 kg/m³,潼关河床发生强烈冲刷,冲刷强度至垙𡐔沿程减弱。此时正值泄洪排沙期,坝前水位降至 298 m 左右,自坝前向上发生强烈的溯源冲刷,与沿程冲刷相结合,垙𡐔以下冲刷强度沿程增加。此次洪水后,与汛初比较,1 000 m³/s 流量水位潼关、垙𡐔、大禹渡、北村站分别下降了 2.07 m、1.32 m、2.68 m、5.69 m,垙𡐔站的同流量水位下降值明显小于上、下站潼关和大禹渡站,洪水冲刷逐渐由溯源冲刷转为沿程冲刷,库区各站同流量水位大致等量下降。如 1989 年 7、8 月洪水期,主要受溯源冲刷作用,河槽冲刷深度沿程增大,潼关、垙𡐔、大禹渡和北村站 1 000 m³/s 流量水位分别下降 0.07 m、0.54 m、0.64 m 和 1.12 m。此后,经 8 月底和 9 月洪水冲刷后,河床又普遍下降,至 10 月中旬各站同流量水位又分别下降 0.45 m、0.26 m、0.45 m、0.26 m,大致相近。

上游来水流量小而坝前水位较低时,由坝前向上游发展的溯源冲刷形成明显的上凸型纵剖面,凸起段下游纵比降虽然较大,但因流量小而输沙能力不大,冲刷河段短,冲刷沙量小,冲刷向上延伸速度慢。小流量时汛期水位降得低一些对全库区冲刷量的影响,主要是近坝段冲刷量大,愈向上游冲刷量愈小。1980 年汛期的情况是个很好的例子,该年 7 月底至 8 月底整整一个月进行敞泄排沙,8 月平均坝前水位只有 295.76m,最低水位 289.51 m,因这期间来水流量小(平均 1 160 m³/s),因而只是在坝前(HY20 断面以下,距坝约 33 km)范围内发生强烈冲刷,向上冲刷量就很少。溯源冲刷时输沙能力与流量和比降成正比,随着流量增加,输沙能力以 1.8 次方指数增加,也就是说流量越大,水库平衡比降就越小,水库溯源冲刷向上发展越快,溯源冲刷范围就越大。

### (三)汛期输沙公式

根据目前水库水沙测验资料,建立出日平均含沙量预测公式。鉴于三门峡水库泄流设施直到 1989 年后才基本趋于稳定,则主要选取 1989 ~ 1997 年汛期及 2002 年调水调沙期间 437 组出入库水沙资料和水库孔洞组合资料进行分析。

根据敏感因子分析,三门峡水库汛期非首次排沙时的出库含沙量与入库含沙量、出入库流量比值、水面比降及底孔分流比等参数之间的关系可表达为:

$$S_{出} = a S_{\lambda}^{b} (Q_{出}/Q_{入})^{c} J^{d} (1 + P)^{e} \tag{7-8}$$

式中　　$S_{出}$——出库含沙量;

$Q_{出}$——出库流量;

$Q_{入}$——入库流量;

$J$——水面比降;

$P$——底孔分流比;

$a$——系数;

$b$、$c$、$d$、$e$——指数。

式(7-8)中比降 $J$ 可表示为 $(H - H_{史})/L$,其中 $H$ 为垙𡐔断面水位,$H_{史}$ 为史家滩水位即库水位。由于 $L$ 变化不大,所以可以用 $(H - H_{史})$ 反映比降因子。考虑洪水传播时间因素,式(7-8)亦可表示为

$$S_{出_i} = a S_{\lambda_i}^{b} (Q_{出_i}/Q_{入_{i-1}})^{c} (H_i - H_{史_i})^{d} (1 + P_i)^{e} \tag{7-9}$$

式中　$i$、$i-1$——本时段及上时段相应值。

根据 1989~1997 年资料,应用非线性逐步回归方法进行回归计算分析,出库含沙量计算公式的复相关系数为 0.88,待定系数 $a$、$b$、$c$、$d$、$e$ 分别为 0.004 932、0.996、0.752、1.843 和 0.127。验证结果见图 7-6。

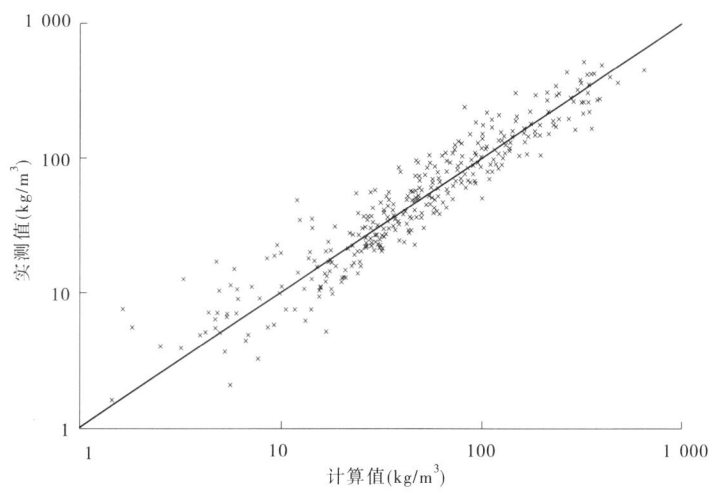

**图 7-6　三门峡汛期排沙关系验证**

从上述三门峡水库汛初排沙和非首次排沙的冲淤特性分析可得出以下结论:

(1)非汛期淤积分布呈两端小中间大,淤积集中在坩埚至北村河段,淤积物中值粒径一般在 0.025 mm 以下,属细颗粒泥沙。

(2)非汛期淤积量大的河段汛期冲刷量也大。汛期的冲刷取决于入库水流条件、前期的淤积部位及水库敞泄时间。

(3)降低水位和小洪水排沙的主要影响因素是坝前水位和出库流量,水位越低、流量越大,排沙量越大。

(4)当流量达到 4 000 m³/s 量级以上时,水库会壅水抬高水位,水面比降变缓,相应输沙能力降低,同时会发生漫滩淤积,影响排沙量。

(5)水库汛期首次排沙的出库含沙量一般较大,大部分在 50 kg/m³ 以上,有时甚至达到 300 kg/m³ 以上,历时一般为 3 d 左右。这时的出库含沙量对入库流量、底孔分流比等并不十分敏感,与入库含沙量关系也不密切。

(6)汛初或汛期首次排沙过程,水库以溯源冲刷为主。溯源冲刷时输沙能力与流量和比降成正比,随着流量增加,输沙能力以 1.8 次方指数增加,也就是说流量越大,水库平衡比降就越小,水库溯源冲刷向上发展越快,溯源冲刷范围就越大。

(7)在汛初三门峡水库可补沙量主要为淤积在坝前的泥沙,即调沙库容的淤积量。据历年资料分析,在汛初水库大幅度降低水位排沙运用时,会下泄较高的含沙量过程,可补充的沙量为 0.4 亿~0.9 亿 t。

## 六、塑造高含沙水流过程的流量级

当以三门峡近坝区非汛期淤积泥沙人工塑造异重流沙源时(汛初首次排沙),合适的

流量级洪水过程进入三门峡水库才能塑造出合适的小浪底入库水沙过程。经分析,合适的洪水过程条件如下:

(1)现阶段小浪底水库尽量大的异重流排沙比,即尽量大的出库含沙量、排沙时间等。

(2)三门峡水库近坝区泥沙淤积量的有效利用,即排沙时间在3 d左右。

(3)三门峡水库高含沙水流出库时的库水位,即溯源冲刷时,近坝区尽量大的比降。

(4)三门峡水库入库水流的有效利用,即溯源冲刷时,不产生无效壅水。

(5)万家寨水库可能的调控能力,即满足一定调控量级一定时间的库容(蓄水)。

(6)小浪底水利枢纽泄流建筑物排泄异重流的能力,即一般情况下3条排沙洞泄流能力为1 500 m³/s,特殊情况下可启用孔板洞泄流。

(7)小浪底坝前异重流爬高的合适高度,即坝前异重流最小厚度满足吸出极限高度,有效排沙的异重流厚度满足孔口出流全淹没。

(8)各段河道水流传播时间等。

根据三门峡水利枢纽泄流建筑物的分布特征,排沙建筑物为12个底孔、12个深孔、2条隧洞、1条钢管,其底板高程分别为280 m、300 m、290 m、300 m,多年运用经验表明,当水库非汛期无弃水发电时,发电引水钢管进口高程287 m,溢流坝坝前泥沙最高淤积面约为300 m,即当库水位降至300 m时,溯源冲刷开始发生。此时,三门峡水库泄流能力为3 633 m³/s。所有泄流建筑物中,仅有底孔、隧洞可进行排沙运用;为使溯源冲刷尽快发展,要求近坝区尽量大的比降,则尽可能降低库水位。当库水位降至隧洞进口高程290 m时,三门峡水库泄流能力为1 188 m³/s。当要求连续的高含沙过程时段较长时,则只有12个底孔泄流排沙。底孔高度为8 m,即底孔不壅水排沙的坝前水位为288 m,此时,三门峡水库泄流能力为904 m³/s。

通过上述分析,可以认为,汛初塑造三门峡水库出库高含沙水流过程的入库洪水流量级在3 633 m³/s以下,且越接近1 200 m³/s越好;当要求溯源冲刷充分发展时,入库洪水流量级应控制在900 m³/s以下。

小浪底水库异重流孔口出流孔口吸出高度的计算公式采用克拉亚公式:

$$h_L = K \left( \frac{q^2}{g'} \right)^{1/3} \tag{7-10}$$

式中　$K$——系数,根据范家骅试验得出,在异重流吸出下限极限高度时,$K = 0.74 \sim 0.89$;在异重流吸出上限极限高度时,$K = 0.58 \sim 0.74$。

$g'$——修正后重力加速度。

$q$——坝前单宽流量。

求上下极限高度时,系数取中值,下限 $K = 0.815$,上限 $K = 0.66$。计算得,异重流吸出下限极限高度为5.75 m,吸出上限极限高度为4.62 m。

当要求小浪底水利枢纽排沙洞孔口出流全部为异重流时,异重流运行到坝前的浑水液面可近似看作异重流吸出上限交界面。浑水液面高程为排沙洞进口中线以上4.62 m,即182.12 m。

## 七、调度流程

人工塑造异重流调度流程见图7-7。

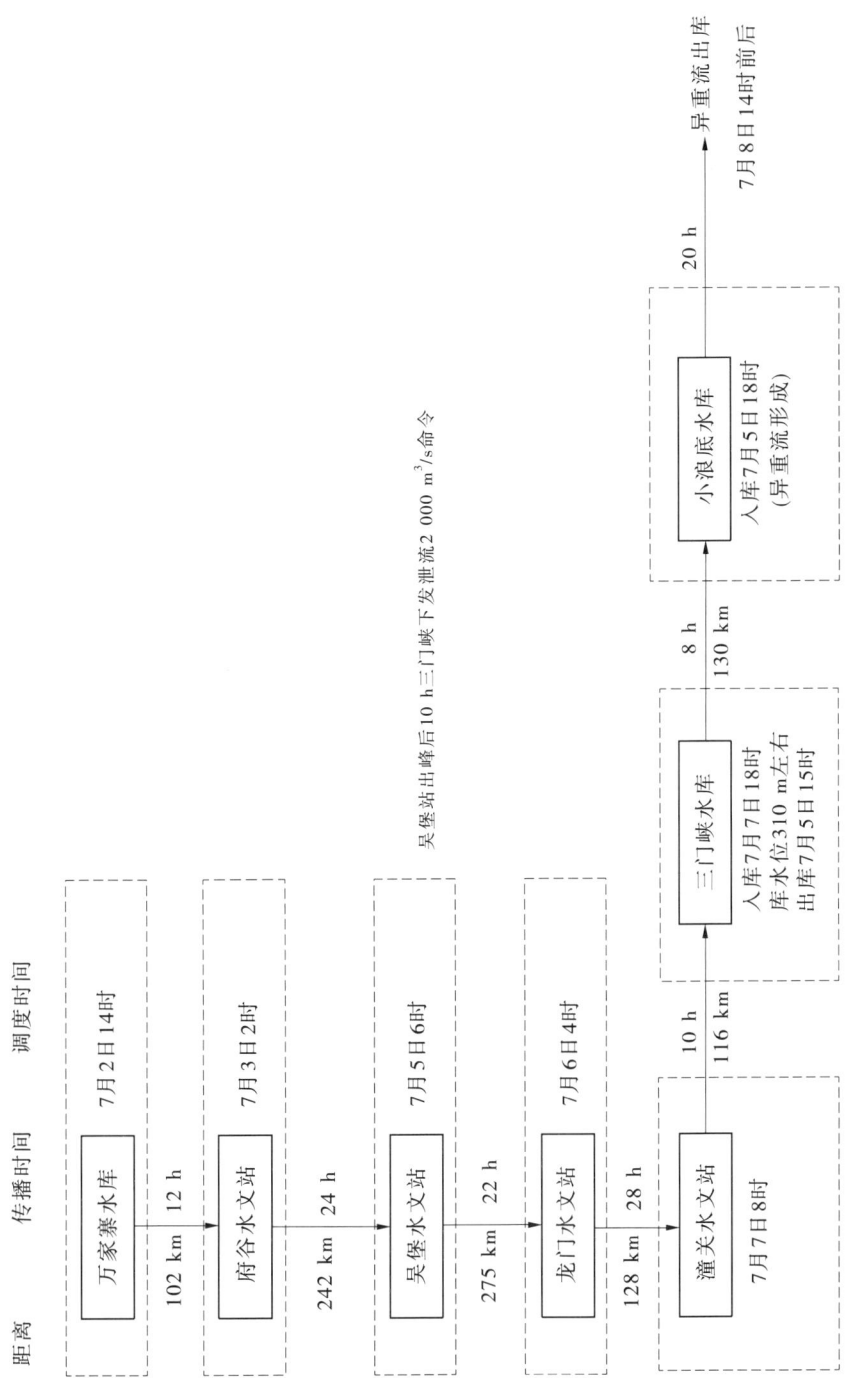

距离　　传播时间　　调度时间

**图 7-7　人工塑造异重流调度流程**

# 第三节　人工塑造异重流研究实例

在充分利用自然洪水形成异重流的同时,2004～2006年,黄委利用水库联合调度,成功地在小浪底水库三次人工塑造异重流并排沙出库。三次人工塑造异重流各有特点,分述如下。

## 一、2004年调水调沙试验期异重流的人工塑造

2004年汛前,小浪底、三门峡、万家寨等水库蓄水较多。黄委经过多方论证,决定利用汛限水位以上水量首次开展以人工塑造异重流为主的调水调沙试验,调整小浪底水库淤积形态并减少水库河道淤积。

### (一)方案设计

试验分为两个阶段:

第一阶段,利用小浪底水库下泄清水,形成下游河道2 600 m³/s的流量过程,冲刷下游河槽,并在两处卡口河段实施泥沙人工扰动试验,对卡口河段的主河槽加以扩展并调整其河槽形态。同时降低小浪底库水位,为第二阶段冲刷库区淤积三角洲、塑造人工异重流创造条件。

第二阶段,当小浪底库水位下降至235 m时,实施万家寨、三门峡、小浪底三水库的水沙联合调度。首先加大万家寨水库的下泄流量至1 200 m³/s,在万家寨下泄水量向三门峡库区演进长达近千千米的过程中,适时调度三门峡水库下泄2 000 m³/s以上的较大流量,实现万家寨、三门峡水库水沙过程的时空对接。利用三门峡水库下泄的人造洪峰强烈冲刷小浪底库区的淤积三角洲,以达到清除设计平衡纵剖面以上淤积的3 850万 m³泥沙、合理调整三角洲淤积形态的目的。并使冲刷后的水流挟带大量的泥沙在小浪底水库库区形成异重流向坝前推进,进一步为人工异重流补充沙源,提供后续动力,实现小浪底水库异重流排沙出库。

### (二)水库蓄水

2004年7月2日8时,万家寨、三门峡、小浪底三库水位分别为974.61 m、317.19 m、236.42 m,蓄水量分别为5.87亿 m³、4.42亿 m³、38.2亿 m³,小浪底水库以上无洪水过程,小浪底水库以下正在进行调水调沙,龙门、潼关、小浪底站流量分别为575 m³/s、675 m³/s、198 m³/s。

### (三)实时调度

1.水库调度

万家寨水库7月2日12时至5日,出库流量按日均1 200 m³/s下泄。7月7日6时库水位降至959.89 m之后,按进出库平衡运用。

三门峡水库自7月5日15时至7月10日13时30分,按照"先小后大"的方式泄流,起始流量2 000 m³/s。7月7日8时,万家寨水库下泄的1 200 m³/s的水流在三门峡水库水位降至310.3 m时与之成功对接。此后,三门峡水库出库流量不断加大,当出库流量达到4 500 m³/s后,按敞泄运用。7月10日13时30分泄流结束,并转入正常运用。

小浪底水库自 7 月 3 日 21 时起按控制花园口流量 2 800 m³/s 运用,出库流量由 2 550 m³/s 逐渐增至 2 750 m³/s,尽量使异重流排出水库。7 月 13 日 8 时库水位下降至 汛限水位 225 m,调水调沙试验水库调度结束。

2. 调度过程

按照确定的试验方案,人工异重流塑造分两个阶段:

1) 第一阶段

7 月 5 日 15 时,三门峡水库开始按 2 000 m³/s 流量下泄,小浪底水库淤积三角洲发 生了强烈冲刷,库水位 235 m 回水末端附近的河堤站(距坝约 65 km)含沙量达 36~120 kg/m³,7 月 5 日 18 时 30 分,异重流在库区 HH34 断面(距坝约 57 km)潜入,并持续向坝 前推进。

2) 第二阶段

万家寨和三门峡水库水流对接后冲刷三门峡库区淤积的泥沙,较高含沙量洪水继续 冲刷小浪底库区淤积三角洲,并形成异重流的后续动力推动异重流向坝前运动。

7 月 8 日 13 时 50 分,小浪底库区异重流排沙出库,14 时小浪底站水流含沙量达 12.4 kg/m³,浑水持续历时约 80 h,7 月 9 日 2 时,出库含沙量 16.9 kg/m³。至此,首次人工异 重流塑造获得圆满成功。

3. 调度效果

小浪底库区淤积三角洲冲刷泥沙达 1.329 亿 m³(HH53 断面—HH37 断面,距坝62~ 110 km),试验前后库区地形测量对比分析表明,设计淤积平衡纵剖面以上淤积的 3 850 万 m³ 泥沙尽数冲刷,库区淤积三角洲形态得到了合理调整。小浪底水库出库沙量 0.057 2亿 t,人工异重流塑造并排沙出库取得成功。小浪底水库干流 1999 年 10 月至 2004 年 7 月主槽最低河底高程沿程变化对照见图 7-8。

## 二、2005 年调水调沙生产运行期异重流的人工塑造

2005 年汛前人工塑造异重流,仍为三座水库联合调度方式。

### (一)方案设计

截至 2005 年 6 月 7 日,万家寨、三门峡、小浪底三座水库汛限水位以上共计蓄水 46.2 亿 m³,客观上具备了调水调沙和人工塑造异重流所要求的水量条件。

本次异重流塑造的总体思路是:对万家寨、三门峡、小浪底水库实施联合调度,小浪底 水库水位降至 230 m 以下,考虑水流演进,万家寨水库提前下泄,与三门峡水库泄水在 305 m 左右衔接,塑造有利于在小浪底库区形成异重流排沙的三门峡出库水沙过程,尽可 能实现在小浪底产生异重流并排沙出库的目标。

### (二)入库及河道来水

2005 年 6 月 22 日 8 时,万家寨、三门峡、小浪底三库水位分别为 975.45 m、315.12 m、239.62m,蓄水量分别为 5.9 亿 m³、2.85 亿 m³、40.3 亿 m³,小浪底水库上下均无明显 洪水过程。

### (三)实时调度情况

万家寨水库自 6 月 22 日 12 时起按日均流量 1 300 m³/s 下泄,24 日 12 时降至汛限水

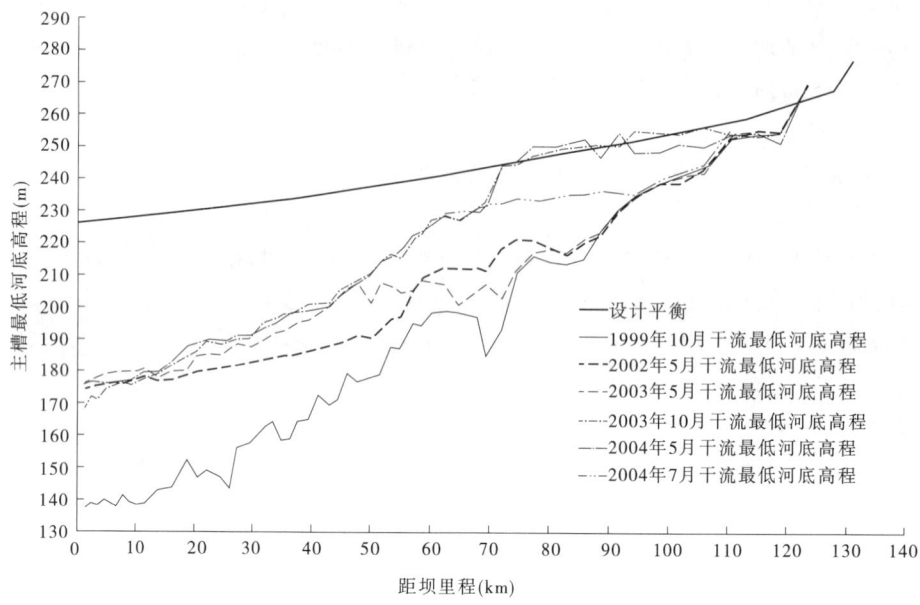

图 7-8 小浪底水库干流 1999 年 10 月至 2004 年 7 月主槽最低河底高程沿程变化对照图

位 966 m。

三门峡水库 6 月 27 日 7 时开始按 3 000 m³/s 流量下泄,12 时按 4 000 m³/s 流量下泄,22 时 45 分开始敞泄运用。万家寨水库下泄的水流在三门峡水库水位降至 6 月 27 日 22 时的 302.6 m 时与之成功对接。

小浪底水库 6 月 22 日 12 时至 24 日 20 时出库流量按 3 550 m³/s 控制,6 月 24 日 20 时起,出库流量按 3 000 m³/s 控制;6 月 29 日 18 时起,日均出库流量按 2 500 m³/s 控制;6 月 30 日 11 时起,出库流量按 1 800 m³/s 控制;7 月 1 日 6 时起,日均出库流量按 570 m³/s 控制,恢复正常运用。

6 月 27 日 15 时左右,三门峡水库下泄水流在距小浪底大坝 48 km 处形成异重流并潜入,29 日 16 时异重流排沙出库,17 时 12 分,小浪底水文站实测含沙量 2.1 kg/m³。黄河第二次人工塑造异重流取得圆满成功。

### 三、2006 年调水调沙生产运行期异重流的人工塑造

2006 年汛前,因山西电网严重缺电,黄河防总支持万家寨水库参与山西电网迎峰度夏运用,万家寨水库按迎峰度夏发电要求下泄,人工塑造异重流方案修订为小浪底、三门峡水库为主的两库联合调度。

#### (一)方案设计

万家寨水库:按迎峰度夏发电要求下泄。

三门峡水库:在 6 月 25 日 12 时前库水位降至 316 m,下泄流量 3 500 m³/s,之后逐步加大至 4 400 m³/s,最后按水库泄流规模控制下泄流量直至泄空。

小浪底水库:6 月 10~11 日小浪底水库按控制花园口流量 2 600 m³/s,6 月 12~14

日按 3 000 m³/s 下泄,6 月 15 日正式开始按照控制花园口断面流量 3 500 m³/s 下泄,实时调度过程中,视下游河道洪水演进、河势变化、主槽水位高低及工程出险、引黄供水等情况适当增大或减小下泄流量,直至小浪底水库水位降至汛限水位。

**(二)水库及河道来水**

2006 年 6 月 25 日 8 时,万家寨、三门峡、小浪底三库水位分别为 960.02 m、316.27 m、229.75 m。小浪底水库上下均无明显洪水过程。

**(三)调度情况**

万家寨水库:按迎峰度夏发电要求下泄,其中 6 月 21 日最大日均下泄流量 800 m³/s。

三门峡水库:6 月 25 日 12 时起,下泄流量按 3 500 m³/s 控制,并逐步加大至 4 400 m³/s,之后转入敞泄排沙运用 2 d,见图 7-9。

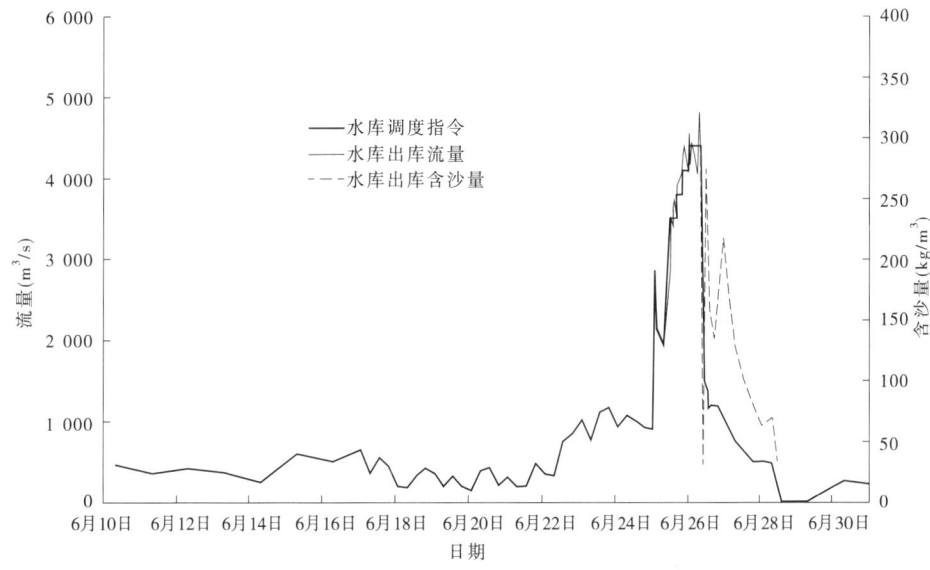

**图 7-9　三门峡水库实时调度情况**

小浪底水库:6 月 25 日 12 时至 6 月 27 日 20 时,按 3 700 m³/s 控制;6 月 27 日 20 时至 6 月 29 日 9 时,为满足河南省引黄渠道拉沙冲淤和西霞院施工浮桥架设需求,并结合小浪底库区异重流排沙,按 2 600 m³/s 下泄 12 h,再按 1 800 m³/s 控泄至汛限水位 225 m,之后按 800 m³/s 控泄 2 d。小浪底水库实时调度情况见图 7-10。

至 6 月 29 日 6 时,小浪底水库水位降至 225 m 以下,下泄流量减至 800 m³/s。7 月 3 日 8 时,黄河利津站流量回落至 980 m³/s,调水调沙水沙过程安全入海。

6 月 25 日 14 时 30 分,小浪底库区形成的异重流在距坝 44 km 处潜入。26 日 0 时 30 分,小浪底水库异重流开始出库,27 日 18 时 48 分,小浪底站含沙量最大达 59.0 kg/m³。

## 四、人工塑造异重流效果分析

从三次人工塑造异重流结果(见表 7-4)看,异重流潜入位置在坝前 43 ~ 57 km,排沙比为 4.4% ~ 35.8%。排沙以 2006 年为最多。

表7-4 三次异重流人工塑造情况统计

| 项目 年份 | 万家寨水库 | | | 三门峡水库 | | | | | | 小浪底水库 | | | | 异重流情况 | | | | | |
|---|---|---|---|---|---|---|---|---|---|---|---|---|---|---|---|---|---|---|---|
| | 补水前水位(m) | 泄流流量(m³/s) | 持续时间(h) | 补水前水位(m) | 泄流流量(m³/s) | 最大出库含沙量(kg/m³) | 出库沙量(亿t) | 万家寨水库来水对接水位(m) | 坝前淤积量(亿m³) | 界定水位(m) | 泄流流量(m³/s) | 最大出库含沙量(kg/m³) | 库尾淤积量(亿m³) | 潜入时间 | 潜入位置 | 出库时间 | 最大出库含沙量(kg/m³) | 出库沙量(亿t) | 排沙比 |
| 2004 | 975 | 1 200 | 61 | 317.8 | 1 800~2 500 | 446 | 0.433 | 310.3 | 0.85 | 235 | 2 700 | 16.9 | 0 | 7月5日18:10 | 坝前57km | 7月8日14:00 | 16.9 | 0.044 | 0.101 |
| 2005 | 978 | 1 300 | 38 | 315.1 | 2 890~4 430 | 352 | 0.45 | 310.0 | 0.49 | 230 | 2 800~3 550 | 11.7 | 0 | 6月27日18:30 | 坝前43km | 6月29日17:12 | 11.7 | 0.021 | 0.044 |
| 2006 | 967 | 800 | 24 | 316.0 | 3 500~4 400 | 276 | 0.235 | 300.0 | 0.75 | 227 | 3 700 | 58.7 | 0.78 | 6月25日14:30 | 坝前44km | 6月26日10:00 | 59 | 0.084 1 | 0.358 |

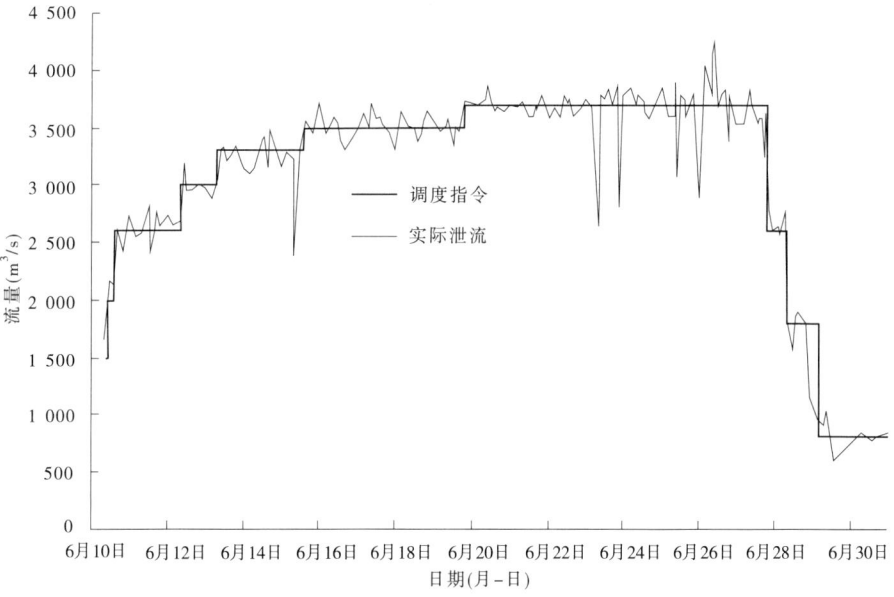

图 7-10　小浪底水库实时调度情况

# 第八章

# 异重流的测量技术

水库异重流是多沙河流特有的一种水流现象。黄河上首次观测到水库异重流是在20世纪60年代初的三门峡水库。2001年8月,小浪底水库蓄水观测到异重流,以后每年都会多次出现异重流。为充分利用好水库异重流规律,减少水库淤积,延长水库使用寿命并兼顾下游不淤积,黄委组织相关单位和部门对异重流形成、发展、演进及排沙过程和机制进行了深入研究,开展了异重流监测分析和模型试验。2001~2006年,通过万家寨、三门峡、小浪底等水库联合调度,三次成功实施人工塑造异重流,并利用异重流特性结合水库调度实现了汛期小浪底水库多排沙及下游河道冲沙减淤。

# 第一节　测验规程的制定

## 一、编写背景

以前的有关测验整编技术标准中都包含有水库异重流测验与整编方面的内容,但在近年来开展的水库异重流测验工作中,发现观测的内容、方法和标准存在不一致的现象,对观测结果也造成了一定影响。因此,为满足水库异重流测验工作,需要编制统一而完整的《水库异重流测验整编技术规程》(以下简称《规程》),作为水库异重流测验技术标准的执行依据,为异重流排沙研究、水库运行管理提供优质服务。

## 二、《规程》内容

总则共有7条,重点提出水库异重流测验的总体目标和内容。

异重流测验部署部分共有10节42条,分别对异重流观测断面布设、测验方法、潜入点观测、过程观测、沿程观测、横向分布测验、浑水水库观测、排沙观测、测验部署和测次布置等十个方面提出了具体的标准和要求,使测验部署根据需要对各项观测的组合既有整体性,又有独立性。

异重流测验项目及技术要求部分共有10节51条,分别提出了测验项目、垂线测时水位观测、水道断面测量、垂线定位测深、垂线含沙量测验、垂线流速测验、流向测验、水温观测、输沙率测验和其他项目观测等十个方面的内容和具体的技术标准。

泥沙水样处理与颗粒级配分析部分共分2节6条,分别对泥沙水样处理和泥沙颗粒级配分析做出了相关规定。

异重流测验记载与资料整理部分共分为6节30条,其内容有:一般规定、资料整理、异重流厚度的确定、异重流垂线平均流速的计算、异重流垂线平均含沙量的计算和异重流流量与输沙率的计算。

资料整编部分有6节44条,内容为:一般规定、合理性检查、在站整编、综合检查、复审验收和资料储存。其中包含了资料整编的五个阶段,每一阶段的工作内容和要求也不相同。

## 三、《规程》的主要特点

(1)将水库异重流测验从其他规范中独立出来,具有专用性的特点。

（2）具有较好的完整性和系统性。

（3）纳入了新技术、新仪器、新设备在异重流测验中的应用。

（4）吸收了几十年来对水库异重流的研究成果，使《规程》的内容更充实，能够更好地满足今后科研与生产管理的需要。

# 第二节　异重流观测

## 一、测验内容

小浪底水库异重流观测的主要任务是在小浪底水库出现异重流时，对异重流各种水文要素的垂线分布、横向分布及沿程变化进行观测，为研究小浪底水库异重流的产生条件、潜入点位置的变化规律、异重流形成后在库区的运行规律和不同强度异重流的排沙效果积累宝贵的实测数据，为优化水库调度方案、开展水库水沙规律研究提供依据。

异重流观测的项目包括异重流的厚度、宽度、发生河段长度及其沿程水位、水深、水温、流速、含沙量、泥沙颗粒级配的变化，以及泄水建筑物开启等情况。

## 二、测验设施和设备

### （一）断面设施

每个异重流测验断面设断面标志牌 4 个（每岸 2 个），断面控制桩 6 个。

### （二）测验设备

（1）测船：小浪底库区异重流测验共动用测船 9 艘。其中，自有水文测船 5 艘，租用民船 4 艘并经过改装。每个固定断面配备 1 艘测船进行全断面测量，每个辅助断面配备 1 艘测船进行主流线测量。具体配备方案为：河堤水沙因子断面 1 艘（小浪底 1 号），桐树岭水沙因子断面 1 艘（小浪底 2 号），小浪底 3 号施测允西河口断面兼作生活基地，小浪底 7 号快艇作为异重流测验指挥调度船。此外，从小浪底水文站调运小型铁壳船 1 艘，租借民船 4 艘。测验调度船负责各测船调度与后勤保障。

（2）定位设备：测船定位设备主要采用 GPS 定位，或利用断面标志牌确定断面线，采用测距仪测定起点距。

（3）测深设备：各测船采用浑水测深仪或统一规格的重铅鱼测深设备。铅鱼底部均安装信号装置自动判断河底，每条垂线均施测两次水深，取其平均值。

（4）测速设备：异重流流速和流向采用重铅鱼悬挂流速仪进行测验，根据流速大小的不同，分别采用 LS25 – 1 型和 LS78 型流速仪。流向采用细钢丝绳悬吊小重物测验。

（5）测沙设备：采用重铅鱼悬挂两仓横式采样器进行取样并加测水温，泥沙处理采用电子天平称重，用置换法推求含沙量；颗粒分析采用激光粒度分析仪处理。

## 三、测验技术及方法

小浪底水库异重流采用断面法和主流线法相结合的测验方法施测。测次安排以完整控制异重流发生、发展、消失过程为原则。正常情况下在回水末端附近河段监测异重流的产生,当发现水库发生异重流后,根据库区地形情况选择部分淤积测验断面,按断面法施测水沙要素变化,另一部分淤积断面进行主流线法施测。自异重流潜入点向下分组,采用多艘测船进行连续动态跟踪观测异重流,异重流完全消失则停止测验。垂线布设以能够控制异重流在监测断面的厚度及宽度为原则。横断面法要求在固定断面布置5~7条垂线,主流线法要求在断面主流区布置1~3条垂线(垂线位置每次应大致接近);测点分布以能控制异重流厚度层内的流速、含沙量的梯度变化为原则,要求清水层布置2~3个测点,交界面附近布置3~4个测点,异重流层内均匀布设3~6个测点,垂线上的每个测速点均测取沙样,并对异重流层内的全部沙样做颗粒级配分析。

详细的测验方案描述如下。

**(一)测次安排**

以三门峡水文站的实测流量、含沙量为控制条件,根据小浪底水库当时的运用情况,由黄委水文局根据实时水情确定测次安排及开始时间。测次安排以能控制异重流的潜入、运行和消失三个阶段的水沙变化过程为原则。异重流潜入、增强阶段多测,运行过程中可减少测次。

**(二)水位观测**

由于异重流期间库区水位降幅较大、下降速度较快,测验期间各水位站需要进行适当的加密观测,具体标准是:水位日变化小于1.0 m时,每日观测4次(2:00、8:00、14:00、20:00);水位日变化大于1.0 m时,每2 h观测1次;水位涨落率大于0.15 m/h时,每1 h观测1次。

异重流各断面水位资料的计算,需要根据断面上下水位站的同时水位资料按距离插补求得。

**(三)垂线、测点布设及颗分留样**

固定断面采用横断面法与主流线法相结合的测验方法,辅助断面采用主流线法测验。横断面法要求在固定断面布设5~7条垂线(垂线布设以能够控制异重流在监测断面的厚度、宽度及流速、含沙量等要素横向分布为原则),主流线法要求在断面主流区布置1~3条垂线(垂线位置每次应大致接近);垂线上测点分布以能控制异重流厚度层内的流速、含沙量的梯度变化为原则,要求清水层布置2~3个测点,清浑水交界面附近布置3~4个测点,异重流层内均匀布设3~6个测点,垂线上的每个测沙点均需实测流速,并对异重流层内的沙样有选择性地做颗粒级配分析。

**(四)流速、含沙量、水深及起点距测验**

流速测验:流速采用重铅鱼悬挂流速仪进行测验,低流速部分采用LS78型旋杯流速仪,高速部分用LS25-1旋桨流速仪。

泥沙测验:采用铅鱼悬挂多仓横式采样器进行取样并加测水温,泥沙处理采用电子天平称重,用置换法推求含沙量;颗粒分析采用激光粒度分析仪处理。

水深测验:各断面统一采用100 kg重铅鱼测深,铅鱼底部均安装信号装置自动判断河底,每条垂线均施测两次水深,取其平均值。

起点距测验:采用激光测距仪量测船到断面标牌之间的距离,然后计算起点距,潜入点位置的确定采用GPS定位的方式。

### 四、资料整编及测验成果

异重流内业测验人员每天对收集的外业测验资料进行校核,确保在 24 h 内完成三遍校核,同时对资料合理性进行分析,并及时反馈给外业测验人员。异重流结束后,即组织技术人员按异重流测验任务书进行资料整编。

# 第三节　小浪底水库异重流观测实例

小浪底水库自运用以来发生了多次异重流现象,黄委组织精干技术力量开展了 20 余次异重流详细观测,获取了大量的异重流实测资料数据,为深入研究异重流发生、运行、输沙特性等规律和人工塑造异重流成功奠定了坚实的基础。下面以小浪底水库 2002 年、2004 年、2006 年测验实例,详细介绍异重流观测步骤及要素。

## 一、小浪底水库 2002 年异重流测验

### (一)测验方案

小浪底水库异重流测验采用横断面法和主流线法相结合的方法,正常情况下,在回水末端附近河段监测异重流的产生,当发现水库出现明显的异重流现象后,根据水库地形情况选择 HH37、HH21、HH09、HH01 等 4 个淤积测验断面为基本断面,按照断面法施测水沙要素变化;选择 HH29、HH17、HH05 和异重流潜入点等 4 个辅助断面,按照主流线法施测水沙要素变化。各测验断面距坝里程见表 8-1。

表 8-1　各测验断面距坝里程

| 断面号 | 距坝里程(km) | 断面号 | 距坝里程(km) |
|---|---|---|---|
| HH01 | 1.32 | HH21 | 34.80 |
| HH05 | 6.54 | HH29 | 48.00 |
| HH09 | 11.42 | HH37 | 63.82 |
| HH17 | 27.19 | | |

测次安排以能控制异重流的潜入、运行发展和消失的整个水沙变化过程为原则。当发生异重流时,自异重流潜入点向下游,采用多艘测船固守断面同时进行连续动态跟踪观测。在异重流的发生和增强阶段,各断面完成不少于 1 d 3 次的定时主流线测验,其中基本断面除主流线测验外,另完成 1 d 1 次的全断面测验;在异重流的维持阶段,各断面完成不少于 1 d 2 次的定时主流线测验,基本断面完成 1 d 1 次的全断面测验;在异重流的消失阶段,辅助断面停止测验,基本断面只进行主流线测验。测验垂线与测点的布设,按照测验预案的要求执行。

### (二)设施设备

异重流测验共动用测船 8 艘,每艘固守一个断面;基本断面和辅助断面均布设醒目的断

面标牌和控制桩点。专门设计制造了可 360°旋转、全密封吊杆 2 套,4 仓遥控采样器和清浑水交界面探测器 8 套,改进了变频调速控制系统;通过加大功率,提高了无线流速信号的抗干扰性,保证了流速信号的质量;测深铅鱼质量统一为 100 kg,保证了测深河底信号的一致性;新购置了锚机绞车、10 kW 汽油发电机组、流速流向仪、激光测距仪等仪器。

（三）测验方法与操作要求

1. 定位

断面定位采用 GPS,测验垂线定位采用激光测距仪。

2. 测深

采用浑水测深仪配合重铅鱼测深,铅鱼质量均为 100 kg。

3. 流速、流向、泥沙测验

采用重铅鱼悬挂流速仪、流向仪和测沙仪,每条测船至少保证 1 套流向仪,同时增加高低速兼用流速仪(0.05~3.00 m/s)10 架。

4. 泥沙处理及颗分

泥沙处理采用电子天平称重,颗粒分析采用激光粒度分析仪。

（四）异重流测验基本情况

2002 年异重流测验基本情况见表 8-2。测验断面 8 个,主流线测次 90 次,横断面测次 27 次,流速、含沙量、颗分分别完成测点 2 031 个、1 284 个和 1 432 个。

表 8-2  2002 年异重流测验基本情况统计

| 断面号 | 时间 | 测次 | | 垂线数 | 测点(个) | | |
|---|---|---|---|---|---|---|---|
| | | 主流线 | 横断面 | | 流速 | 含沙量 | 颗分 |
| HH01 | 7 月 4~13 日 | 13 | 6 | 43 | 510 | 215 | 120 |
| HH05 | 7 月 7~13 日 | 12 | | 12 | 108 | 83 | 71 |
| HH09 | 7 月 7~13 日 | 12 | 5 | 32 | 320 | 228 | 192 |
| HH17 | 7 月 7~13 日 | 12 | | 12 | 110 | 92 | 80 |
| HH21 | 7 月 7~13 日 | 12 | 6 | 42 | 267 | 194 | 175 |
| HH29 | 7 月 7~13 日 | 12 | | 12 | 107 | 93 | 82 |
| HH37 | 7 月 7~13 日 | 14 | 10 | 90 | 590 | 360 | 700 |
| 潜入点 | 7 月 7~13 日 | 3 | | 3 | 19 | 19 | 12 |
| 合计 | | 90 | 27 | 246 | 2 031 | 1 284 | 1 432 |

（五）资料整编成果及要求

资料整编成果及要求见表 8-3。主要成果包括黄河小浪底水库异重流测验成果表,流速、含沙量、泥沙粒径等值线图,各断面异重流主流线变化过程图,每日异重流沿程变化图,异重流固定断面分布图等 9 项。

表 8-3    2002 年小浪底库区异重流测验资料整编成果及要求

| 序号 | 成果 | 要求 |
|---|---|---|
| 1 | 黄河小浪底水库异重流测验成果表 | 按次数整编 |
| 2 | 流速、含沙量、泥沙粒径等值线图 | 主河槽断面应绘制完整 |
| 3 | 各断面异重流主流线变化过程图 | 包括流速、含沙量、中值粒径 |
| 4 | 每日异重流沿程变化图 | 包括流速、含沙量、中值粒径 |
| 5 | 异重流固定断面分布图 | |
| 6 | 水位、水温、流量、输沙率测验等原始记载簿 | |
| 7 | 黄河小浪底水库异重流时段进出库水文要素摘录表 | |
| 8 | 黄河小浪底水库水位摘录表 | |
| 9 | 黄河小浪底水库逐日平均水位表 | |

## 二、小浪底水库 2004 年异重流测验

### （一）测验方案

2004 年测验方案、方法与 2002 年大体一致,同时做了一些局部补充与完善,增加了典型支流河口断面的测量。各测验断面采用横断面法与主、横结合法测验或主流线法测验。

### （二）断面布设情况

2004 年小浪底水库异重流测验断面布设情况见表 8-4,设置有坝前、桐树岭、HH09、HH29、河堤 5 个横断面测验断面,HH05、HH13、HH17、允西河口、潜入点 5 个主流线测验断面,其中坝前断面和允西河口断面采用主流三线法测验。潜入点(区)的实际测验断面根据水库涨落情况上移或下移。当回水末端低于河堤断面时,则河堤断面改为河道断面测验,并以 HH13 断面替代 HH29 断面进行横断面测验。

表 8-4    各测验断面及距坝里程说明

| 断面号 | 距坝里程(km) | 断面性质 | 断面号 | 距坝里程(km) | 断面性质 |
|---|---|---|---|---|---|
| 坝前 | 0.41 | 辅助 | HH29 | 48.00 | 固定 |
| HH01(桐树岭) | 1.32 | 固定 | HH31 | 51.78 | 辅助(潜入点) |
| HH05 | 6.54 | 辅助 | HH32 | 53.44 | 辅助(潜入点) |
| HH09 | 11.42 | 固定 | YX01(允西河口) | 54.23 | 辅助(支流) |
| HH13 | 20.35 | 辅助 | HH33 | 55.02 | 辅助(潜入点) |
| HH17 | 27.19 | 辅助 | HH34 | 57.00 | 辅助(潜入点) |
| HH25 | 41.10 | 固定(潜入点) | HH37(河堤) | 63.82 | 固定(潜入点) |

### （三）测验过程

1. 水位观测

小浪底水库库区共设有 8 个水位观测站,基本上控制了水库水位的涨落过程,异重流

测验断面水位采用麻峪、陈家岭和桐树岭三站资料插补求得:HH34、HH33、HH32、HH31、HH29 断面水位采用麻峪水位站资料按时间插补求得;HH25、HH17 断面水位采用麻峪、陈家岭两站同时水位按距离插补求得;HH13、HH09、HH05 断面水位采用陈家岭、桐树岭两站同时水位按距离插补求得;坝前断面水位采用桐树岭断面水位按时间插补求得。

2. 潜入点观测

浑水从明流潜入的水下附近河段,有明显的清浑水分界线,该形成异重流的位置称之为潜入点。在异重流潜入过程中浑水和清水发生剧烈的掺混,在潜入点附近水面常见到翻花现象,并聚集有大量漂浮物,如水草、木柴等,这是由于异重流潜入库底时在水面形成倒流,使上下游漂浮物大都集中在潜入处附近,这些现象是判断异重流潜入点位置的鲜明标志。

3. 支流异重流测验

允西河口断面位于水库干流的左侧,在 HH32 和 HH33 断面之间,是小浪底水库较为重要的一个支流断面。选择该断面为小浪底水库异重流测验的主要辅助断面,对异重流倒灌支流情况进行观测,可为研究异重流在支流河口区的运动规律提供依据,支流断面采用主流三线法观测。

第一次异重流潜入点位于 HH35 断面附近,允西河口断面位于潜入点区域下游 4 km。7 月 5 日 18:30 在允西河口探测无异重流,20:30 左右测得异重流厚度 6.2 m,6 日 09:30 左右异重流达到峰值,最大厚度 10.5 m,以后逐渐减弱。

第二次异重流潜入点在 HH30 ~ HH34 断面之间,允西河口断面在潜入区范围内,水流流态杂乱,漩涡较多。

**（四）异重流测验基本情况及资料成果整编**

异重流测验以能控制其潜入、发展、稳定和消失几个阶段的水沙过程变化为原则。7 月 5 日至 7 月 11 日两次异重流过程横断面法测验 25 次,主流线法测验 107 次,共计测量异重流垂线 212 条,流速测点 1 641 个,颗分测点 1 189 个,基本上控制了异重流变化过程。各断面测验情况统计见表 8-5。

表 8-5　2004 年异重流各断面测验情况统计

| 断面号 | 测次 | | 垂线数 | 测点(个) | | |
|---|---|---|---|---|---|---|
| | 主流线 | 横断面 | | 流速 | 含沙量 | 颗分 |
| HH34 | 4 | | 6 | 42 | 28 | 28 |
| HH33 | 6 | | 6 | 50 | 44 | 44 |
| HH32 | 2 | | 2 | 9 | 10 | 10 |
| HH31 | 2 | | 3 | 24 | 18 | 18 |
| HH29 | 14 | 10 | 50 | 399 | 313 | 311 |
| HH25 | 2 | | 2 | 21 | 18 | 18 |
| HH17 | 15 | | 15 | 124 | 89 | 89 |
| HH13 | 12 | 6 | 26 | 205 | 139 | 126 |
| HH09 | 14 | 5 | 36 | 260 | 174 | 174 |

续表 8-5

| 断面号 | 测次 | | 垂线数 | 测点(个) | | |
|---|---|---|---|---|---|---|
| | 主流线 | 横断面 | | 流速 | 含沙量 | 颗分 |
| HH05 | 12 | | 12 | 84 | 64 | 64 |
| HH01 | 8 | 4 | 24 | 178 | 115 | 115 |
| 坝前(410 m) | 5 | | 11 | 164 | 138 | 138 |
| YX01 | 11 | | 19 | 81 | 54 | 54 |
| 合计 | 107 | 25 | 212 | 1 641 | 1 204 | 1 189 |

资料成果整编要求与 2002 年基本一致。

## 三、小浪底水库 2006 年异重流测验

### (一)测验任务及要求

2006 年小浪底水库异重流观测的主要任务是在小浪底水库出现异重流时,对异重流各种水文要素在垂线方向、横断面方向及沿程变化情况进行观测。具体的测验项目包括:异重流潜入点位置、时间,沿程各控制断面异重流的厚度、流速、水温、含沙量、泥沙颗粒级配的变化及泄水建筑物开启情况等,同时还要观测库区水位的变化和进出库水沙量的变化过程。

### (二)测验方式、方法

2006 年小浪底水库异重流观测启用 4 条机动船,采用停船抛锚,利用预设断面标牌延长线法确定测船是否在断面线上。

起点距:采用激光测距仪量测船到断面标牌之间的距离,然后计算起点距,潜入点位置确定采用 GPS 定位的方式。

水深:各断面统一采用 100 kg 重铅鱼测深,铅鱼外型有两种:HH01 和坝前断面为同一条测船,所用铅鱼外形稍大;其他 8 个断面 3 条机动船所用铅鱼型号相同,外形稍小。铅鱼均安装水面、河底信号装置自动测量水深,每条垂线均施测 2 次水深,取其平均值。

泥沙:采用铅鱼悬挂多仓横式采样器进行取样并加测水温,泥沙处理采用电子天平称重,用置换法计算含沙量;颗粒分析采用激光粒度分析仪处理。

流速:采用铅鱼悬挂流速仪进行测验,根据流速大小分别采用 LS25-1 型和 LS78 型流速仪。流向测验采用细钢丝绳悬吊小重物(用水温计替代),在不同流向层内测得最小偏角时的水深,然后取两流向相反的相邻测点水深值的算术平均值,作为流向变化的分界点,流向朝向大坝方向(下游)为正值,相反为负值。

### (三)方案设计

1. 断面布设

测验断面分为固定断面和辅助断面。固定断面有桐树岭 HH01、HH09、河堤断面和潜入点下游断面,采用横断面法与主流线法相结合的测验方法;辅助断面有坝前、HH05、HH13、HH17、潜入点,采用主流线法测验。当回水末端低于河堤断面时,则河堤断面改为

河道断面测验。断面布设见图 8-1 和表 8-6。

在测验过程中,还根据潜入点位置,在 HH23、HH25、HH28、HH31、HH32 等断面进行了巡测。

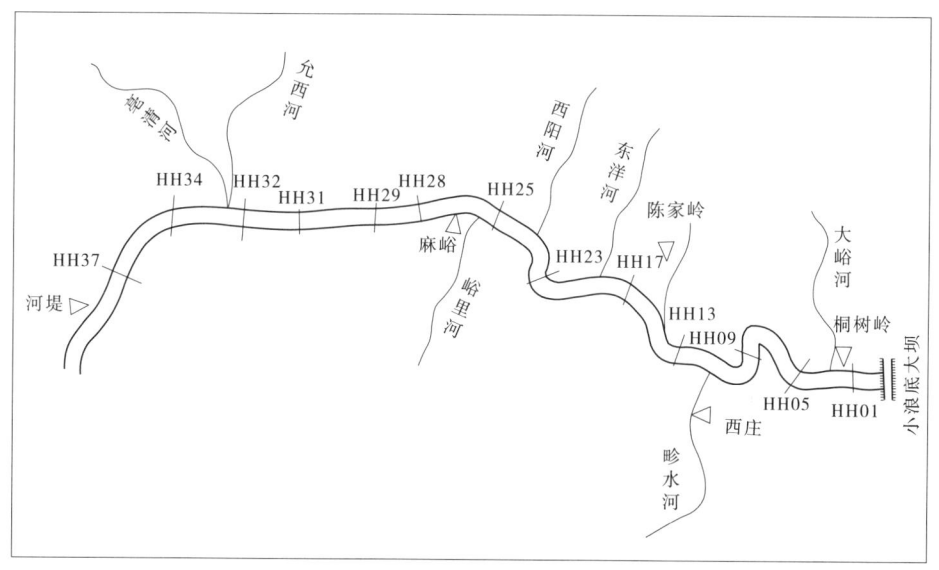

**图 8-1　异重流测验固定断面布设示意图**

**表 8-6　2006 年异重流测验断面布设情况一览表**

| 断面号 | 距坝里程(km) | 断面性质 | 断面号 | 距坝里程(km) | 断面性质 |
|---|---|---|---|---|---|
| 坝前 | 0.41 | 辅助 | HH17 | 27.19 | 辅助 |
| HH01 | 1.32 | 固定 | HH22 | 36.33 | 固定(潜入点下游断面) |
| HH05 | 6.54 | 辅助 | HH23 | 37.54 | |
| HH09 | 11.42 | 固定 | HH24 | 39.48 | |
| HH13 | 20.35 | 辅助 | HH25 | 41.10 | |

2. 水位观测

小浪底水库库区共设有 7 个水位观测站,基本上控制了水库水位的涨落过程,2006 年异重流测验各断面水位资料根据距坝里程采用河堤、陈家岭、西庄和桐树岭四站同时水位资料按距离插补求得。

**(四)异重流实测资料情况**

按照异重流测验任务要求和测验期间的实际情况,异重流测次布置以能控制其潜入、发展、稳定和消失几个阶段的水沙变化过程为原则。6 月 25 日至 6 月 28 日异重流期间各测验断面共施测横断面、主流线法 33 次,其中横断面法测验 12 次,主流三线法测验 7 次,主流一线法测验 14 次,测量异重流垂线 95 条,流速测点 832 个,含沙量测点 556 个,颗分测点 516 个,基本上控制了异重流变化过程。各断面测验情况统计见表 8-7。

表 8-7    2006 年异重流各断面测验情况统计

| 序号 | 断面 | 测次 | | | | 垂线数 | 测点数 | | | |
|---|---|---|---|---|---|---|---|---|---|---|
| | | 总测次 | 主流一线 | 主线三线 | 横断面 | | 总点数 | 流速 | 含沙量 | 颗分送样 |
| 1 | 潜入点 | 2 | 2 | | | 2 | 20 | 20 | 16 | 15 |
| 2 | HH26 | 1 | 1 | | | 1 | 10 | 9 | 8 | 8 |
| 3 | HH25 | 1 | 1 | | | 1 | 9 | 9 | 7 | 6 |
| 4 | HH24 | 1 | | | 1 | 5 | 43 | 43 | 32 | 29 |
| 5 | HH23 | 2 | | 1 | 1 | 8 | 75 | 75 | 60 | 52 |
| 6 | HH22 | 5 | | 2 | 3 | 21 | 176 | 176 | 133 | 124 |
| 7 | HH17 | 1 | 1 | | | 1 | 11 | 11 | 9 | 9 |
| 8 | HH13 | 1 | 1 | | | 1 | 9 | 9 | 7 | 7 |
| 9 | HH09 | 7 | 4 | 1 | 2 | 17 | 144 | 128 | 113 | 110 |
| 10 | HH05 | 4 | 4 | | | 4 | 31 | 29 | 21 | 21 |
| 11 | HH01 | 8 | | 3 | 5 | 34 | 323 | 323 | 150 | 135 |
| 合计 | | 33 | 14 | 7 | 12 | 95 | 851 | 832 | 556 | 516 |

**（五）资料整编及成果提交形式**

异重流测验分为内、外业两个小组,内业测验人员每天对收集的外业测验资料进行校核,同时对资料合理性进行分析并及时反馈给外业测验人员。异重流结束后,黄委水文局即组织技术人员按异重流测验任务书对资料进行了整编,并提高了整编成果精度。整编要求与 2002 年、2004 年基本一致。

# 参 考 文 献

[1] 李世举,罗荣华.《水库异重流测验整编技术规程》编写方法与思路[C]//全国异重流问题学术研讨会,2006.